Conservação do Solo

Dados Internacionais de Catalogação na Publicação (CIP)
(Câmara Brasileira do Livro, SP, Brasil)

Bertoni, José

Conservação do Solo / José Bertoni, Francisco Lombardi Neto. — São Paulo: Ícone, 2017. — 10ª edição.

Bibliografia

ISBN 978-85-274-0980-3

1. Solo — Conservação I. Lombardi Neto, Francisco. II. Título

90-1181 CDD-631.4

Índices para catálogo sistemático:

1. Conservação do solo: Agricultura 631-4

José Bertoni

Francisco Lombardi Neto

Conservação do Solo

10ª edição

Capa
DellaMonica

Diagramação
Regina Paula Tiezzi

Supervisão
Maria Assunta Espejo

ÍCONE EDITORA LTDA.
Rua Javaés, 589 – Bom Retiro
CEP: 01130-010 – São Paulo/SP
Fone/Fax.: (11) 3392-7771
www.iconeeditora.com.br
iconevendas@iconeeditora.com.br

Este livro é dedicado à memória de

HUGH HAMMOND BENNETT,

justamente cognominado o Pai da Conservação do Solo, e cuja vida foi inteiramente devotada à luta pela preservação dos recursos naturais e por uma agricultura melhor, contribuindo para a saúde e bem-estar da Humanidade.

e a

JOÃO QUINTILIANO DE AVELAR MARQUES,

o pioneiro, no Brasil, da pesquisa de conservação do Solo, em forma definida e sistematizada.

SOBRE OS AUTORES

José Bertoni. Engenheiro-Agrônomo. ESALQ, USP, 1943. *Master of Science, Iowa State University*, USA, 1956. Doutor em Agronomia, ESALQ, USP, 1957. Pesquisador do Instituto Agronômico, Campinas (SP), na área de Conservação do Solo, de 1944 a 1979. Chefe da Seção de Conservação do Solo do instituto Agronômico, de 1966 a 1979. Membro Permanente da Comissão Organizadora para o Estabelecimento de Redes de Observações do Decênio Hidrológico Internacional, UNESCO, de 1967 a 1969. Diretor do Programa de Conservação do Solo das Nações Unidas (FAO), na Argentina, de 1969 a 1972. Presidente da Comissão Pan-Americana de Conservação do Solo, de 1966 a 1978. Assessor de programas de pesquisas de conservação do solo para entidades estaduais e nacionais. Viagens de estudos e observações nos Estados Unidos, Argentina, Peru, Itália, França, Austrália, Alemanha, Inglaterra, Portugal e Suíça. Apresentação de trabalhos em congressos nacional e internacional. Publicação de uma centena de trabalhos técnicos e científicos em revistas nacionais e estrangeiras. Membro da Sociedade Brasileira de Ciência do Solo. *Asociación Latinoamericana de Fitotecnia, Soil Conservation Society of America* e Associação dos Pesquisadores Científicos do Estado de São Paulo.

Francisco Lombardi Neto. Engenheiro-Agrônomo, ESALQ, USP, 1967. *Master of Science, Purdue University*, Indiana, USA, 1977. *Doctor of Philosophy. Purdue University*, Indiana, USA, 1979. Pesquisador do Instituto Agronômico. Campinas (SP), na área de Conservação do Solo, desde 1968, e Chefe da Seção de Conservação do Solo desde 1979. Publicação de mais de vinte trabalhos técnicos e científicos, alguns apresentados em congressos nacionais. Membro da Sociedade Brasileira de Ciência do Solo. *Sol Conservation Society of America* e Associação dos Pesquisadores Científicos do Estado de São Paulo.

SUMÁRIO

PREFÁCIO

A finalidade deste livro é fornecer elementos de trabalho aos técnicos, estudantes de agronomia e lavradores interessados na conservação do solo. A ciência da conservação do solo é relativamente nova, porém se está desenvolvendo a um ponto onde o material de texto é necessário.

Os latino-americanos — e nós, brasileiros, não somos exceção — ganhamos a reputação depreciativa de que esbanjamos os nossos recursos naturais de caráter renovável. O solo, o mais importante de nossos recursos, lamentavelmente é dos que mais têm sofrido pelo mau uso. A maior parte de nossa terra de cultivo está perdendo constantemente parte de seu solo, devido aos métodos de trabalho empregados.

A população do mundo atualmente é superior a quatro bilhões de habitantes, e a disponibilidade em área cultivável é de 1.050 milhões de hectares; espera-se, porém, que ela duplique no fim deste século. Em recente estudo da FAO (Organização das Nações Unidas para a Agricultura e Alimentação), foi demonstrado que de 300 a 500 milhões de pessoas padecem de verdadeira falta de alimentos e que mais de um terço da humanidade sofre de má nutrição. Ninguém pode negar que a fome e a miséria sempre existiram em nosso planeta, porém, isso não quer dizer que a situação seja irremediável. A terra é bastante rica para garantir uma norma melhor de vida para todos, sempre que se adotem medidas para o seu aproveitamento e proteção.

A erosão do solo tem uma relação direta com a escassez de alimentos e com a fome. As terras erosionadas são terras que reduziram, às vezes totalmente, sua capacidade de produção; por isso, em algumas regiões do mundo, a luta contra a erosão é fundamental. Felizmente, em muitos lugares, o movimento conservacionista a cada dia é mais intenso: organizam-se entidades governamentais para desenvolver os métodos conservacionistas e orientar os lavradores; poderosos movimentos de opinião pública procuram modificar as condições econômicas e sociais que obrigavam a despejar a capacidade produtiva das terras; impõem-se restrições ao mau uso do solo e, em consequência, dia virá em que a possibilidade alimentícia da população melhorará.

Os autores pretendem efetuar uma apresentação ordenada dos princípios e métodos de conservação do solo. Contém este livro as noções teóricas fundamentais e as aplicadas ou práticas para solução dos problemas, e foi escrito no pressuposto de que o leitor tem conhecimento básico de pedologia e hidrologia, porém isso não é essencial para entender a maior parte do texto.

Esperam eles, que este livro, seja útil a todos os envolvidos na tarefa da conservação do solo, a fim de corrigir os erros do passado, ajudar a resolver os problemas do presente e servir como um guia para melhor utilização do solo no futuro.

É seu desejo sincero, ainda, que este livro propague os princípios de conservação do solo e ajude principalmente a juventude, a despertar a mentalidade conservacionista.

José Berton

Francisco Lombardi Neto

1. INTRODUÇÃO

A organização das sociedades civilizadas funda-se nas medidas tomadas para controlar a natureza; enquanto isso não se realizar totalmente, é impossível erigir sobre a terra, em caráter estável, o que chamamos civilização.

Os recursos naturais de caráter renovável com que a Natureza nos aquinhoou, ou seja, o solo propriamente dito, as florestas e fauna silvestre, a água usada pelas plantas, as fontes, cujo uso e preservação adequados se convencionou denominar amplamente de conservação do solo, tem sido impiedosamente malbaratados por uma verdadeira agricultura de exploração.

Um profundo desequilíbrio na natureza tem sido provocado pelos nossos agricultores, na sua ignorância ou na sua luta contra limitações de ordem econômica e social.

Os solos em que os homens tentam fundar novas civilizações estão desaparecendo, levados pela água e varridos pelos ventos. Atualmente a destruição da finíssima camada viva do planeta aumenta numa proporção não igualada na História. E, quando essa delgada camada — o solo — desaparecer, as regiões férteis que existiram serão desertos inabitáveis.

A ciência tem prosperado na agricultura. Existem novas máquinas que fazem o trabalho de dezenas de homens, novas variedades que produzem em climas antes considerados impróprios, novos fertilizantes que dobram e triplicam as colheitas. Sem dúvida, porém, tomando-o mundo em conjunto, o rendimento médio por unidade de área está diminuindo. Uma nação não pode sobreviver em um deserto, nem pode gozar mais que uma vá e quimérica prosperidade se ficar consumindo seu solo. Poucos se dão conta do passado e veem que a erosão tem alterado o curso da História do mundo mais radicalmente que qualquer guerra ou revolução.

Há três mil anos, ao atravessar o Vale do Rio Jordão, Moisés assim descreveu a Terra Prometida (Deuteronômio 8, 7-9):

> "Porque o Senhor, teu Deus, vai conduzir-te a uma terra excelente, cheia de torrentes, de fontes e de águas profundas que brotam nos vales e nos montes; uma terra de trigo e de cevada, de vinhas, de figueiras, romãzeiras; uma terra de óleo de olivas e de mel, uma terra onde não será racionado o pão que comeres, e onde nada faltará; terra cujas pedras são de ferro e de cujas montanhas extrairás o bronze."

Hoje, a paisagem desértica da região contrasta chocantemente com essa descrição.

A erosão foi um dos fatores mais importantes que causaram a queda das primeiras civilizações e impérios, cujas cidades arruinadas estão agora como despojos estéreis das terras mais férteis do mundo. Os desertos do Norte da China, Pérsia (Irã), Mesopotâmia e Norte da África, contam todos, a mesma história do gradual esgotamento do solo, à medida que as exigências crescentes, relativamente a ele. Pela progressiva civilização, excediam seu poder recuperativo. A decadência do Império Romano também pode ser contada como uma história de desflorestamento, esgotamento do solo e erosão.

Quaisquer que sejam as razões é um fato indubitável que a erosão é um dos problemas mais prementes da humanidade: ela ia arruinou milhões de hectares de terras antes cultiváveis e já reduziu muitos outros a uma situação definitivamente submarginal. Nas condições atuais, já não temos muitas terras boas. Além disso, a maior parte de nossa terra de cultivo está perdendo constantemente parte de seu solo, devido aos métodos de trabalho empregados. A menos que protejamos de forma adequada as terras boas com que contamos, teremos que enfrentar séria escassez de terras cultiváveis.

A evolução social da coletividade moderna está na dependência cada vez maior dos recursos naturais, pelos progressos tecnológicos que facilitem a elevação do nível de vida.

Felizmente, os problemas relacionados com a utilização e conservação dos recursos naturais tem alcançado suficiente significação, chegando a impressionar a consciência das sociedades civilizadas e mobilizando o pensamento e a ação dos dirigentes e grupos representativos das comunidades. Assim tem-lhes sido possível estimar a magnitude do problema e reconhecer sua gravidade em função dos efeitos sobre as populações, buscando, por consequência, as soluções adequadas. Atualmente, trabalhos de levantamento de solo estão revelando a localização exata das áreas com problemas de erosão que necessitam de práticas de conservação do solo.

Reuniões e assembleias têm sido realizadas, em várias partes do mundo, para estudar os problemas dos recursos naturais e resolver as medidas a adotar para a sua proteção.

Das reuniões realizadas em Denver (União Internacional para a Proteção da Natureza) e Nova Iorque (Conservação e Utilização dos Recursos Naturais), as conclusões principais convergem a três questões dominantes:

> *a)* a dependência humana dos recursos naturais e o seu papel vital no desenvolvimento econômico e no bem-estar dos povos;
>
> *b)* a intensidade dos processos de destruição destes recursos; a contribuição dos seres vivos para a sua aceleração, por ação direta do mau uso e por via indireta do aumento demográfico e a gravidade dos seus efeitos;
>
> *c)* as necessidades de proteção e conservação, para atenuar e corrigir os danos resultantes e assegurar perpetuamente o aproveitamento dos recursos.

Sendo os recursos naturais a verdadeira riqueza básica da Nação, não se pode compreender que seu desenvolvimento e que o programa social e cultural de sua população sejam atingidos à custa de sua delapidação ou do seu mau uso. É oportuna, pela sua eloquência, a apresentação de alguns trechos da Declaração de Princípios da Conferência de Denver:

> "No mundo inteiro estão-se esgotando os recursos naturais, como resultado de uma exploração desatinada e temerária, que se tem omitido das leis inexoráveis da natureza, esgotamento que acelerou de modo desastroso a última guerra mundial.
>
> Em algumas regiões, milhões de pessoas se veem obrigadas a viver em condições mais pobres do que permite uma subsistência tolerável, em nenhuma parte do mundo se tem conseguido obter um nível de vida adequado para todos.
>
> Cremos firmemente que a terra é bastante rica para garantir uma norma de vida melhor para todos, sempre que se ado-

> tem sem demora as medidas para esse desenvolvimento, aproveitamento e proteção. Cremos que, apesar de nossos conhecimentos incompletos e inexatos, mesclados de erros e equívocos, a humanidade sabe já o suficiente para idear medidas efetivas e aplicá-las com bom êxito. Cremos que está ao nosso alcance conservar a civilização, avançar mais do que temos feito pela comodidade e a estabilidade que são os mais velhos sonhos da humanidade, e chegar às gerações futuras, aumentada e reforçada a património natural que agora se esgota devido ao nosso mau barateamento."

Esses princípios devem ser aceitos em toda a sua essência, já que são básicos para a doutrina do problema e sua solução e resultam válidos para a comunidade das nações.

Aqui, como em muitas nações do mundo, em muitas regiões ainda se pratica o cultivo irracional do solo, ao lado do uso indiscriminado do fogo, do pastoreio esgotante, da exploração desmedida das matas. Estamos, assim, destruindo a cobertura vegetal protetora que mantinha o equilíbrio ecológico. Alteramos, com isso, o regime climático e o ciclo hidrológico, dando lugar os extremos de secas e chuvas torrenciais. Essas chuvas, incidindo sobre superfícies descobertas, em declives acentuados, formam enxurradas desenfreadas que ocasionam à erosão acelerada, a sedimentação, a devastação dos campos, a destruição de casas e estradas, a perda de vidas. Forças naturais desatadas pela imprevisão e negligência humana. A esse quadro desolador, podemos acrescentar à caça e a pesca irracional que vêm dizimando a fauna silvestre e aquática, os incêndios florestais, a destruição das paisagens pela urbanização, a exploração indiscriminada dos aquíferos, a contaminação dos cursos d'água com resíduos de toda a espécie, a remoção injustificada de coberturas vegetais em grandes extensões de terra[1].

Por conservação do solo, dever-se-á entender a preservação e o desenvolvimento, de modo a proporcionar o maior bem para o maior número e pelo maior período de tempo, dos recursos naturais de caráter renovável, quais sejam, o solo, as florestas, as pastagens, a fauna silvestre e, em certa extensão, a água.

O problema da conservação dos recursos naturais, em síntese, pode ser assim enunciado: assegurar a produção de alimentos, fibras e outros materiais necessários para satisfazer às demandas de alimentação, moradia e vestuário da população.

Deverá ser posto em marcha, cada vez mais intensiva, um movimento geral com características de cruzada, destinado a preservar, restaurar e conservar os recursos naturais, dedicando os maiores esforços ao grupo dos "renováveis", em razão de que estes contribuem de forma mais evidente a sobrevivência do gênero humano. Há de se reconhecer, contudo, que a solução do problema no que se refere ao conjunto "disponibilidade da terra x magnitude demográfica" não pode ser resolvida sem alcançar algum estado de equilíbrio.

Em consequência, estabelecer uma política básica de conservação dos recursos naturais constitui uma das exigências vitais para um país, devendo a iniciativa oficial considerá-la da mais alta prioridade.

Referências Bibliográficas

1. BERTONI, J. O planejador e a utilização dos recursos naturais. *Boletim da Federação dos Engenheiros-Agrônomos do Brasil* (FEAB), Campinas, p. 23, 1968.

2. BUNCE, A. C. *Economics of soil conservation*. Ames: Iowa State College, 1942.

3. GONDELES ARMENGAL, R. *Bases para la formulación de una politica nacional de recursos naturales renovables*. Venezuela: Ministério da Agricultura y Cria, 1960.

2. BREVE HISTÓRIA DA EROSÃO

Tal como a agricultura, a erosão tem sua raiz no passado, e seus processos são regionalmente interdependentes porque muitos deles foram estabelecidos pela introdução de novas culturas e novos métodos de cultivo.

Na Mesopotâmia, a erosão foi acelerada pelas atividades do homem. Durante a supremacia do período babilônico, foram construídos canais de irrigação cuja cabeceira estava no rio Eufrates e o escoamento, no rio Tigre. A água de irrigação esparramava o sedimento transportado pelos rios, e onde ele se depositava as terras ficavam, gradualmente, mais altas; em consequência, os rios foram forçados a mudar o seu curso. A crescente dificuldade de irrigação e o resultante declínio da agricultura foram, certamente, determinados pelo mau uso do solo. Aumentaram, assim, os problemas de enchentes e sedimentação[1].

Onde os canais de irrigação eram abandonados ou destruídos pelas forças bélicas invasoras, os campos adjacentes transformavam-se em desertos. O Nordeste de Bagdá é um deserto, porém, as minas de um grupo de cidades e extensos canais de irrigação demonstram que a área já foi produtiva e próspera. O corte de árvores é em parte responsável pela violência das enchentes e sedimentação na área entre a Mesopotâmia e o Mediterrâneo.

As planícies da Síria e Arábia, que foram conquistadas e reconquistadas pelos babilônios, assírios, persas, gregos e romanos, produtivas e prósperas, hoje são áridas e improdutivas. Sua erosão foi acompanhada pela rápida sedimentação ao longo dos cursos dos rios.

No passado, a erosão e a sedimentação foram controladas pelos fenícios, em boa extensão, pelo uso de práticas de controle de erosão, como, por exemplo, os terraços para irrigação. Na Palestina, os remanescentes terraços para irrigação são encontrados próximos de Carmel,

Gilboa e Samaria. Os hebreus tinham uma especial vantagem sobre os outros povos, pois seus métodos agrícolas eram incorporados às leis religiosas, o que pode explicar por que a sua agricultura era capaz de florescer na Palestina diante de condições desfavoráveis. A política inquieta do segundo século resultou na destruição não só dos trabalhos de engenharia como também das tradições agrícolas da Palestina; as árvores foram cortadas, as chuvas lavaram os terrenos acidentados, os açudes foram destruídos, e os canais de irrigação entupidos com sedimentos[1].

Conhecimentos de terraceamento e irrigação foram introduzidos na Grécia, os morros foram reflorestados e os vales férteis produziram grande suprimento de grãos. A arte da lavoura seca foi desenvolvida. Os campos eram cultivados e deixados em pousio em anos alternados. Todavia, a aração era praticada com exagero, os terrenos eram arados de três a cinco vezes em cada ano. Muitos dos rios eram caracteristicamente turvos e depositavam grandes quantidades de sedimento. As árvores foram cortadas, os campos superpastoreados, o solo arrastado das montanhas, e as áreas pantanosas das embocaduras dos rios aumentaram de tamanho[1].

A Itália, no Império Romano, era capaz de produzir todo o alimento necessário e considerado uma nação de lavradores. Um bom manejo do solo era a maior realização do lavrador, como se pode ver nos escritos de Virgílio e Collumela, onde se mencionam a adição de nitrogênio e húmus, a redução da frequência de aração, dando, em consequência, a diminuição da erosão, sendo inclusive preconizada uma forma simples de rotação de culturas. A queda do Império Romano foi o principal fator do declínio da sua agricultura.

Na Pérsia (Irã) e Turquia, a irrigação e a lavoura seca eram possíveis em limitadas áreas de oásis, próximas de fontes permanentes de água e nas montanhas florestadas, onde havia mais chuva. A agricultura em tais regiões áridas tinha a tendência de mudar de lugar, de acordo com a mudança do suprimento de água; era também tradição que a agricultura era possível somente em cinco gerações, seguindo-se então o abandono da terra. Depois que os velhos campos eram abandonados, as tempestades de areia aumentavam.

Na bacia do Tarim, na Ásia Central, as cidades cresceram e as possibilidades agrícolas da região foram exploradas ao máximo. Mesmo durante a ocupação chinesa, a agricultura mudou de um lugar para outro, e a demanda de suprimento de água aumentou, tornando a atividade agrícola mais precária. Onde o abandono da atividade agrícola era ocasionado pela falta de suprimento de água, a erosão eólica era evidente.

Os métodos agrícolas romanos foram introduzidos na Inglaterra, em todas as regiões do seu império, ocasionando uma melhora geral da agricultura. O abandono do cultivo das áreas íngremes ou mostrou sabedoria dos ingleses ou eram forçados, pois, em áreas com erosão severa incapazes de uma produção satisfatória. O alto crescimento da população urbana depois do século XIV necessitou um aumento no suprimento de alimentos e matéria-prima para a indústria, porém a população rural havia declinado como resultado de guerras e pragas. Como as colheitas das culturas eram baixas, foi profetizado que a população do mundo estaria limitada pela capacidade produtiva da terra; isto foi à base da teoria malthusiana, proposta no início do século XIX. Na Escócia, o problema da erosão recebeu maior atenção pelas limitadas quantidades de terras planas. O aumento do uso de práticas de conservação do solo foi uma fase importante do progresso agrícola da Escócia, e, provavelmente, foi da Escócia que os americanos basearam muitas das suas antigas práticas conservacionistas.

A antiga agricultura dos Estados Unidos, em geral, seguiu as tradições inglesas. As colônias alemãs, porém, localizadas na Pensilvânia, são consideradas de melhores lavradores de todo o país. Em qualquer lugar que eles se fixavam, o tipo de agricultura que praticavam era notavelmente superior ao adotado pelas comunidades vizinhas. O alto nível de fertilidade das terras era de suprema importância e, consequentemente, a exaustão do solo seguido de abandono das terras era desconhecida. A introdução de métodos europeus de manejo e cultivo do solo foi responsável direto pelo aumento da erosão do solo. Hoje, porém, o panorama é outro, o alto padrão de tecnologia adotado pela maioria dos lavradores evidencia o elevado nível de conservação dos solos americanos[1].

No Peru, onde os terrenos são em geral montanhosos, os incas desenvolveram um sistema de terraceamento altamente eficiente: os terraços são protegidos com paredes de pedra e, as terras, irrigadas com água transportada por aquedutos, às vezes a alguns quilômetros de distância. Esse sistema efetivamente segura o solo dos terrenos acidentados; hoje, milhares de hectares, protegidos com os terraços dos Incas, são ainda cultivados, constituindo a principal terra agrícola em muitas áreas. Tal sistema de terraços pode ser considerado como o mais eficiente método de controle de erosão desenvolvido no mundo, e, provavelmente, o mais caro no que se refere ao custo da mão de obra.

O Império Maia possuía uma das áreas mais intensamente povoadas do mundo. Investigações arqueológicas apoiam a teoria de que suas terras foram destruídas pela erosão e sedimentação, provocando uma gradual migração em direção ao norte; hoje, tal região agrícola é coberta com impenetráveis alagados e densas florestas.

O México é um dos países da América com graves problemas de erosão. Centenas de milhares de hectares de terra já perderam sua capacidade de produção em consequência da erosão do solo[3].

El Salvador está enfrentando sério problema de diminuição da área agrícola devido à pressão demográfica. Foi estimado que a erosão leve e moderada já tomou conta de toda a área agrícola; o cultivo intensivo de milho e feijão, acompanhado pelo desflorestamento, aumentou consideravelmente o problema de erosão do solo.

Na Guatemala, a mudança de plantio de café para as terras montanhosas resultou em uma erosão acelerada. As regiões montanhosas apresentam erosão severa, e as regiões planas, com cultivo de banana, não sofrem grande risco de erosão.

Em Porto Rico, a erosão está confinada às terras montanhosas, onde 22% da sua superfície tem declividade acima de 60%. Vinte e cinco por cento da área total é adaptada somente a reflorestamento e cobertura permanente.

A Colômbia é essencialmente um país montanhoso, onde a erosão é um problema nas áreas com grande população bovina devido ao excessivo pastoreio, e também significativa nas áreas plantadas com cacau, café e fumo.

No Equador, as regiões montanhosas têm sofrido com a erosão especialmente quando o pastoreio descontrolado é praticado nos locais de grande declividade. Alguns solos têm uma camada pouco permeável a menos de um metro da superfície, e, durante chuvas pesadas, quando a superfície está saturada, é muito comum o deslizamento de grandes blocos de solo.

Nas regiões montanhosas da Venezuela, 75% da área cultivável são encontradas em topografia acima de 25% de declividade. A maior parte da área cultivada tem erosão severa.

Na Argentina, um relatório publicado pela Comissão Econômica para a América Latina (CEPAL), sobre a utilização do solo, revelou que dezoito milhões de hectares haviam sido prejudicados pela erosão hídrica. Hoje se pode afirmar que mais de 35% das terras cultivadas estão afetadas pela erosão. Ao observador casual, em virtude da topografia geral do país, pode parecer que a erosão laminar não seja grave; todavia, um exame da superfície dos solos através da região denominada Pampa Ondulada e da Província de Entre Rios revela que há grandes perdas de solo em zonas onde se cultivou. Observações mostraram que extensas áreas perderam de 20% a 40% do seu horizonte superficial, encontrando-se casos em que essas perdas alcançaram de 50% a 75% do solo superficial por erosão laminar, erosão em sulcos e voçorocas[2]. Em 1969 foi iniciado, em convênio com a Organização das Nações Unidas para a Agricultura e Alimentação (FAO), um programa de conservação do solo com atividades de pesquisa, demonstração e treinamento. Esse programa teve a duração de cerca de seis anos, porém é necessário decorrer muitos anos para alcançar as suas três metas:

a) desenvolvimento de uma consciência pública dos riscos de erosão e da necessidade de uma política conservacionista;

b) obtenção de informação essencial mediante pesquisa para pôr em prática medidas eficientes de controle de erosão; e

c) treinamento de um número suficiente de especialistas em conservação e manejo para apoiar, melhorar e operar um movimento nacional dinâmico de conservação do solo.

A conservação do solo e dos demais recursos naturais renováveis está, no Brasil, como em todas as partes do mundo, estreitamente correlacionada com as pressões demográficas que se vêm registrando em diferentes regiões[4].

O povoamento e a ocupação do território brasileiro têm-se verificado com características muito peculiares, dadas as suas condições geográficas e ecológicas. Enquanto algumas áreas foram rapidamente ocupadas e inteiramente desenvolvidas dentro dos melhores padrões tecnológicos, outras permanecem intocadas em seus recursos naturais.

Calcula-se que, atualmente, apenas 32% do território brasileiro esteja ocupado por estabelecimentos agrícolas. É de pouco mais de 3,5% a parcela cultivada do território brasileiro, calculando alguns, dentro dos padrões tecnológicos vigorantes, que tal parcela possa ser triplicada, quadruplicada ou mesmo quintuplicada.

Embora, quantitativamente, o Brasil seja um país privilegiado em terras agricultáveis, do ponto de vista qualitativo sua colocação não é das melhores. Seu clima tropical e subtropical, aliado, em muitas áreas, às más condições de origem geológica ou a terrenos de acidentada topografia, faz com que grande parte dos solos brasileiros seja de efêmera fertilidade e de difícil cultivo. Apesar de sua juventude e da vastidão do seu território, já apresenta, em sua curta história e no rastro de suas explorações agrícolas, comprovações irrefutáveis e sinais evidentes da gravidade do problema de declínio da fertilidade de suas terras.

O inestimável patrimônio representado pelo solo e demais recursos renováveis do país têm sido impiedosamente malbaratado por uma verdadeira agricultura de exploração.

Há uma tendência geral dos agricultores brasileiros em considerar como inesgotáveis as riquezas e a fertilidade original de suas terras. Isso tem feito com que eles conduzam sua agricultura com um sentido extrativista. E, dessa forma, valendo-se da vastidão de novas áreas a explorar, os agricultores brasileiros têm caminhado descuidadamente rumo ao oeste, esbanjando a integridade produtiva das novas terras e deixando às suas costas um melancólico caminho percorrido de morros desnudos, de campos afetados pela erosão, de solos exauridos[4].

No Brasil, um dos fatores de desgaste que mais seriamente têm contribuído para a improdutividade do solo é, sem dúvida, a erosão hídrica, facilitada e acelerada pelo homem com suas práticas inadequadas de agricultura. Práticas agrícolas comprovadamente nefastas, ainda adotadas pelos agricultores, como o plantio continuado e mal distribuído de culturas esgotantes e pouco protetoras do solo, o plantio em linhas dirigidas a favor das águas, a queimada drástica dos restos culturais e o pastoreio excessivo, estão acelerando gravemente o depauperamento das melhores terras do país.

A erosão hídrica não é o único agente de destruição da fertilidade dos nossos solos. Pode-se mencionar, também, a lavagem de elementos nutritivos solúveis nas águas de percolação, que se infiltram a profundidades inacessíveis para as raízes das plantas; a combustão acelerada da matéria orgânica que resulta da inclemência do clima subtropical ou das drásticas e impiedosas queimadas; e, finalmente, o consumo sem a devida reposição dos elementos nutritivos extraídos da terra nos produtos agrícolas, vegetais ou animais.

Regiões que, há apenas poucas décadas, sustentavam uma agricultura pujante de vitalidade e prosperidade, apresentam, hoje, um panorama de incontestável decadência em sua morraria revestida de pastagens ou raias capoeiras. É o caso, por exemplo, de quase todo o Estado do Rio de Janeiro, de grande parte do Sul de Minas Gerais e das regiões do Vale do Paraíba. As suas terras, originalmente revestidas de uma magnifica mata subtropical que bem atestava a pujança original do solo, em consequência do mal uso a que foram sujeitas, degradaram-se, sucessivamente, em terra de café, em terra de algodão, em terra de cereais, e, finalmente, como último recurso, em terra de pastagens[4] (figura 2.1, caderno central a cores).

O exame das estatísticas da produção agrícola brasileira, pelos índices de unidade de área, revela a decadência da fertilidade de muitas das suas melhores terras e o consequente nomadismo de suas principais culturas. A cafeicultura é o exemplo mais vivo desse nomadismo, em razão de sua elevada exigência de húmus e de fertilidade do solo em geral; em menos de dois séculos, essa lavoura percorreu, do litoral até o extremo oeste, a faixa de condições ecológicas favoráveis do Brasil meridional.

A ciência agronômica brasileira, aliada à prática dos agricultores, tem demonstrado que a conservação da integridade produtiva do solo pode ser assegurada com a aplicação de medidas simples, exequíveis e econômicas de manejo dos solos.

Já existe, no país, graças ao denotado trabalho desenvolvido pelos especialistas brasileiros e à iniciativa de agricultores esclarecidos, modelares exemplos de terras bem protegidas e bem conservadas.

Embora ainda não devidamente coordenadas nem desenvolvidas na extensão e na intensidade requeridas, já se pode assinalar promissoras organizações especializadas para orientação e assistência aos agricultores nos problemas específicos de conservação do solo. E o que se pode verificar nos Estados de São Paulo, Rio Grande do Sul, Paraná, Pernambuco e Minas Gerais, que possuem serviços especializados de assistência técnica ao agricultor, conduzindo trabalhos que vão desde as pesquisas básicas desde o planejamento de fazendas à execução das práticas conservacionistas necessárias.

Vale destacar os trabalhos de pesquisa e experimentação sobre a ciência do solo em geral e os de estudo e levantamento de mapas de solo que vêm sendo conduzidos pelos órgãos regionais, assim, também, o setor de treinamento de pessoal e da difusão generalizada das práticas conservacionistas.

Referências Bibliográficas

1. BENNETT, H. H. *Soil conservation.* New York: McGraw-Hill, 1939.
2. BERTONI, J. Establecimiento de un programa de conservación del suelo. *Revista IDIA,* Buenos Aires, p. 25-28, Suplemento 23, 1970.
3. GREENLAND, D. J.; LAL, R. *Soil conservation and management in the humid tropics.* New York: John Willey, 1977.
4. MARQUES, J. Q. A. Conservação do solo no Brasil. *Congresso Pan--Americano de Conservação do Solo, Anais...* São Paulo: Secretaria da Agricultura, p. 777-782, 1966.

3. OBSERVAÇÕES GERAIS SOBRE A OCORRÊNCIA DA EROSÃO

A luta do homem contra a erosão do solo é tão antiga como a própria agricultura. Quando mudou do nomadismo para um sistema fixo de vida, o homem teve necessidade de intensificar o uso do solo, levando à destruição a cobertura de sua superfície e acarretando a exposição do solo às forças erosivas.

Ele aprendeu que, quando a cobertura vegetal era removida pelo cultivo da terra, ou destruída pelo excesso de pastoreio, a erosão se tornava mais ativa. Assim, parecia que o problema era incontrolável quando a terra era despojada da proteção das plantas. Supunha-se que essa influência protetora da cobertura vegetal fazia retardar o escorrimento da enxurrada e a mantinha esparramada uniformemente na superfície quando escorria morro abaixo.

Somente há cerca de trinta anos descobriu-se que o impacto da gota da chuva em um terreno descoberto, e o resultante desprendimento das partículas de solo é a principal causa da erosão do solo pela água. O escorrimento da enxurrada era apenas um parceiro atuante no problema. Ao mesmo tempo, ficou evidente que a cobertura vegetal, fornecida abundantemente pela natureza em todos os lugares, era, ao contrário, o parceiro nas medidas de proteção do solo contra a força de impacto das gotas de chuva. A descoberta do efeito do impacto das gotas de chuva no processo de erosão pode explicar o fracasso das primeiras tentativas de proteger o solo. Uma aparente inocente gota de chuva é mais importante no processo de erosão do solo que o seu simples fornecimento de água para formar a enxurrada[3].

Em geral, a erosão do solo pela água pode ser considerada um problema que requer atenção em todos os países onde o complexo água-solo-clima é adequado para o cultivo de plantas e criação de animais[2]. Estudos e levantamentos de solos estão revelando a localização de áreas que necessitam os diferentes tratamentos de conservação do solo e água. Levantamentos desse tipo, mostrando detalhadamente, onde os projetos de controle de erosão devem ser concentrados, foram realizados na Nova Zelândia, Austrália, Filipinas, Canadá, Estados Unidos, México, Zâmbia, Rodésia, Espanha, França, Grécia, Israel e região Mediterrânea. Eles mostram a população quais são os seus problemas e onde estão. Em um país que tenha tais estudos e levantamentos de erosão, os cidadãos de uma comunidade, estado, província, distrito ou município, conhecendo os detalhes sobre o seu problema de erosão, concordarão mais facilmente no estabelecimento de programas conservacionistas.

O solo perdido pela erosão hídrica é geralmente mais fértil, contendo os nutrientes das plantas, húmus e algum fertilizante que o lavrador tenha aplicado. Milhões de toneladas de solo superficial fértil podem ser perdidos para sempre se ele é arrastado para o mar. Terrenos com erosão severa tornam-se difíceis de trabalhar, e os sulcos que se formam impedem o seu manejo, porém, o que de mais grave resulta, são as gotas que crescem continuamente, inutilizando os mesmos, chegando a serem abandonados. Em muitos países do mundo, há noticias de extensas áreas abandonadas devido à erosão.

Quando a cobertura vegetal é total ou parcialmente removida em áreas acidentadas, a enxurrada escorre mais rapidamente, aumentando o volume. Assim, inicia a erosão, provocando grande dano ao solo e a alguma vegetação que tenha ficado no terreno. Enchentes ocorrem com maior frequência e com maior intensidade. Tais condições são encontradas na Índia, Sudeste dos Estados Unidos, África, China e certas áreas do Brasil e Argentina.

O cultivo do solo oferece maior risco de erosão nas regiões tropicais montanhosas, em virtude da alta intensidade das chuvas e da dificuldade de controlar a enxurrada nos terrenos declivosos. Tal situação é encontrada na Índia, Colômbia, América Central, Filipinas e África.

A erosão do solo, qualquer que seja a sua causa, toma a terra gradualmente inabitável. Assim que o solo começa a esgotar-se como consequência da erosão hídrica, o homem tende a mudar-se para terras mais produtivas, e, quando não encontra mais aonde ir, não tem outro remédio senão adaptar-se ao consumo de quantidades menores de alimentos, cuja obtenção requer maior trabalho. Esta situação, que se traduz em má nutrição e desesperança, existem invariavelmente nas terras muito erosionadas onde uma população numerosa se vê obrigada a viver.

Isso não ocorreria se todos os que cultivam a terra pudessem utilizar as vantagens relacionadas com o conhecimento científico da conservação do solo e água. No mais rápido tempo possível, todos os países deveriam adotar uma política progressiva de uso do solo, com o objetivo de contribuir para a estabilização da produção de alimentos antes que a população cresça a ponto de tornar impossível a planificação racional de conservação do solo.

Os problemas nutricionais do mundo se multiplicam continuamente devido ao rápido crescimento da já grande população mundial, que aumenta em muitos milhões de seres e cada ano. A superpopulação humana e animal ocasionam danos à terra de diversas maneiras, principalmente ao criar condições que facilitam a erosão severa.

O desaparecimento, de toda a vegetação, deixando o solo descoberto, é, provavelmente, o pior que pode ocorrer a uma terra, isso é igualmente perigoso para a população humana, uma vez que, com isso, o abastecimento de alimentos se toma insuficiente. Esse tipo de dano a terra e de miséria humana se pode ver na agricultura migratória de certas regiões da África, e em alguns sistemas de cultivo das Filipinas e Índia, onde a fome é tão grande entre os lavradores e seus familiares que eles não têm força, disposição, nem recursos necessários para semear um cultivo de proteção do solo depois de realizada a colheita de alimentos.

A necessidade premente de produzir alimentos se intensificou em muitos países nestes últimos vinte e cinco anos, afetando regiões inteiras da terra, como na Índia, China, países do Oriente (África, Grécia, Itália, Espanha), Américas do Sul e Central.

Um estudo[1] para inventariar dados sobre a má nutrição crônica, à pressão da população sobre a terra e as condições dos solos, revelou que trinta nações (América do Norte, Europa, Rússia, Austrália, Nova Zelândia, Turquia, Israel, Líbano, Taiwan, Argentina, Brasil, Uruguai, Paraguai, Zâmbia, Rodésia e África do Sul) conhecem a ciência e tecnologia, e contam com recursos financeiros e capacidade de direção para assegurar de modo permanente seu abastecimento de alimentos com os meios a sua disposição. Em setenta países das regiões semitropicais e tropicais, onde vivem dois terços da população mundial, a ração alimentícia inadequada, a renda por habitante pequena, a densidade demográfica grande, os rendimentos por unidade de superfície baixos, grande parte do solo apresenta baixos teores dos principais nutrientes[1].

Referências Bibliográficas

1. ESTADOS UNIDOS. Department of Agriculture. Economic Research Service. *The world food budget 1962 and 1966*. Washington: USDA, 1961.

2. FOOD AND AGRICULTURAL ORGANIZATION OF THE UNITED NATIONS. *Soil erosion by water*. Roma: FAO, 1965.

3. STALLINGS, J. H. *Soil conservation*. New Jersey: Prentice-Hall, 1957.

4. RECURSOS NATURAIS DE CARÁTER RENOVÁVEL

O tremendo aumento da população do mundo é reconhecido por todos, porém uma exploração judiciosa dos recursos naturais de caráter renovável ainda é pouco difundida. A produção de grãos, carne, laticínios e matéria-prima para vestuário e moradia, representa, em longo prazo, uma diminuição da produtividade da terra.

Embora vários países tenham serviços especializados para programas conservacionistas, os resultados desses esforços mostram apenas uma lenta diminuição na destruição do solo. Há duas razões fundamentais para a falta de um marcante sucesso: *a)* as restrições de exploração do solo são inaceitáveis pelo povo e governo, pois tal exploração está fornecendo uma imediata prosperidade aos indivíduos e à nação; e *b)* em um mundo faminto, é difícil restringir a provisão de alimentos, mesmo que isso possa significar em longo prazo, uma redução da produtividade[2].

Ao patrimônio de muitas nações, representado pelos recursos naturais de caráter renovável, deveu-se o florescimento da sua economia, caracterizado pelo bem-estar da população. A utilização dos recursos de maneira imprudente, porém, trouxe péssimas consequências. As florestas se acabaram, grandes extensões de terra perderam a fertilidade pela erosão ou pelo desgaste dos nutrientes do solo, a fauna diminuiu, as fontes de água declinaram. Hoje, em tais nações, põe-se em dúvida a sua capacidade de manter o mesmo alto padrão de vida para o futuro.

A conservação dos recursos naturais de caráter renovável não é da responsabilidade de uns poucos especialista, técnicos oficiais ou militantes entusiasmados, mas cada indivíduo, empresa ou organização deve tomar parte na tarefa da preservação dos recursos que formam a base da economia da Nação.

4.1. O solo

O solo é um recurso básico que suporta toda a cobertura vegetal de terra, sem a qual os seres vivos não poderiam existir. Nessa cobertura, incluem-se não só as culturas como, também, todos os tipos de árvores, gramíneas, raízes e herbáceas que podem ser utilizadas pelo homem[1].

O solo, além da grande superfície que ocupa no globo, é uma das maiores fontes de energia para o grande drama da vida que, geração após geração de homens, plantas e animais, atua na terra.

É evidente que quanto maior a variedade de solos que uma nação possui, maior a oportunidade de seu povo encontrar melhor padrão de vida. E importante, porém, que as maiores áreas sejam ocupadas por solos adaptados às grandes produções de alimentos e matérias-primas essenciais à habitação, vestuário, transporte e indústria, Também é de particular interesse que numerosas áreas possam ser utilizadas em muitas formas de recreação, tão importante ao bem-estar físico e mental da população.

Quando todos os solos de um país como o nosso, de dimensões continentais, forem estudados e classificados, o seu número deverá contar entre milhares. Entretanto, os solos podem ser classificados em um sistema de classes ou grupos, de tal maneira que os tipos individuais são incluídos em grupos bem relacionados e caracterizados.

Grupos de solos muito diferentes em suas características são também contrastantes no seu uso, pois os problemas do seu manejo não poderão ser os mesmos. O conhecimento das peculiaridades de cada tipo de solo é que condiciona o seu melhor aproveitamento.

Há algumas gerações, quando as terras ainda estavam quase todas cobertas de matas e gramíneas, a necessidade da conservação do solo era inconcebível. Hoje, porém, sabemos dos prejuízos causados pela erosão, principalmente na forma invisível, a erosão laminar, que remove o solo em suas camadas superficiais.

Segundo dados obtidos pela Seção de Conservação do Solo, do Instituto Agronômico, perde o Estado de São Paulo anualmente, por efeito da erosão, cerca de 130.000.000 de toneladas de terra. Essa perda representa aproximadamente 25% da perda sofrida pelo Brasil inteiro, explicando-se tão grande parcela de prejuízos pela grande intensidade da agricultura paulista[3]. Com efeito, enquanto o Brasil inteiro tem apenas em torno de 3,5% de sua superfície em cultivo, o Estado de São Paulo, do total de seu território, apresenta aproximadamente 35% em culturas.

Para se fazer ideia do volume de tais perdas, basta dizer que ele corresponde ao desgaste de uma camada de 15 cm de espessura, numa área de 60.000 hectares. Isso corresponde a 300 fazendas de 200 hectares cada uma, que anualmente se tornariam improdutivas e praticamente sem valor para fins agrícolas, no Estado de São Paulo, pelo efeito da erosão.

As terras se estragam, tornando-se menos produtivas, por quatro razões principais: perda da estrutura do solo, perda da matéria orgânica, perda dos elementos nutritivos e perda do solo. Esses prejuízos são causados pela erosão, pela drenagem imprópria, pela irrigação mal feita, pela alcalinidade, pelas enchentes e pelo mau uso do solo.

Muitos métodos agrícolas têm sido desenvolvidos, alguns benéficos, outros prejudiciais, alguns práticos, outros não, alguns lucrativos, outros danosos. Os fundamentos da conservação de nossa terra são: *a)* usá-la de acordo com a sua capacidade; e *b)* protegê-la conforme sua necessidade.

Há algumas décadas, os princípios de conservação do solo eram pouco mais que simples teoria. Hoje, os resultados de pesquisa, os esforços dos técnicos e de muitos lavradores que reconhecem a necessidade de melhores métodos culturais, fizeram com que os conservacionistas desenvolvessem, em poucos anos, uma ciência relativamente estável.

A complexidade do problema e as variações em detalhes do solo, do declive e do clima, fazem com que a adaptação de novas práticas seja lenta.

Antes de efetuar qualquer recomendação para uma determinada área, o conservacionista deve ser capaz de classificar as glebas de acordo com a sua capacidade de uso e indicar as práticas necessárias para um bom manejo do solo; deve também saber como avaliar os vários fatores ecológicos envolvidos na solução do problema. O conservacionista, em realidade, deve ter um pouco de geólogo, de pedólogo, de geógrafo, de paisagista, de zootecnista, de engenheiro e de biologista. O grau com que ele chega a se integrar na parte envolvida do problema é que determina o seu sucesso como conservacionista. Ele deve ainda ser capaz de planejar a integração de diferentes práticas necessárias à determinada gleba dentro de um programa coordenado.

Em linhas gerais, por exemplo, em um terreno de topografia suave, o plantio em contorno ou a rotação de culturas, talvez sejam as únicas práticas recomendadas. Em topografia mais inclinada, pode-se necessitar de cordões de vegetação permanente ou terraceamento. Em topografia bastante acidentada, porém, deve-se, pensar unicamente no reflorestamento e práticas de manejo de florestas. É importante salientar que raramente uma única prática é adequada para proteger um solo do perigo da erosão: usualmente, três ou mais delas podem ser combinadas para obter um programa balanceado.

Ao iniciar um planejamento, o conservacionista faz um mapa da propriedade; hoje, isso é mais fácil com o uso de fotografia aérea, onde são vistos os mais importantes fatores físicos. Esses fatores, usualmente, são limitados ao solo, ao declive, a erosão e a cobertura vegetal, porém outros fatores podem ser incluídos. Do seu conhecimento da influência desses fatores, ele desenvolve uma combinação especifica de práticas para cada unidade de área no mapa.

Quando se pensa em todos os tipos de solo, em todos os graus de declive e em todos os tipos de clima que temos combinados de diferentes maneiras, vemos como pode diferir grandemente o tipo de uso do solo. Isso define a sua capacidade de uso que não está, necessariamente, relacionada com a sua produtividade.

Muitos sistemas de classificação da capacidade de uso do solo têm sido imaginados, porém o que atualmente é adotado universalmente e também no *Manual Brasileiro para Levantamentos Conservacionistas*, e, mais recentemente, no *Manual Brasileiro para Levantamento da Capacidade de Uso da Terra*, contêm oito classes.

A fotografia aérea ou o mapa colorido, com as cores convencionais para cada uma das classes de capacidade de uso, indicam a potencialidade de cada uma das glebas, orientando, assim, o planejamento conservacionista da propriedade. Dentro das áreas coloridas, sob a forma de símbolos e anotações convencionais, podem-se encontrar as informações do levantamento conservacionista, isto é, a diferenciação dos solos, das declividades, dos graus de erosão e do uso atual.

A presença de fatores restritos de uso (erosão, declividade, excesso de umidade, escassez de água na região, inundação, acidez ou alcalinidade, baixa fertilidade, pedregosidade) pode determinar a separação de subclasses, diferentes tipos de manejo, dentro das classes.

Algumas das causas do esgotamento de nossos solos pela erosão podem ser controladas, dentro das normas da prática e da economia, pela aplicação das práticas conservacionistas. Cada uma delas resolve apenas parcialmente o problema; assim, para a melhor solução, deverá ser aplicado simultaneamente um conjunto de práticas, a fim de abranger, com a maior amplitude possível, os diversos ângulos do problema.

4.2. *A pastagem*

A pastagem é um dos principais tipos de vegetação que formam uma cobertura do solo. A área coberta pela pastagem está na dependência direta das condições de clima e solo, porém outros fatores, muitas vezes, exercem acentuada influência, tais como o fogo, os insetos, as pragas e moléstias e, sem dúvida, também a atividade humana.

Estima-se que a área de pastagem do mundo é 24% do seu total, enquanto a área cultivada e cerca de 10%, e provavelmente, no futuro, não ultrapassará 30%.

A importância das pastagens como um recurso natural é indicada pelo fato de que, nos Estados Unidos, por exemplo, cerca de 38% de sua área é ocupada com pastoreio permanente, em comparação com a área cultivada, que é 20%. Em países de agricultura intensiva, como Dinamarca e Checoslováquia, a área cultivada como a de pastagem permanente é 15%. Na Inglaterra, a área ocupada com a pastagem permanente é 60%, e, na Argentina, 48%.

A pastagem geralmente é formada de gramíneas, de plantas herbáceas, às vezes de arbustivas baixas e de semiarbustivas. Cerca de 6.000 espécies de gramíneas conhecidas vivem em todo o tipo de *habitat*, desde o equador até a região polar. A predominância de gramíneas é devida às suas características próprias, como a habilidade de crescer densamente, de produzir de 500 a 2.000 hastes por metro quadrado e de desenvolver um sistema de raízes finas, em abundância, em geral profundas, e que se ramificam no solo tão intensamente que raras são as plantas que podem competir com elas em umidade e elementos nutritivos. Poucas como elas toleram um pastoreio contínuo e frequente.

As gramíneas, com a sua densidade de hastes e sistema radicular, são bem adaptadas no controle da erosão, pela sua capacidade de diminuir a intensidade de enxurrada e prender as partículas de solo contra a pressão da água, formando pequenas rugosidades no terreno que, agindo como minúsculas barragens retardam o movimento da água. Também no controle da erosão eólica, podem ser usadas na formação de barreiras ou cordões de vegetação.

Outras importantes peculiaridades das gramíneas que contribuem para o seu valor como recurso natural, são: *a)* sua capacidade de resistir a períodos irregulares de seca, vegetando bem em zonas de umidade limitada; *b)* certas espécies anuais produzem bem num curto período de crescimento, quando as condições de umidade e temperatura são favoráveis; *c)* umas espécies podem vegetar bem em condições muito úmidas ou pantanais; *d)* outras vegetam bem em solos alcalinos; e *e)* algumas têm a propriedade de enriquecer o solo e são utilizadas em sistemas de rotação de cultura, para restauração da fertilidade do solo.

Muitas de nossas pastagens têm sido bastante danificadas pelo excessivo pastoreio, e a revegetação natural é bastante lenta, especialmente quando nesses campos ainda permanece o gado. Além do excessivo pastoreio, pode-se acrescentar, como mau manejo da pastagem, a sua utilização muito cedo ou tardia, e a má distribuição do gado na área. Um dos principais efeitos do pastoreio excessivo na qualidade da pastagem é a redução do vigor das plantas, causando-lhes, em consequência, declínio e morte, e a dominância de outras menos palatáveis. O pastoreio excessivo faz também aparecer áreas descobertas de vegetação, acelerando a erosão laminar, a superfície do solo é arrastada pela erosão, tornando-se a área, progressivamente, menos fértil.

Poucos se dão conta da extensão com que nosso recurso de pastagem tem sido maltratado, e, principalmente, como a sua capacidade de pastoreio tem sido diminuída.

Felizmente, pela capacidade de muitas gramíneas de recuperarem quando lhes são dadas condições favoráveis, medidas de melhoramento das pastagens podem ser efetivadas em áreas extensivas. O conhecimento de certos princípios e métodos e essencial no maneio e melhoramento das pastagens, tais como o conhecimento da composição florística da área, da variação da sua composição na área de ano para ano; influência dos fatores climáticos; fatores de crescimento das espécies mais importantes; comunidades de gramíneas com arbustivas e herbáceas; determinação da relação entre espécies, as variações em solo, clima e outras condições ecológicas; métodos de ressemeio de gramíneas, principalmente em áreas erodidas. A adaptação de variedades de outras regiões e um programa de seleção e melhoramento de variedades é também, importante no melhoramento das pastagens.

Para o melhoramento, podem ser usados métodos culturais, a saber: *a)* construção de sulcos e camalhões, com a finalidade de prevenir a erosão e reter a água da chuva, sobretudo em regiões secas; *b)* construção de canais de diversão ou terraço nas áreas sujeitas a erosão, particularmente quando uma nova pastagem está sendo estabelecida; *c)* aplicação de fertilizantes; *d)* destruição de arbustos; *e)* operações culturais; *f)* construção de cercas para isolamento da área; e *g)* controle da distribuição do gado.

4.3. *A floresta*

A floresta é nosso maior recurso natural de caráter renovável: conserva a água a utilizar na irrigação; protege o, solo; regula o volume das nascentes; fornece áreas de recreação e é ambiente adequado à fauna. Com um manejo apropriado, além desses múltiplos usos, pode dar ocupação e renda econômica para milhões de pessoas.

As florestas ocupam, hoje, 42% da área total do globo. Uma grande área florestal pode contar mais de mil espécies, das quais, mais de cem podem ter significado econômico. Parte das nossas florestas foi impiedosamente destruída pelos nossos colonizadores, no afã de abrir novas áreas para os empreendimentos agrícolas; urge, portanto, a adoção de uma política florestal capaz de preservar esse recurso natural.

A madeira, material extremamente adaptável, tem exercido um papel vital no desenvolvimento dos países. Em uma pesquisa do Serviço Florestal dos Estados Unidos foi classificada uma relação de 4.500 diferentes usos da madeira[4]. Nenhum outro material pode fornecer tão variado emprego: fibra, alimento, combustível, derivados químicos, estruturas e construções.

O valor da floresta como regulador das nascentes e do controle da erosão e bem conhecido. Sua função hidrológica, entretanto, não é a mesma em todos os tipos de topografia: nos terrenos planos, o efeito da cobertura florestal no controle das enchentes, não é tão pronunciado como nos montanhosos. Os processos envolvidos por ela, como regulador da enxurrada, podem ser explicados pelo fato de que um bom manejo da floresta é uma integração biológica da comunidade florestal com o clima e com o solo superficial; a parte superior é protegida pela copa das árvores e arbustos em diferentes alturas, e a superfície do solo, com folhas mortas, galhos secos e matéria orgânica em vários estádios de decomposição, com abundância de microrganismos, mantém o solo poroso, com estrutura ideal para absorver grandes quantidades de água.

A floresta bem manejada é o abrigo ideal da fauna: fornece segurança para a criação das espécies, água, alimento, morada e proteção.

Alguns animais vivem na copa das árvores, outros na superfície e outros abaixo da superfície, ficando, assim, evidente que, nas operações de derrubada, o corte das árvores deve ser ajustado às condições de manutenção da população animal.

Em alguns países, o uso recreativo da floresta é muito grande. Nos Estados Unidos, por exemplo, é calculada em dois bilhões de dólares anuais e renda derivada do seu uso recreativo. Entretanto, convém salientar que suas reservas florestais ou parques foram criados para a preservação natural, científica e histórica das espécies, para divertimento e educação da população.

A melhor maneira de conseguir um suprimento contínuo de madeira é a proteção e o manejo das florestas, que têm sido danificadas pelo fogo, insetos, moléstias e corte desordenado.

As práticas de melhoramento e conservação das florestas, necessárias para a produção de mais madeira, também possibilitam a atividade de trabalho para muita gente. Na Dinamarca, 6.000 pessoas trabalham em florestas, e, nos Estados Unidos, 6.000.000 nessa atividade aumentam anualmente a produção de madeira.

O fogo, que a destrói, mais que qualquer outro fator, é o grande inimigo da floresta; tem várias causas: os fumantes descuidados, que lhe atiram tocos de cigarro; incendiários, pelo prazer de pôr fogo, os relâmpagos que caem em dias de trovoadas. A maioria, dos incêndios, porém, é causada pelo homem. Alguns métodos têm sido adotados para o controle do fogo. Nos Estados Unidos, o emprego de paraquedistas com equipamentos, é um método aparatoso, porém eficiente nos lugares de difícil acesso. Em alguns países, a área florestal dispõe de uma rede de torres de observações com todo o equipamento necessário, incluindo um sistema de radiocomunicações. A utilização de bombas contendo produtos químicos que, ao cair, formam uma densa camada de vapor, é um dos mais recentes métodos. Gelo seco tem sido empregado com sucesso em certos tipos de incêndios. A pesquisa de novos métodos deve prosseguir e, um programa educacional, ser intensificado, a fim de criar uma consciência anti-incendiária na população.

Os insetos e as moléstias têm causado muitas perdas nas florestas, porém grandes progressos têm sido conseguidos nos métodos de controle dos insetos. Avião pulverizando com DDT tem sido de grande eficiência, porém de custo proibitivo, e somente poderá ser recomendado em pequenas áreas e situações desesperadoras.

O manejo de floresta atinge a meta quando suas árvores apresentam uma contínua produção e suas terras não são usadas para outros fins. Sua alta produção é conseguida quando há uma colheita sistemática, e ela é protegida contra o fogo e outras causas de prejuízo. Por um sistema racional de corte, a floresta pode ser melhorada, ao mesmo tempo em que considerável colheita de madeiras pode ser obtida. Sob um método seletivo de corte, nem todas as árvores de um mesmo tipo são derrubadas, apenas algumas ou pequenos grupos isolados são removidos; assim, as árvores são cortadas continuamente sem um longo período de espera.

O reflorestamento é necessário, principalmente visando colocar terras impróprias para o cultivo dentro de um esquema lucrativo.

4.4. *A água*

A necessidade de água é universal; entretanto, sua distribuição em todo o globo e sua aparente inesgotabilidade tem levado a humanidade a tratar esse importante recurso natural sem conservação. Em geral, tanto a escassez de água como os excessos resultam de um mau uso dos recursos naturais.

A importância universal da água, como uma necessidade básica em todas as formas de vida, faz de seu emprego um problema complicado de conservação. As várias maneiras de sua utilização criam, às vezes, um conflito de interesses. A vida depende da água, que inclui a bebida para o homem e animal, a água do solo para a vegetação, a da superfície para a população aquática, como uma fonte de energia, uso industrial, meio de transporte, meio de purificação e transporte de resíduos, e, também, sem dúvida, como forma recreativa.

Em geral, o suprimento de água está relacionado com a distribuição de chuva na região, proporcionando o abastecimento de suas fontes: a água da superfície e a subterrânea. A água da superfície é disponível pelos córregos, pelos rios, pelos lagos, pelos reservatórios e pelos açudes. A subterrânea é retirada diretamente por meio de poços, porém grande parte é colhida nas nascentes.

Os problemas principais da conservação da água são os relacionados com sua quantidade e qualidade. Com a urbanização cada vez maior, o consumo, *per capita*, tende a crescer. É oportuno lembrar que a urbanização e a industrialização não são as únicas causas de diminuição e poluição da água, pois o desflorestamento, a erosão, as enchentes e a diminuição do nível do lençol freático são também problemas relacionados com a conservação da água.

O problema dessa conservação não pode ser resolvido independente da conservação dos outros recursos naturais. O volume de água disponível sempre estará na dependência da água da chuva que cai, porém a quantidade de água que escorre na superfície ou vai abastecer o lençol subterrâneo está relacionada com a camada superficial do solo. Uma cobertura de floresta ou pastagem retarda a enxurrada, diminui as enchentes, reduz a erosão e eleva o nível do lençol freático.

Um bom programa de conservação da água, para assegurar um abastecimento domiciliar e industrial, deve ser fundamentado no reflorestamento e proteção da vegetação natural, na conservação do solo, no controle das enchentes e na conservação da fauna.

4.5. *A fauna*

A conservação da fauna significa o uso e manejo dos animais não domesticados para benefício de toda a população. Os animais nativos são parte integrante da cena em que vivemos, podendo, alguns, serem utilizados na alimentação ou na confecção de vestimentas.

A despeito do declínio de muitas espécies, o recurso renovável da fauna ainda é vasto. A restrição, ou mesmo a proibição da caça e pesca em determinadas regiões, é uma medida necessária para a preservação da fauna.

A capacidade reprodutiva dos peixes é muito grande e, em geral, não é afetada pela pesca. A poluição dos rios e reservatórios, porém, faz com que somente algumas espécies tolerantes, como a carpa, possam neles sobreviver. As causas principais da poluição e que necessitam ser controladas, são o despejo dos esgotos e os resíduos industriais.

Entre as condições de uso do solo que causam o declínio de muitas espécies, estão: *a)* o pastoreio excessivo das áreas florestadas; *b)* os incêndios florestais; *c)* a drenagem mal feita de áreas alagadas; *d)* as máquinas agrícolas, que nas áreas de cultura causam a morte de animais na sua estação de reprodução; *e)* as cercas elétricas; *f)* os herbicidas, que eliminam, às vezes, a única fonte de cobertura vegetal necessária ao abrigo de algumas espécies; e *g)* o declínio de produtividade pela erosão, com profundo efeito na redução da fauna.

São necessárias campanhas de esclarecimento público no sentido de dar um conhecimento básico da biologia das espécies, da introdução de espécies exóticas e da proteção às fêmeas, no interesse da preservação da fauna.

Basicamente, o solo, a água, a floresta e a conservação da fauna são partes de um programa inseparável. A fauna deve ter um meio ambiente próprio para as suas necessidades de sobrevivência. Assim, no que se refere à alimentação, esta deve ser disponível em todas as estações do ano, sendo problema sério nas regiões de inverno rigoroso. Com relação à cobertura do solo, deve estar de acordo com as exigências das espécies e próxima da água e alimento. A necessidade de grandes massas de água é evidente ao considerar os animais aquáticos ou semiaquáticos, como peixes, sapos, gansos, patos e cisnes. Devem ser evitadas as causas de dizimação das espécies, como as doenças, os parasitas, a depredação, a fome, os acidentes e a caça desordenada. É, também, de grande importância para o manejo do recurso da fauna, o estabelecimento de áreas de refúgio onde a caça seria proibida.

4.6. Considerações finais

Qualquer área geográfica, de qualquer tamanho, pode estar sujeita a um plano. E no planejamento agrícola, as suas diretrizes devem obedecer às linhas básicas de conservação dos recursos naturais de caráter renovável.

Essa conservação envolve o conhecimento de tais recursos, sua avaliação, preservação, uso eficiente e renovação.

Nenhum proprietário ou governo deseja que suas terras sejam destruídas pela erosão; um planejamento eficiente conservará o solo. Um bom uso da floresta, acompanhado de planejamento racional de reflorestamento, permitirá a continuação das indústrias que estão na dependência da madeira. Uma utilização racional da pastagem na combinação agricultura-produção animal, quando bem planejada, estabelece uma condição ideal para a manutenção da fertilidade do solo, pois a vegetação densa assegura proteção ao solo por longos anos. Uma boa campanha educativa e medidas restritivas são requeridas para a preservação da fauna. A vida depende da água como uma necessidade básica; a conservação da água depende da preservação dos outros recursos naturais de caráter renovável.

Referências Bibliográficas

1. BERTONI, J. O planejador e a utilização dos recursos naturais. *Boletim da Federação dos Engenheiros-Agrônomos do Brasil (FEAB)*, Campinas, p. 23, 1968.

2. HUDSON, N. W. *Soil conservation*. Ithaca: Cornell University, 1973.

3. MARQUES, J. Q. A. *Política de conservação do solo*. Rio de Janeiro: Ministério da Agricultura, 1949.

4. SMITH, G. H. *Conservation of natural resources*. New York: John Wiley, 1950.

5. NOÇÕES GERAIS SOBRE SOLO

O solo é definido como a coleção de corpos naturais ocorrendo na superfície da terra, contendo matéria viva e suportando ou sendo capaz de suportar plantas. É, enfim, a camada superficial da crosta terrestre em que se sustentam e se nutrem as plantas. Essa tênue camada é composta por partículas de rochas em diferentes estádios de desagregação, água e substâncias químicas em dissolução, ar, organismos vivos e matéria orgânica em distintas fases de decomposição[3].

Os fatores de formação do solo, simplesmente denominados de intemperismo, incluem também as forças físicas que resultam na desintegração das rochas, as reações químicas que alteram a composição das rochas e dos minerais, e as forças biológicas que resultam em uma intensificação das forças físicas e químicas. Há centenas de tipos de rochas e minerais com diferente composição química, diferentes graus de resistência ao intemperismo e diferentes propriedades físicas.

Os fatores principais na formação do solo são: o material original, o clima, a atividade biológica dos organismos vivos, a topografia e o tempo. O material original tem uma influência passiva nessa formação. O clima, representado pela chuva e temperatura, influi principalmente na distribuição variada dos elementos solúveis e na velocidade das reações químicas. A principal ação dos micro-organismos no solo é decompor os restos vegetais. A topografia influi pelo movimento transversal e lateral da água. A formação de um solo depende, naturalmente, do espaço de tempo em que atuam os diferentes fatores.

Uma característica comum de todos os solos é o de desenvolvimento em diferentes camadas aproximadamente horizontais denominadas horizontes. Uma seção vertical do solo, expondo-as, é denominada perfil. O perfil do solo exprime a ação conjunta dos vários fatores, e a sequência de horizontes caracteriza o solo e determina-lhe o valor agrícola. O perfil é a chave para a identificação das séries de solo.

A camada superficial, denominada horizonte A, em geral tem mais matéria orgânica e é de coloração mais escura. A camada seguinte, horizonte B, contém mais argila e é bastante diferente na coloração, em geral bem mais clara que a superficial. Abaixo da camada B vem o horizonte C, constituído do material original, e o horizonte R, que é a rocha. Quando a camada superficial apresenta características mais afastadas do material original, como as camadas orgânicas dos solos minerais, é denominada horizonte O.

Os horizontes principais A, B e C, por conveniência de descrição, podem ser subdivididos de acordo com as propriedades que apresentam, como A_1, A_3, B_2, C_1. O primeiro número colocado depois das letras requer a sua própria definição, porém o segundo número se refere a uma sequência em profundidade. No horizonte C, um único número indica apenas a sequência em profundidade.

Um algarismo romano antes da letra C, por exemplo, IVC_2, indica a descontinuidade litológica, ou seja, quando o perfil é desenvolvido em dois materiais originais diferentes. Outros símbolos, usados em seguida ao número do horizonte respectivo, indicam características facilmente reconhecíveis e associadas ao perfil: em C_{2g}, g indica uma gleização forte.

Os horizontes A e B, juntos, são comumente mencionados como *solum* e o C, como *substratum*.

A figura 5.1 representa um solo hipotético, que contém a maior parte dos horizontes principais: todos estes não estão presentes em um perfil, porém todo perfil contém alguns deles.

Os solos que foram desenvolvidos do mesmo material original, sob condições semelhantes de clima, vegetação, topografia e tempo, devem ser suficientemente similar em aparência e propriedades para receber a mesma designação.

Solos semelhantes em todas as características, menos na textura da camada superficial, são grupados em séries. A série é a unidade de classificação mais conveniente para o planejamento da área. Pelo nome dela, um planejador experimentado vê, num quadro mental, a topografia, as condições de drenagem, o perfil, a necessidade de corretivos, a cor, a adaptação para determinadas culturas e, algumas vezes, até uma estimativa da sua capacidade de produção. Vê, em resumo, com exceção da textura da camada superficial, a declividade, o grau de erosão e as variações em pedregosidade, salinidade e acidez.

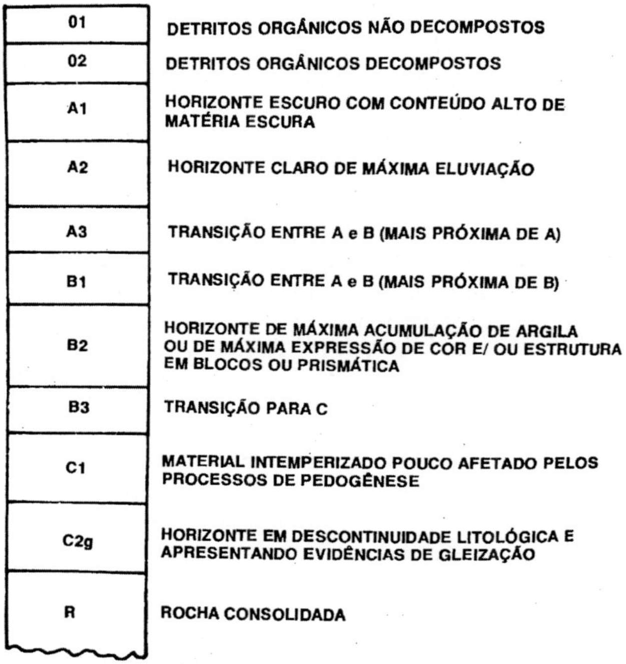

01	DETRITOS ORGÂNICOS NÃO DECOMPOSTOS
02	DETRITOS ORGÂNICOS DECOMPOSTOS
A1	HORIZONTE ESCURO COM CONTEÚDO ALTO DE MATÉRIA ESCURA
A2	HORIZONTE CLARO DE MÁXIMA ELUVIAÇÃO
A3	TRANSIÇÃO ENTRE A e B (MAIS PRÓXIMA DE A)
B1	TRANSIÇÃO ENTRE A e B (MAIS PRÓXIMA DE B)
B2	HORIZONTE DE MÁXIMA ACUMULAÇÃO DE ARGILA OU DE MÁXIMA EXPRESSÃO DE COR E/ OU ESTRUTURA EM BLOCOS OU PRISMÁTICA
B3	TRANSIÇÃO PARA C
C1	MATERIAL INTEMPERIZADO POUCO AFETADO PELOS PROCESSOS DE PEDOGÊNESE
C2g	HORIZONTE EM DESCONTINUIDADE LITOLÓGICA E APRESENTANDO EVIDÊNCIAS DE GLEIZAÇÃO
R	ROCHA CONSOLIDADA

Figura 5.1. Perfil de solo hipotético, contendo a maior parte dos horizontes principais (extraído de MONIZ (3), com modificações)

5.1. Características e manejo do solo

Com as características gerais do solo em mente, o planejador pode programar-lhe o manejo. As variações topográficas podem trazer marcadas variações na drenagem natural; assim, as gramíneas crescem mais rapidamente nas áreas úmidas, e como o excesso de umidade causa uma baixa aeração, a decomposição dos resíduos das plantas é lenta; a acumulação de matéria orgânica é diretamente proporcional ao teor de umidade do solo. Terras de baixadas com alto teor de matéria orgânica devem ter um manejo diferente de terras altas do mesmo grupo textural.

As variações em cor, resultantes da topografia e drenagem natural, podem ser usadas no manejo do solo. Terras altas, bem drenadas, são de cor clara; terras de drenagem imperfeita são de cor e topografia intermediárias, e terras de baixada, pobremente drenadas, são escuras. Esse grupamento em cores, que também reflete o teor de matéria orgânica, pode ser usado extensivamente como base para o planejamento de rotação de culturas e recomendações de adubação.

O clima tem notável efeito nas características do solo. Assim, o intemperismo é mais rápido e a lavagem dos solos, mais drástica nos climas quentes e úmidos. Nos climas frios, o intemperismo é mais lento e o teor de matéria orgânica, em geral, mais alta porque durante o inverno, a decomposição da matéria orgânica é reduzida. A quantidade de precipitação em clima seco determina a profundidade em que normalmente a umidade penetra no solo; a profundidade de penetração da umidade pode limitar a profundidade de penetração das raízes e a acumulação da matéria orgânica.

A topografia do terreno é talvez uma das principais características do solo a considerar no planejamento agrícola. Terras planas são em geral pobremente drenadas, quase não há escorrimento de enxurrada, e a infiltração pode ser tão lenta que o cultivo de plantas com sucesso é problemático. Em terrenos de topografia ondulada ou montanhosa, a enxurrada que se forma escorre com velocidade, ocasionando a erosão e chegando, muitas vezes, a formar grotas, prejudicando as terras agrícolas.

Os minerais de argila são quimicamente ativos e a areia é inerte. A argila atua como um ácido porque, tendo carga negativa, tem a propriedade de absorver cátions. A matéria orgânica parcialmente decomposta (húmus) também possui característica de capacidade de troca. Assim, em um manejo do solo eficiente, deve-se fazer uso dessa capacidade da argila e da fração coloidal da matéria orgânica, como um armazenamento disponível para a alimentação das plantas.

5.2. Principais características físicas e manejo do solo

O conhecimento das principais características físicas do solo, da cor, da textura, da estrutura e da porosidade, é de grande importância na orientação dos trabalhos de seu manejo e controle contra a erosão.

Cor: é uma das características mais facilmente distinguíveis dos solos que, em geral, apresentam diversas tonalidades de cor parda: essa cor, porém, se vai tornando clara à medida que se aprofunda no perfil. A umidade exerce influência na coloração do solo, que, quanto mais úmido, mais escuro; o mesmo solo, depois de uma chuva, é mais escuro.

Por via de regra, o solo é da cor do material de que se origina, mas essa propriedade é alterada pela presença, maior ou menor, de matéria orgânica, água e óxidos de ferro.

A cor, como característica, é de pouca importância, porém serve como guia para avaliação de outras condições que influem no manejo dos solos. Assim, a mais escura pode ser indício de maior conteúdo de matéria orgânica. O vermelho ou pardo-avermelhado depende da quantidade de óxido de ferro não hidratado que se forma em condições de boa aeração, podendo indicar, portanto, solos de boa drenagem. O amarelo, ligado também ao teor de óxido de ferro hidratado, pode revelar solos mal drenados. As tonalidades cinzentas ou mesmo esbranquiçadas indicam condições de má drenagem; em zonas semiáridas, podem denotar uma acumulação de carbonato de cálcio e problemas de salinidade e, em zonas úmidas, os solos de coloração clara são de baixa produtividade porque, não tendo condições de acumular matéria orgânica, são desfavoráveis ao crescimento das plantas.

Situações especiais podem influir colorações peculiares aos solos. O vermelho intenso é ocasionado por alto teor de manganês, a acumulação de cal produz manchas claras pequenas. Quando o nível do lençol freático flutua, os solos de drenagem imperfeita apresentam mosqueamentos de cores cinza, amarela e parda.

Assim, pela sua cor, pode-se muitas vezes saber se um solo é bem ou mal drenado, se tem problemas de matéria orgânica, enfim, as perspectivas de sua utilização.

Textura: é a distribuição quantitativa das classes de tamanho de partículas de que se compõe o solo. São consideradas partículas as pedras, os seixos, os cascalhos, a areia, o limo (ou silte) e a argila. As partículas menores que 2 mm de diâmetro (areia, limo e argila), porém, são as de maior importância, pois muitas das propriedades físicas e químicas da porção mineral do solo dependem da proporção que contém dessas partículas de tamanho pequeno. Assim, usualmente se consideram apenas as três frações menores — areia, limo e argila — para caracterizar a textura.

As reações físicas e químicas nos solos se verificam principalmente na superfície das partículas, daí a razão do maior interesse nas frações menores, que têm proporcionalmente, uma superfície maior. Cinco quilogramas de argila seca com partículas de 0,001 mm de diâmetro têm uma superfície equivalente a uma área de um hectare.

As diferentes frações do solo são definidas pelo seu tamanho em uma classificação granulométrica, convencionada arbitrariamente, para a identificação textural do solo. A análise mecânica determina a proporção existente dessas frações, e o resultado usualmente é apresentado como porcentagens de areia, limo e argila. As três porcentagens são usadas para designar a classe textural a que pertence o solo analisado.

Nenhum solo é composto exclusivamente de uma única fração, há sempre uma mistura das três, e as porcentagens das diversas frações é que diferenciam os tipos de textura. Assim, há, por exemplo, de acordo com a nomenclatura brasileira, as seguintes denominações: arenosa, arenosa-francosa, siltosa, silto-francosa, francosa, franco-arenosa, franco-siltosa, argilosa e muito argilosa[2].

Na prática é usual distinguir os solos, quanto à textura, em leves e pesados; solos leves são os que têm predominância de areia e, pesados, os que têm maior porcentagem de argila. É comum, também, expressá-los em solos de textura fina e solos de textura grossa, sendo os primeiros com predominância de partículas pequenas, ou argila, e os segundos com maior teor de partículas maiores, ou areia.

A textura é uma propriedade permanente do solo que depende das características do material originário e dos agentes naturais de formação do solo.

Solos arenosos são, em geral, soltos e não oferecem resistência à penetração das raízes, porém os muitos arenosos, com baixa porcentagem de argila, são frequentemente pobres em fertilidade e tem baixa capacidade de retenção da umidade. Alta proporção de areia é muitas vezes associada com forte diferenciação entre os horizontes A e B. Solos arenosos devem receber frequente suplementação de água e de fertilizantes para que tenham boa produção: a adição de matéria orgânica melhora sua capacidade de retenção da umidade e dos nutrientes das plantas.

Em regiões úmidas, os solos de textura mais fina em geral têm produções maiores que os arenosos, devido à diferença de fertilidade. Em regiões subúmidas, os solos com menos argila tem maiores produções quando comparados com aqueles de textura mais pesada, e que pode ser explicado por maior capacidade de infiltração de água.

Solos com muita argila podem ter alta capacidade de retenção da umidade e pouca aeração e têm baixa produção, porém aqueles bastante argilosos, com boa agregação e grandes espaços porosos, podem ser altamente produtivos.

A textura é, talvez, um dos mais importantes fatores na determinação do uso do solo. Algumas plantas podem crescer em terreno de drenagem lenta e pouca aeração. As gramíneas podem prosperar onde leguminosas de raízes profundas falham, a batatinha produz bastante em solos de textura franco-arenosas onde outras culturas podem fracassar.

As práticas de cultivo devem estar associadas com a textura. Os solos argilosos não podem ser trabalhados enquanto úmidos, porém tem uma estrutura que resiste à erosão eólica, ao contrário dos arenosos, que são prejudicados pelo vento.

A experiência tem demonstrado que as culturas plantadas em solos arenosos respondem diferentemente aos fertilizantes que nos solos argilosos, mesmo que a análise química tenha revelado quantidade semelhante de elementos nutritivos disponíveis; isso pode ser explicado pela diferença de textura.

Estrutura: é a forma como se arranjam as partículas elementares de solo. A estrutura determina a maior ou menor facilidade de trabalho das terras, e permeabilidade à água, a resistência à erosão e as condições ao desenvolvimento das raízes das plantas. Ela é importante porque tem relação com o preparo do solo para o cultivo, com a erosão, com a aeração e com a absorção da água. Os solos de má estrutura são sempre de baixa produtividade.

A estrutura é classificada de acordo com a forma, o tamanho e o grau de desenvolvimento das unidades estruturais. A forma define o tipo de estrutura; o tamanho, sua classe, e o desenvolvimento se identificam com seus graus. As formas de estrutura são as seguintes: laminar, prismática, em blocos e granular. As classes, determinadas em função das dimensões das unidades estruturais, podem ser muito pequena, pequena, média, grande e muito grande. O grau é o agrupamento de estrutura do solo com base na adesão entre os agregados, na coesão, ou na estabilidade dentro do perfil.

A estrutura pode ser modificada pelas práticas de maneio, tais como o trabalho mecânico, o teor de matéria orgânica, e drenagem, e rotação de culturas. A aração, quando em terreno muito seco ou muito úmido, pode causar um prejuízo na estrutura do solo por um período mais ou menos longo; um cultivo contínuo de algumas plantas produz um efeito semelhante, porém as leguminosas são benéficas, melhorando a estrutura do solo e a estabilidade dos agregados.

De grande importância é a estrutura adequada para as plantas cultivadas. Uma boa estrutura é a que tem poros e espaços porosos bastante volumosos para aeração, infiltração e desenvolvimento radicular das plantas e agregados bastante densos e coesos.

Agregados estáveis em água permitem maior infiltração e maior resistência à erosão, porém agregados não estáveis tendem a desaparecer e dispersar. Sob o impacto das gotas de chuva, os agregados são sujeitos a se dispersarem. Sua estabilidade é devida ao tipo de argila, ao elemento associado com a argila, à natureza dos produtos de decomposição da matéria orgânica e ao tipo de população microbiológica do solo. Um excesso de sódio associado com a argila pode causar a dispersão, mas alta proporção de hidrogênio ou cálcio é relacionada com a agregação.

A correção da estrutura solta dos solos arenosos pode ser feita com a incorporação de matéria orgânica, porém o eleito na estabilidade dos agregados somente é conseguido depois que ocorrer a sua decomposição. Nos solos argilosos, a correção da estrutura adensada é mais difícil, podendo, em alguns casos, ser conseguida com o trabalho mecânica do solo, a incorporação de matéria orgânica e, algumas vezes, com a calagem, porque o cálcio em quantidades adequadas flócula a argila.

A estrutura do horizonte B é de grande importância na absorção da água e na circulação do ar. Solos com uma camada adensada têm sérios problemas de manejo, pois a absorção da água da chuva é lenta e a penetração das raízes, limitada, pela falta de oxigênio. Não há muito que fazer para melhorar a estrutura de um horizonte B muito argilosa: tem sido tentada a aração profunda e a subsolagem. Algumas plantas perenes de raízes profundas, como a alfafa, podem abrir canalículos para o movimento de ar e água.

Porosidade: refere-se à proporção de espaços ocupados pelos líquidos e gases em relação ao espaço ocupado pela massa de solo. O volume de poros, em condições médias, representa a metade do volume do solo. Em geral, os solos com textura mais fina têm maior porosidade, porém necessitam maiores cuidados na manutenção da aeração; os arenosos têm menor porcentagem de porosidade e quase uma constante aeração. É muito difícil caracterizar a porosidade que permite a aeração; o método de tensão, utilizado pelos físicos de solo, tem suas limitações.

Os solos cultivados têm menor porcentagem de porosidade quando comparados com os mesmos solos não cultivados. A perda de porosidade está associada à redução do teor de matéria orgânica, à compactação e ao eleito do impacto das gotas de chuva, fatores esses que, causando uma diminuição no tamanho dos agregados maiores, reduzem, em consequência, o tamanho dos poros.

Por via de regra, as práticas que melhoram a estrutura também beneficiam a aeração. As leguminosas e gramíneas na rotação de culturas melhoram bastante a porosidade. A aração, quando praticada no momento em que o solo tem as melhores condições de umidade, melhora a aeração. A manutenção da matéria orgânica com a incorporação de restos culturais melhora a aeração e o suprimento de oxigênio.

Permeabilidade: é a capacidade que tem o solo de deixar passar água e ar através do seu perfil. Em termos de movimento de água, é a condutividade hidráulica do solo saturado, usualmente medida, em temos de infiltração, em milímetros por hora.

Permeabilidade está diretamente relacionada com o tamanho, volume e distribuição dos poros, e varia os diferentes horizontes de dado solo. Nos arenosos, com grande quantidade de poros grandes, a permeabilidade é rápida, porém nos argilosos é lenta. Em geral a permeabilidade é mais rápida no horizonte A e mais lenta no B, em razão do aumento da tração argila.

A permeabilidade é uma das mais importantes propriedades físicas para o estabelecimento de práticas conservacionistas.

Referências Bibliográficas

1. ESTADOS UNIDOS. Department of Agriculture. Soil Conservation Service. *Soil survey staff:* soil classification. Washington: USDA, 1960.

2. MARQUES, J. Q. A. *Manual brasileiro para levantamento da capacidade de uso da terra:* 3ª aproximação. Rio de Janeiro: Escritório Técnico Brasil-Estados Unidos, 1971.

3. MONIZ, A. C. (coord.) *Elementos de pedologia.* São Paulo: Polígono, Universidade de São Paulo, 1972.

6. FATORES QUE INFLUEM NA EROSÃO

A erosão é causada por forças ativas, como as características da chuva, a declividade e comprimento do declive do terreno e a capacidade que tem o solo de absorver água, e por forças passivas, como a resistência que exerce o solo à ação erosiva da água e a densidade da cobertura vegetal[43].

A água da chuva exerce sua ação erosiva sobre o solo pelo impacto das gotas, que caem com velocidade e energia variáveis, dependendo do seu diâmetro, e pelo escorrimento da enxurrada.

O volume e a velocidade da enxurrada variam com a chuva, com a declividade e comprimento do declive do terreno e com a capacidade do solo em absorver mais ou menos água.

A resistência que o solo exerce a ação erosiva da água está determinada por diversas de suas características ou propriedades físicas e químicas, e pela natureza e quantidade do seu revestimento vegetal.

Para encontrar soluções adequadas ao problema da erosão, e necessário pesquisar as inter-relações dos fatores contribuintes, pois, ainda que alguns não se possam modificar diretamente, todos podem ser controlados, compreendendo-se bem a forma como atuam.

6.1. Chuva

A chuva é um dos fatores climáticos de maior importância na erosão dos solos. O volume e a velocidade da enxurrada dependem da intensidade, duração e frequência da chuva. A intensidade é o fator pluviométrico mais importante na erosão.

Dados de chuva em totais ou médias mensais e anuais pouco significam em relação à erosão. Em duas regiões pode cair num ano, a mesma quantidade de chuva, não significando isso que a situação seja semelhante, pois, num local pode ter caldo grande número de chuvas leves e, no outro, duas a três chuvas pesadas que contribuem com 60% ou 80% do total; é provável que neste último, se as demais condições são semelhantes, possa-se esperar uma erosão mais severa.

A apresentação dos dados de chuvas totais diários, limitados pelas observações feitas a cada 24 horas, também não têm grande significado em relação à erosão, já que nunca a chuva se distribui uniformemente no período de um dia.

No que se refere à erosão dos solos, a unidade deve ser a chuva, definida como a quantidade que cai em forma contínua em um período mais ou menos longo, individualizada através de suas características de intensidade, duração e frequência.

A intensidade é o fator mais importante. Quanto maior a intensidade de chuva, maior a perda por erosão. Dados obtidos por Suarez Castro[43] revelam que, para uma mesma chuva total de 21 mm, uma intensidade de 7,9 mm produziu uma perda de terra cem vezes maior que uma de 1 mm.

A duração de chuva é o complemento da intensidade; a combinação dos dois determina a chuva total. Quando inicia uma chuva de intensidade uniforme, a água se infiltra por um período mais ou menos longo, dependendo das condições de umidade do solo e da sua intensidade. Depois, começa a enxurrada, que vai aumentando de volume em proporções cada vez menores até alcançar uma quantidade estável.

A frequência das chuvas é um fator que também influi nas perdas de terra pela erosão. Se os intervalos entre elas são curtos, o teor de umidade do solo é alto, e assim as enxurradas são mais volumosas, mesmo com chuvas de menor intensidade. Quando os intervalos são maiores, o solo está seco, e não deverá haver enxurrada em chuvas de baixa intensidade: em casos de longa estiagem, porém, a vegetação pode sofrer por falta de umidade e reduzir, assim, a proteção natural do terreno.

Considerando que a chuva afeta diretamente a erosão do solo, algumas particularidades das gotas de chuva devem ser consideradas: elas tem um diâmetro bastante variáveis com um máximo de 7 mm, e não são esféricas; na queda devido às vedações de pressão e resistência do ar, deformam-se. Gotas grandes não são estáveis e, em geral, as maiores de 5 mm dividem-se no ar.

Durante uma chuva muito forte, milhares de milhões de gotas de chuva golpeiam cada hectare de terreno, desprendendo as partículas da massa de solo. Muitas dessas partículas podem ser atiradas a mais de 60 cm de altura e a mais de 1.5 m de distância[19]. Se o terreno está desnudo de vegetação, as gotas desprendem centenas de toneladas de partículas de solo, que são facilmente transportadas pela água[17].

As gotas de chuva que golpeiam o solo são um agente que contribui para o processo erosivo pelo menos por três formas:

a) desprendem partículas de solo no local que sofre o impacto;

b) transportam, por salpicamento, as partículas desprendidas;

c) imprimem energia, em forma de turbulência, à água superficial[18].

Para evitar a erosão, é imprescindível eliminar o desprendimento das partículas causadas pelas gotas de chuva que golpeiam o terreno (Figura 6.1).

Figura 6.1. Impacto da gota de chuva (Foto: SCS — USA)

É muito importante o estudo da força com que a gota de chuva golpeia o solo. A determinação da energia cinética da chuva natural pode ser calculada com a seguinte equação[45].

$$KE = 960 + 331 \log I$$

em que:

KE é a energia cinética em toneladas-pés/acre-polegada;

I é a intensidade da chuva em polegada/hora.

No sistema métrico, tal equação seria apresentada por[31]:

$$Ec = 12{,}14 + 8{,}88 \log I$$

em que:

Ec é a energia cinética em toneladas-metro/hectare-milímetro;

I é a intensidade da chuva em mm/h.

A energia cinética é uma função da massa e da velocidade. Se se considerar uma gota de chuva que se desprende de uma nuvem, poder-se-ia pensar-se que está sujeita a aceleração da gravidade e que, por conseguinte, sua energia cinética é maior à medida que cai de maior altura. As gotas de chuva não são corpos indeformáveis. Elas sofrem múltiplas mudanças de forma no trajeto que percorrem. Durante os primeiros metros de queda, uma gota grande vibra entre achatamentos verticais e horizontais com uma frequência que depende do seu tamanho. O atrito do ar e a pressão determinam uma diminuição na velocidade. Assim, as gotas de chuva na queda podem alcançar uma velocidade máxima ou "velocidade terminal", a partir da qual o movimento é uniforme; essa velocidade constante é atingida quando a resistência oposta à queda é igual ao peso do corpo menos o empuxo para cima.

O importante é determinar a distância que deve percorrer uma gota de chuva em sua queda, para alcançar sua velocidade terminal. Laws[30], com um método fotográfico, não conseguiu determinar exatamente esse valor, porém chegou a medir, com grande precisão, a altura de que necessitavam as gotas de chuva de diferentes tamanhos para obter 95% de sua velocidade terminal. Os valores determinados por Laws são apresentados no quadro 6.1.

Quadro 6.1. Velocidade terminal de gotas de chuva de vários diâmetros

Diâmetro da gota de chuva	Velocidade terminal	Altura da queda com a qual a gota de água adquire 95% de sua velocidade terminal
mm	m/s	m
1	4,0	2,2
2	6,5	5,0
3	8,1	7,2
4	8,8	7,8
5	9,1	7,6
6	9,3	7,2

A conclusão básica é que a velocidade aumenta com o tamanho da gota e com a altura de queda, porém a velocidade terminal atinge um máximo quando ela cai de uma altura de cerca de 8 metros, e as gotas são de 5 mm de diâmetro; as gotas menores adquirem mais rapidamente sua velocidade terminal. A pesquisa de Laws foi fundamental na elaboração dos equipamentos simuladores de chuva.

Uma gota de chuva que cai de uma árvore não diminui sua velocidade de queda ao solo, pois atinge outra vez sua velocidade terminal. Contudo, como essa gota se une a outras, aumentando, portanto, o seu tamanho, a velocidade, por conseguinte, é maior quando as gotas caem de árvores de 7 a 8 metros de altura do que quando caem livremente[7]. Realmente, ao aumentar de diâmetro, a gota de chuva também aumenta a velocidade de queda. A energia cinética de um corpo que se move varia em função do quadrado da velocidade; apesar de o aumento de velocidade não ser muito grande, ele representa um grande aumento na energia cinética das gotas de chuva que golpeiam o solo. Suarez de Castro e Rodriguez[44], com base em suas observações, concluíram que o pretendido efeito de sombreamento nos cafezais, pela interceptação direta das gotas de chuva, não existe.

Segundo Wischmeier e Smith[31], quando todos os outros fatores, com exceção da chuva, são mantidos constantes, a perda de solo por unidade de área de um terreno desprotegido de vegetação é diretamente proporcional ao produto de duas características da chuva: energia cinética por sua intensidade máxima em 30 minutos. Essa foi a melhor correlação encontrada para expressar o potencial erosivo da chuva. Hudson[28], na África subtropical, encontrou que a energia cinética de chuvas individuais de intensidades de 25,4 mm ou maiores, foi mais estreitamente relacionada com as perdas de solo que qualquer outro parâmetro individual testado.

Quadro 6.2. Energia cinética da chuva e da enxurrada

	Chuva	**Enxurrada**
Massa	Suponha a massa de queda da chuva = R	Suponha 25% de enxurrada, e a amassa da enxurrada = R/4
Velocidade	Suponha uma velocidade terminal de 8m/s	Suponha a velocidade de escorrimento na superfície de 1m/s
Energia cinética*	$1/2 \times R \times (8)^2 = 32R$	$1/2 \times R/4 \times (1)^2 = R/8$

* Energia cinética = $1/2 \times$ massa $\times$ (velocidade)^2

Fonte: Hudson[28].

A erosão do solo é um processo de trabalho no sentido físico em que esse trabalho é o consumo de energia, em que a energia é usada em todas as fases da erosão: no rompimento dos agregados do solo, no salpicamento das partículas, na turbulência da enxurrada na superfície, e no escorrimento e transporte das partículas de solo. Se as fontes de energia disponíveis são consideradas, isso explica porque o salpicamento é tão importante no processo da erosão. O quadro 6.2, como apresentado por Hudson[26], mostra a energia cinética disponível da chuva que cai em comparação com a da energia cinética da enxurrada na superfície; tais dados evidenciam que a chuva tem 256 vezes mais energia cinética que a enxurrada na superfície. Os números usados para o cálculo não são exatos, pois foram baseados na porcentagem de enxurrada e na velocidade admitidas, mas claramente indicam o predomínio da energia cinética da chuva.

6.2. *Infiltração*

A infiltração é o movimento da água dentro da superfície do solo. Quanto maior sua velocidade, menor a intensidade de enxurrada na superfície e, consequentemente, reduz-se a erosão. O movimento de água através do solo é realizado pelas forças de gravidade e de capilaridade; esse movimento através dos grandes poros, em solo saturado, é fundamentalmente pela gravidade, enquanto em um solo não saturado é principalmente pela capilaridade.

Durante uma chuva, a velocidade máxima de infiltração ocorre no começo, e usualmente decresce muito rapidamente, de acordo com alterações na estrutura da superfície do solo. Se a chuva continua, a velocidade de infiltração gradualmente aproxima de um valor mínimo, determinado pela velocidade com que a água pode entrar na camada superficial e pela velocidade com que ela pode penetrar através do perfil do solo.

O tamanho e a disposição dos espaços porosos têm a maior influência na velocidade de infiltração de um solo. Em solos arenosos, com grandes espaços porosos, pode-se esperar mais alta velocidade de infiltração que nos limosos ou argilosos, que têm relativamente menores espaços porosos. A velocidade de infiltração é também afetada pela variação na textura do perfil: se um solo arenoso tem logo abaixo uma camada de material pouco permeável de argila, pode-se esperar alta velocidade de infiltração até que a camada arenosa fique saturada, e, desse momento em diante, infiltração menor, em virtude da camada argilosa. Se a camada na superfície for argilosa, a velocidade de infiltração no começo da chuva será menor, bem como a sua variação durante a chuva[3].

A umidade do solo no começo da chuva também afeta a velocidade de infiltração: o material coloidal tende a se dilatar quando molhado, reduzindo, com isso, o tamanho e o espaço poroso e, consequentemente, a capacidade de infiltração. Os solos com alto conteúdo de material coloidal tendem a romper-se quando secos, resultando em alta velocidade de infiltração, até que as fendas se encham; o efeito da umidade na infiltração é muito maior nos solos com alta porcentagem de material coloidal. A umidade do solo é geralmente maior na primavera que no verão; assim, as práticas que podem aumentar a possibilidade de infiltração são mais eficientes na redução da enxurrada, quando praticadas nos meses de verão.

O grau de agregação do solo é outro fator que afeta a infiltração. Se as partículas mais finas são bem agregadas, os espaços porosos entre elas são maiores, proporcionando maior velocidade de infiltração. Práticas de manejo do solo que melhoram suas condições físicas e granulação reduzem a enxurrada e a erosão de grande parte das chuvas.

O conceito de infiltração, ou movimento de água no solo, é pouco antigo, datando de cerca do fim do século 19. De acordo com Brakensiek[13], Perrault e Mariotte foram, aparentemente, os primeiros a apreciar a grande capacidade que o solo tem para a infiltração de água. Entre 1817 e 1920, consideráveis pesquisas hidrológicas foram iniciadas em órgãos governamentais americanos, e vários compêndios de hidrologia publicados[32,33]. O desenvolvimento do conceito de infiltração pode ser acompanhado em *Transactions of American Geophysical Union* assim como em *Transactions and Proceedings of Soil Science Society of America.*

Das pesquisas de Houk[25], foram tiradas conclusões relevantes, a saber: *a)* em dado talhão, quanto mais seco o solo, maior a velocidade de infiltração e menor a intensidade de enxurrada, correspondendo a determinada intensidade de chuva; *b)* para a enxurrada começar de um talhão, são necessárias duas condições: primeira, a precipitação deve ocorrer numa intensidade maior do que a velocidade com que pode ser absorvida pelo solo; segunda, a intensidade em excesso deve ser maior que o suficiente para abastecer o armazenamento superficial disponível em razão das pequenas depressões na superfície, acumulações de capins ou folhas secas e vegetação.

Horton[22] definiu a capacidade de infiltração como a velocidade máxima com que a chuva pode ser absorvida por dado solo, em determinada condição, e, com os dados de Neal[37], descreveu o conceito de infiltração sob o principio de que ela diminui durante a duração da chuva[23].

Vários métodos gerais têm sido adotados na determinação da capacidade de infiltração: *a)* experimentos de laboratório, empregando chuva artificial; *b)* experimentos de laboratório, usando altura constante da superfície livre de água; *c)* experimentos de campo, utilizando altura constante da superfície de água; *d)* experimentos de campo com chuva artificial; *e)* experimentos de campo, utilizando chuva natural em talhões isolados, de determinação de perdas por erosão; *f)* determinações de campo, em bacias hidrográficas pequenas e heterogêneas, sob condições naturais; e *g)* determinações de campo, em bacias hidrográficas pequenas e homogêneas, sob condições naturais.

A velocidade de infiltração tem sido determinada de numerosas maneiras: diretamente, por meio de lisímetros[20] que são, essencialmente, cilindros de solo no qual uma quantidade conhecida de água é aplicada e a infiltração é determinada.

Recentemente, outros métodos têm sido desenvolvidos num esforço para obter a velocidade de infiltração para um solo, em sua condição natural. Para conseguir mais dados do que é possível quando se está na dependência de chuvas naturais, têm sido projetados equipamentos que fornecerão chuva artificial uniforme em intensidade e em grande quantidade. O equipamento pode ser mudado de um solo ou tipo de vegetação para outro e, assim, determinações são feitas em diferentes condições. Esse equipamento fornece gotas suficientemente grandes para se assemelhar ao impacto das chuvas naturais na superfície. A chuva é aplicada a uma intensidade conhecida, e a intensidade de enxurrada é determinada; por elas, é calculada a velocidade de infiltração. Observações de diferentes tipos de equipamento operando lado a lado têm mostrado que comparações relativas de solos e vegetação podem ser obtidas com qualquer um deles.

Infiltrômetros foram projetados, com diversos graus de precisão, de acordo com Wilm[47], que concluiu que a velocidade de infiltração varia com o método usado na sua determinação, e, dos instrumentos, espera-se obter somente uma estimativa aproximada da verdadeira infiltração. Todavia, a despeito de tal conclusão, o infiltrômetro é o único instrumento que até esta data pode dar uma ideia aproximada de como se opera a infiltração. Bertoni[6] apresenta um infiltrógrafo com registro automático da infiltração que muito facilita a tarefa do pesquisador na determinação da velocidade de infiltração de água do solo (Figura 6.2).

Figura 6.2. A — Infiltrógrafo instalado no campo; B — Disposição das boias adaptadas nos anéis concêntricos; C — Caixa que fornece água ao anel central do infiltrômetro, e aparelho de relojoaria com o diagrama onde é registrada a quantidade de água fornecida (foto dos autores)

As velocidades de infiltração inicial e final, assim como o tempo para atingir a última, variam grandemente, dependendo de vários fatores que afetam tais velocidades. Resultados obtidos por Beutner *et al.*[11] mostram curvas típicas de infiltração que exibem larga variação, dependendo sobretudo do solo, umidade antecedente e, condição da superfície.

Horton[24] desenvolveu a seguinte equação, para ajustar a uma grande variedade de curvas-padrão de infiltração:

$$f = f_c + (f_0 f_c)^{e-kt}$$

onde:

f = velocidade de infiltração;

f_c = valor constante de f para o qual a curva fica assintótica com o tempo;

f_o = alta velocidade inicial ou valor de f para $t = 0$;

e = base dos logaritmos naturais, com o valor aproximado de 2,718;

k = uma constante;

t = tempo decorrido desde o início da chuva.

Pesquisadores têm analisado diagramas de limnígrafos e pluviógrafos, com o propósito de determinar com razoável precisão a velocidade de infiltração, por vários processos. Sherman e Mayer[42] começaram pela velocidade média de perda, que é calculada dividindo-se a diferença entre a chuva total e a enxurrada total pelo tempo entre o começo da enxurrada e o fim da chuva.

A velocidade de infiltração não pode ser determinada, subtraindo-se a enxurrada de chuva[40], sem que uma apropriada correção para a retenção no solo superficial tenha sido feita[14,21].

Sharp e Holtan[38] conseguiram a determinação diferentemente, por método baseado nos seus experimentos em talhões com aspersão, desenvolvendo um processo para separar os efeitos da retenção no solo superficial, da interceptação da cobertura vegetal, do armazenamento das depressões do terreno e da infiltração. Verificaram eles estar a retenção na superfície do solo, ou carga hidráulica, correlacionada com a intensidade de enxurrada, e que o armazenamento das depressões do terreno e a interceptação da cobertura vegetal não podem ser separados, não havendo meios de determiná-los. Afirmam que, próximo ao fim da chuva, esses fatores não mudam com o tempo e, por conseguinte, não têm efeito na velocidade de infiltração. Sua análise passa do fim da chuva, quando condições estáveis prevalecem, para voltar ao início, onde condições instáveis e rapidamente modificáveis prevaleceram.

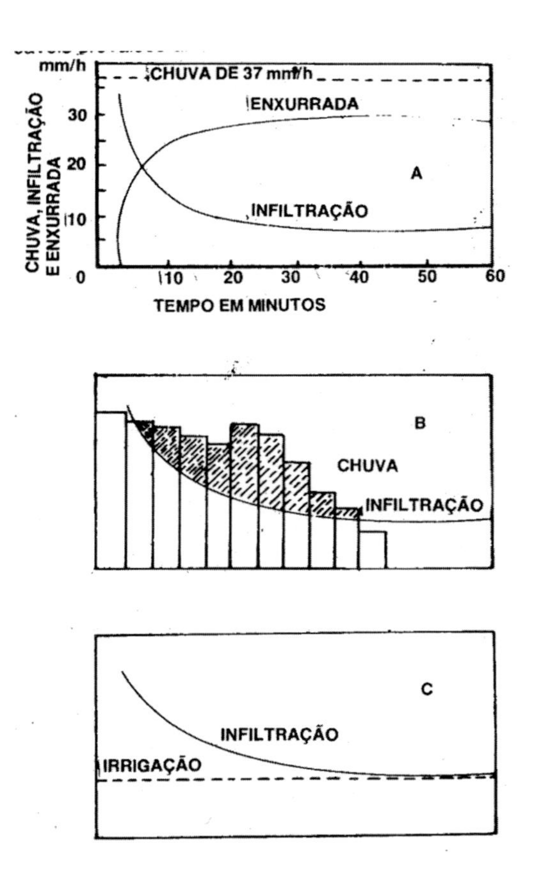

Figura 6.3. Intimação: A — Curva típica de infiltração e enxurrada; B — A parte hachurada do histograma da chuva é o que se pode esperar como enxurrada; C — A linha pontilhada representa o máximo da irrigação que se pode aplicar no local considerado

Nos talhões de determinações de perdas por erosão, como aqueles utilizados por Sharp e Holtan[38], onde profundas perdas por percolação durante qualquer chuva são mínimas, esse método gráfico, ainda que um pouco arbitrário, parece ser mais conveniente que qualquer outro até agora conhecido. Kiddefl e Holtan[28], Sherman[41], Sharp *et al.*[39], Zingg[49] e Bertoni[8] aplicaram e testaram sua praticabilidade.

Em todos os dados hidrológicos, há grande número de fatores operando para causar uma variação na velocidade de infiltração. O mais importante é o próprio solo[36]. A condição do cultivo e importante, mas o efeito, transitório. Uma cobertura de gramínea e solo com uma cobertura de palha tem uma velocidade de infiltração várias vezes maior que a do solo descoberto[16]. A presença de umidade do solo parece reduzir a infiltração, na proporção da sua quantidade[2,22,37].

A despeito da grande importância da infiltração, somente uma quantidade limitada de informações está disponível. Fontes de dados em que as características de infiltração de um tipo particular de solo ou área podem ser determinadas são muito limitadas. É desejável que todas as fontes de dados que possam ser usados na avaliação da velocidade de infiltração sejam examinadas e utilizadas em qualquer lugar que seja possível.

A figura 6.3 mostra uma curva típica de infiltração e a correspondente enxurrada após uma chuva de certa intensidade. O conhecimento da curva de velocidade de infiltração de determinado local mostra as suas duas importantes aplicações práticas: em 1(B) com a parte hachurada do histograma da chuva, pode-se fazer uma estimativa da enxurrada esperada, e, em 1(C) a linha pontilhada representa o limite máximo de aplicação de irrigação no local considerado.

O preparo do solo exerce um efeito temporário ao deixar o solo solto, aumentando a infiltração; entretanto, se a superfície não está protegida com vegetação ou cobertura morta, a chuva e o vento, consolidando a superfície, reduzem a velocidade de infiltração. A aração profunda e também importante fator para aumentar a infiltração, enquanto práticas que exercem compressão no solo podem diminuí-la. O cultivo em contorno, retardando a enxurrada, favorece a infiltração.

O fator mais importante na velocidade de infiltração é a cobertura vegetal que está no solo durante a chuva. Se uma chuva intensa cai quando o solo não está protegido pela cobertura vegetal ou pela cobertura morta, sua camada superficial fica comprimida pelo impacto das gotas de chuva, e a infiltração é reduzida; porém, se essa chuva cai quando há boa cobertura vegetal, o solo permanece com boa permeabilidade e terá maior velocidade de infiltração. O grande valor das práticas de melhoramento do solo no controle da erosão vem da habilidade de produzir uma eficiente cobertura vegetal.

6.3. Topografia do terreno

A topografia do terreno, representada pela declividade e pelo comprimento dos lançantes, exerce acentuada influência sobre a erosão. O tamanho e a quantidade do material em suspensão arrastado pela água dependem da velocidade com que ela escorre, e essa velocidade é uma resultante do comprimento do lançante e do grau de declive do terreno.

Do grau de declive dependem diretamente o volume e a velocidade das enxurradas que sobre ele escorrem. Ayres[1] apresenta alguns princípios de hidráulica que, teoricamente, podem explicar as relações entre a velocidade da água e o seu poder erosivo: *a)* a velocidade da água varia com a raiz quadrada da distância vertical que ela percorre, e a sua energia cinética, de acordo com o quadrado da velocidade; a energia cinética é a capacidade erosiva. Assim, se o declive do terreno aumenta quatro vezes, a velocidade de escorrimento da água aumenta duas vezes e a capacidade erosiva quadruplica; *b)* a quantidade de material que pode ser arrastado varia com a quinta potência da velocidade de escorrimento; *c)* o tamanho das partículas arrastadas varia com a sexta potência da velocidade de escorrimento. Assim, se duplicarmos a velocidade de escorrimento, a quantidade de material que pode ser transportado aumenta 32 vezes, e o tamanho das partículas que podem ser transportadas aumenta 64 vezes.

Todos os autores estão de acordo em reconhecer que a inclinação do terreno tem parte importantíssima no fenómeno de erosão. Borst e Woodburn[12], Duley e Hays[15], Neal[37], Zingg[48], apresentam dados mostrando que a perda de terra é uma função exponencial da declividade, cujo valor da exponencial é cerca de 1,4. Hudson e Jackson[27], na África, apresentam justificado pela agressividade climática, um valor dessa exponencial de 1,63. Lal[29], na Nigéria, porém, apresenta para ela um valor 1,2.

Bertoni[5], analisando os dados de perdas por erosão obtida nas estações experimentais do Instituto Agronômico de Campinas, com o auxílio de talhões experimentais munidos de coletores especiais, determinou o efeito do declive nas perdas por erosão, que pode ser expresso pela seguinte equação:

$$T = 0{,}145\ D^{1{,}18}$$

onde:

T = perda de solo em quilograma/unidade de largura/unidade de comprimento;

0.145 = constante de variação;

D = grau de declive do terreno, em porcentagem;

1,18 = expoente.

O comprimento de rampa não é menos importante que o declive, pois à medida que o caminho percorrido vai aumentando, não somente as águas vão-se avolumando proporcionalmente como, também, a sua velocidade de escoamento vai aumentando progressivamente. Em princípio, quanto maior o comprimento de rampa, mais enxurrada se acumula, e a maior energia resultante se traduz por uma erosão maior. Zingg[48] apresenta o valor de 0,6 para o expoente do comprimento do lançante, e Wischmeier *et al.*[46], analisando os dados de erosão por influência do comprimento de rampa, concluíram que varia com diversos fatores, tais como natureza do solo, cobertura vegetal e utilização dos resíduos culturais, variando, portanto, de um ano para outro.

O efeito de comprimento de rampa, segundo dados obtidos por Bertoni[5], pode ser expresso pela equação abaixo:

$$T = 0{,}166\ C^{1{,}63}$$

onde:

T = perda de solo em quilograma por unidade de largura;

0,166 = constante de variação;

C = comprimento de rampa do terreno, em metros;

1,63 = expoente.

O efeito simultâneo dessas duas características topográficas grau de declive e comprimento de rampa pode ser obtido pela seguinte expressão[5].

$$T = 0{,}018\ D^{1{,}18}\ C^{1{,}63}$$

onde:

T = perda de solo em quilograma por unidade de largura;

D = grau de declive em porcentagem;

C = comprimento de rampa em metros.

Em geral, associa-se a erosão, mais frequentemente, unicamente com a inclinação do terreno, ou seja, com a sua declividade. Poucos são os que se preocupam com o comprimento de rampa. Pelos dados apresentados por Bertoni[5], pode-se estimar que um terreno com 20 metros de comprimento e 20% de declividade tem a mesma perda de terra que um de 180 metros de comprimento e com apenas 1% de declividade.

Quadro 6.3. Efeito do comprimento de rampa sobre as perdas da erosão. Médias na base de 1.300 mm de chuva e declives entre 6,5% e 7,5%

Comprimento de rampa	**Perdas de**	
	Solo	**Água**
m	t/ha	% de chuva
25	13,9	13,6
50	19,9	10,7
100	32,5	2,6

O efeito do comprimento de rampa sobre as perdas por erosão, apresentado por Bertoni *et al.*[16], é bastante esclarecedor. No quadro 6.3 são comparados três diferentes comprimentos de rampa, com relação às perdas de solo e água.

Quadro 6.4. E feito do comprimento de rampa nas perdas de sala

Comprimento de rampa	**Média**	**1ºs 25m**	**2ºs 25m**	**3ºs 25m**	**4ºs 25m**
m	t/ha	t/ha	t/ha	t/ha	t/ha
25	13,9	13,9	—	—	—
50	19,9	13,9	25,9	—	—
75	26,2	13,9	25,9	38,8	—
100	32,5	13,9	25,9	38,8	51,4

Pode-se notar que, quadruplicando-se o comprimento de rampa, quase que se triplicam as perdas de solo por unidade de área, diminuindo mais da metade as perdas de água também por unidade de área. Para os comprimentos de 25, 50 e 100 metros de rampa, verifica-se uma proporção de 1:1,4:2,3 em perdas de solo, e de 1:0,7:0,2 em perdas de água, por unidade de área.

O comprimento de rampa é um dos mais importantes fatores na erosão do solo, porém os dados são frequentemente mal interpretados. Duplicando-se o comprimento da rampa, as perdas de solo são mais do dobro, porém a perda por hectare não é duplicada. O quadro 6.4 esclarece melhor o efeito do comprimento de rampa.

Observa-se, que numa rampa de 50 metros, os primeiros 25 metros perdem 13,9t/ha; os segundos 25 metros, 25,9t/ha, ou seja, quase o dobro;

numa rampa de 75 metros, os terceiros 25 metros perderiam 38,8t/ha, cerca de três vezes mais que os primeiros. Numa rampa de 100 metros, os últimos 25 metros perderiam 51,4t/ha, isto é, quatro vezes mais que os primeiros 25 metros. Conclui-se, assim, o quanto é importante, para o controle da erosão, o parcelamento dos lançantes, usando ou terraceamento ou cordões de vegetação permanente.

Um dos aspectos a mencionar na topografia do terreno é a forma do declive: este pode ser côncavo ou convexo, homogêneo ou deformado. Os efeitos do declive côncavo e convexo, nas perdas por erosão, não estão ainda bem avaliados. Esse fator é frequentemente negligenciado em vista de divergência de resultados encontrados pelos pesquisadores. Contudo, dados escassos indicam que o uso do gradiente médio de um comprimento de rampa pode subestimar as perdas de solo de declives convexos e superestimar as dos côncavos[9].

6.4. Cobertura vegetal

A cobertura vegetal é a defesa natural de um terreno contra a erosão. O efeito da vegetação pode ser assim enumerado: *a)* proteção direta contra o impacto das gotas de chuva; *b)* dispersão da água, interceptando-a e evaporando-a antes que atinja o solo; *c)* decomposição das raízes das plantas que, formando canalículos no solo, aumentam a infiltração da água; *d)* melhoramento da estrutura do solo pela adição de matéria orgânica, aumentando assim sua capacidade de retenção de água; *e)* diminuição da velocidade de escoamento da enxurrada pelo aumento do atrito na superfície.

A eficiência das diversas coberturas vegetais no controle da erosão será apresentada com maiores detalhes no capítulo que trata da equação de perdas do solo, nos diversos valores do fator C.

Quando cai em um terreno coberto com densa vegetação, a gota de chuva se divide em inúmeras gotículas, diminuindo também, sua força de impacto. Em terreno descoberto, ela faz desprender e salpicar as partículas de solo, que são facilmente transportadas pela água.

A vegetação, ao decompor-se, aumenta o conteúdo de matéria orgânica e de húmus do solo, melhorando-lhe a porosidade e a capacidade de retenção de água.

Pode-se observar o resultado da ação das diferentes coberturas vegetais nas perdas de solo e água pela erosão com os dados obtidos pela

Seção de Conservação do Solo do Instituto Agronômico de Campinas, apresentados no quadro 6.5[10].

Quadro 6.5. Efeito do tipo de uso do solo sobre as perdas por erosão. Médias ponderadas para três tipos de solo do Estado de São Paulo

Tipo de uso	Perdas de	
	Solo	Água
	t/ha	% de chuva
Mata	0,004	07
Pastagem	0,4	0,7
Cafezal	0,9	1,1
Algodoal	26,6	7,2

Nos principais tipos de uso do solo — mata, pastagem, cafezal e algodoal as perdas médias de solo arrastadas foram, respectivamente, 0,004, 0,4, 0,9 e 26,6t/ha, e as perdas médias de água, 0,7, 0,7, 1,1 e 7,2% da chuva caída anualmente. Esses dados experimentais permitem salientar a necessidade de implantar, de forma organizada, o planejamento do uso das terras com vistas à recuperação dos solos já afetados pela erosão.

O efeito das diferentes culturas anuais nas perdas por erosão, apresentado por Bertoni *et al.*[10], quadro 6.6, mostra o comportamento das diferentes densidades de vegetação no processo de erosão.

Observa-se que há considerável diferença entre as quantidades de perdas por erosão para cada um dos tipos de cultura, evidenciando a vantagem do sistema de plantio em faixas, no qual as culturas que perdem muito, ficando entre as que perdem pouco, têm sua influência nociva atenuada no processo da erosão.

Dando-se o valor 100 para a cultura que apresentou a maior quantidade de terra arrastada, poder-se-ia estabelecer esta série de números índices relativos; mamona, 100; feijão, 92; mandioca, 83; amendoim, 64; arroz, 60; algodão, 60; soja, 48; batatinha, 44; cana-de-açúcar, 30; milho, 29; milho + feijão, 24, e batata-doce, 16. De acordo com esses dados, as culturas poderiam ser distribuídas em quatro grupos, segundo o grau crescente de proteção oferecida contra a erosão.

1º grupo — Mamona, feijão e mandioca;

2º grupo — Amendoim, arroz e algodão;

3º grupo — Soja e batatinha;

4º grupo — Cana-de-açúcar, milho, milho + feijão e batata-doce.

Quadro 6.6. Efeito do tipo de cultura anual sobre as perdas por erosão. Média na base de 1.800 mm de chuva e declive entre 8,5 e 12,8%

Cultura anual	**Perdas de**	
	Solo	**Água**
	t/ha	% de chuva
Mamona	41,5	12,0
Feijão	38,1	11,2
Mandioca	33,9	11,4
Amendoim	26,7	9,2
Arroz	25,1	11,2
Algodão	24,8	9,7
Soja	20,1	6,9
Batatinha	18,4	6,6
Cana-de-açúcar	12,4	4,2
Milho	12,0	5,2
Milho + Feijão	10,1	4,6
Batata doce	6,6	4,2

Em consequência, torna-se possível indicar, com bastante segurança, a prática de culturas em faixas, baseada na resistência apresentada em cada grupo de culturas.

A vegetação também tem parte importante na erosão eólica, reduzindo a velocidade do vento na superfície do solo e absorvendo a maior parte da força exercida por ele. Aprisionando as partículas de solo, a vegetação previne a formação de nuvens de areia e impede que tais partículas sejam carregadas pelo vento. A vegetação é mais eficiente, porém, se os restos culturais estão bem fixados no solo, é benéfica na redução da erosão eólica.

6.5. *Natureza do solo*

A erosão não é a mesma em todos os solos. As propriedades físicas, principalmente estrutura, textura, permeabilidade e densidade, assim como as características químicas e biológicas do solo exercem diferentes influências na erosão.

Suas condições físicas e químicas, ao conferir maior ou menor resistência à ação das águas, tipificam o comportamento de cada solo exposto a condições semelhantes de topografia, chuva e cobertura vegetal.

A textura, ou seja, o tamanho das partículas, é um dos fatores que influem na maior ou menor quantidade de solo arrastado pela erosão. Assim, por exemplo, o solo arenoso, com espaços porosos grandes, durante uma chuva de pouca intensidade, pode absorver toda a água, não havendo, para tanto, nenhum dano; entretanto, como possui baixa proporção de partículas argilosas que atuam como uma ligação entre as partículas grandes, pequena quantidade de enxurrada que escorre na sua superfície pode arrastar grande quantidade de solo. Já no solo argiloso, com espaços porosos bem menores, a penetração da água é reduzida, escorrendo mais na superfície; entretanto, a força de coesão das partículas é maior, o que faz aumentar a resistência à erosão.

A estrutura, ou seja, o modo como se arranjam as partículas de solo, também é de grande importância na quantidade de solo arrastado pela erosão. Há dois aspectos de estrutura do solo a ser considerado no estudo da erosão: *a)* a propriedade físico-química da argila que faz com que os agregados permaneçam estáveis em presença da água; e *b)* a propriedade biológica causada pela abundância de matéria orgânica em estado de ativa decomposição. Os agregados dos solos com argila montmorilonítica são pouco estáveis em água, e os com argila caulinítica são mais estáveis, estando a ilita em posição intermediária; a maior estabilidade dos agregados condiciona menos enxurrada e menos erosão. As propriedades biológicas na estabilidade dos agregados são, hoje, amplamente reconhecidas; a diminuição da erosão pela estabilidade dos agregados deve-se ao efeito de coesão das partículas proporcionado pelos produtos em decomposição. A estrutura é o fator em que o lavrador, com o manejo do solo, pode exercer grande influência; a aração ajuda a preparar o solo a absorver mais água.

O conteúdo de matéria orgânica, a profundidade do solo e as características do subsolo também exercem efeito nas perdas por erosão. A quantidade de matéria orgânica no solo é de grande importância no controle da erosão. Nos solos argilosos, modifica-lhes a estrutura, melhorando as condições de arejamento e de retenção de água, o que é explicado pelas expansões e contrações alternadas que redundam de seu umedecimento e secamento sucessivos. Nos solos arenosos, a aglutinação das partículas, firmando a estrutura e diminuindo o tamanho dos poros, aumenta a capacidade de retenção de água. A matéria orgânica retém de duas a três vezes o seu peso em água, aumentando assim a infiltração, do que resulta uma diminuição nas perdas por erosão. A profundidade do solo e as características do subsolo contribuem para a capacidade de armazenamento da água no mesmo solo com um subsolo mais compacto e pouco permeável.

Middleton[34] estudou detalhadamente a relação de algumas propriedades físicas com a facilidade de erosão dos solos, e os resultados indicam que três características diferenciam os solos: *a)* a relação de dispersão; *b)* a relação de coloides com equivalentes de umidade; e, *c)* a relação de erosão. A relação de dispersão é o valor resultante, expresso em porcentagem, da divisão do peso de argila e limo que entra na suspensão ao tratar uma amostra com água, sob condições específicas e controladas, pelo peso da argila e limo determinado pela análise mecânica. Esse parece um dos critérios mais úteis para distinguir entre solos erosionáveis e não erosionáveis, o que é fácil de explicar se se considerar que à medida que aumenta a facilidade de dispersão de um solo, cresce o perigo de ele ser arrastado pelas águas. A mais alta relação obtida para os solos não erosionáveis foi 15,1 e, a mais baixa para os solos erosionáveis, 13,0, o que faz supor que se pode utilizar, com boa margem de segurança, o valor 15 como limite crítico entre as duas classes[43].

O equivalente de umidade é a porcentagem de água retida pelo material do solo ao submetê-lo, sob condições específicas, a uma força centrífuga 1.000 vezes maior que a gravidade. A relação dos coloides a esse equivalente é também um bom índice de erodibilidade do solo. Os solos não erosionáveis mostraram em todos os casos uma relação superior a 1,5[43].

A relação de erosão é mais significativa que qualquer outra, pois resume as duas anteriores e as relaciona, dando uma indicação mais segura da erodibilidade dos solos sob condições semelhantes[43]. Todavia, não é um índice de erodibilidade dos solos, mas serve para classificá-los, amplamente, em erosionáveis e não erosionáveis.

Bennett[4], trabalhando com solos tropicais em Cuba, encontrou diferenças químicas entre alguns tipos de argila muito meteorizadas e friáveis, quase imunes a erosão, e outros tipos de argila plásticas e ligeiramente meteorizadas, bastante suscetíveis à erosão; essas diferenças se referem especialmente à relação sílica e óxido de ferro com alumina:

$$\frac{Si\,O_2}{Fe_2O_3 + AI_2O_3}$$

O efeito do tipo de solo sobre as perdas por erosão, apresentado por Bertoni *et al.*[10] acha-se no quadro 6.7.

Verifica-se que os três tipos de solos — arenoso, argiloso e terra roxa (respectivamente, solo podzolizado de Lins e Marília, podzólico vermelho-amarelo orto e latossolo roxo) apresentam uma razão de perdas em solo arrastado de 21,1:16,6:9,5t/ha, e água escorrida de 5,7:9,6:3,3% da chuva caída por ano. Em períodos de um ano, o tipo terra roxa foi o que menos solo perdeu, mas, por unidade de volume de enxurrada escorrida, foi o argiloso o de menor perda de solo. Esse índice, em quilogramas de solo arrastado por metro cúbico de água, foi da razão de 28,5:13,3:22,1, respectivamente, para arenoso, argiloso e roxa.

Quadro 6.7. Efeito do tipo de solo nas perdas por erosão. Médias na base de 1.300 mm de chuva e declives entre 8,5 e 12,8%

Solo	**Perdas de**	
	Solo	**Água**
	t/ha	% de chuva
Arenoso	21,1	5,7
Argiloso	16,6	9,6
Terra Roxa	9,5	3,3

Referências Bibliográficas

1. AYRES, Q. C. *Soil erosion and its control*. New York: McGrawHill, 1936.
2. BAVEFI, C. D. *Soil physics*. New York: John Wiley, 1948.
3. BEASLEY, R. P. *Erosion and sediment pollution control*. Ames: Iowa State University, 1972.
4. BENNETT, H. H. *Soil conservation*. New York: McGraw-Hill, 1939.
5. BERTONI, J. O espaçamento de terraços em culturas anuais, determinado em função das perdas por erosão. *Bragantia*, Campinas, São Paulo, 18:113-140, 1959.
6. BERTONI, J. Infiltrógrafo. *Bragantia*, Campinas, São Paulo, 19:Xl-XIV, 1960, nota 3.
7. BERTONI, J. A potencialidade erosiva da gota de chuva. *Notícia Geomorfológica*, Campinas, São Paulo, 7:13-14. 1967.
8. BERTONI, J.; LARSON, W. E.; SHRADER, W. D. Determination of infiltration rates on Marshall silt loam from runoff and rainfall records. *Soil Sci. Amer. Proc.*, Madison, 22(6): 571-574, 1958.

9. BERTONI, J.; LOMBARDI NETO, F.; BENATTI JUNIOR, R. *Equação de perdas de solo*. Campinas: Instituto Agronômico, 1975 (Boletim Técnico 21).

10. BERTONI, J.; PASTANA, F. I.; LOMBARDI NETO, F.; BENATTI JUNIOR, R. *Conclusões gerais das pesquisas sobre conservação do solo no instituto agronômico*. Campinas: Instituto Agronômico, 1972 (Circular 20).

11. BEUTNER, E. L.; GAEBE, R. R.; NORTON, R. E. Sprinkled plot runoff and infiltration experiment on Arizona desert soils. *Trans. Amer. Geophys. Un.*, Washington, 21:530-558, 1940.

12. BORST, H. L.; WOODBURN, R. *Rain simulator studies of the effect of slope on erosion and runoff*. Washington: USDA, 1940.

13. BRAKENSIEK, D. L. *Estimation of surface runoff volumes from agricultural watershed by infiltration theory*. Tese de Ph.D. Ames: Iowa State University, 1955.

14. COOK, H. L. The infiltration approach to the calculation of surface runoff. *Trans. Amer. Geophys. Un.*, Washington, 27:726-743, 1946.

15. DULEY, F. L.; HAYS, O. E. The effect of the degree of slope on runoff and soil erosion. *J. Agr. Res.*, Washington, 45:349-360, 1932.

16. DULEY, F. L.; KELLEY, L. L. *Effect of soil type, slope, and surface conditions on intake of water*. Lincoln: University of Nebraska, 1939 (Research Bulletin, 112).

17. ELLISON, W. D. Studies of raindrop erosion. *Agricultural Engineering*, Saint Joseph., 25:131-136, 1944.

18. ELLISON, W. D. Soil erosion studies. *Agricultural Engineering*, Saint Joseph, 28:145-146. 1947.

19. ELLISON, W. D. Soil erosion. *Soil Sci. Amer. Proc.*, Madison, 12:479-484, 1947.

20. FOSTER, E. E. *Rainfall and runoff*. New York: MacMillan, 1948.

21. FREVERT, R. K.; SCHWAB. G. O.; EDMINSTER, T. W.; BARNES, K. K. *Soil and water conservation engineering*. New York: John Wiley. 1955.

22. HORTON, R. E. The role of infiltration in the hydrologic cycle. *Trans. Amer. Geophys. Un.*, Washington, 14:446-460, 1933.

23. HORTON, R. E. Analysis of runoff-plot experiments with varying infiltration capacity. *Trans. Amer. Geophys. Un.*, Washington, 20:693-711, 1939.

24. HORTON, R. E. An approach toward a physical interpretation of infiltration capacity. *Soil Sci. Soc. Amer. Proc.*, Madison, 5:399-417, 1940.

25. HOUK, I. E. *Rainfall and runoff in the Miami Valley State of Ohio.* Dayton, Ohio, Miami Conservancy District, 1931 (Technical Report).

26. HUDSON, N. W. *Soil conservation. Ithaca.* New York: Cornell University, 1973.

27. HUDSON, N. W.; JACKSON. O. C. Results achieved in the measurement of erosion and runoff in Southern Rhodesia. *Inter-African Soils Conference,* 3, Dalaba, 1959.

28. KIDDER, E. M.; HOLTAN, H. N. Application of a graphic method of analysis to hydrographs of runoff plots of various lengths. *Trans. Amer. Geophys. Un.*, Washington, 24:487-493, 1943.

29. LAL, R. *Soil management systems and erosion control.* Ibadan: IITA, 1975.

30. LAWS, J. O. Measurements of the fall velocities of water drops and rain drops. *Trans. Amer. Geophys. Un.*, Washington, 22:709-721, 1941.

31. LOMBARDI NETO, F.; MOLDENHAUER, W. C. Erosividade da chuva; sua distribuição e relação com perdas de solo em Campinas, SP. *Encontro Nacional de Pesquisa sobre Conservação do Solo*, 3, Recife, 1980.

32. MEAD, D. W. *Hydrology*. New York: McGraw-Hill, 1919.

33. MEYER, A. F. *The elements of hydrology.* New York: John Wiley, 1917.

34. MIDDLETON, H. E. *Properties of soil which influence soil erosion.* Washington: USDA, 1930 (Technical Bulletin, 178).

35. MONIZ, A. C. (coord.). *Elementos de pedologia.* São Paulo: Polígono, Universidade de São Paulo, 1972.

36. MUSGRAVE, G. W.; NORTON, R. A. *Soil and water conservation investigations*. Washington: USDA, 1937 (Technical Bulletin, 558).

37. NEAL, J. H. *The effect of the degree of slope and rainfall characteristics on runoff and soil erosion.* Columbia: Agricultural Experiment Station, 1938 (Research Bulletin, 280).

38. SHARP, A. L.; HOLTAN, H. N. Extension of graphic methods of analysis of sprinkledplot hydrographs of control-plots and small homogeneous watersheds. *Trans. Amer. Geophys. Un.*, Washington, 23:578-593, 1942.

39. SHARP, A. L.; HOLTAN, H. N.; MUSGRAVE, G. W. *Infiltration in relation to runoff on small watersheds*. Washington: USDA, 1949.

40. SHERMAN, L. K. Determination of infiltration rates from surface runoff. *Trans. Amer. Geophys. Un.*, Washington, 19:430-434, 1938.

41. SHERMAN, L. K. Comparisons of f-curves derived by the method of Sharp and Holtan and Shaman and Mayer. *Trans. Amer. Geophys. Un.*, Washington, 24:465-467, 1943.

42. SHERMAN, L. K.; MAYER, L. C. Application of the infiltration-theory to engineering practice. *Trans. Amer. Geophys. Un.*, Washington, 22:666-677, 1941.

43. SUAREZ DE CASTRO, F. *Conservación de suelos*. Madrid: Salvat, 1956.

44. SUAREZ DE CASTRO, F.; RODRIGUEZ GRANDAS, A. Investigaciones sobre la erosión y la conservación de los suelos en Colombia. Bogotá: Federación Nacional de Cafeteros de Colombia, 1962.

45. WISCHMEIER, W. H.; SMITH, D. D. Rainfall energy and its relationship to soil loss. *Trans. Amer. Geophys. Un.*, Washington, 39(2):285-291, 1958.

46. WISCHMELER, W. H.; SMITH, D. D.; UHLAND, R. E. Evaluation of factors in the soil loss equation. *Agricultural Engineering*. St. Joseph, 39:458-462, 1958.

47. WILM, H. G. Methods for the measurement of infiltration. *Trans. Amer. Geophys. Un.*, Washington, 22:678-686, 1941.

48. ZINGG, A. W. Degree and length of land slope as it affect soil loss and runoff. *Agricultural Engineering*, St. Joseph, 21:59-64, 1940.

49. ZINGG, A. W. The determination of infiltration-rates on small agricultural watersheds. *Trans. Amer. Geophys. Un.*, Washington, 24:475-480, 1943.

7. EROSÃO

Erosão é o processo de desprendimento e arraste acelerado das partículas do solo causado pela água e pelo vento. A erosão do solo constitui, sem dúvida, a principal causa do depauperamento acelerado das terras. As enxurradas, provenientes das águas de chuva que não ficaram retidas sobre a superfície, ou não se infiltraram, transportam partículas de solo em suspensão e elementos nutritivos essenciais em dissolução. Outras vezes, esse transporte de partículas de solo se verifica, também, por ação do vento.

O vento não leva rochas, porém o seu efeito na erosão e ocasionado pela abrasão proporcionada pelos grãos de areia e partículas de solo em movimento. A água é o mais importante agente de erosão; chuva, córregos, rios, todos carregam solo, as ondas erosionam as costas dos mares e lagos — de fato, onde há água em movimento, ela está erodindo os seus limites.

A erosão do solo afeta a vida de muitas maneiras, e é difícil compreender a magnitude do problema. As perdas de solo pela erosão afetam todo o povo, porém, principalmente o lavrador, tendo sido estimado por Marques[23] que o Brasil perde, por erosão laminar, cerca de quinhentos milhões de toneladas de terra anualmente; esse prejuízo lento e continuado, que a erosão do solo tem ocasionado à nossa economia, vem-se patenteando já de maneira nítida e insofismável na fisionomia depauperada de algumas de nossas regiões.

A perda de quinhentos milhões de toneladas de terra cada ano corresponde ao desgaste uniforme de uma camada de 15 cm de espessura numa área de cerca de 280.000 hectares de terra. O efeito dessa perda de solo na produção das culturas varia, dependendo do tipo de solo e da profundidade. Alguns solos, quando seriamente erodidos, ficam virtualmente impróprios para o cultivo produtivo; todos os solos sofrem um declínio na produtividade. Vários pesquisadores estudaram o efeito da erosão desgastando a camada superior do solo, sobre a produção de milho[4]. Um resumo desses dados indica as seguintes reduções em produção de milho devidas à erosão: *a)* remoção de 5 cm da camada superior do solo resulta em redução de 15% na produção; *b)* 10cm = 22%; *c)* 150m = 30%; *d)* 20cm = 41%; *e)* 25cm = 57%; e *f)* 30cm = 75%.

A perda de nutrientes necessários para a produção de culturas é outro fator importante. Com base na estimativa de que o Brasil perde anualmente quinhentos milhões de toneladas de terra pela erosão, e supondo-se que nossas terras tenham em média, 0,10% de nitrogênio (N), 0,15% de fósforo (P_20_5) e 1,50% de potássio (K_20) pode-se calcular a importância econômica que tal perda representa; isto significa que mais de oito milhões de toneladas desses elementos nutritivos das plantas são perdidos anualmente pela erosão. Com tais dados, seria fácil calcular, pelo custo corrente dos fertilizantes, o valor de tais perdas; chegaríamos a um valor total de muitos bilhões de cruzeiros perdidos anualmente, de forma irrecuperável, pelas nossas terras agrícolas, pela erosão no país.

A erosão também causa redução na qualidade da cultura. Realmente, quando os nutrientes são erodidos do solo, não somente a produção das culturas é diminuída como também as culturas crescem com baixa qualidade e podem ter carência de alguns elementos nutritivos.

A redução na capacidade de infiltração e na capacidade de retenção de umidade do solo é um problema sério. Na maioria dos solos, o subsolo tem baixo teor de matéria orgânica e não é tão permeável como a camada superior; quando a camada superior é erodida, o subsolo não absorve a água da chuva com a mesma rapidez: consequentemente, haverá mais enxurrada e menos água disponível para as plantas. Também, como a camada superior é removida, haverá menos água armazenada para as plantas.

A sedimentação e a deposição do material erodido nas baixadas de solo fértil reduzem a sua produtividade e prejudicam ou destroem as plantas do local.

Quando a camada superior é erodida, torna-se necessário, ao arar, penetrar mais na camada de subsolo que tem uma estrutura fraca, ficando mais difícil preparar a sementeira, dando, em consequência, uma germinação baixa e uma produção reduzida.

O subsolo com o seu tipo de estrutura é mais difícil de preparar, exigindo maior força de tração dos equipamentos agrícolas e dando, em consequência, um maior custo de produção pelo maior consumo de combustível.

Os sulcos e grotas profundas que formam no terreno impedem o trânsito normal dos equipamentos, fazendo com que apreciável área seja deixada de cultivar.

Todos esses fatores resultam em uma redução do potencial produtivo da terra, significando, em última análise, menor valor da terra.

O desgaste do solo, causado pela erosão acelerada, e muito grande, mas pode ser perfeitamente controlado com o uso de algumas práticas simples.

7.1. Mecanismo de erosão

Fazendo abstração da erosão eólica, toda remoção de solo exige a presença de água sobre o terreno, cuja única fonte é a chuva. A água da chuva exerce sua ação erosiva sobre o solo mediante o impacto da gota de chuva, a qual cai com velocidade e energia variável segundo o seu diâmetro, e mediante a ação de escorrimento.

As gotas de chuva que golpeiam o solo contribuem para a erosão da seguinte maneira: *a)* desprendem as partículas de solo no local que sofreu seu impacto; *b)* transportam por salpicamento as partículas desprendidas; *c)* imprimem energia, em forma de turbulência, à água de superficial A água que escorre na superfície de um terreno, principalmente nos minutos iniciais, exerce uma ação transportadora.

O movimento do solo pela água é um processo complexo, influenciado pela quantidade, intensidade e duração da chuva, natureza do solo, cobertura vegetal, declividade da superfície do terreno. Em cada caso, a força erosiva da água é determinada pela interação ou balanço dos vários fatores, favorecendo, alguns, o movimento do solo e, outros, opondo-se a ele. O material do solo deve primeiro ser deslocado de sua posição da superfície antes que possa ser transportado. Em seguida, é carregado na suspensão ao longo da superfície do terreno. O processo é o resultado do impacto da gota de chuva, da turbulência do movimento da água e do escorrimento na superfície.

As diferenças em credibilidade do solo sugerem que suas propriedades e as ocasionadas pelo uso do solo, especialmente o cultivo, são da maior importância no processo de erosão pela água.

A erosão, no seu aspecto físico, e simplesmente a realização de uma quantidade de trabalho no desprendimento do material de solo e no seu transporte. O processo erosivo começa quando as gotas de chuva embatem a superfície do solo e destroem os agregados, e termina com as três etapas seguintes: *a)* as partículas de solo se soltam; *b)* o material desprendido é transportado; *c)* esse material é depositado. Nas duas primeiras etapas, o resultado não pode ser expresso em unidades, porém, na terceira, pode ser expresso em peso ou volume por unidade de área, tal como toneladas por hectare.

A capacidade erosiva de uma massa de água caindo depende da energia por unidade de área da gota individual. A energia cinética de queda de uma gota determina a força do golpe que deve ser absorvida em cada ponto do impacto, enquanto a área horizontal de gota determina a quantidade de solo que deve suportar esse golpe.

A energia cinética de gotas de 4 mm de diâmetro totaliza 10^4 ergs; a energia cinética de gotas de 5 mm de diâmetro é equivalente ao trabalho de elevar um corpo de 46 gramas a uma altura de 1cm; a energia cinética aumenta com o aumento da intensidade da chuva, na proporção da potência de 1,2. Toda a energia cinética das gotas de chuva, com exceção de uma pequena parte que é transformada em som e energia calor fica, é consumida instantaneamente contra a superfície do solo[31].

A ação de compactação das gotas de chuva causa ao solo, rapidamente, a perda da sua capacidade de infiltrar água; isso é responsável pelo grande volume de enxurrada durante as chuvas mais intensas. Quando a superfície do solo está sendo golpeada pelas gotas de chuva, a velocidade de infiltração de água no solo diminui rapidamente com a proporção do tamanho das gotas; o decréscimo de infiltração é maior nos terrenos planos, e vai diminuindo progressivamente a medida que aumenta o grau de declive do terreno.

O processo de salpicamento das partículas de solo é afetado pelo tamanho das gotas, pela velocidade de queda e pela intensidade da chuva. Estudos com simuladores de chuva demonstraram que, aumentando o diâmetro da gota de 1 mm para 5 mm, a velocidade de infiltração de água diminui 70% enquanto as perdas de solo pela erosão são aumentadas 120 vezes, isso demonstra que há uma relação direta entre a energia cinética das gotas de chuva e a resultante perda de solo[31].

Nas superfícies planas, o material salpicado tende a ser esparramado na superfície do solo em todas as direções quando as gotas caem na direção vertical; nesse caso, há um balanço de movimento das partículas que saem e das partículas que chegam. Entretanto, quando as gotas golpeiam terrenos declivosos, a maior parte das partículas se movimenta morro abaixo; assim, é evidente que grandes quantidades de solo podem ser transportadas unicamente pela ação de salpicamento.

A quantidade de energia dissipada no solo durante uma chuva pode ser determinada diretamente medindo a quantidade de partículas que saíram por salpicamento. Pequenas caixas de alumínio, cheias de areia seca e com peso conhecido, são colocadas em um terreno; depois de uma chuva, elas são pesadas novamente; assim, a diferença entre o peso inicial e o final é o peso da areia que foi salpicada para fora do recipiente por efeito das gotas de chuva, podendo ser considerado um índice aproximado da potencialidade de desprendimento[12,31,32].

O escorrimento da água na superfície é o maior agente de transporte das partículas de solo. A quantidade de força gerada pela enxurrada é relacionada com a concentração e velocidade com que ela se move morro abaixo. A água que escorre ganha energia pelo aumento de massa no seu movimento morro abaixo ou pelo aumento de velocidade que adquire por uma rápida mudança na declividade do terreno. A erosão é máxima quando a enxurrada contém quantidade suficiente de material abrasivo para desprender a maior quantidade possível que a enxurrada seja capaz de transportar. A energia da enxurrada é uma função da massa e da velocidade de escorrimento da água; a massa é determinada pela quantidade e qualidade da enxurrada.

A capacidade de desprendimento e de transporte da enxurrada pode variar, independentemente uma da outra. Se, por exemplo, fosse permitido que a água limpa escorresse sobre um solo argiloso compactado, ela não teria capacidade de desprendimento para causar erosão, e a enxurrada seria limpa; mas, se o solo contivesse frações abrasivas, a capacidade de desprendimento das partículas seria aumentada, e a erosão, acelerada. Um aumento na energia da enxurrada eleva sua capacidade de transporte, causando geralmente um aumento na intensidade de erosão. Aumentos na erosão do solo resultantes de aumento na velocidade de escorrimento da enxurrada podem variar bastante, tanto nos diferentes solos como nos mesmos.

A capacidade de transporte de solo imprimida pelas gotas que caem na superfície de água varia com o tamanho das gotas e com a velocidade de seu impacto. A turbulência provocada pelas gotas pode causar o movimento de areia grossa e de pequenos seixos durante o escorrimento de água; sob certas condições, o impacto da gota pode, algumas vezes, mover pequenas pedras de até 10 mm de diâmetro que estão parcial ou totalmente submersas na água.

Se a superfície de um terreno está protegida contra o impacto das gotas, muito pouco solo será transportado; apenas as partículas que se soltam pelas concentrações de enxurrada.

A energia do escorrimento na superfície tende a se concentrar e ser mais alta nas rampas mais longas; isso faz com que a enxurrada produza grande número de sulcos e cause as maiores perdas de solo nas partes mais baixas dos grandes lançantes.

Num solo que tenha pouco desprendimento de partículas e considerável resistência às concentrações de enxurrada antes que as partículas comecem a se desalojar, as grotas que se formam serão bastante distanciadas umas das outras.

Os materiais de solo depositados pelo movimento de água são geralmente separados por tamanho de partículas. Primeiro são depositados os de baixa transportabilidade e, por último, os materiais mais leves, nos pontos mais distantes das partes mais baixas. A quantidade de material tino em geral é proporcional à quantidade de erosão por salpicamento. Os agregados do solo no processo erosivo por salpicamento são em proporções mais tinas de que quando erodidos pelo escorrimento de água; isso resulta em quantidades maiores de argila, limo e matéria orgânica, que são mais facilmente transportáveis. Esses materiais mais finos e mais leves são transportados a grandes distâncias e vão-se depositar nos lagos, açudes e reservatórios de água.

Assim, para controlar a erosão, é preciso deter não só o escorrimento da enxurrada que transporta as partículas de solo como também, e principalmente, o efeito da dispersão dos agregados do solo, eliminando o desprendimento das partículas causado pelas gotas de chuva.

7.2. *Erosão geológica*

A erosão geológica é tão antiga como a própria história deste planeta. Começou muito antes do homem e foi iniciada quando as primeiras camadas de ar se agitaram e as primeiras gotas de chuva caíram sobre a terra.

A erosão geológica ou natural, que se manifesta como uma ocorrência normal dos processos de modificação da crosta terrestre, é reconhecível somente com o decorrer de longos períodos de atividade.

Esses demorados processos são considerados benéficos, pois, com eles, foram pela ação da erosão e das geleiras, formadas inúmeras colinas suaves, planícies extensas e vales férteis. O mal aparece quando o homem, por ignorância, destrói os anteparos naturais, forçando o processo erosivo e deixando-o agir livremente. Quando isso ocorre, os agentes atmosféricos podem remover, em poucos anos, solos que a natureza levou séculos a formar. Quando o equilíbrio natural não é modificado, o processo se desenvolve com um ritmo tal que a remoção de partículas se equilibra, em termos gerais, com a formação do novo solo.

O homem, ao explorar o solo, destrói a vegetação protetora, rompe com o arado a superfície do terreno para semear as espécies vegetais úteis às suas necessidades de alimentação e abrigo, e submete a terra à aração periódica com as ferramentas de preparo do solo; então, o processo erosivo adquire velocidade e intensidade. A natureza, porém, continua transformando a rocha em solo com a mesma lentidão, enquanto o desgaste de solo pelo mau uso se acelera progressivamente; para avaliar esse desequilíbrio, basta ter em conta que são necessários vários séculos para formar um centímetro de solo e que em um terreno em declive mal protegido bastam poucos anos para arrastar uma camada dessa espessura.

Os que se conformam com a ideia de que sempre tivemos a erosão e que esteja atuava em nosso país antes de nascermos, ignoram a diferença entre a erosão geológica, sob condições de equilíbrio e proteção, e a transformação acelerada, que começa quando o solo é limpo e lavrado.

Poucos calculam o tempo que a natureza levou para formar todo esse conjunto de solos, plantas e animais. Para que tenhamos uma ideia da época do aparecimento do homem no nosso planeta em relação a sua formação, ou melhor, como descrever o vastíssima lapso de tempo durante o qual a terra esteve em formação, em comparação com o curto momento em que o homem nela vem vivendo e sobre ela vem agindo, usaremos a mesma imaginação da Lord[22].

Suponhamos que uma máquina cinematográfica foi colocada na Lua, tirando um instantâneo por ano, com as suas lentes viradas para o nosso planeta, e que essa máquina venha trabalhando há quase um bilhão de anos. Nessa época remota, segundo a maioria dos geólogos, os continentes já estavam formados com os contornos mais ou menos parecidos aos atuais, e haviam emergido do mar.

Como a velocidade comum de projeção de uma fita é de 24 figuras por segundo, essa nossa película, se trazida para a Terra e projetada em um cinema, mostraria 24 anos de transformação em um segundo de projeção, ou cerca de 1.500 anos em um minuto ou, ainda, quase 90.000 anos em uma hora. Será necessário um ano inteiro para exibir a fita, o que é muito tempo, embora ela reproduza os acontecimentos de quase 800.000.000 anos.

Vejamos a fita. A projeção começa a zero hora do dia 19 de janeiro e, sem interrupção, vai até a meia noite de 31 de dezembro. A fita, no começo, embora seja uma repetição de quadros, é bem movimentada. A Terra se estorce e se distende sem coisa alguma viva, vegetal ou animal. As linhas do litoral são modificadas, montanhas e colinas se erguem, às vezes rudemente, outras vezes suavemente. O fundo do mar e as massas telúricas, comprimidas em estratos rochosos, são torcidos, derrubados e erguidos, num movimento desigual e violento, formando montanhas, planícies e vales. A fita vai rodando dia e noite, e, em cada dia de projeção, a história avança dois milhões de anos. Em 1ª de julho, aparecem às primeiras formas distinguíveis de vegetação, com mais da metade da fita já projetada. Agora ela se torna mais interessante. A terra se cobre de verde, a matéria orgânica depositada, com o correr do tempo, no interior dos solos, faz que estes sejam capazes de reter mais água. Os desmoronamentos e a erosão se tomam moderados. À medida que o solo vai sendo protegida pela vegetação, a força da erosão é refreada. A superfície da terra tende a tornar-se estável. Os movimentos são reduzidos, e o novo solo se forma na mesma velocidade com que se desgasta o solo velho. É o equilíbrio geológico.

A vida se multiplica na face da terra. Em julho, aparecem, na água, os celenterados. Em agosto, os anfíbios procuram a terra. Em setembro, surgem os primeiros répteis e insetos primitivos. Outubro apresenta os dinossauros e os primeiros mamíferos, os pássaros e os répteis voadores. Em novembro, os dinossauros desaparecem, e os mamíferos dominam o cenário. Em dezembro, último mês da projeção, a erosão e a transformação de montanhas continuam, em marcha mais equilibrada. Ao meio dia de 31 de dezembro, aparece em cena o homem. Atormentado e perseguido pelas violentas mutações climáticas e pelas geleiras, o homem primitivo levava uma vida penosa. O avanço do gelo em massas formidáveis predomina no cenário; esse avanço se repete por quatro vezes, dando formação às grandes regiões glaciais, onde o solo trazido é depositado em camadas aluviais, ao se derreterem as geleiras.

Às 23 horas e 59 minutos, ou seja, o último minuto da nossa exibição, a fita está mostrando o 500º ano da era cristã. O homem civilizado, que já constitui aglomerados de populações, construindo cidades e cultivando o solo, só entra em cena nos últimos dois ou três minutos.

Colombo descobriu a América nos últimos vinte segundos de projeção da fita e, quase no mesmo instante, Pedro Alvares Cabral aportou no Brasil. A Primeira Grande Guerra aparece em cena nos últimos dois segundos, e a última só surge ao terminar a fila, no último segundo.

Com os dados apresentados no quadro 6.5 (Cap. 6), poderia calcular, em média, que um terreno coberto com mata, em condições normais, faz desgastar uma camada de 15 cm, pela erosão, em 440.000

anos; quando o mesmo solo está coberto com pastagem, o desgaste dessa mesma camada é feito em 4.000 anos; quando a cobertura é uma planta perene do tipo do café, o desgaste se faz em 2.000 anos; entretanto, quando a cobertura é de uma cultura anual, do tipo do algodão, tal desgaste leva apenas 70 anos.

O que a natureza levou milhares de anos para formar é desgastado em poucas dezenas de anos, se não forem estabelecidas práticas de conservação do solo. Esse profundo desequilíbrio na natureza tem sido provocado pelos nossos agricultores, no seu desconhecimento do problema, no seu desejo de auferir o máximo do rendimento de suas terras ou na sua luta contra as limitações de ordem econômica e social.

7.3. Formas de erosão hídrica

A erosão causada pela água pode ser das seguintes formas: laminar, em sulcos e voçorocas: as três formas de erosão podem ocorrer simultaneamente no mesmo terreno.

Essa classificação está dentro dos estádios correspondentes à progressiva concentração de enxurrada na superfície do solo. Realmente, a erosão laminar é a lavagem da superfície do solo nos terrenos arados; em seguida, é a erosão em sulcos, que é a concentração de água escorrendo em pequenos sulcos nos campos cultivados, e depois a erosão em voçorocas, quando os sulcos foram bastante erodidos em largura e profundidade. Essa classificação, sem dúvida, é apropriada à nossa compreensão, porém omite a erosão por salpicamento ou o efeito do impacto da gota de chuva, que é, no entendimento atual, o primeiro e mais importante estádio do processo de erosão; também, dá o sentido de erosão laminar como o solo sendo removido uniformemente por uma lâmina fina de água — a enxurrada raramente escorre em lâminas finas.

Apresentaremos a seguir as formas clássicas de erosão, bem como aquela pelo impacto da chuva e outras formas especializadas de erosão:

a) Erosão pelo impacto da chuva. Os danos causados pelas gotas de chuva que golpeiam o solo a uma alta velocidade constituem o primeiro passo no processo da erosão. As gotas podem ser consideradas como bombas em miniatura que golpeiam a superfície do solo, rompendo os grânulos e torrões, reduzindo-os a partículas menores e, em consequência, fazendo diminuir a capacidade de infiltração de água do solo. Uma gota golpeando um solo úmido forma uma cratera, compactando a área imediatamente sob o centro da gota, movimenta as partículas soltas para fora em um círculo em volta da sua área. Pesquisadores[12] têm calculado que uma única chuva pode desprender mais de 200 toneladas de solo por hectare; as partículas de solo podem ser deslocadas a uma altura de 1,00 m e cobrir um raio de 1,50 m. Em terrenos em declive, a força das gotas de chuva é tal que mais da metade das partículas que foram desprendidas pode movimentar-se morro abaixo; a força de milhões de gotas durante uma chuva intensa em um terreno cultivado resulta em apreciável movimento do solo nas áreas morro abaixo.

Quando as gotas de chuva golpeiam o solo coberto por uma fina lâmina de água, o impacto faz com que essa água se torne barrenta, cuja infiltração forma uma camada com menor capacidade de infiltração; esse efeito é mais pronunciado em chuvas de alta intensidade.

Quando a intensidade da chuva é maior que a capacidade de infiltração do solo, as depressões na superfície se enchem de água e causam a enxurrada; durante a chuva a enxurrada é salpicada milhões de vezes pelas gotas, isso faz romper as partículas do solo, transformando-as em partes cada vez menores, que ficam em suspensão na água.

O impacto das gotas rompe os agregados do solo, desprende e transporta as partículas mais finas, que são as de maior valor, causando também uma compactação na superfície do terreno; isso reduz a capacidade do solo de absorver água e aumenta a enxurrada na superfície.

Para avaliar a importância do impacto da gota de chuva no processo erosivo, deve-se ter em mente a energia de uma chuva intensa. Não é raro uma chuva de 50 mm em um período de 30 minutos; essa chuva teria um peso de quase 560 toneladas em um hectare. O diâmetro médio das gotas de chuva seria aproximadamente 3 mm, e essa chuva cairia a uma velocidade aproximada de 8 metros por segundo; a energia criada por essa quantidade de água caindo nessa velocidade tem que ser absorvida pelo solo.

b) Erosão laminar. A remoção de camadas delgadas de solo sobre toda uma área é a forma de erosão menos notada, e por isso a mais perigosas. Em dias de chuva as enxurradas tornam-se barrentas. Os solos, por sua ação, tomam coloração mais clara, e a produtividade vai, diminuindo progressivamente. A erosão laminar arrasta primeiro as partículas mais leves de solo, e considerando que a parte mais ativa do solo de maior valor, é a integrada pelas menores partículas, pode-se julgar os seus efeitos sobre a fertilidade do solo.

É uma forma de erosão dificilmente perceptível: entretanto, em culturas perenes formadas em terrenos suscetíveis à erosão, pode-se perceber, após alguns anos, que as raízes, ao serem expostas, indicam a profundidade da camada de solo que foi arrastada.

Quando se acumula na superfície, a água se move morro abaixo, e raramente se movimenta em uma lâmina uniforme sobre a superfície da terra; isso aconteceria se a superfície do solo fosse lisa e uniformemente inclinada, o que raramente pode acontecer, pois ela é quase sempre irregular. Cada pequena porção de água toma o caminho de menor resistência, concentrando em pequenas depressões e ganhando velocidade à medida que a lâmina de água e a declividade do terreno aumentam (Figura 7.1, caderno central a cores).

A erosividade da enxurrada depende da sua velocidade, turbulência, e quantidade e tipo do material abrasivo que carrega. A velocidade aumenta com a quantidade da enxurrada e com aumento da declividade do terreno; a turbulência da enxurrada aumenta com o aumento da intensidade de chuva; a capacidade abrasiva da enxurrada depende da energia de escorrimento da água e da quantidade e tipo do material em suspensão na enxurrada.

Quando a enxurrada se movimenta sobre a superfície do solo, forças horizontais atuam sobre as partículas na direção do fluxo; essas forças desprendem as partículas da massa de solo, rolando-as ou arrastando-as fora de sua posição. Como a enxurrada se concentra nas depressões do terreno, o fluxo de água se torna mais turbulento, e as diferentes velocidades e pressões causam correntes verticais e redemoinhos. O movimento ascendente da água desprende as partículas por ação elevatória. O desprendimento pela abrasão ocorre quando as partículas já em trânsito na enxurrada golpeiam ou arrastam outras partículas na superfície do solo colocando-as em movimento. A quantidade do material transportado depende da capacidade de transporte da enxurrada que é influenciada pelo tamanho, densidade e forma das partículas do solo, e pelo efeito de retardamento da vegetação e de outras obstruções.

c) Erosão em sulcos. Resulta de pequenas irregularidades na declividade do terreno que faz que a enxurrada, concentrando-se em alguns pontos do terreno, atinja volume e velocidade suficientes para formar riscos mais ou menos profundos. Na sua fase inicial, os sulcos podem ser desfeitos com as operações normais de preparo do solo (Figura 7.2, caderno central a cores) em um estádio mais adiantado, porém, eles atingem tal profundidade que interrompem o trabalho de máquinas agrícolas (Figura 7.3, caderno central a cores).

Essa forma de erosão, a que o lavrador presta mais atenção, é ocasionada por chuvas de grande intensidade em terrenos de elevada declividade e em grandes lançantes (Figura 7.4, caderno central a cores).

Enquanto são desfeitos com as operações normais de preparo do solo, esses sulcos podem até não ser notados pelos agricultores; o problema aparece quando eles resultam em sérios prejuízos para a produtividade do solo.

d) Voçorocas. É a forma espetacular da erosão, ocasionada por grandes concentrações de enxurrada que passam, ano após ano, no mesmo sulco, que se vai ampliando, pelo deslocamento de grandes massas de solo, e formando grandes cavidades em extensão e em profundidade (Figura 7.5). Exemplos da literatura mundial são citados com voçorocas de mais de uma centena de metros de comprimento e atingindo dezenas de metros de profundidade. A voçoroca é a visão impressionante do efeito da enxurrada descontrolada sobre a terra.

Quando os diferentes horizontes do solo são de material de consistência uniforme a voçoroca se desenvolve em paredes mais ou menos verticais, e se o material é muito friável, está sujeito a frequentes desmoronamentos. Quando o material do subsolo ou de horizontes mais profundos é mais resistente que o horizonte superficial, as voçorocas apresentam as paredes em forma de V.

e) Deslocamentos e escorregamentos de massas de solo. O deslocamento e o escorregamento de grandes massas de terra são ocasionados, algumas vezes, pelos cortes feitos nas bases dos morros bastante inclinados.

O deslocamento de grandes massas de solo é ocasionado, em geral, quando, em solos arenosos, um lençol freático aflora na encosta de um morro. As águas de infiltração, encontrando essa camada pouco permeável, movimentam-se até a nascente, e nela o solo arenoso começa a desbarrancar por efeito dos solapamentos que a água provocou.

f) Erosão em pedestal. Quando um solo de grande suscetibilidade à erosão é protegida da ação de salpicamento por uma pedra ou raízes de árvores, "pedestais" isolados encabeçados por materiais resistentes se formam, permanecendo na superfície do terreno[18]. A erosão na vizinhança é principalmente por salpicamento, não tendo ação da enxurrada, o que é evidenciado por não haver nenhum desgaste na base dos pedestais. Esse tipo de erosão se desenvolve lentamente, em muitos anos, sendo encontrado em partes descobertas de terreno em pastagem; pode ocorrer também em terrenos arados que sofrem excessiva erosão durante chuvas excepcionais. O principal interesse desse tipo de erosão é que possibilita deduzir, aproximadamente, a profundidade do solo que foi erodida, estudando-se a altura dos pedestais.

g) Erosão em pináculo. A característica do padrão de erosão que deixa altos pináculos no fundo e nos lados das voçorocas é geralmente associada com as condições altamente erosionáveis de alguns solos. Este tipo de erosão é sempre associado com os sulcos verticais profundos nas voçorocas. Uma camada de solo mais resistente, ou cascalhos e pedras, muitas vezes encabeçam a parte superior dos pináculos. As propriedades físicas ou químicas do solo que podem causar esse tipo de erosão não estão claramente definidas, mas ela é encontrada onde há grande desequilíbrio, como sódio em excesso e completa desfloculação. Os solos sujeitos a esse tipo de erosão são reconhecidos pelo fato de que, quando secos, absorvem muito lentamente a água, mas, quando saturados, não têm coesão e escorrem como lema[18]. O controle de voçorocas é sempre mais difícil quando ocorre a erosão em pináculo; as condições adversas de umidade do solo e de nutrientes dificultam o estabelecimento de uma vegetação protetora.

h) Erosão em túnel. A formação de túneis contínuos ou canais subterrâneos é mais comum nos solos que também estão sujeitos à erosão em pináculos, porém não se restringem a eles. Ocorre quando a água da superfície se movimenta dentro do solo até encontrar uma camada menos permeável: se há uma saída para que escorra sobre a camada menos permeável, ela arrasta as partículas finas da camada mais porosa. Geralmente este tipo de erosão é encontrado apenas em solos de pouco valor agrícola.

i) Erosão da fertilidade do solo. A erosão nos seus mais amplos termos inclui qualquer tipo de degradação que possa reduzir-lhe a capacidade de cultivo de plantas, mesmo que não haja uma remoção física do solo.

A erosão da fertilidade, perda dos nutrientes das plantas, pode ser comparada em magnitude à remoção desses mesmos elementos nas colheitas das culturas, variando com os diferentes elementos: o fósforo é principalmente perdido com as partículas coloidais nas quais é absorvido, mas o nitrogênio, nas formas de nitritos e nitratos, é solúvel, e assim são perdidos em solução pela enxurrada, sem ocorrer qualquer remoção física do solo.

O solo é um organismo vivo, em continua atividade, e há muitos fatores envolvidos na utilização dos nutrientes para as plantas. Além dos dados sobre os totais de perdas de solo ocasionados pela erosão, deve-se ter em mente as quantidades de nitrogênio, fósforo, potássio e cálcio arrastados pela enxurrada. A remoção de materiais mais grossos como areia e cascalhos é muito menos prejudicial que a lavagem do material coloidal orgânico e inorgânico e dos nutrientes em solução; o índice de erosão deve ser, além de quantitativo, qualitativo.

Um dos primeiros estudos realizados por Duley[11], em talhões experimentais munidos de sistemas coletores para determinação de perdas por erosão, para quantificação das perdas de elementos nutritivos na enxurrada mostrou: *a)* as perdas de nitratos foram pequenas, sendo maiores as de nitrogênio orgânico; *b)* de 16 a 29kg/ha foram as de cálcio; *c)* de 0,2 a 2,8kg/ha, de potássio; *d)* e de 0,3 a 3,0kg/ha, as de fósforo. As perdas desses elementos, contidos no solo erosionado, porém, foram muito maiores, como se pode ver nos seguintes dados: *a)* em terrenos descobertos, 110kg/ha de nitrogênio; 52kg/ha de fósforo; 440kg/ha de cálcio; *b)* em terreno plantado com milho, as perdas de nitrogênio, fósforo e cálcio foram, respectivamente, 44,0, 8,8 e 110,0kg/ha. A conclusão geral é de que se devem considerar tais perdas como uma das formas mais importantes do empobrecimento dos solos.

Outros pesquisadores encontraram resultados semelhantes, evidenciando a grande quantidade de perdas de elementos nutritivos Holland e Joachim[17] verificaram, no Ceilão, que o material erosionado, em uma plantação de chá, era muito mais rico em nutrientes que o solo original. Rogers[29] apresenta dados concluindo que o material erosionado era 16% mais rico em nitrogênio total e 11% em fósforo. Estudos realizados por Kohnke[19] mostraram, também, que a concentração de íons foi sempre maior no inicio da enxurrada do que quando ela estava em sua intensidade máxima. Grohman e Catani[14], em solo podzolizado de Lins e Marília, encontraram que o solo transportado possui 2,0 vezes mais matéria orgânica; 2 8 vezes mais P_2O_5 2,3 mais K_2O e 1,9 mais CaO do que o solo original. Verdade *et al.*[33] concluíram que o nitrogénio nas formas nítrica e amoniacal, trazido pelas chuvas, só em parte é perdido pela erosão, e que os ganhos em nitrogênio, pelo solo, compensam parcialmente as perdas desse elemento sob outras formas ocasionadas pela água de enxurrada. Grohmann *et al.*[15] observaram que as quantidades de elementos nutritivos perdidos pela erosão nos talhões com práticas conservacionistas não foram afetadas pelos tratamentos, mas eram proporcionais à quantidade total de solo transportado e ao volume de enxurrada.

Os solos das regiões tropicais, com chuvas intensas, estão mais sujeitos a sofrer empobrecimento de bases que de outros elementos nutritivos.

A cobertura vegetal é de grande eficiência na redução das perdas de nutrientes; o manejo adequado da vegetação é fundamental no desenvolvimento de um plano de conservação da fertilidade dos solos.

7.4. Erosão eólica

A erosão eólica, ocasionada pelos ventos, ocorre em geral em regiões planas, de pouca chuva, onde a vegetação natural é escassa e sopram ventos fortes. Constitui problema sério quando a vegetação natural é removida ou reduzida; os animais, insetos, moléstias e o próprio homem contribuem para essa remoção ou redução. As terras ficam sujeitas à erosão pelo vento quando deveriam estar com a vegetação natural e são colocadas em cultivo com um manejo inadequado.

A erosão pelo vento, geralmente considerada de sérias consequências nas regiões áridas e semiáridas, pode ocorrer também em outras regiões, desde que haja condições de solo, vegetação e clima, como as seguintes: solo solto, seco e com granulações finas; superfície lisa e, a cobertura vegetal, rala ou inexistente; grandes lançantes sem nenhuma obstrução para redução da força do vento; vento suficientemente forte para iniciar o movimento das partículas de solo.

As áreas de terras agrícolas sujeitas à erosão eólica localizam-se no Norte da África, grandes extensões da Ásia, Austrália, e partes das Américas do Norte e do Sul. No Brasil, as áreas afetadas estão, principalmente, no Nordeste, Bahia e Rio Grande do Sul.

Além do empobrecimento do solo, a erosão eólica ocasiona a morte das plantas, prejudicando, também, as estradas de ferro e rodovias. Tempestades de areia ocasionadas por severa erosão eólica causam problemas adicionais: homens e animais sofrem pela inalação de poeira e infecções nos olhos e no sistema respiratório, além da poluição da atmosfera.

Os principais fatores que afetam a erosão eólica são o clima, o solo e a vegetação. No que se refere ao clima, estão à precipitação, o vento, a temperatura, a umidade, viscosidade e densidade do ar. Com relação ao solo, distinguem-se a textura, a estrutura, a densidade das partículas, a matéria orgânica, sua umidade e a rugosidade da superfície; de todo o mais importante é a umidade do solo, uma vez que somente um solo relativamente seco é sujeito à erosão eólica. Quanto à vegetação, a altura e a densidade da cobertura vegetal são os fatores principais; a densidade da cobertura vegetal, quebrando a velocidade do vento, evita a sua incidência direta sobre o solo.

O mais sério prejuízo ao solo ocasionado pela erosão eólica é a mudança na textura, nas condições físicas e na fertilidade. Suas partículas mais finas são carregadas pelo vento, permanecendo as mais grossas e menos produtivas; esta separação não somente remove os materiais mais importantes do ponto de vista da produtividade e retenção da água, como deixa o material mais arenoso, ficando, assim, o solo mais erodível que o original; com a continuação do processo, o crescimento de plantas fica restrito, e a erodibilidade do solo aumenta. A areia levada pelo vento se amontoa em outros lugares, formando dunas instáveis, geralmente em terras mais produtivas; grandes áreas de terra produtivas foram arruinadas dessa maneira.

O processo de erosão eólica consiste em três fases distintas envolvendo as partículas de solo: o inicio do movimento, o transporte e a deposição.

O *movimento* das partículas de solo é causado pelas forças do vento exercidas contra a superfície do terreno. A velocidade média empreendida pelo vento próximo à superfície do terreno aumenta exponencialmente com a altura acima dessa superfície. A mudança de velocidade com a altura é conhecida como gradiente de velocidade; é ele que determina a força de arrasto exercida[9].

Em algum ponto próximo da superfície do terreno, a velocidade do vento é zero; geralmente um pouco acima da média da rugosidade dos elementos na superfície. Nos mais altos elementos de rugosidade da superfície do terreno, ou da cobertura vegetal mais alta e menos permeável ao ar, é encontrada a velocidade zero; acima desse nível, a média de velocidade aumenta rapidamente, e nesta zona o vento é turbulento e caracterizado por movimentos de redemoinhos com velocidades variáveis e em todas as direções[41].

O mínimo da velocidade do vento necessária para iniciar o movimento das partículas de solo mais erodíveis (de 0,1 mm de diâmetro) é de cerca de 15 km/h a uma altura de 0,30 m da superfície. Essas partículas têm um tamanho e um peso proporcionados que contribuem para o inicio do movimento; elas se projetam a uma altura na camada de turbulência para absorver uma apreciável força, e são suficientemente leves para serem facilmente movimentadas. Para as dunas de areia que têm uma mistura de diferentes tamanhos de partículas, a velocidade do vento mínima, na altura de 0,30 m, para iniciar o movimento, é de cerca de 20 km/h.

O *transporte* das partículas é influenciado pelo seu tamanho, velocidade do vento e distância a percorrer. Depois que o movimento é iniciado, elas são conduzidas aos saltos, dependendo do seu tamanho e da turbulência do vento, cuja força as levanta quase verticalmente: elas giram a varias centenas de revoluções por segundo, caminham a uma distância de 10 a 15 vezes a altura em que estão levantadas, e retornam à superfície. As partículas de 0,1 a 0,5 mm de diâmetro movimentam-se aos saltos, porém as de 0,5 a 1,0 mm são arrastadas; a intensidade de movimento do solo por arraste e por salto é proporcional ao cubo da velocidade[41].

As partículas menores que 0,1 mm de diâmetro podem sofrer movimento pela suspensão, em geral iniciado pelo impacto dos seus saltos. Uma vez que entram nas camadas de turbulência, elas podem ser carregadas e transportadas vários quilômetros. A maior parte do solo é movimentada pelos saltos e pelo arraste, porém a movimentada pela suspensão é mais espetacular e mais facilmente reconhecida.

Logo que as partículas de solo são soltas e o movimento é iniciado, seu impacto nos saltos fricciona a superfície do solo, prejudica a vegetação, desmancha os torrões e altera as crostas da superfície. Quanto maior a área, maior o número de vezes que as partículas embatem a superfície, dependendo do movimento ocasionado pelo vento. As partículas de solo erosionadas se acumulam na superfície, causando progressivamente maior concentração de impacto e atingindo um máximo de movimento do solo.

A *deposição* do sedimento ocorre quando a força da gravidade é maior que a força de sustentação das partículas no ar. As partículas de solo que se movimentam no processo de erosão eólica são depositadas em um novo local quando o vento diminui ou quando as obstruções na superfície alteram a sua turbulência. As deposições dos sedimentos transportados pelo vento são um importante fator nas mudanças geológicas que ocorrem na superfície da terra; o homem tem acelerado essas mudanças desde que iniciou o cultivo do solo.

Uma equação de erosão eólica foi desenvolvida para avaliar a influência dos diversos fatores e dar uma estimativa do total de perdas de solo[40]:

$$E = f\,(I, K, C, L, V)$$

onde:

E = perda de solo em toneladas por hectare e por ano;

I = índice de erodibilidade do solo;

K = rugosidade do solo;

C = fator climático relacionado com a velocidade do vento e com umidade do solo;

L = comprimento do campo no sentido da direção prevalecente do vento; e

V = quantidade de cobertura vegetativa.

Essa equação pode ser usada para determinar o potencial de erosão eólica de certo campo ou estabelecer práticas para reduzir a erosão a uma quantidade tolerável.

Um estudo da mecânica da erosão eólica e dos fatores que a influenciam sugere três métodos básicos para o seu controle: *a)* aumentar a estabilidade do solo e rugosidade da superfície; *b)* manter uma vegetação, ou resíduos de culturas, ou outros tipos de cobertura na sua superfície; *c)* colocar barreiras perpendiculares à direção dos ventos dominantes. Pouco se pode fazer para os fatores climáticos, porém pode-se fazer alguma coisa para influenciar a temperatura, umidade e suprimento de água no solo (irrigação) e diminuir a influência dos ventos, colocando barreiras na perpendicular dos ventos dominantes.

7.5. Erodibilidade do solo

Alguns solos erosionam mais que outros, mesmo que a chuva, a declividade, a cobertura vegetal e as práticas de manejo sejam as mesmas. Essa diferença, devida às propriedades do próprio solo, é denominada erodibilidade do solo. As propriedades do solo que influenciam a erodibilidade pela água são: *a)* as que afetam a velocidade de infiltração da água do solo, a permeabilidade e a capacidade de absorção da água; *b)* aquelas que resistem a dispersão, ao salpicamento, à abrasão e às forças de transporte da chuva e enxurrada.

As propriedades do solo mais desejáveis para a produção de culturas não são. Necessariamente, as mesmas quando se considera a resistência do solo de ser desprendido ou transportado pelas forças erosivas. Por exemplo, o solo que é solto, granular e com boas condições físicas, será mais severamente erodido que outro em piores condições se uma chuva excessiva ocorrer e não tiver uma proteção de uma cobertura vegetativa; se a cobertura vegetativa não puder ser mantida durante a época em que ocorrer a chuva excessiva, será necessário adicionar práticas conservacionistas para proteger o solo de série erosão.

A erodibilidade do solo é a sua vulnerabilidade ou suscetibilidade à erosão, que é a recíproca da sua resistência à erosão. Um solo com alta erodibilidade sofrerá mais erosão que um com baixa erodibilidade se ambos estiverem expostos a uma mesma chuva.

Durante muitos anos os pesquisadores têm tentado relacionar a quantidade de erosão medida no campo com as várias características físicas do solo que podem ser determinadas no laboratório; realmente, muitos trabalhos foram produzidos utilizando uma única propriedade ou uma combinação de várias propriedades físicas do solo que fosse capaz de uma determinação quantitativa.

Brayan[8], numa revisão apresentando mais de trinta trabalhos desse tipo, encontrou que a distribuição e a estabilidade dos agregados indicariam melhor índice para representar a erodibilidade do solo. Para Bouyoucos[7], a erodibilidade do solo é proporcional à seguinte relação:

$$\frac{\%\ \text{areia} + \%\ \text{limo}}{\%\ \text{argila}}$$

Peele[28] inclui uma determinação da intensidade de percolação da água através do solo, e Yoder[35] desenvolveu uma técnica mais tarde adotada em estudos de estrutura do solo para determinação da estabilidade dos agregados quando agitados mecanicamente com água.

Middleton[25], um dos primeiros a tentar idealizar um índice de erodibilidade do solo baseado em suas propriedades físicas, encontrou que a relação de dispersão, a relação coloide/umidade equivalente e a relação de erosão foram os primeiros critérios que diferenciam os solos com respeito à erosão. Estabeleceu um valor-limite para separar solos erosivos daqueles pouco erosivos. Assim, solos que apresentassem a relação de erosão menor do que 10 e a relação de dispersão menor do que 15 eram considerados não erosivos.

Adams *et al.*[1] não observaram diferença significativa entre a relação de dispersão proposta por Middleton e a erosão por salpico e transporte. Chibber *et al.*[10] utilizando a técnica de Middleton, encontraram correlações entre a relação de erosão e de dispersão, a relação argila/umidade equivalente e a relação argila/areia + limo.

Outros métodos baseados essencialmente na análise mecânica dos solos foram usados na Rússia[34], na Índia[2,24], no Japão[26] e na França[16]. As propriedades químicas também foram pesquisadas por Wallis e Stevan[36].

Wischmeier e Mannering[37] encontraram boa correlação entre a erodibilidade e um índice contendo quinze propriedades físicas do solo, porém, mais tarde, o método tornou-se mais prático e mais simplificado utilizando apenas cinco propriedades[38].

Quadro 7.1. Relação de erosão dos horizontes superficiais e subsuperficiais para várias unidades de dois agrupamentos de solo do Estado de São Paulo (Valores em t. h./MJ)

Solo	Relação de erosão horizonte	
	Super-fície	**Subsu-perfície**
COM B TEXTURAL		
Podzolizados com cascalho	0,055	0,027
Podzolizados Lins e Marília, variação Marília	0,049	0,023
Podzólico vermelho-amarelo, variação Laras	0,043	0,046
Podzolizados Lins e Marília, variação Lins	0,035	0,023
Podzólico vermelho-amarelo, orto	0,034	0,018
Podzólico vermelho-amarelo, variação Piracicaba	0,028	0,019
Mediterrâneo vermelho-amarelo	0,023	0,021
Terra roxa estruturada	0,018	0,011
COM B LATOSSÓLICO		
Latossolo vermelho-amarelo, orto	0,022	0,009
Latossolo vermelho-escuro, fase arenosa	0,017	0,012
Latossolo vermelho-amarelo, fase rasa	0,017	0,022
Latossolo vermelho escuro, orto	0,015	0,005
Solos de Campos do Jordão	0,015	0,013
Latossolo vermelho-amarelo, fase arenosa	0,013	0,007
Latossolo vermelho-amarelo, fase terraço	0,012	0,003
Latossolo roxo	0,012	0,004
Latossolo vermelho-amarelo húmico	0,011	0,004

Com o advento da equação universal de perdas de solo[39], estudos do fator da erodibilidade do solo foram intensificados com o auxílio de simuladores de chuva que permitiram obter, em curto período de tempo, grande número de dados. Trabalhos correlacionando perdas de solo e propriedades físicas do solo vêm sendo desenvolvidos desde então, por vários autores[3,6,27].

Lombardi e Bertoni[20] estudaram 66 perfis de solo, para dois agrupamentos de solos que ocorrem no estado de São Paulo, e os analisaram de acordo com o método de Middleton[25] com algumas modificações. Foram consideradas, para cada horizonte, as seguintes propriedades: argila natural, argila dispersa e umidade equivalente, tendo sido estudados somente os horizontes A e B de solos com B textural e B latossólico, estabelecendo-se as seguintes relações: *a)* relação de dispersão — definida como a relação teor de argila natural/teor de argila dispersa; *b)* relação argila dispersa/umidade equivalente; *c)* relação de erosão — razão entre relação de dispersão e a relação argila dispersa/umidade equivalente.

A relação de erosão média (erodibilidade) para os horizontes superficiais (Ap, A1, A2, A3) e os horizontes subsuperficiais (B1 e B2) é apresentada no quadro 7.1. Verifica-se, por esses dados, o comportamento dos solos com B textural e B latossólico, com relação à erosão, tanto nos horizontes superficiais como nos subsuperficiais, indicando que, de maneira geral, os solos podzolizados são mais suscetíveis à erosão.

O manejo do solo a ser adotado nos latossolos deve ser diferente daquele dos podzolizados, pois estes são mais facilmente erodíveis.

Lombardi e Bertoni[20] concluíram, com base nos estudos realizados, que: *a)* os solos com B textural apresentam comportamento diferente daqueles com B latossólico em relação à erosão, tanto nos horizontes superficiais como nos de subsuperfície; *b)* os solos com B textural são mais suscetíveis à erosão; e, *c)* com relação à erosão, o uso e manejo a serem adotados são distintos para os dois agrupamentos de solos.

Embora alguns solos sejam mais erodíveis que outros, é oportuno lembrar que a quantidade de solo perdida pela erosão, que ocorre em dadas condições, é influenciada não somente pelo próprio solo, mas pelo tratamento ou maneio que recebe; um solo pode perder, por exemplo, 200 toneladas por hectare e por ano quando usado com culturas anuais plantadas morro abaixo em terreno com grande declividade, enquanto o mesmo solo, com uma pastagem bem manejada, perderia somente alguns quilogramas por hectare. A diferença em erosão por diferentes sistemas de maneio para o mesmo solo é muito maior que a diferença de erosão de diferentes solos com o mesmo manejo. Realmente, a erodibilidade é influenciada muito mais pelo manejo que por qualquer outro fator, o melhor manejo do solo pode ser definido como sendo o uso mais intensivo e mais produtivo que a terra pode ter sem causar qualquer degradação. Outro exemplo, bastante significativo, relatado por Hudson[18] em suas pesquisas, mostra que, em um mesmo solo, em duas parcelas com a mesma cultura de milho, a que recebeu um mau manejo teve perdas de terra pela erosão 15 vezes maiores que aquela com um bom manejo.

7.6. Tolerância de perda de solo

A tolerância de perda de solo é a quantidade de terra que pode ser perdida por erosão, expressa em toneladas por unidade de superfície e por ano, mantendo ainda o solo elevado nível de produtividade por longo período de tempo. Essa tolerância reflete a perda máxima de solo que se pode admitir, com um grau de conservação tal que mantenha uma produção económica em futuro previsível com os meios técnicos atuais.

O estabelecimento de tolerância de perda para solos a topografia tem sido geralmente uma questão de julgamento coletivo, em que fatores tanto físicos como econômicos são levados em consideração. Essa tolerância depende das propriedades do solo, profundidade, topografia e erosão antecedente.

Progressos tem sido alcançados na determinação da intensidade de erosão de muitos solos sob grande variação climática, mostrando que as medidas de conservação reduzem a erosão, mas raramente a eliminam completamente.

O problema a decidir e quanto de erosão e permissível ou tolerável. A resposta seria simples se a perda de solo fosse à mesma intensidade que o tempo de formação do solo. Esse tempo não pode ser determinado com precisão, porém, nos Estados Unidos, estimou-se em 300 anos o tempo de formação de 25 mm de solo superficial[5]. Porém, quando o solo sofre a ação de lavagem e perturbações de aeração pelo seu preparo, esse tempo pode ser reduzido a 30 anos[18]: a velocidade de formação de 25 mm de solo em 30 anos corresponde aproximadamente, a uma perda de terra de 12,5 toneladas por hectare e por ano.

Para solos dos Estados Unidos, a razão máxima de perdas de solo determinada varia de 2,0 a 125 toneladas/hectare/ano, segundo o tipo de solo, sua espessura e propriedades físicas. Em geral, uma perda de 12,5 toneladas/hectare/ano é tolerável para solos bastante profundos, permeáveis e bem drenados. Perdas de duas a quatro toneladas/hectares/ano são admissíveis em solos com subsolo desfavorável, poucos profundo[13].

Smith e Stamey[30] apresentam o procedimento para estabelecer um padrão prático de tolerância de perdas para qualquer solo.

Em consequência de a intensidade de erosão variar grandemente para diferentes solos, a imposição de limites fixos de perda de solo aplicáveis a solos semelhantes parece irracional.

Lombardi e Berltoni[21] realizaram uma tentativa de estabelecer padrões de tolerância de perdas para solos do estado de São Paulo, levando em consideração sua profundidade e algumas propriedades físicas, ao estudar 75 perfis de solos. O critério adotado para a escolha das propriedades do solo consideradas essenciais no estabelecimento de padrões limites de tolerância de perdas de solo foi subjetivo: baseou-se principalmente na profundidade do solo favorável ao desenvolvimento do sistema radicular e na relação textural dos horizontes superficiais.

O procedimento estabelecido por Lombardi e Berltoni[21] foi, em síntese, o seguinte:

> *a) Profundidade do solo:* a profundidade do solo favorável ao desenvolvimento do sistema radicular é, sem dúvida, a característica mais importante para o estabelecimento dos limites de tolerância de perdas por erosão. Para solos bem desenvolvidos, como os latossolos, a profundidade máxima admitida para o desenvolvimento do sistema radicular foi 1,00 metro.
>
> *b) Relação textural entre os horizontes superficiais e os subsuperficiais:* a relação textural, de argila, entre esses horizontes afetam principalmente a infiltração e a permeabilidade do solo. Uma relação textural de argila alta indica uma capacidade de infiltração menor nos horizontes de subsuperfície, acelerando, com isso, a intensidade de erosão dos superficiais. Estabeleceu-se o seguinte critério para o cálculo de peso de solo por unidade de superfície de cada horizonte de perfil do solo: *a)* quando o valor da relação textural era inferior a 1,5, considerou-se para cada horizonte estudado do perfil o peso total de solo por hectare do horizonte; *b)* quando o valor da relação textural era 1,5 a 2,5, considerou-se para os horizontes superficiais apenas 75% do seu peso de solo por hectare, e 75% da espessura do horizonte de subsuperfície logo abaixo do horizonte A; *c)* quando o valor da relação textural era maior do que 2,5 considerou-se para os horizontes superficiais 50% do seu peso de solo por hectare, e 50% da espessura do horizonte de subsuperfície logo abaixo do horizonte A.

c) Escolha dos horizontes no perfil de solo: observando os critérios estabelecidos, escolheram-se os horizontes de cada perfil de solo para o cálculo dos limites de tolerância de perdas de solo. As seguintes exceções foram verificadas: *a)* não foi incluído para o cálculo o horizonte superior ao C ou R, à exceção dos litossolos; *b)* os horizontes BS não foram incluídos nos cálculos.

d) Cálculo da quantidade de terra por unidade de superfície: para cada horizonte considerado do perfil de solo, tomou-se sua espessura e a densidade de solo, calculando-se o peso de solo por unidade de superfície, levando em conta o critério adotado para a relação textural entre ambos os horizontes. O cálculo foi efetuado com a equação:

$$P = 100 \times h \times d$$

onde:

P = peso de terra em um hectare, t/ha;

h = espessura do horizonte, cm;

d = densidade do solo, g/cm^3.

O total de solo do perfil da unidade do solo foi obtido somando a quantidade de solo de cada horizonte considerado.

e) Período de tempo para desgastar a quantidade de solo da unidade de superfície: estabeleceu-se o prazo de um milênio para desgastar aquela quantidade de solo por unidade de superfície, não considerando nos cálculos a formação de solos por fenômenos de intemperismo. Dividindo por 1.000 o peso de solo por unidade de superfície, tem-se a tolerância de perdas de solo por ano para cada unidade de solo, ou seja, a quantidade máxima de solo que o solo pode perder por ano, mantendo-se ainda com certo nível de produtividade.

Com base no estudo dos 75 perfis de solo, são apresentados no quadro 7.2, os limites de tolerância de perdas por erosão para algumas unidades de solos do estado de São Paulo. Os valores de tolerância média de perdas de solo variaram de 4,5 a 13,4 t/ha/ano e de 9,6 a 15,0 t/ha/ano, respectivamente, para solos com B textural e com B latossólico.

Quadro 7.2. Linhas de tolerância de perdas por erosão para alguns solos do Estado de São Paulo

Solos	**Tolerância de perdas de solo**	
	Amplitudes observadas	**Média ponderada em relação à profundidade**
COM B TEXTURAL	t/ha	t/ha
Podzólico vermelho-amarelo, orto	5,2 a 7,6	6,6
Podzólico vermelho-amarelo, v. Piracicaba	3,4 a 11,2	7,9
Podzólico vermelho-amarelo, v. Laras	6,9 a 13,4	9,1
Podzólico com cascalho	2,1 a 6,6	5,7
Podzolizado Lins e Marília, v. Lins	3,8 a 5,5	4,5
Podzolizado Lins e Marília, v. Marília	3,0 a 8,0	6,0
Mediterrâneo vermelho-amarelo	9,8 a 12,9	12,1
Terra roxa estruturada	11,6 a 13,6	13,4
COM B LATOSSÓLICO		
Latossolo roxo	10,9 a 12,5	12,0
Latossolo vermelho escuro, orto	11,5 a 13,3	12,3
Latossolo vermelho escuro, f. arenosa	13,4 a 15,7	15,0
Latossolo vermelho-amarelo, orto	12,5 a 12,8	12,6
Latossolo vermelho-amarelo, f. rasa	4,3 a 12,1	9,8
Latossolo vermelho-amarelo, f. arenosa	13,6 a 15,3	14,2
Latossolo vermelho-amarelo, f. terraço	11,1 a 14,0	12,6
Latossolo vermelho-amarelo, húmico	10,9 a 11,5	11,2
Solos Campos do Jordão	4,6 a 11,3	9,6
SOLOS POUCO DESENVOLVIDOS		
Litossolo	1,9 a 7,3	4,2
Regossolo	9,7 a 16,5	14,0

Solos com B textural apresentam um valor menor de tolerância de perdas, pois têm uma profundidade pequena para o desenvolvimento radicular, devido a um acúmulo de argila nos horizontes B, criando uma gradiente de drenagem entre os horizontes superficiais e de subsuperfície, de modo que as camadas superficiais ficam mais sujeitas ao processo de erosão.

Solos com B latossólico, de modo geral, são profundos e sem diferença textural acentuada entre os dois horizontes, apresentando boa drenagem interna e, portanto, os limites de tolerância de perdas de solo são mais elevados.

Os critérios adotados permitiram o estabelecimento de padrões de tolerância de perdas por erosão. Os valores representam uma tentativa para estabelecer os limites de tolerância de perdas de solo, baseando-se em algumas de suas propriedades consideradas essenciais.

No critério adotado, a profundidade do solo favorável ao desenvolvimento radicular foi considerada a principal propriedade do solo que é perdida através da erosão, em especial da hídrica. Em outros casos, pode-se levar em conta a modificação textural da camada superficial, a degradação da estrutura ou característica de fertilidade na determinação dos limites de tolerância, isto é, aquelas propriedades que mantêm ou melhoram a produtividade do solo.

Não foram considerados para fins de determinação dos limites de tolerância de perdas de solo, os fatores econômicos, pois, se fossem incluídos, as tolerâncias deveriam ser expressas em função de preço e custo, e como estes são variáveis, os padrões de tolerância estabelecidos também o seriam; a exclusão dos fatores econômicos simplifica o procedimento, eliminando variáveis complexas.

Os limites de tolerância não impõem restrições arbitrárias ao uso e manejo do solo, mas simplesmente estabelecem limites dentro dos quais as escolhas das técnicas adotadas devem ser feitas.

Para solo bem intemperizado, é razoável assumir que a intensidade de erosão geológica e a intensidade de formação de solo são iguais, isto é, estão em equilíbrio. Com material subjacente favorável, a intensidade de renovação do solo abaixo pode ser extremamente rápida; a falta de dados sobre esse assunto faz que a renovação do solo receba pequena atenção, comparada com os problemas de erosão.

A precisão de qualquer padrão de tolerância à erosão estabelecida depende, sobretudo, da solidez de seus critérios, determinados em parte por uma política de conservação do solo e, em parte, pelos fatores e estimativas técnicas.

O conhecimento dos limites de tolerância de perdas de solo é importante na aplicação da equação de perdas de solo no planejamento conservacionista.

Referências Bibliográficas

1. ADAMS, J. E.; KIRKHAM, D.; SCHOLTES, W. H. Soil erodibility and other physical properties of some Iowa soils. *Iowa State J. Sci.*, Ames, 32:485-540, 1958.
2. BALLAL, D. K. A preliminary investigation into some of the physical properties affecting soil erosion of Madhya Pradesh soils. *J. Indian Soc. Soil Sci.*, 1:37-41, 1954.
3. BARNETT, A. P.; ROGERS, J. S. Soil physical properties related to runoff and erosion from artificial rainfall. *Trans. ASAE*, St. Joseph., 9:123-125, 1966.
4. BEASLEY, R. P. *Erosion and sediment pollution control.* Ames: Iowa State University, 1972.
5. BENNETT, H. H. *Soil conservation.* New York: McGraw-Hill, 1939.
6. BERTRAND, A. R.; BARNETT, A. P.; ROGERS, J. S. The influence of soil physical properties on runoff, erosion, and infiltration of some soils in the south-eastern United States. *Interam. Congress Of Soil Science*, 8, Bucarest, Romênia, p. 663-677, 1964.
7. BOUYOUCOS, G. W. The clay ratio as a criterion as susceptibility of soils to erosion. *J. Amer. Soc. Agron.*, Madison, 27:738-741, 1935.
8. BRYAN, R. B. The development, use and efficiency of indices of soil erodibility. *Geoderma*, 2:25-26, 1968.
9. CHEPIL, W. S.; WOODRUFF, N. P. The physics of wind erosion and its control. *Advan. Agron.*, New York, 15, 1963.
10. CHIBBER, R. K.; GHOSH, P. C.; SATYANARAYAMA, K. V. S. Studies on the physical properties of some of the Himachal Pradesh soils formed on different parent materials in relation to their erodibility. *J. Indian Soc. Soil Sci.*, 9:187-192, 1961.
11. DULEY, F. C. The loss of soluble salts in runoff water. *Soil Sci.*, Baltimore, 21(5): 401-409, 1926.

12. ELLISON, W. D. Soil erosion studies. Soil detachment hazard by raindrop splash. *Agricultural Engineering,* St. Joseph, 28:197-201. 1947.

13. FOOD AND AGRICULTURE ORGANIZATION OF THE UNITED NATIONS: La erosion del suelo por el água: algunas medidas para combatirla en las tierras de cultivo. Roma, 1967.

14. GROHMANN, F.; CATANI, R. A. O empobrecimento causado pela erosão e pela cultura algodoeira no solo do arenito Bauru. *Bragantia,* Campinas, 9:125-132, 1949.

15. GROHMANN, F.; VERDADE, F. C.; MARQUES, J. Q. A. Perdas de elementos nutritivos pela erosão. II. Elementos minerais e carbono. *Bragantia,* Campinas, 15:361-371, 1956.

16. HENIN, S. L'appréciation des propriétés physiques du sol. *Annales de Gembloux,* Belgique, 3:631-633, 1963.

17. HOLLAND, T. H.; JOACHIM, A. W. R. A soil erosion experiment. *Trop. Agric.,* Colombo, Sri Lanka, 80:199-207, 1933.

18. HUDSON, N. W. *Soil conservation.* Ithaca: Cornell University, 1973.

19. KOHNKE, H. Runoff chemistry: an undeveloped branch of soil science. *Soil Sci. Soc. Amer. Proc.,* Madison, 6:429-500, 1941.

20. LOMBARDI NETO, F.; BERTONI, J. *Erodibilidade de solos paulistas.* Campinas: Instituto Agronômico, 1975 (Boletim Técnico, 27).

21. LOMBARDI NETO, F.; BERTONI, J. *Tolerância de perdas de terra para solos do Estado de São Paulo.* Campinas: Instituto Agronômico, 1975 (Boletim Técnico, 28).

22. LORD, R. *To hold this soil.* Washington: USDA, 1938 (Miscelaneous Publications, 321).

23. MARQUES, J. Q. A. *Política de conservação do solo.* São Paulo: Ministério da Agricultura, 1949 (Boletim S.I.A., Serviço de Informação Agrícola, 734).

24. MEHTA, K. M.; SHARMA, V. C.; DEO, P. G. Erodibility investigations of soil of eastern Rajasthan. *J. Indian Soc. Soil Sci.,* New Delhi, 11:23-31, 1963.

25. MIDDLETON, H. E. *Properties of soils which influence soil erosion.* Washington: USDA, 1930 (Technical Bulletin, 178).

26. NISHIKATA, T.; TAKENCHI, Y. Relation between physicochemical properties and erodibility of soil: part 2. *Hokkaido Nation., Agric. Exp. Sta.,* 68:49-54, 1955. (Res. Bull.)

27. OLSON, T. C.; WISCHMEIER, W. H. Soil erodibility evaluations for soils on the runoff and erosion stations. *Soil Sci. Soc. Amer. Proc.*, Madison, 27:590-592, 1963.

28. PEELE, T. C. The relation of certain physical characteristics to the erodibility of soils. *Soil Sci. Soc. Amer. Proc.*, Madison, 2:97-100, 1937.

29. ROGERS, H. T. Plant nutrients losses by erosion from a corn, wheat, clover rotation on Dummore silt loam. *Soil Sci. Soc. Amer. Proc.*, Madison, 6:263-271, 1941.

30. SMITH, R. M.; STAMEY, W. L. How to establish erosion tolerances. *J. Soil and Water Cons.*, Fairmont, 19(3):110-111, 1964.

31. STALLINGS, J. H. *Soil conservation.* Jersey City: Prentice-Hall, 1957.

32. SUAREZ DE CASTRO, F.; RODRIGUEZ GRANDAS, A. *Investigaciones sobre la erosión y la conservación de los suelos en Colombia.* Bogotá: Federación Nacional de Cafeteros de Colombia. 1962.

33. VERDADE, F. C.; GROHMANN, F.; MARQUES, J. Q. A. Perdas de elementos nutritivos pela erosão. I. Nitrogênio e suas relações com as quantidades existentes no solo e na água de chuva. *Bragantia*, Campinas, 15:99-106, 1956.

34. VOZNESENSKY, S.; ARTSRUNI, A. B. A laboratory method tor determining the antierosion stability of soils. Problems of erosion resistance of soils. *Tiflis*, 18-30, 1940. Abstract in Soils and Fertilizers 10, 289, 1947.

35. YODER, R. E. A direct method of aggregate analysis of soils and a study of the physical nature of erosion losses. *J. Amer. Soc. Agron.*, Madison, 28:337-351, 1936.

36. WALLIS, J. R.; STEVAN, L. J. Erodibility of some California Wildland soils related to their metallic cation exchange capacity. *J. Geophys. Res.* 66:1225-1230, 1961.

37. WISCHMEIER, W. H.; MANNERING, J. V. Relation of soil properties to its erodibility. *Soil Sci. Soc. Amer. Proc.*, Madison, Wisc., 31:131-137, 1969.

38. WISCHMEIER, W. H.; JOHNSON, C. B.; CROSS, B. V. A soil erodibility monograph for farmland and construction sites. *J. Soil and Water Cons.*, Fairmont, 26:189-192. 1971.

39. WISCHMEIER, W. H.; SMITH, D. D. *Predicting rainfall erosion losses from cropland East of the Rocky Mountains*. Washington: USDA, 1965 (Handbook, 282).

40. WOODRUFF, N. P.; SIDDOWAY, F. H. A wind erosion equation. *Soil Sci. Soc. Amer. Proc.,* Madison, 29:602-608, 1965.

41. ZINGG, A. W.; CHEPIL, W. S.; WOODRUFF, N. P. Sediment transportation mechanics: wind erosion and transportation. *J. Hydraul. DIV. Proc. Am. Soc. Civ. Eng.,* v. 91, paper 4261, 1965.

8. PRÁTICAS CONSERVACIONISTAS E SISTEMAS DE MANEJO

Algumas das causas do esgotamento de nossos solos pela erosão podem ser controladas, e todas as técnicas utilizadas para aumentar a resistência do solo ou diminuir as forças do processo erosivo denominam-se práticas conservacionistas. Estas podem ser divididas em vegetativas, edáficas e mecânicas, segundo se utilize a própria vegetação, se trate de modificações nos sistemas de cultivo, ou se recorra a estruturas artificiais construídas mediante a remoção ou disposição adequada de porções de terra. Cada uma delas resolve apenas parcialmente o problema; assim, para a melhor solução, deverão ser aplicadas simultaneamente, a fim de abranger com a maior amplitude possível os diversos aspectos do problema.

As práticas vegetativas e edáficas são mais simples de executar e de manter; sempre se deve recorrer a elas, utilizando as mecânicas como complementares, naqueles casos em que a combinação das outras não consiga a suficiente proteção dos terrenos.

Neste capítulo, além das práticas, são apresentados os sistemas de manejo do solo, tais como a rotação de culturas, o preparo do solo e o plantio direto.

A conservação do solo não se reduz à simples aplicação de um número determinado de práticas: é todo um sistema de manejo do solo que assegura a obtenção dos maiores lucros possíveis sem diminuir a produtividade do terreno.

8.1. Práticas de caráter vegetativo

As práticas de caráter vegetativo são aquelas em que se utiliza a vegetação para defender o solo contra a erosão.

A densidade da cobertura vegetal é o princípio fundamental de toda proteção que se oferece ao solo, preservando-lhe a integridade contra os efeitos danosos da erosão. Realmente, a erosão do solo é tanto menor quanto mais densa e a vegetação que o recobre e protege. A importância para a conservação do solo da densidade de cobertura vegetal compreendendo esta não somente as plantas como os resíduos vegetais manifesta-se através dos efeitos apresentados no Capitulo 6.4.

A utilização racional de vegetações para recobrir e travar o solo é um dos princípios básicos da sua conservação. E evidente, porém, que no seu emprego para fins agrícolas, nem sempre é econômico mantê-lo inteiramente recoberto com vegetações protetoras, o que não impede, entretanto, que dentro dos planos de produção sejam incluídos sistemas de proteção do solo baseados nas vegetações de revestimento e de travamento.

a. Florestamento e reflorestamento. As terras de baixa capacidade de produção e, ao mesmo tempo, muito suscetíveis à erosão, deverão ser recobertas de vegetações permanentes bastante densas, como as florestas, permitindo, assim, uma utilização econômica das terras inadequadas para cultura, e proporcionando-lhes, ao mesmo tempo, a preservação[39].

Para certos solos muito inclinados, muito pobres ou muito erosados, a cobertura com floresta é a maneira mais econômica e segura de utilização. Nas regiões de topografia acidentada, as florestas devem ser formadas no topo dos morros a fim de reduzir as enxurradas que se formam nas cabeceiras, atenuando os problemas de controle de erosão nos terrenos situados mais abaixo, e proporcionando, pela maior infiltração, uma regularização das fontes de água.

O reflorestamento ciliar é usado para a proteção das margens dos rios, empregando espécies arbóreas que fornecem frutos comestíveis, como ingazeiros ou amoreiras, para alimentação dos peixes.

Para certos tipos de erosão, como voçoroca o reflorestamento das cabeceiras e dos barrancos é bastante vantajoso.

As florestas exercem papel importante no equilíbrio ecológico da região e na economia das propriedades agrícolas. Toda propriedade agrícola necessita de uma área com mata para fornecimento de lenha, madeiras, etc., indispensáveis à organização e manutenção da propriedade. As matas fornecem ambiente para a fauna silvestre, abrigando e alimentando aves e animais úteis como controladores de pragas ou como fornecedores de caça.

Sem dúvida, entre os trabalhos mais urgentes de defesa dos solos, está o restabelecimento da floresta em zonas extensas desmatadas, incorporando-as à economia da nação como produtoras de renda. Da forma como essa tarefa seja conduzida depende o futuro de muitas regiões. Em muitos países, já se começa a criar uma consciência dos imensos benefícios da árvore, e surgem campanhas de reflorestamento que permitem augurar o restabelecimento do equilíbrio ecológico em zonas extensas que se podem transformar em prósperas produtoras de riqueza.

b. Pastagem. Os terrenos onde as culturas não proporcionam produções compensadoras ou onde é grande o perigo pela erosão devem ser reservados às pastagens, que fornecem também boa proteção ao solo. A combinação agricultura-pecuária bem administrada constitui a condição ideal para a manutenção da fertilidade do solo; de um lado, assegura a produção de uma densa vegetação durante períodos longos a todas as áreas que dela necessitam, e, de outro, fornece adubo orgânico.

As pastagens, embora em intensidade um pouco menor que as florestas, fornecem grande proteção ao solo contra os estragos pela erosão. Seu trato pode afetar grandemente seu valor como revestimento do solo contra a erosão.

Um peso de gado muito grande, por exemplo, pode resultar em uma vegetação excessivamente raleada e reduzida, redundando em uma diminuição considerável da proteção contra a erosão. Assim, para que as pastagens possam constituir uma eficiente maneira de proteger o solo contra a erosão, um cuidado essencial será mantê-las com um peso de gado compatível com a sua capacidade. Um bom sistema de evitar que os pastos sejam muito raleados pelo gado, será fazer o rodízio de pastagens; para tal fim, sua área total será dividida em determinado número de pastos, sendo o gado passado de um para outro, dentro de uma sequência determinada. Assim, os pastos terão tempo suficiente para se refazerem, sem o perigo do pastoreio excessivo[39].

Deve-se evitar, sempre que possível, atear-lhes fogo: este pode ser uma causa da diminuição da densidade da cobertura vegetal das pastagens, com sensível prejuízo para a proteção do solo oferecida contra a erosão.

A fim de manter as pastagens com uma densidade de cobertura capaz de proporcionar uma capacidade de suporte de gado razoável e, ao mesmo tempo, suficiente para garantir a proteção do solo contra a erosão, uma das práticas mais recomendadas é o ressemeio periódico. Dessa maneira, reformando-se a pastagem e semeando ou plantando mudas de espécies de capim ou leguminosas mais indicadas, conseguir-se-á uma cobertura de maior capacidade de suporte e, consequentemente, de maior capacidade de proteção do solo contra a erosão[39].

É muito difícil dar indicações precisas sobre manejo de pastos, pois, de um lugar para outro, variam muito as condições e as espécies utilizadas, mas os seguintes pontos gerais podem servir de guia para tanto[55]: *a)* o pasto deve ser mantido livre de ervas daninhas, devendo, porém, ter misturas de leguminosas e gramíneas; *b)* quando a fertilidade do solo diminuir, e conveniente a aplicação de um fertilizante químico completo; *c)* quando a acidez do terreno é muito alta, deve-se corrigi-la mediante a aplicação de calcário, a fim de propiciar o crescimento de leguminosas; *d)* os pastos recém-estabelecidos não devem ser pastoreados até que as plantas tenham desenvolvido um sistema radicular que permita suportar o pisoteio; *e)* as árvores de sombra para abrigo do gado devem ser localizadas na parte alta do terreno, e longe dos riachos ou córregos e grotas; *f)* os pastos não devem ser sobrepastoreados; *g)* o pastoreio misto, de várias espécies de animais, assegura sempre melhor utilização da pastagem; e, *h)* os sulcos e camalhões em pastagens, em contorno, são uma prática recomendada para solo argilosos, para regiões de pouca chuva e para pastagens em formação.

c. Plantas de cobertura. Essas plantas se destinam a manter o solo coberto durante o período chuvoso, a fim de reduzir os efeitos da erosão e melhorar as condições físicas e químicas do terreno.

As plantas de cobertura, além de controlarem os efeitos da erosão e evitarem que os elementos nutritivos postos em estado solúvel no solo sejam lixiviados nas águas de percolação, também proporcionam uma eficiente proteção da matéria orgânica do solo contra o efeito da ação direta dos raios solares.

Um grande benefício dessas plantas e a produção de matéria orgânica para incorporação ao solo. O aumento do conteúdo de matéria orgânica no solo melhora as suas condições físicas e estimula os diversos processos químicos e biológicos. De todos os resíduos das plantas, as raízes são, sem dúvida, o mais importante, pois o seu crescimento subterrâneo possibilita a acumulação de matéria orgânica a profundidades variáveis. A matéria orgânica melhora a estrutura e a capacidade de retenção da umidade dos solos: aos argilosos, plásticos, confere melhor resistência, refletindo não só na maior facilidade de aração e crescimento das plantas, como também na melhora das condições de aeração; aos solos arenosos, melhora sua capacidade de retenção de umidade, refletindo decisivamente no crescimento das plantas de cultivo durante as épocas muito secas.

O efeito das plantas de cobertura no controle de erosão pode ser visto em Marques[39]: um cafezal sem plantas de cobertura perdeu em média 2,68 toneladas de solo por hectare por ano e, 2,8% da água de chuva caída, enquanto outro, com cobertura, perdeu em média 1,18 tonelada de solo por hectare e 1,7% de chuva caída por ano; o controle de erosão proporcionado foi, assim, 56% em perdas de solo e 42% em perdas de água.

No caso de culturas anuais, as plantas de cobertura são intercaladas nos ciclos da cultura, visando substituí-la assim que ela seja retirada do terreno.

No caso das culturas perenes, como cafezal, cacaual, seringal, pomares, as plantas de cobertura são utilizadas principalmente para suplementar o efeito de cobertura já proporcionado pelas plantas cultivadas, cobrindo os claros deixados no terreno por suas copas.

As plantas utilizadas como cobertura, nas culturas anuais, são principalmente as mesmas leguminosas empregadas para adubação verde, ou seja, a mucuna, as crotalárias, o feijão-guandu. Nas culturas perenes, as plantas de cobertura são, também, as mesmas usadas para adubação verde, a saber: o calopogônio (*Caiopogonium mucunoides* Desv.), a jetirana (*Centrosema pubescens* Benth.), o feijão-de-porco (*Canavalia ensiformes* (L.) D. C.), algumas crotalárias (*Crotalaria spp.*), o cudzu-comum (*Pueraria thunbergiana* Benth.), o cudzu-tropical (*Pueraria phaseoloides* (Roxb.) Benth.).

Pode-se verificar o efeito das plantas de cobertura, mesmo que não sejam leguminosas, quando enterradas, na melhoria das condições físicas do solo. As partículas minerais menores, ou seja, as argilas tendem a unirem-se, de maneira a impedir a penetração do ar, a absorção e retenção de umidade; os solos argilosos endurecem quando secos e, quando úmidos, tornam-se pegajosos e pouco permeáveis, condições essas que afetam gravemente a produção de culturas. Ao enterrar-se a planta de cobertura, o volumoso material que se mistura ao solo melhora as condições de aeração e, à medida que avançam os processos de decomposição, o enriquecimento em húmus, resultante da incorporação do material vegetal ao solo, modifica ainda mais as condições físicas desfavoráveis, pois os abundantes coloides que o húmus contém, de grande poder absorvente, rodeiam as partículas minerais, em forma de película fina que retém a umidade e é capaz de absorver e reter os nutrientes.

Outro efeito das plantas de cobertura, quando enterradas, é a melhoria da solubilidade de muitas substâncias minerais do solo. Os elementos nutritivos para as plantas provêm da decomposição das rochas e do material originário do solo, através da meteorização, que toma esses materiais lentamente aproveitáveis; o aumento da atividade dos microrganismos proporcionado pela incorporação de material orgânico acelera enormemente esse processo, de maneira que as culturas podem logo dispor das quantidades de nutrientes requeridas[55].

O sombreamento do solo, proporcionado pelas plantas de cobertura, é outro efeito muito importante. Nas regiões tropicais, o solo descoberto, submetido à ação direta do sol e da água da chuva, sofre prejuízos graves e rápidos na sua produtividade; com as plantas de cobertura, consegue-se o estabelecimento de uma boa proteção sobre o terreno, amenizando esse efeito prejudicial dos fatores meteorológicos.

A prática de plantas de cobertura pode ser contraindicada se o custo das sementes for alto, tornando-a muito cara. Ela requer, também, precauções contra a disseminação de pragas ou enfermidades ocasionadas por plantas que podem ser hospedeiras de fungos e insetos que atacariam as culturas principais: é o caso de algumas leguminosas suscetíveis a nematoides radiculares, que atacam muitas plantas cultivadas. Em regiões secas, os adubos verdes tem pouca utilização em virtude da competição em água, que refletirá na produção da cultura principal.

d. Cultura em faixas. Consiste na disposição das culturas em faixas de largura variável, de tal forma que a cada ano se alternem plantas que oferecem pouca proteção ao solo com outras de crescimento denso. Pode-se considerá-la como uma prática complexa, pois combina o plantio em contorno, a rotação de culturas, as plantas de cobertura e, em muitos casos, os terraços (Figura 8.1).

Figura 8.1. Cultura em faixas (foto SCS — USA)

Dentre os diversos sistemas de controle de erosão, tanto hídrica como eólica, a cultura em faixas é um dos mais eficientes e práticos para culturas anuais; para controle da erosão hídrica, deve ser orientada no sentido das curvas de nível do terreno, e para o controle da erosão eólica, deve ser colocada na direção contrária dos ventos dominantes. É um sistema que pode ser executado pelos lavradores sem despesas extras, uma vez que só altera a disposição das culturas e sua orientação com relação ao declive ou aos ventos dominantes.

O efeito da cultura em faixas no controle de erosão é baseado em três princípios: as diferenças em densidades das culturas empregadas, o parcelamento dos lançantes e a disposição em contorno. A disposição alternada de culturas diferentes faz com que as perdas por erosão sofridas por determinada cultura sejam, em parte, controladas pela que vem logo abaixo; culturas como o feijão, mamona e mandioca perdem mais solo e água por erosão do que amendoim, algodão e arroz, e estas, por sua vez, perdem mais que soja, batatinha, milho e cana-de-açúcar. Algumas vezes, uma mesma cultura, plantada em épocas diferentes, pode proporcionar diferenças de densidade de vegetação aproveitáveis para o sistema de cultura em faixas, como, por exemplo, a cana-de-açúcar. O parcelamento dos lançantes, pela cultura em faixas, é uma das causas de redução das perdas por erosão, pois estas aumentam progressivamente com o comprimento dos lançantes; as larguras das faixas deverão ser determinadas em função do declive do terreno, do tipo de solo e da cultura. A disposição em contorno é um dos fundamentos básicos do sistema de cultura em faixas, e as culturas diferentes, dispostas em contorno, contribuirão para reduzir os prejuízos da erosão.

No caso da erosão eólica, varia a orientação dada às faixas, pois as correntes a que será necessário antepor obstáculos, são as correntes dos Ventos dominantes; as faixas terão que ser orientadas de modo a serem perpendiculares à direção dos ventos dominantes. O lançante, nesse caso, deve-se entender o comprimento ao longo da direção dos ventos dominantes.

Podem-se distinguir dois sistemas principais de culturas em faixas: *a)* faixas de exploração contínua, em que as culturas nelas existentes permanecem de um ano para outro na mesma posição; e, *b)* faixas em rotação, em que anualmente todas as culturas mudam de posição, segundo um plano preestabelecido de rotação. O sistema de faixas em rotação adapta-se, em geral, a qualquer tipo de cultura anual ou semiperene (cana-de-açúcar, mandioca, sisal); é sempre interessante incluir no plano de rotação uma leguminosa, de preferência para enterrio como adubo verde, de forma a garantir a manutenção e o melhoramento da fertilidade do solo.

A locação das faixas pode ser feita de três maneiras[39]: *a) faixas niveladas:* todos os limites entre faixas são locados na linha de contorno do terreno; *b) faixas paralelas:* apenas uma tinha mediana da gleba é marcada em contorno, sendo as demais linhas divisórias entre faixas tiradas paralelamente à mesma; *c) faixas associadas:* combinando os dois sistemas anteriores, de tal modo que uma faixa paralela se alterne com uma nivelada, esta com largura irregular e aquela com largura regular. O sistema de faixas niveladas é o mais adequado para terrenos de topografia irregular; o controle de erosão será mais eficiente em virtude de as fileiras de plantas seguirem com maior aproximação as curvas de nível do terreno, podendo ter nas linhas de transição das faixas a construção de reforços de proteção mecânica (terraços); as faixas se apresentam com largura irregular de acordo com as mudanças de declividade do terreno, e com bastantes ruas mortas que dificultam os trabalhos de cultivo e trato. O sistema de faixas paralelas é recomendado apenas para terrenos de topografia suave e declives muito uniformes; sendo as faixas de largura uniforme, não há ruas mortas, o que facilita as operações de cultivo e trato. O sistema de faixas associadas, que é a associação de faixas niveladas e faixas paralelas, é executado marcando uma linha nivelada de cada duas faixas e, por elas, marcam-se as paralelas; a cultura exigente de tratos mecânicos ficará com a faixa de largura regular e, a outra, com a de largura irregular (Figura 8.2).

O espaçamento entre as linhas divisórias das faixas, correspondente a largura das faixas, dependerá do tipo de solo, do grau de declive, das culturas e dos sistemas culturais empregados. A largura das faixas será tanto menor quanto mais erodível for o solo, quanto maior for a declividade do terreno e quanto menor for a densidade de cobertura proporcionada pela cultura. De modo geral, adota-se entre as linhas divisórias de faixas o mesmo espaçamento usado para os terraços de base larga, ficando, assim, feita a marcação destes para o caso de sua futura instalação.

O sistema de culturas em faixas oferece todas as vantagens de plantio em contorno e da rotação de culturas, e também a proteção adicional ao terreno, pela ação das faixas de culturas mais densas que diminuem a velocidade e o volume da enxurrada provocada pelas culturas mais abertas.

Se o sistema é planejado com cuidado e se marcam adequadamente as faixas estabelecendo uma rotação de culturas, com os anos consecutivos de uso a gleba terá uma proteção balanceada em todo o terreno.

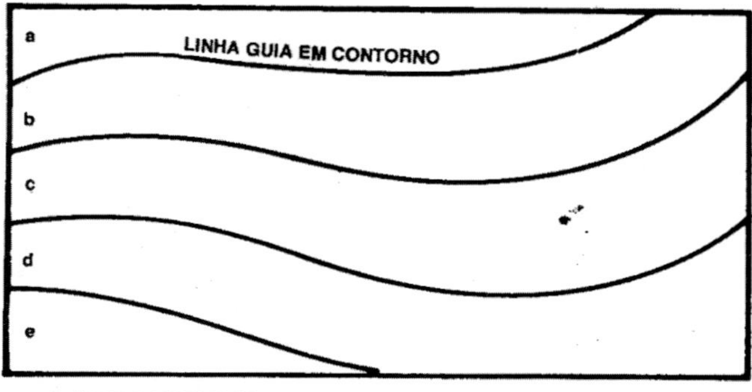

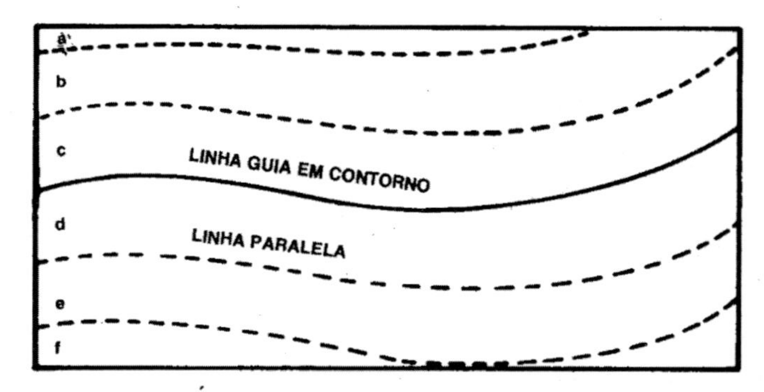

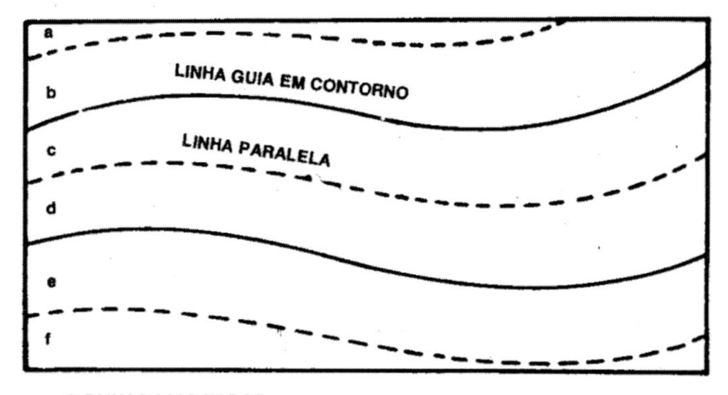

Figura 8.2. Culturas em faixas: A: faixas são irregulares; B: as faixas são regulares; C: as faixas têm pouca irregularidade

O espaçamento entre as faixas e determinado pela tabela de espaçamento de terraços de base larga, recomendando-se, porém, que não sejam superiores a 40 metros de largura nem inferiores a 18 ou 20 metros; sendo, portanto, uma prática eficiente até uma declividade de 5% ou 6%.

e. Cordões de vegetação permanente. Os cordões de vegetação permanente são fileiras de plantas perenes e de crescimento denso, dispostas com determinado espaçamento horizontal e sempre em contorno. Em culturas anuais cultivadas continuamente na mesma faixa, ou em rotação, são intercaladas faixas estreitas de vegetação cerrada, formando os cordões de vegetação permanente; em culturas perenes como café e pomar, os cordões são colocados entre as árvores, com determinado espaçamento horizontal, formando barreiras vivas para controle da erosão (Figura 8.3).

Figura 8.3. Cordões de vegetação permanente (foto de J. Q. A. Marques)

Quebrando a velocidade de escorrimento da enxurrada, o cordão de vegetação permanente provocará a deposição de sedimentos transportados e facilitará a infiltração da água que escorre no terreno, concorrendo, pois, para diminuir a erosão do solo. Esses cordões possibilitam a formação gradual de terraços com o correr dos anos; com o preparo do solo e com os cultivos que se fazem entre as faixas, e também como resultado da própria erosão, a terra vai sendo deslocada do seu lado de cima, formando gradativamente, terraços, e com um pequeno trabalho de acabamento estes serão terminados; assim, os cordões de vegetação permanente poderão não apenas substituir os terraços como, também, representar a fase inicial de sua construção.

O cordão de vegetação permanente é uma prática bastante eficiente de controle de erosão, chegando quase a equivaler aos terraços. Os dados obtidos pela Seção de Conservação do Solo do Instituto Agronômico de Campinas, apresentados no quadro 8.1, revelam que essa prática controla cerca de 80% das perdas de solo e 60% das perdas de água[12].

Quadro 8.1. Efeito de práticas conservacionistas em culturas anuais sobre as perdas por erosão

Práticas	Perdas de	
	Solo	Água
	t/ha	% de chuva
Morro abaixo	26,1	6,9
Contorno	13,2	4,7
Contorno + alternância de capinas	9,8	4,8
Cordões de cana-de-açúcar	2,5	1,8

Para as condições de nossa agricultura, tais cordões apresentam, de modo geral, sobre os terraços, a grande vantagem de sua simplicidade e facilidade de execução. Mesmo locados sem grande precisão, apresentarão eficiência satisfatória, o que facilita o seu emprego pelos agricultores que disponham de pequenos recursos técnicos.

Os limites de declividade em que podem ser aplicados com sucesso ultrapassam os atingidos pelos terraços de base larga; segundo Marques[39], podem ser empregados com relativa segurança até declividade de 60%.

Quando os cordões de vegetação permanente são usados como meio de formação natural dos terraços, convém que já sejam marcados com o espaçamento e gradiente recomendados para os terraços, sendo necessário, então, um pouco mais de cuidado e precisão no seu nivelamento.

Seu principal inconveniente, relativamente aos terraços, é a diminuição da área destinada às culturas anuais. Nos terraços de base larga, toda a área do terreno, inclusive aquela ocupada pelo camalhão e pelo canal do terraço, poderá ser coberta com a cultura, sem qualquer diminuição da área útil. Por exemplo, em uma faixa de 30 m de cultura de algodão protegida com cordões de vegetação permanente de 3 m de largura, 10% da área da cultura principal seria ocupada com a vegetação protetora; porém, quando se utiliza como planta protetora de formação dos cordões a cana-de-açúcar, por exemplo, dela se pode retirar um rendimento ou uso econômico, sendo empregada como forrageira para alimentação dos animais da propriedade agrícola ou mesmo para moagem e industrialização.

A distância entre cordões de vegetação permanente varia com a declividade do terreno e com as condições do solo; de preferência, deve ser usada a mesma tabela dos terraços. A fim de facilitar o trabalho de locação poderá ser seguida a orientação indicada no quadro 8.2[12].

Os cordões de vegetação permanente deverão ter de 2 a 3 m de largura. A vegetação a empregar na sua formação, além de apresentar, de preferência, valor econômico subsidiário para a fazenda, deverá possuir as características seguintes: crescimento rápido e cerrado; formação de uma barreira densa junto ao solo; durabilidade: não possuir caráter invasor para as terras de cultura adjacentes, e não fornecer abrigo para moléstias e pragas das culturas em que tiver que ser intercalada.

Quadro 8.2. Efeito do manejo dos restos culturais de milho sobre as perdas por erosão

Declive	**Solo arenoso**		**Solo argiloso**		**Solo roxo**	
	Espaçamento		**Espaçamento**		**Espaçamento**	
	Vertical	**Horizontal**	**Vertical**	**Horizontal**	**Vertical**	**Horizontal**
	m	m	m	m	m	m
Até 4%	0,90	30	1,00	33	1,30	43
5% a 8%	1,20	20	1,35	23	1,75	29
8% a 12%	1,50	15	1,70	17	2,20	22

As espécies mais usadas para a formação dos cordões de vegetação permanente são: a cana-de-açúcar, que oferece valor econômico pela utilização em forragem de alimentação do gado ou na industrialização; o vetiver, que pode ser utilizado para extração, por destilação das raízes, da essência de sândalo, proporcionando uma barreira mais densa e cerrada que a cana-de-açúcar, a erva-cidreira, que também fornece um óleo essencial, com boa barreira e a vantagem do porte menor, o capim-gordura, que pode ser usado como feno, produzindo uma barreira bastante densa e bem ligada ao solo.

Para a proteção das culturas perenes, os cordões de vegetação permanente deverão ser formados com plantas vivazes, de pequeno porte e de crescimento bastante denso e cerrado junto a superfície do solo, de modo a formarem barreiras contra o escoamento da enxurrada. Além do controle da erosão, as plantas utilizadas deverão oferecer possibilidade de uso econômico, não apresentar perigo de praguejamento e não competir com as culturas entre as quais serão plantadas. As espécies mais recomendadas são: o isote, o capim-chorão, a erva-cidreira, a leucena: o essencial é que a planta escolhida forme um bom obstáculo ao arraste do solo. A aplicação de cordões de vegetação permanente, em culturas perenes, tem sido muito discutida pela competição que possam fazer à cultura principal; deve-se ter em mente, contudo, a quantidade de material orgânico que proporcionam ao solo e também que sua área de ocupação e muito pequena em relação à área total da cultura. Os cordões de vegetação permanente serão mais eficientes se formados em contorno; porém, quando as ruas de culturas estiverem em linhas retas, serão interrompidos quando encontrarem árvores em seu alinhamento. O espaçamento entre os cordões de vegetação permanente deverá ser aproximadamente o mesmo dos terraços tipo de base estreita, também chamados cordões em contorno, que tivessem que ser empregados nas mesmas condições. Em terrenos de inclinação muito forte, os cordões de vegetação permanente deverão ter o mesmo espaçamento dos terraços tipo patamar, que, nesse caso, seriam necessários; esses cordões poderão ser usados, também, para formação natural dos terraços patamar, graças à retenção gradual da terra que vai sendo deslocada das faixas que lhes fica acima, tornando uma prática cuja construção é bastante cara a um custo praticamente nulo.

f. Alternância de capinas. A alternância de épocas de capina em ruas adjacentes, durante o período chuvoso, é uma maneira, praticamente sem despesa, de reduzir as perdas por erosão tanto em culturas anuais como perenes.

Esse sistema, desenvolvido por Marques[39], consiste em fazer as capinas sempre pulando uma ou duas ruas, e, depois, passado algum tempo, voltar para capiná-las, deixando, assim, sempre uma ou duas ruas com mato imediatamente abaixo de outra ou de outras recém-capinadas. A terra perdida pelas ruas limpas de mato será retida pelas ruas com mato que ficam imediatamente abaixo.

Em cada rua de cultura haverá sempre o mesmo número de capinas que no sistema usual. O sistema de alternância de capinas requer apenas um pouco mais de atenção na distribuição das épocas de capinas: consiste apenas em fazer com que entre cada duas ruas adjacentes, seja dado um intervalo entre capinas de, aproximadamente, metade do intervalo normalmente adotado; procurar-se-á fazer com que a primeira capina seja antecipada sobre a época que, no sistema convencional, seria considerada como mais própria, de cerca de uma quarta parte do intervalo normal entre as capinas de uma mesma área.

O efeito das alternâncias de capinas na diminuição das perdas por erosão é muito interessante, principalmente ao considerar sua aplicação muito simples e seu custo praticamente nulo. Os dados obtidos pela Seção de Conservação do Solo, do Instituto Agronômico de Campinas, apresentados no quadro 8.1, revelam que essa prática controla cerca de 30% das perdas por erosão em culturas anuais. Para as perenes, de acordo com os dados de Marques[39], a alternância de capinas proporciona um controle de perdas de solo de 41% e de 17% no controle das perdas de água.

A eficiência desse sistema no controle de erosão será tanto maior quanto mais próximas das curvas de nível do terreno estiverem às ruas das plantas. Sendo bem conduzido, ele não afeta a produção.

g. Ceifa do mato. A ceifa do mato nas culturas perenes, do tipo de pomar, café, cacau, cortando as ervas daninhas a uma pequena altura da superfície do solo, deixando intactos os sistemas radiculares do mato e das plantas perenes e uma pequena vegetação protetora de cobertura, constituída de tocos, é urna maneira eficiente de controlar a erosão. A ceifa deve ser convenientemente repetida a fim de não prejudicar a cultura pela concorrência do resto do mato, e executada com o auxílio de ceifadeiras mecânicas apropriadas.

O controle das ervas daninhas nas culturas perenes pode ser realizado, quimicamente, por intermédio de herbicidas, porém o efeito contra a ação do impacto da gota de chuva deve ser menor.

O efeito da ceifa do mato no controle das perdas por erosão pode ser explicado, quando em comparação com o controle das ervas daninhas por meio de capinas, pelo seguinte: *a)* não há a desagregação da camada superficial do solo que facilita a erosão; *b)* não há a mutilação das raízes superficiais das plantas perenes cultivadas, com sacrifício para a produção; *c)* sem a eliminação total da vegetação de cobertura do solo, não haverá o efeito da energia de impacto da gota de chuva no terreno; e, *d)* o sombreamento do solo que proporciona é de grande auxílio contra a oxidação acelerada da matéria orgânica.

Essa operação, cortando as ervas daninhas a uma pequena altura da superfície do solo, deixa intactos os sistemas radiculares do mato e das plantas cultivadas e também ainda uma pequena vegetação protetora de cobertura, constituída pelos pequenos tocos deixados. A ceifa controla o desenvolvimento exagerado e prejudicial das ervas daninhas, eliminando-as logo que sua competição em umidade e elementos nutritivos comece a ser sentida pelas culturas.

Como a ceifa não destrói completamente o mato, o seu número ou a sua frequência Precisa ser bem maior do que no caso das capinas, pois os pequenos tocos de ervas daninhas deixados brotam logo em seguida, formando novas plantas em tempo mais curto do que por meio de sementes, como é o caso das plantas eliminadas pelas capinas.

A frequência das ceifas necessárias para controlar as ervas daninhas numa cultura perene, como cafezal, pomar, cacaual, dependerá das condições locais de fertilidade do solo, do grau de infestação e espécies predominantes de ervas daninhas e da distribuição de chuvas; o melhor índice é observar a reação das plantas cultivadas, não deixando que estas amareleçam por efeito da concorrência do mato.

O efeito da ceifa do mato no controle de erosão em comparação com o trato de capinas, em cultura de café, de acordo com Marques[39], é 74% nas perdas de solo, e cerca de 51% nas de água. Essa prática, muito importante no controle das perdas por erosão em cafezal, exige o maior cuidado na concorrência de umidade e de elementos nutritivos que possa exercer na cultura.

h. Cobertura moda. A cobertura do solo com restos de culturas é uma das mais eficientes práticas de controle da erosão, especialmente no da eólica.

A cobertura morta protege o solo contra o impacto das gotas de chuva, faz diminuir o escoamento da enxurrada, e incorpora ao solo a matéria orgânica que aumenta a sua resistência ao processo erosivo: no caso da erosão eólica, protege o solo contra a ação direta dos ventos e impede o transporte das partículas.

A cobertura morta com palha ou resíduos vegetais contribui para a conservação da água, devendo ser preconizada nas zonas de precipitações pouco abundantes, e diminui a temperatura do solo, reduzindo, assim, as perdas por evapotranspiração.

Em culturas anuais, esse sistema é praticado em geral, com equipamento que, soltando o solo durante o seu preparo, deixa os restos de cultura na superfície, podendo também ser compensador em culturas perenes, como pomares e em alguns cafezais.

A cobertura morta tende a melhorar a estrutura do solo na camada superficial, Seu efeito mais importante, do ponto de vista de controle de erosão, pela proteção que oferece contra o impacto das gotas de chuva e contra o escoamento acelerado da enxurrada, é visto no quadro 8.3: verifica-se que há um controle de 53% nas perdas de solo e de 57% nas perdas de água[12].

Quadro 8.3. Efeito do manejo dos restos culturais de milho sobre as perdas por erosão

Sistema de incorporação	Perdas de	
	Solo	**Água**
	t/ha	% da chuva
Palha queimada	20,2	8,0
Palha enterrada	13,8	5,8
Palha na superfície	6,5	2,5

Dados obtidos na Seção de Conservação do Solo, do Instituto Agronômico de Campinas, mostram que a aplicação de uma cobertura de palha de capim-gordura, na base de 25 toneladas por mil pés, em cafezal, controla as perdas de solo em 65% e as de água em 55%[12].

A cobertura morta, que tem mostrado, em algumas regiões, ser de valor, também, no controle da erosão eólica, é, pois, de grande eficiência. Entretanto, nem sempre tem dado bons resultados em face do problema de fertilidade a ela associado: essa prática necessita de bom nível de fertilidade do solo, principalmente com relação ao nitrogênio. A cobertura com palha ou resíduos vegetais tem influência na quantidade de microrganismos do solo e nas suas atividades, estimulando a decomposição e, em consequência, determinando a rápida redução da disponibilidade de nitrogênio, especialmente nas primeiras semanas de decomposição. Para que tal prática tenha sucesso na produção, é necessário que haja adequado suprimento de nitrogênio para a atividade microbiana do solo e para o uso da planta.

Pelos dados da Seção de Conservação do Solo, do Instituto Agronômico de Campinas, apresentados no quadro 8.4, verifica-se a efeito positivo da cobertura morta na produção de milho, principalmente quando se adiciona o nitrogênio. Os tratamentos com restos enterrados foram feitos com arado comum, que ara revolvendo e, ao mesmo, tempo, incorporando ao solo os restos de cultura do ano anterior; os tratamentos cujos restos permanecem na superfície, à maneira de *mulch*, foram executados com um arado de aiveca, do qual foi retirada a telha tombadora, permanecendo só a relha, que ara a camada superficial sem, contudo, revolvê-la ou promover a sua inversão[12].

Quadro 8.4. Efeito da cobertura morta do solo na produção de milho

Tratamentos	**Produção**	
	Kg/ha	**%**
Milho, restos enterrados	3.783	100
Milho, restos enterrados + N	4.136	109
Milho, restos na superfície	3.765	99
Milho, restos na superfície + N	4.922	130
Milho e leguminosa, restos enterrados	3.855	100
Milho e leguminosa, restos enterrados + N	5.012	130
Milho e leguminosa, restos na superfície	3.850	100
Milho e leguminosa, restos na superfície + N	4.712	122

Em culturas perenes, a cobertura com palha apresenta o problema de exigir uma área próxima, destinada à produção do capim, e considerável gasto de mão de obra, transporte, corte e distribuição da palha de capim sobre o terreno. As vantagens da palha como cobertura são grandes, mas sua aplicação generalizada fica limitada pelo seu elevado custo. O cuidado especial de impedir que a cobertura seja atingida pelo fogo, destruindo também a cultura, é conseguido, fazendo-se a aplicação alternadamente em uma ou duas ruas, deixando outras tantas sem a cobertura; no ano seguinte, a palha de capim será aplicada nas ruas que antes ficaram desprotegidas.

As espécies de capim mais usadas para a produção de palha a ser distribuída dentro das culturas, são o capim-gordura e o capim-elefante.

i. Faixas de bordadura e quebra-ventos. As faixas marginais das terras cultivadas apresentam, muitas vezes, problemas de controle de erosão e de preparo do solo, que são resolvidos com o estabelecimento de faixas de bordadura. E, nas regiões sujeitas à erosão eólica, nas faixas marginais dos campos, torna-se necessário o estabelecimento de quebra-ventos para o controle dos ventos que sopram junto à superfície do solo.

Faixas de bordadura: consistem em faixas estreitas formadas com plantas de porte baixo e vegetação cerrada para conter os excessos de enxurrada que possam escorrer sem provocar danos.

Com uma largura de 3 a 5 m, são formadas na margem dos campos cultivados, ao lado dos caminhos e dos canais escoadouros. Sua principal finalidade é controlar a erosão nas bordas dos terrenos de cultura; realmente, elas formam um anteparo para as enxurradas que correm das terras cultivadas e evitam que se formem solapamentos nas saídas de enxurrada.

As faixas de bordadura também podem proporcionar um espaço para o manejo de máquinas de preparo do solo, de cultivo, de pulverização e de colheita. No caso. Principalmente, dos terrenos com certo declive e que selam arados e cultivados em contorno, elas vem a facilitar a virada dessas máquinas quando no seu uso. Outro benefício é facilitar a ligação entre as faixas de cultura ou entre os terraços, pelas máquinas de cultivo, de pulverização e de colheita.

Estabelecendo as faixas de bordadura com vegetações úteis, fornecedoras de produtos de valor econômico, evita-se o aparecimento de ervas daninhas que os cultivadores poderiam espalhar pelo resto do terreno. Para sua formação, são recomendadas as leguminosas de pequeno porte, como centrosema, cudzu e crotalária e gramíneas, como erva-cidreira e capim-gordura.

Quebra-ventos: consistem em uma barreira densa de árvores, colocadas a intervalos regulares do terreno, nas regiões sujeitas a ventos fortes, nos lugares suscetíveis de erosão eólica, de modo a formarem anteparos contra os ventos dominantes.

Sua função é fundamentalmente reprimir a ação do vento na superfície do solo, protegendo as plantas cultivadas e o solo contra a erosão eólica: deverá ser o mais alto e o mais cerrado possível na direção perpendicular dos ventos dominantes, de preferência ao longo das divisas dos terrenos.

Os quebra-ventos mais eficientes são aqueles com diferentes espécies de plantas, fornecendo cada uma, uma barreira mais densa em determinada altura; as plantas de menor porte são colocadas na frente, aumentando gradualmente de porte até as mais altas. O vento será, assim, desviado para cima por uma superfície inclinada de copa de árvores. Quanto mais altos os quebra-ventos, mais longe farão sentir a sua influência.

Para a formação de renque de árvores destinadas a funcionar como quebra-ventos, podem ser utilizados as seguintes: o eucalipto, o bambu, a tefrósia, o cipreste.

8.2. *Práticas de caráter edáfico*

São as práticas conservacionistas que, com modificações no sistema de cultivo, além do controle de erosão, mantêm ou melhoram a fertilidade do solo.

Não basta controlar a erosão para manter a fertilidade do solo, pois também contribuem para seu depauperamento, o consumo de elementos nutritivos pelas culturas, a combustão da matéria orgânica e a lixiviação pelas águas de percolação.

Além das práticas de controle da erosão, são necessárias outras que reponham os elementos nutritivos, controlem a combustão de matéria orgânica, diminuam a lixiviação, controlando, em parte, as causas de depauperamento do solo.

a. Controle do fogo. O fogo é, realmente, uma das maneiras mais fáceis e econômicas de limpar um terreno recém-derrubado, de eliminar o trabalho e as dificuldades do enterrio de restos culturais, de combater certas moléstias ou pragas das culturas, de limpar e renovar as pastagens. Entretanto, os prejuízos ocasionados pelo logo, na destruição da matéria orgânica e na volatilização do nitrogênio, são de grande importância para a fertilidade do solo[39].

As queimadas utilizadas no desbravamento de terras destroem grande parte da matéria orgânica que a natureza levou anos a formar; essa matéria orgânica e o nitrogênio que desaparecem são imprescindíveis à integridade produtiva do solo. Com um pouco de esforço, consegue-se desbravar e limpar o terreno para o plantio sem lançar mão do fogo; é importante preservar ao máximo a valiosa reserva de húmus e nitrogênio acumulada na mata.

A queima das pastagens deve ser evitada ou, pelo menos, controlada. Essas queimas de limpeza e renovação tomam o solo mineralizado e pobre em nitrogênio e matéria orgânica; depois de alguns anos dessa prática, podem-se observar mudanças de vegetação espontânea e diminuição da capacidade de suporte das pastagens.

As queimas que se praticam, anualmente, nas palhaças e restos de cultura, para facilitar o preparo do solo, são muito mais nocivas. Além dos prejuízos em matéria orgânica e nitrogênio, o solo perde sua capacidade de absorção e retenção de umidade e, principalmente, sua resistência à erosão. Os restos culturais podem ser enterrados, deixados na superfície, ou encordoados ao longo de curvas de nível do terreno, e deixados até se decomporem com o tempo.

Desde remotas eras, o logo tem sido utilizado, em todos os países, como instrumento para limpar os terrenos, e sempre houve controvérsia sobre seus efeitos. Em geral os lavradores são partidários de tal prática, por vários motivos, assumindo maior importância os seguintes: *a)* é o único meio, dentro das suas possibilidades, de conseguir, após a derrubada, a limpeza do terreno, e prepará-lo para o cultivo; *b)* é um sistema econômico de eliminar os restos culturais de um ou vários anos; e, *c)* diminui as pragas e moléstias. Os técnicos, em geral, são inimigos da queima, sendo seus argumentos mais frequentes: *a)* consome a matéria orgânica do solo; *b)* elimina os microrganismos do solo; *c)* volatiza as substâncias necessárias à nutrição das plantas; *d)* deixa o solo desnudo, aumentando a erosão; e, *e)* diminui a produção.

A bibliografia aproveitável sobre o tema da queima é bastante escassa. Há numerosos folhetos com opiniões variadíssimas, com toda a classe de raciocínios teóricos a favor das queimas e contra elas, porém é difícil encontrar trabalhos sérios, cujos dados sejam comprovados.

O estudo da queima dos restos culturais tem merecido alguma atenção da Seção de Conservação do Solo do instituto Agronômico de Campinas, na tentativa de lançar alguma luz nessa grande controvérsia. Pesquisas realizadas por Bertoni e Lombardi[12] em dois locais, Pindorama, em solo podzolizado de Lins e Marilia, e Campinas, em latossolo roxo, mostram, de acordo com os dados apresentados no quadro 8.5, que em Pindorama não houve efeito apreciável na produção de milho por influência da queima, porém em Campinas, representando uma média de dez anos, a queima dos restos culturais, efetuada logo após a colheita, aumentou 27% à produção de milho, quando em comparação com o tratamento em que os restos foram enterrados.

É difícil explicar com precisão os fatores que influem na maior produtividade dos terrenos queimados. Pode-se aceitar certa influência das cinzas. A elevação do pH e o conteúdo de bases trocáveis devem ter grande influência no aumento da produtividade. As alterações em algumas propriedades físicas do solo também merecem ser consideradas: a estrutura, por exemplo, tem importante papel na fertilidade do solo. A porosidade, a aeração e a permeabilidade aumentam com o tamanho dos agregados, e essas três propriedades têm grande influência no crescimento e frutificação das plantas.

Todavia, é um fato indubitável, à vista do quadro 8.5, o efeito que tal prática tem no considerável aumento das perdas de solo e água pela erosão. Realmente, de acordo com tais dados, a queima dos restos culturais de milho aumentou 46% às perdas de solo, e 38% as perdas de águas, quando em comparação com o tratamento em que os restos foram enterrados.

Quadro 8.5. Efeito da queima dos restos culturais na produção de milho

Tratamentos	Pindorama		Campinas	
	Kg/ha	%	Kg/ha	%
Milho, restos enterrados	6.284	100	2.626	100
Milho, restos queimados logo após a colheita	6.049	96	3.377	127
Milho, restos queimados pouco antes da aração	6.007	95	2.962	112
Milho + lablabe, restos enterrados	5.861	100	2.828	100
Milho + lablabe, restos queimados após a colheita	5.541	94	3.277	116
Milho + lablabe, restos queimados pouco antes da aração	5.942	107	3.173	112

b. Adubação verde. É a incorporação, ao solo, de plantas especialmente cultivadas para esse fim ou de outras vegetações cortadas quando ainda verdes para serem enterradas. Essas plantas protegem o solo contra a ação direta da chuva quando estão vivas e, depois de enterradas, melhoram as condições físicas do solo pelo aumento de conteúdo de matéria orgânica.

Como sistema de adubação orgânica, a adubação verde tem a vantagem de ser estabelecida em qualquer cultura e produzida no próprio selo em que vai ser incorporada. Constitui uma das formas mais baratas e acessíveis de incorporar ao solo a matéria orgânica; sendo notórios seus efeitos na estabilização e mesmo no aumento das produções.

As plantas utilizadas como adubo verde podem ser de diferentes tipos; necessitam, porém, produzir, em pouco tempo, grande quantidade de massa; essa quantidade, quando incorporada, é que irá determinar a quantidade de húmus resultante no solo.

Deve-se preferir na adubação verde, as plantas da família das leguminosas, que, além de matéria orgânica, incorporam também nitrogênio ao solo. As leguminosas têm a propriedade de possuir bactérias fixadoras de nitrogênio do ar, vivendo em simbiose em suas raízes, tirando dessas energias para suas atividades e fornecendo, em troca, o nitrogênio retirado do ar, que passa, assim, a fazer parte da constituição da planta: são, por isso, em geral, muito mais ricas em nitrogênio do que as demais plantas. É conveniente inocular a bactéria apropriada para que se verifique a fixação do nitrogênio atmosférico: a inoculação faz formar nódulos nas raízes, produzidos por bactérias da espécie *Bacillus radicicola*, onde existem várias raças tisiológicas, além de grupos da inoculação cruzada, nos quais se reúnem todas as espécies de leguminosas que podem ser inoculadas com a mesma raça de *Bacillus*.

A incorporação como adubo verde de plantas não leguminosas ocasiona, em geral, diminuição da produção da cultura imediata, como consequência do consumo de nitrogênio do solo pelos microrganismos que produzem a decomposição da matéria orgânica; torna-se necessário, nesse caso, uma aplicação suplementar de um fertilizante nitrogenada.

São muitas as espécies de leguminosas que podem ser utilizadas como adubação verde e sua escolha dependem, em cada lugar, das condições climáticas, organização da propriedade agrícola, preço da semente, facilidades de cultivo. Nas condições brasileiras, destacam-se como principais as seguintes: a mucuna, o feijão-de-porco, o feijão-guandu, as crotalárias, as tefrósias, o lablabe. Em algumas regiões, podem ser empregadas a alfafa, o trevo, a vigna, alguns tipos de feijão (*Stizolobium*), o cudzu-tropical, algumas lindigóferas.

O plantio dos adubos verdes e feito, em geral, na mesma época que o das demais culturas anuais; por essa razão, o adubo verde requer um ano sem cultura econômica no terreno. Depois de enterrá-lo, especialmente se se trata de uma planta de crescimento denso, deve-se deixar transcorrer duas ou três semanas antes de começar a sementeira do cultivo principal. Ao incorporar ao solo grandes quantidades de material orgânico (30 a 40 toneladas por hectare), apresenta-se uma curta deficiência transitória de nitrogênio, devido à proliferação de bactérias que atacam os tecidos vegetais, as quais utilizam o nitrogênio em sua alimentação; além disso, durante os primeiros dias de decomposição, a água da chuva solubiliza alguns constituintes das folhas, que absorvem oxigênio do solo em proporção tão alta que privam as sementes das plantas da quantidade necessária para a sua germinação[46].

c. Adubação química. A manutenção e a restauração sistemática da fertilidade do solo, por meio de um plano racional de adubações deverá fazer parte de qualquer programa de conservação do solo[39]. A manutenção da fertilidade e muito importante, uma vez que proporciona melhor cobertura vegetal no terreno, e, com ela, melhor proteção do solo.

Com o plano racional de adubações, consegue-se contrabalancear o declínio de fertilidade do solo, resultante da retirada normal de elementos nutritivos pelas colheitas.

É, sem dúvida, mais econômico repor regulamenta as pequenas diminuições de fertilidade sofridas pelo solo, de forma a manter sempre um nível mínimo necessário de elementos nutritivos essenciais, do que, após vários anos, tentar restaurar, de uma só vez, depois que o solo já está empobrecido. Em geral as adubações são praticadas visando ao aumento de produção da cultura, mas, na realidade, asseguram a manutenção da fertilidade do solo.

Os elementos nutritivos essenciais que usualmente necessitam ser fornecidos ao solo, sob a forma de fertilizantes, são o nitrogênio, o fósforo e o potássio. Outros elementos secundários, como o cálcio, o magnésio, o enxofre, o boro, o cobre, o manganês, o zinco e o ferro, são, em geral, fornecidos com os próprios fertilizantes empregados para fornecer os três elementos principais[39].

d. Adubação orgânica. Na época atual, de preços cada vez mais elevados dos fertilizantes químicos, é de prever maior consumo, no futuro, da adubação orgânica. Esse assunto é hoje tão importante que mereceu, recentemente, da FAO, uma conferência especial de todo o mundo.

A adubação com esterco de curral ou com composto exerce importante papel de melhoramento das condições para o desenvolvimento das culturas, e, sem dúvida, dos mais destacados, é a influência da matéria orgânica na redução das perdas de solo e água por erosão.

O esterco de curral, além de fornecer ao solo a matéria orgânica já em estado de decomposição e elementos nutritivos, tem a vantagem de fornecer certos compostos orgânicos que têm uma função estimulante do crescimento das plantas.

O composto é, em geral, tomado por detritos orgânicos diversos, tais como palhas, varredura de terreiros, etc., depois de misturados e curtidos.

Na organização de uma propriedade agrícola, o aproveitamento do esterco produzido pelos animais e dos demais resíduos orgânicos, na forma de composto, é um programa fundamental para a manutenção e melhoramento da produtividade do solo.

A aplicação do esterco ou composto é mais fácil nas culturas perenes, café ou pomar, de pequenas áreas.

e. Calagem. A acidez do solo além de certos limites prejudica o desenvolvimento das plantas cultivadas, diminuindo a sua produção. Nos solos ácidos, o desenvolvimento de microrganismos é bastante reduzido, principalmente de bactérias fixadoras do nitrogênio atmosférico; a acidez toma o fósforo do solo dificilmente aproveitável pelas plantas.

A correção da acidez se faz com a aplicação de cálcio ao solo, na operação conhecida como calagem. O papel do cálcio aplicado na calagem é neutralizar a acidez do solo, proporcionando melhores condições para o desenvolvimento das plantas. Em geral, quase todas as culturas se beneficiam pela calagem do solo, e algumas, como as leguminosas, exigem um solo menos ácido para desenvolver bem.

A calagem proporciona melhor cobertura vegetal do solo, o oque reflete em maior proteção contra o impacto das gotas de chuva, diminuindo, portanto, as perdas de solo e água pela erosão.

8.3. Práticas de caráter mecânico

São aquelas em que se recorre a estruturas artificiais mediante a disposição adequada de porções de terra, com a finalidade de quebrar a velocidade de escoamento da enxurrada e facilitar-lhe a infiltração do solo.

A enxurrada ou água de escorrimento é aquela porção das chuvas que não penetra no perfil de solo e escorre até os rios em forma de corrente superficial. Ao projetar obras de defesa do solo que impliquem em canalização da água, ou o seu retardamento, é necessário ter em conta a função que a prática desempenhará naqueles períodos curtos de chuva intensa, e o que as estruturas sejam capazes de fazer para controlar a enxurrada máxima produzida, para, assim, oferecer determinado grau de proteção do terreno. As quantidades médias de escorrimento não devem ser usadas para o cálculo da capacidade de um canal ou terraço, porque a estrutura falharia e a água transbordaria durante as chuvas que produzissem quantidades de enxurrada maiores que a média; isso significa que, durante a maior parte do tempo, a estrutura conduz um volume menor que aquele que serviu de base para as suas especificações.

Antes da descrição das práticas de caráter mecânico, apresentaremos algumas informações gerais de hidrologia para a estimativa da enxurrada.

Estimativa da enxurrada

Quantidade e intensidade da enxurrada. Ao projetar canais, cliques e outras obras do terreno para controlar a enxurrada, é necessário ter informações da provável quantidade de água esperada. Se o objetivo é reter ou armazenar a água, pode ser suficiente conhecer o volume total de água esperada, porém o usual nos problemas conservacionistas e conduzir a água de um lugar para outro: neste caso, a intensidade de enxurrada é mais importante, particularmente a enxurrada máxima que pode ocorrer.

A enxurrada máxima depende da intensidade de chuva que pode ocorrer com base em um número grande de observações e nas características da bacia hidrográfica, como declividade, solo, cobertura vegetal, as quais determinam a proporção em que as chuvas penetram no perfil do solo e a velocidade de seu escorrimento; a área da bacia reflete no volume, pois, quanto maior a bacia, maior a quantidade de chuva que atinge o solo.

O processo mais simples para o cálculo da vazão máxima de enxurrada, denominado método racional, foi desenvolvido por Ramser[49], sendo hoje utilizado universalmente, conforme esta equação:

$$Q = \frac{CIA}{360}$$

em que:

Q = a enxurrada em metros cúbicos por segundo;

C = coeficiente de escorrimento, ou seja, uma relação entre as quantidades de enxurrada e a quantidade de chuva;

I = intensidade máxima de chuva em milímetros por hora;

A = área da bacia em hectares.

O coeficiente de escorrimento para a equação de Ramser[49], no seu método racional, depende principalmente da declividade do terreno e da vegetação da área, como se vê no quadro 8.6.

Quadro 8.6. Coeficiente de enxurrada para diferentes condições de topografia e cobertura vegetal

Classe de declividade	**Coeficiente de enxurrada (C)**
I. Ondulada (5% a 10% de declive)	
Com culturas anuais	0,60
Com pastagens	0,36
Com florestas	0,18
II. Montanhosa (10% a 30% de declive)	
Com culturas anuais	0,72
Com pastagens	0,42
Com florestas	0,21

Em geral uma bacia está ocupada por duas ou mais coberturas vegetais, com várias classes de declive, devendo-se nesse caso, calcular um coeficiente de enxurrada total que combine os fatores parciais para cada condição. Isso se consegue calculando um valor ponderado entre cobertura, área e topografia. Por exemplo: para uma bacia de 300 hectares contendo 30 hectares de área florestada na declividade de 30%; 150 hectares de pastagem na declividade de 20%; e 120 hectares de culturas anuais na declividade de 8%, calcula-se o coeficiente de enxurrada da seguinte maneira:

$$
\begin{array}{lr}
30 \times 0{,}21 = & 6{,}3 \\
150 \times 0{,}42 = & 63{,}0 \\
120 \times 0{,}60 = & \underline{72{,}0} \\
 & 141{,}3
\end{array}
\qquad \frac{141{,}30}{300} = 0{,}47
$$

Intensidade e duração das chuvas. É fato conhecido que as chuvas mais intensas duram pouco tempo; uma chuva que duras várias horas geralmente de um total maior que uma de curta duração, porém a média de sua intensidade, expressa em milímetros por hora, é menor que a de curta duração.

A relação entre intensidade de chuva e sua duração pode ser representada graficamente, colocando-se na ordenada do gráfico a intensidade, e, na abscissa, o campo de duração. Para obter a curva, deve-se colocar grande número de pontos conseguidos com o registro de chuvas individuais; os valores numéricos das intensidades podem variar com as diferentes regiões climáticas de todos os países, porém a aparência da curva à mesma. Essa relação entre intensidade de chuva e sua duração pode ser expressa matematicamente em várias formas[33], sendo a mais comum:

$$I = \frac{a}{t + b}$$

onde:

I = média de intensidade de chuva, em mm/h;

T = atração da chuva, em minutos;

a e b = constantes (a = 3.000 e b = 40).

As intensidades máximas de chuva variam de um lugar para outro e devem ser calculadas com base em registros pluviográficos e obtidas em grande número de anos. Esse tipo de dado é muito escasso entre nós, sendo poucos os países que o possuem. Yarnell[60], nos Estados Unidos, calculou tabelas para diferentes regiões do país, apresentando os dados de intensidades máximas de cinco em cinco minutos que se pode esperar com intervalos de cinco em cinco anos; pelos valores encontrados por Yamell, observa-se que os dados aumentam do oeste para o este e do norte para o sul, variando, para cinco anos de intervalo e cinco minutos de duração, entre 60 mm por hora nos Estados de Washington e Oregon, e de 180 mm por hora nos de Louisiana, Mississipi e Geórgia, ao sul. Para una duração de 10 minutos, esses valores variam entre 48 e 150 mm por hora.

Tempo de concentração. É a duração da chuva que corresponde ao máximo de enxurrada: pode-se defini-lo como o tempo que gasta uma gota de água para movimentar-se desde a parte mais longínqua da bacia até o ponto de desague. Realmente, neste momento ocorre a concentração máxima de enxurrada, uma vez que estão chegando ao ponto de deságua às gotas de todos os pontos da bacia desde as que caem mais próximo até as que caem mais distantes. A chuva que deve ser importante no cálculo da enxurrada máxima é a que pode cair num tempo Igual ao tempo de concentração.

As principais variáveis que afetam o tempo de concentração de uma bacia hidrográfica são: *a) tamanho:* quanto maior a bacia, maior o tempo de concentração; *b) topografia:* em bacias de topografia acidentada que ocasiona escoamento rápido da enxurrada, o tempo de concentração será menor que em bacias de topografia suave; *c) forma:* em duas bacias com a mesma área e um sistema de drenagem semelhante, sendo uma quadrada e outra retangular, esta sendo mais longa, terá um tempo de concentração maior, intensidade menor e menos intensidade de enxurrada.

Uma estimativa aproximada do tempo de concentração pode ser obtida unicamente com os dados da área da bacia hidrográfica[2], conforme os valores sugeridos no quadro 8.7.

Quadro 8.7. Estimativa aproximada do tempo de concentração de bacias hidrográficas, com base na área

Área	Tempo de concentração
hectares	minutos
0,4	1,4
0,2	3,5
4,0	4,0
40,5	17,0
202,5	41,0
405,0	75,0

Quadro 8.8. Valores aproximados da velocidade de escorrimento da enxurrada, em metros por segundo

Declividade do terreno	Cobertura vegetal da bacia		
	Floresta	**Pastagem**	**Culturas anuais**
%			
0 — 4	0,30	0,45	0,60
4 — 10	0,60	0,90	1,20
10 — 15	1,00	1,20	1,50
15 — 20	1,20	1,50	1,70
20 — 25	1,40	1,60	1,80
25— 30	1,50	1,80	1,90

Para qualquer cálculo de estruturas para controle de erosão, é necessário primeiro conhecer o tempo de concentração da área, que é, em última análise, o produto da divisão da distância do ponto mais afastado ao desaguadouro pela velocidade de escorrimento. Com o quadro 8.8, baseado nos trabalhos de Ramser e Horton[20,55], pode-se fazer esse cálculo de forma aproximada.

Um método mais preciso é o da fórmula de Bransby-Williams[33]:

$$T = \frac{L}{1{,}5D}\sqrt[5]{\frac{M^2}{F}}$$

onde:

T = tempo de concentração em horas;

L = distância mais longa do vertedouro em quilómetros;

D = diâmetro de um circulo que tenha a mesma área da bacia, em quilômetros quadrados;

M = área da bacia em quilômetros quadrados;

F = declividade média da bacia, em porcentagem.

A fórmula de Kirpich é muito popular nos Estados Unidos[33]:

$$T = 0{,}02\ L^{0{,}77}\ S^{-0{,}385}$$

onde:

T = tempo de concentração em minutos;

L = comprimento máximo do fluxo, em metros;

S = declividade média em metros por metro.

A fórmula de Burki-Ziegler tem sido muito empregada:

$$Q = 0{,}022\, M\, R\, C \sqrt[4]{\frac{S}{M}}$$

onde:

Q = vazão em metros cúbicos por segundo;

M = área em hectares;

R = precipitação média em centímetros por hora;

C = coeficiente de enxurrada;

S = declividade média da bacia, em metros por 1.000 metros.

Uma aproximação diferente foi desenvolvida por Cook (in[27]) para a determinação da vazão de pequenas bacias, cujas características são examinadas sob quatro categorias: de relevo, de infiltração, de cobertura vegetal e de armazenamento da superfície. O método consiste, essencialmente, no somatório de números em que cada um representa a influência que cada característica exerce na vazão de cada parte da bacia. Esse método, cujas características são apresentadas no quadro 8.9, também é conhecido como $\sum W$.

O valor encontrado no somatório de W com o auxílio do quadro 8.9, é aplicado a um gráfico especialmente preparado para dar as estimativas de vazão.

Um método desenvolvido pelo Serviço de Conservação do Solo dos Estados Unidos baseia-se no tipo de chuva, na condição de umidade antecedente do solo (indicada pela chuva que tenha caldo nos cinco dias precedentes à chuva em que é calculada a vazão), e no tipo de solo. Dos mais de 8.000 tipos de solos identificados, foram classificados em quatro grupos hidrológicos: *a)* solos de baixo potencial de enxurrada, tendo alta velocidade de infiltração quando completamente úmidos, consistindo principalmente naqueles profundos, excessivamente drenados e com alto poder de transmissão de água; *b)* solos com moderada velocidade de infiltração quando completamente úmidos, compreendendo os moderadamente profundos, moderadamente drenados, e com moderado poder de transmissão de água; *c)* solos com baixa velocidade de infiltração quando completamente úmidos, representados por solos contendo uma camada que impede o movimento de água e com baixo poder de transmissão da água; *d)* solos de elevado potencial de enxurrada, tendo muito baixa velocidade de infiltração, consistindo dos argilosos, com camada argilosa próxima da superfície, e rasos sobre uma camada impermeável, tendo baixo poder de transmissão de água.

Quadro 9.9. Características da bacia para estimativa da vazão pelo método de Cool (in27)

Características da bacia	Valores numéricos para determinação da vazão			
	(100) Extrema	(75) Alta	(50) Normal	(25) Baixa
Relevo	(40) declividade elevada acima de 30%.	(30) Montanhoso, declividade média entre 10 e 30%	(20) Ondulado, declividade média entre 5 e 10%.	(10) Relativamente plano, declividade de 0 a 5%.
Infiltração	(20) Rocha ou solo com camada rasa, infiltração quase nula.	(15) Argila ou outro solo de baixa camada de infiltração.	(10) Solo limoso profundo com elevada capacidade de infiltração.	(5) Solo arenoso profundo com infiltração rápida.
Cobertura vegetal	(20) Solo descoberto ou com cobertura vegetal esparsa.	(15) Cobertura vegetal pobre, ou menos de 10% sob boa cobertura.	(10) Com 50% de cobertura de pastagem ou floresta, e até 50% com culturas.	(5) Com 90% da área com boa cobertura de pastagem ou floresta.
Armazenamento na superfície	(20) Poucas e rasas depressões na superfície.	(15) Sistemas de drenagem pequenos mas bem definidos.	(10) Consideráveis depressões na superfície, com lagos e açudes.	(5) Alta superfície de depressões, e sistema de drenagem não bem definidos.

O solo e sua condição hidrológica, em muitos casos, afeta o volume de enxurrada mais que qualquer outro fator. Os resíduos culturais incorporados ao solo e as raízes de gramíneas que tenham estado nas rotações de culturas produzem boa condição hidrológica, reduzindo, com isso, o volume de enxurrada, que é afetado pela cobertura vegetal de diversas maneiras: mantendo a velocidade de infiltração, evitando o efeito do impacto da gota de chuva no solo e formando inúmeras barreiras que impedem o livre escoamento da enxurrada. As práticas conservacionistas, em geral, reduzem a erosão laminar e, por isso, mantêm boa estrutura da superfície do solo; o plantio em contorno e o terraceamento reduzem a erosão laminar e aumentam a retenção de água. Para a determinação do volume de enxurrada pelo método *Soil Conservation Service* (SCS) são utilizados 21 gráficos das mais variadas condições[24].

Muitos outros métodos têm sido propostos para estimativa do volume de enxurrada; alguns dependem da análise da frequência dos dados registrados para serem analisados estatisticamente, para ser definida a probabilidade de frequência de recorrência das enchentes de dada magnitude; um número de fórmulas empíricas foi desenvolvido para determinar essa magnitude de descarga de uma bacia, sendo a mais comum a seguinte:

$$Q = K\ A^{x}$$

Onde:

Q = vazão máxima esperada;

K = coeficiente que depende das várias características da bacia;

A = área da bacia;

X = expoente determinado de observação de campo.

a. Distribuição racional dos caminhos. O traçado usual dos caminhos em linhas retas, desconsiderando a topografia do terreno, tem sido a causa do prejuízo devido às perdas por erosão. Com a disposição reta dos carreadores, as culturas quase sempre ficam com as ruas a favor das águas, aumentando, assim, as perdas por erosão e dificultando a adoção de futuras práticas de controle.

A distribuição racional dos caminhos e colocá-los, ao máximo, próximo do contorno. Os carregadores em pendente, que fazem a ligação entre os nivelados, serão no menor número possível, e locados nos espiões e elos de grutas onde também será mais fácil a localização dos canais escoadouros. Os talhões ficarão de forma alongada e recurvada no sentido das linhas de nível do terreno[38].

Ao projetar os caminhos em contorno; deve-se ter o cuidado de que o intervalo entre eles seja um múltiplo de afastamento entre terraços ou cordões em contorno, a fim de facilitar a distribuição dessas práticas no seu intervalo. Os caminhos em contorno funcionam como verdadeiros terraços ajudando a defender as culturas contra a erosão.

Esse sistema racional de distribuição de caminhos forma um arcabouço estável da propriedade agrícola e é básico para a adoção de práticas que se fundamentam no alinhamento em contorno, proporcionando, também, a redução das perdas por erosão.

b. Plantio em contorno. O plantio em contorno consiste em dispor as fileiras de plantas e executar todas as operações de cultivo no sentido transversal à pendente, em curvas de nível ou linhas em contorno. Uma linha de nível e aquela cujos pontos estão todos na mesma altura do terreno.

Ao se cultivar em contorno, cada fileira de planta, assim como os pequenos sulcos e camalhões de terra que as máquinas de preparo e cultivo do solo deixam na superfície do terreno, constitui um obstáculo que se opõe ao percurso livre da enxurrada, diminuindo a velocidade e capacidade de arrastamento.

Todas as operações em contorno são feitas praticamente em nível. Em pequenas áreas, de declividade uniforme, uma única linha básica pode ser necessária; entretanto, em áreas grandes, ou de topografia irregular, várias linhas básicas são exigidas, a fim de que as operações de cultivo sejam feitas próximo ao nivel[21].

Quando o plantio em contorno é usado sozinho, sem nenhuma outra prática, em terrenos de topografia acidentada, ou em regiões de chuvas intensas, ou em solos de grandes credibilidades, há um aumento do risco de formação de sulcos de erosão, porque as pequenas leiras, rompendo-se, podem soltar a água que estava acumulada, e o volume de enxurrada, aumentando em cada leira sucessiva, causa um prejuízo acumulativo[27].

Dentre as práticas simples, o plantio em contorno é a que, além de constituir uma medida de controle da erosão, proporciona maior facilidade e eficiência no estabelecimento de outras práticas complementares baseadas na orientação em contorno. A formação das lavouras em contorno deverá constituir a preocupação fundamental de nossos lavradores (Figura 8.4, caderno central a cores).

Esse plantio, quando bem conduzido, é uma das práticas mecânicas mais eficientes para as terras de cultivo. Seu efeito se faz notar no aumento da produção, na redução de enxurrada e na diminuição das perdas de solo. Fatores como o tipo de solo e a declividade do terreno modificam sua efetividade[53].

Uma das suas vantagens é a economia de força e tempo. Resultados de testes realizados em Kansas (EUA)[6] mostram que, para as áreas em que as determinações foram feitas, o cultivo com o trator foi 12,8% mais rápido quando em contorno e 9,4% mais econômicos com respeito ao consumo de combustível, não se pode, naturalmente, generalizar esses dados, pois dependem da declividade do terreno, do tipo de solo e do tempo consumido pelo trator nas voltas devidas às ruas mais curtas causadas pelo plantio em contorno.

Um levantamento apresentado por Flynn[25], em 139 áreas, nos Estados Unidos, mostrou uma economia de 10% no tempo de operações de trabalho e de combustível em favor do plantio em contorno. Há alguma diferença na economia de tempo de trabalho para esse plantio, porém, no que se refere à economia de combustível, ela é constante em todos os dados observados[15]: realmente, quando está operando em contorno, a máquina permite uma velocidade mais uniforme, ao passo que, quando está trabalhando morro abaixo, as frequentes mudanças de marcha e de velocidade aumentam o consumo de combustível.

Relatório da estação experimental de Clarinda, Iowa (EUA apresenta resultados do efeito sobre a produção de milho plantado em contorno em comparação com o morro abaixo: numa média de sete anos, o aumento de sua produção foi cerca de 54%. Suarez de Castro, na Colômbia, citando em mesmos resultados, acrescenta que existem dados semelhantes obtidos em outras culturas, como batatinha, algodão, soja, feijão e árvores frutíferas[54].

Smith[52], analisando os resultados de 40 experimentos, verificou que o aumento de produção na cultura de milho a favor do plantio em contorno foi 12,4%, atribuindo-o a dois fatores: 1º) o número de plantas no morro abaixo torna-se menor, pois as chuvas intensas ocorrem quando a planta esta pequena, arrastando-a morro abaixo; e, 2º) a erosão provocada pelas chuvas muito fortes que ocorrem entre as ruas, quando plantadas morro abaixo, diminui a zona de alimentação das raízes para os elementos nutritivos e umidade, dando, em consequência, plantas de crescimento menos vigoroso.

Browning[14] relata experimentos conduzidos para determinar o efeito sobre a produção das culturas em vários tipos de solo e em terrenos com declividade de 6 a 15%: como média de todos os dados, foi determinado que o aumento de produção a favor do plantio em contorno, para milho, era 10,3%, para soja 12,6% e, para trigo 11,4%.

Os dados obtidos pela Seção de Conservação do Solo, do instituto Agronômico de Campinas, apresentados no quadro 8.10, revelam que, enquanto o plantio em contorno elevou a produção em 21,2% sobre o plantio morro abaixo, o efeito do preparo do solo em contorno foi 1,6% quando comparado com o preparo do solo e plantio em contorno sobre o preparo do solo e plantio morro abaixo proporcionou um aumento de 23,1%[12]. Experimento semelhante, realizado por Bertoni[26] na Argentina, na Estação Experimental de Marcos Juárez, em solo Mollisol, e com uma declividade de apenas 1%, porém em região de baixa precipitação, mostrou que o plantio em contorno proporcionou um aumento de 45,7% de milho quando comparado com o plantio morro abaixo: o efeito na produção, tão grande, é naturalmente, devido principalmente à conservação da água, aumentando a umidade do solo.

Quadro 8.10. Efeito da direção de trabalhos culturais na produção de milho

Direção de trabalhos culturais	Produção de milho
	Kg/ha
Preparo morro abaixo e plantio morro abaixo	2.596
Preparo morro abaixo e plantio em contorno	3.123
Preparo em contorno e plantio morro abaixo	2.617
Preparo em contorno e plantio em contorno	3.196

Experimentos conduzidos em várias estações experimentais, dos Estados Unidos, mostram que o plantio em contorno reduz cerca de 50% as perdas de solo por erosão, e diminui o volume de enxurrada porque retém temporariamente a água, que, assim, tem mais oportunidade para se infiltrar[57].

Dados obtidos pela Seção de Conservação do Solo do Instituto Agronômico de Campinas, apresentados no quadro 8.1, mostram que o plantio em contorno reduz 50% as perdas de solo e 30% as de água.

Embora seja uma operação simples e constitua uma medida de controle da erosão, alegam alguns agricultores que sua aplicação em culturas perenes, como o cafezal, faz perder considerável área com ruas mortas. Bertoni[7], estudando o plantio em contorno, graficamente, nas mais variadas condições de topografia, concluiu, conforme o quadro 8.11, que tal alegação não deve ser considerada, pois, de acordo com as determinações efetuadas, mesmo nos casos extremos de variação de topografia, a área perdida não ultrapassa 4%.

Quadro 8.11. Área perdida por ruas mortas

Classes de topografia	Declive	Área perdida
	%	%
Suave	2 a 5	3,2
Amarrada	5 a 15	3,7
Montanhosa	15 a 30	2,4
Irregular	5 a 30	3,9

No plantio em contorno, para servirem de guia no traçado das linhas de plantas, são inicialmente tocadas algumas linhas niveladas básicas, de preferência no mesmo espaçamento dos terraços.

As paralelas tiradas dessas linhas niveladas poderão ser marcadas por um dos seguintes sistemas: *a)* paralelas para baixo das niveladas; *b)* paralelas para cima das niveladas; *c)* paralelas tanto para baixo como para cima das niveladas; e, *(d)* paralelas ora para baixo, ora para cima das niveladas[38] (Figura 8.5).

Na marcação de *paralelas para baixo das niveladas,* as linhas são tiradas paralelas em relação à nivelada superior, indo terminar na linha nivelada interior, onde também terminarão as ruas mortas; e o sistema recomendado para terrenos pouco permeáveis.

Na marcação de *paralelas para cima das niveladas,* as fileiras de plantas são tiradas em relação à nivelada inferior, indo terminar na linha superior, onde também terminarão as ruas mortas: e o sistema indicado para terrenos permeáveis, visando à retenção dos excessos de chuva.

No processo de marcação de paralelas tanto para baixo como para cima, as fileiras de plantas são paralelas e partir da nivelada superior e a partir da nivelada inferior até se encontrarem no meio, onde ticarão também as ruas mortas: e o sistema aconselhado para os terrenos de permeabilidade média e de topografia acidentada.

No último processo, as fileiras de plantas são tiradas ora para baixo, ora para cima, entre as duas niveladas, de forma a fazê-las com caimento num único sentido, rumo a canais escoadouros: é o sistema recomendado para os terrenos de fraca permeabilidade, onde haja necessidade de prever o escoamento dos excessos de enxurrada.

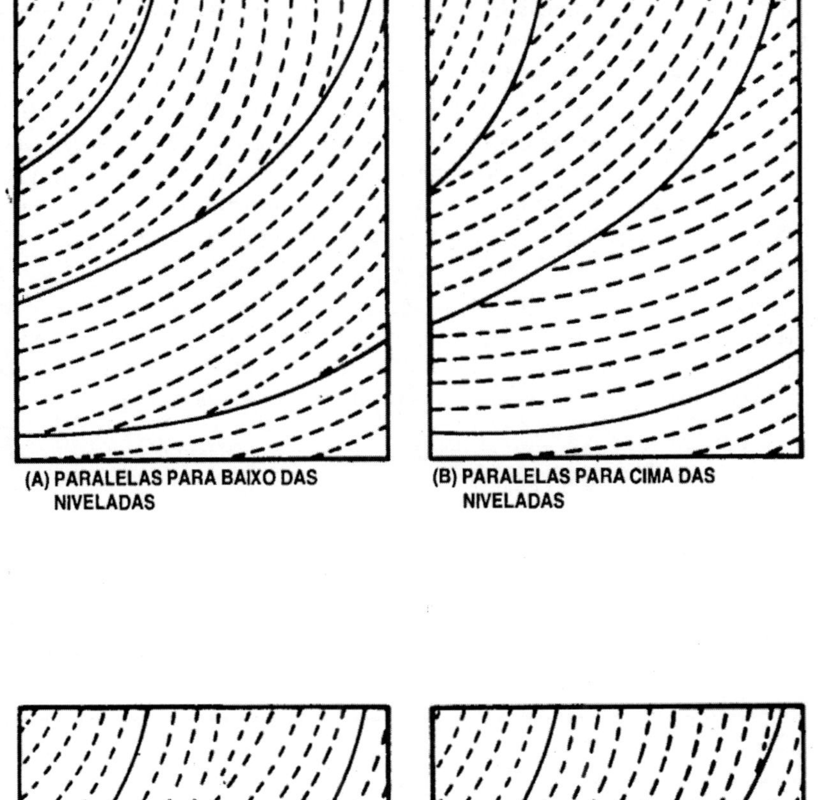

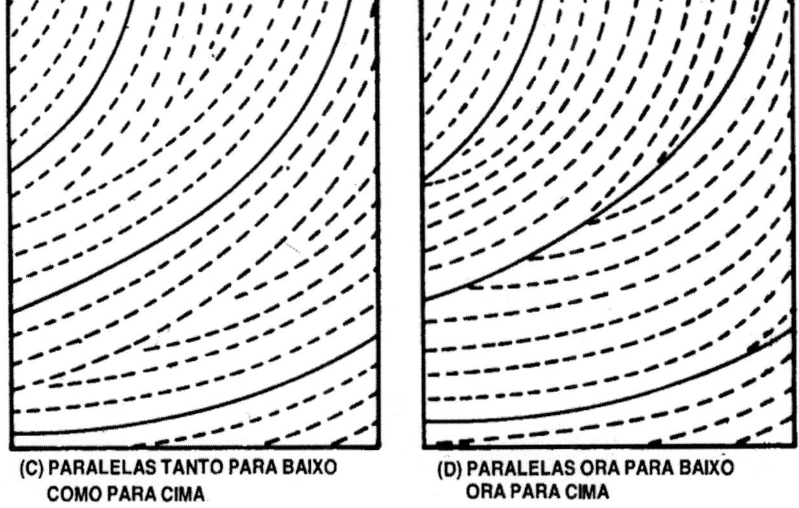

Figura 8.5. Sistema de marcação das ruas em contorno

O sistema B tem a grande vantagem de que as ruas mais próximas do nível, junto às linhas básicas inferiores, é que deverão receber maior volume de enxurrada, tomando o plantio em contorno mais eficiente. Os sistemas C e D são complicados de estabelecer no campo.

Embora eficaz nos comprimentos de rampa relativamente curtos, variáveis com a topografia do terreno, não há dados de pesquisa para determinar os limites de declividade e de comprimentos de rampa a usar no plantio em contorno. Beasley[3] sugere, como um guia, para os limites de declividade e de comprimentos de rampa, os dados constantes do quadro 8.12.

A marcação das linhas niveladas básicas pode ser feita, com precisão, pelos diversos níveis de engenharia, empregando, com bons resultados, seus diversos tipos de instrumentos: o nível de borracha, o nível de visor aberto e os vários tipos de trapézios de madeira.

Quadro 8.12. Limites de comprimento de rampa e declividade para o plantio em contorno

Declividade	Comprimento de rampa máximo
%	m
2	120
4 — 6	90
8	60
10	30
12	24
14 — 24	18

c. Terraceamento. É uma das práticas mais eficientes para controlar a erosão nas terras cultivadas. A palavra terraço e usada, em geral, para significar camalhão ou a combinação de camalhão e canal, construído em corte da linha de maior declive do terreno.

O terraceamento em terras cultivadas é sempre combinado com o plantio em contorno: pelo seu alto custo, é recomendado onde outras práticas, simples ou combinadas, não proporcionam o necessário controle da erosão. A principal função do terraço é diminuir o comprimento dos lançantes, reduzindo, assim, a formação de sulcos em regiões de alta precipitação e retendo mais água em zonas mais secas.

Nem todos os solos e declives podem ser terraceados com êxito. Nos pedregosos ou muito rasos, com subsolo adensado é muito dispendioso e difícil de manter um sistema de terraceamento. As dificuldades de construção e manutenção aumentam à medida que cresce a declividade do terreno.

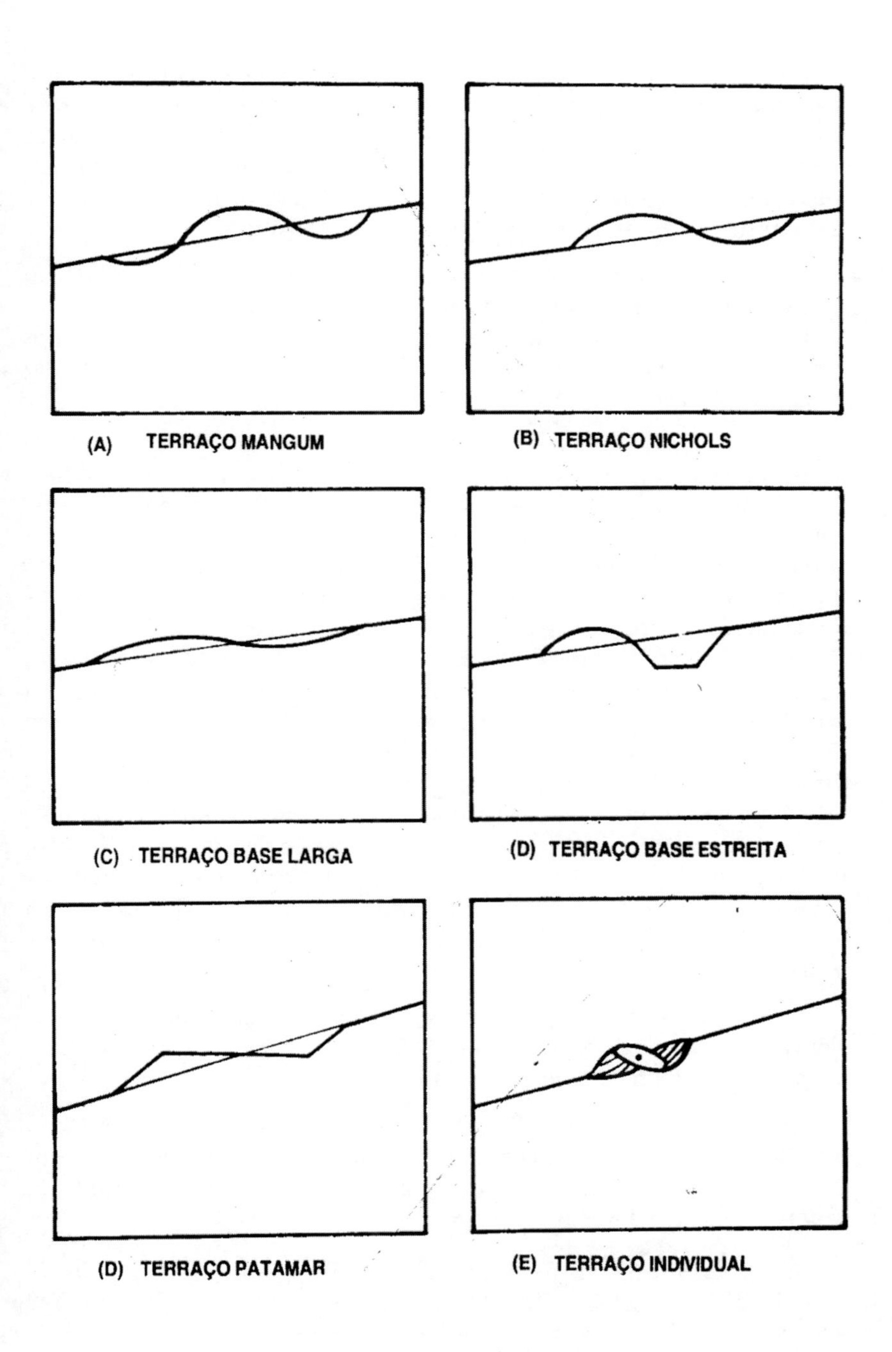

Figura 8.6. Tipos de terraços

O terraceamento, quando bem planejado e bem construído, reduz as perdas de solo e água pela erosão e previne a formação de sulcos e grotas, sendo mais eficiente quando usado em combinação com outras práticas, como o plantio em contorno, cobertura morta e culturas em faixas; após vários anos, seu efeito se pode notar nas melhores produções das culturas, devido à conservação do solo e da água.

A declividade do terreno é que determina a praticabilidade do terraceamento, uma vez que a erosão aumenta com esse declive; entretanto, o custo da construção e da manutenção do terraço aumenta com o grau do declive do terreno a tal ponto que esse fator pode torná-lo desaconselhável.

Há diversos tipos de terraços: o Mangum, o Nichols, o de base larga, o de base estreita, o patamar, e o individual. O terraço tipo Mangum é construído pelos dois lados do terreno, dando assim um terraço com um camalhão mais alto: é o tipo adaptado para a conservação da água. O terraço Nichols é desenvolvido com a movimentação do solo unicamente do lado de cima do terreno, com a desvantagem de não poder ser aproveitada para o cultivo a faixa destinada ao canal. O terraço de base larga, cujas características são de serem bastante largos, rasos, de suave inclinação, é o mais comum, podendo ser facilmente cruzado por máquinas agrícolas e permitindo o plantio em todas as dimensões. O terraço de base estreita combinação de valetas e letras de pequenas dimensões é bastante utilizado na proteção de culturas perenes; os cafeicultores o denominam de "cordão-em-contorno". O terraço patamar consiste em plataformas construídas em terrenos de grande inclinação, formando uma espécie de degraus. O individual, pequeno patamar circular construído ao redor de cada árvore, é também usado em terreno de grande inclinação. A figura 8.6, apresenta, esquematicamente, os tipos de terraço.

Os terraços Mangum e Nichols foram mencionados por representar, além de uma forma de construção, o inicio da evolução dos terraços de base larga, que são, na realidade, os verdadeiros terraços.

Terraço de base larga. É uma das formas mais seguras de proteção do solo contra os efeitos da erosão, podendo ser empregados tanto em culturas anuais como perenes, e até mesmo em pastagens (Figura 8.7, caderno central a cores).

O terraceamento é uma prática das mais eficientes no controle da erosão. Não temos, entretanto, entre nós, dados experimentais que mostrem o grau de eficiência dos terraços para os nossos solos; podemos, todavia, considerá-los semelhantes aos terraços americanos. A eficiência dos terraços foi pesquisada exaustivamente nos Estados Unidos; numa média dos dados de sete estações experimentais americanas, Marques[38] determinou que eles controlam 87% das perdas de solo e 12% das de água.

O terraço de base larga tem a grande vantagem de não perder área de cultura anual que está protegendo; todo o terreno, inclusive a faixa ocupada pelo camalhão e pelo canal do terraço, pode ser plantado com uma única cultura. No caso de culturas perenes, os terraços têm que ser construídos previamente ao plantio, uma vez que, depois de formada a plantação, fica difícil o emprego de equipamentos para a sua construção e nem sempre há espaço suficiente entre as árvores para comportar sua largura.

Esse terraço pode ser usado, também, em pastagens, para a proteção de áreas suscetíveis à erosão, ou, então para proteção do terreno durante o período de formação da pastagem, enquanto a vegetação ainda não está bem estabelecida nem dando a proteção suficiente; em regiões de pouca precipitação, ele à adotado em pastagens para proporcionar um sistema de distribuição mais uniforme da água das chuvas.

Em geral esse tipo de terraço é indicado para terrenos de até 12% de declividade; em alguns solos de boa permeabilidade, porém, pode ser utilizado em terrenos com declividade de até 20%. Pode ainda ser indicado para terrenos de pouca declividade, como 0,5%, cuja topografia, porém, seja formada de grandes lançantes, com a finalidade de reduzir a erosão produzida por grandes concentrações de enxurrada.

É bastante difícil construir um sistema de terraços de base larga em terreno com topografia irregular; as curvas que se formam são muito estreitas, dificultando o manejo de máquinas, e os espaçamentos entre os terraços serem muito variáveis, dando, em consequência, muitas "ruas mortas".

O primeiro problema a ser resolvido no terraceamento é o destino a dar à enxurrada que o terraço vai coletar: se este é tocado com gradiente, isto é, com declividade, ou, apesar de tocado em nível, é mantido com as pontas abertas, deve ser construído, para receber toda a enxurrada coletada petas terraços, um canal escoadouro que deve estar vegetado antes da construção dos terraços. Uma pastagem com vegetação densa, localizada próxima à área terraceada, pode oferecer uma solução para a descarga da enxurrada conduzida pelos terraços. Os nivelados, com as pontas fechadas, não necessitam de canais escoadouros, sendo em geral recomendados para seios de boa permeabilidade ou regiões de baixa precipitação.

Quando o tipo de seio apresenta boa capacidade de absorção da água, os terraços poderão ser em nível absoluto, para retenção total da água de chuva: esse tipo de terraço é denominado de retenção. Nas terras pouco permeáveis, é necessário construí-los com um pequeno gradiente no sentido dos canais escoadouros: esse tipo é denominado terraço de drenagem.

O gradiente poderá ser uniforme em toda a extensão do terraço, ou ir aumentando com o comprimento deste. Os terraços com gradiente progressivo são os mais recomendados, pois, como as dimensões dos terraços são constantes, e como aumenta gradualmente o volume das enxurradas com o seu comprimento, a maneira de ampliar a sua capacidade de descarga é aumentar progressivamente a velocidade de escoamento por meio de maiores gradientes.

Quadro 8.13. Gradiente para terraços para os três principais solos paulistas

Comprimento do terraço	**Solos**		
	Terra roxa	**Arenoso**	**Argiloso**
m	cm/10m	cm/10m	cm/10m
0 a 100	0	0,5	1,0
100 a 200	0,5	1,2	2,0
200 a 300	1,0	2,0	3,0
300 a 400	1,5	2,6	4,0
400 a 500	2,0	3,5	5,0
500 a 600	2,5	4,2	6,0
600 a 700	3,0	5,0	—
700 a 800	3,5	—	—

O gradiente poderá ir até 7 por mil, sendo mais comum o de cerca de 3 por mil, enquanto o comprimento do terraço é em geral de 500 a 700 metros. Quadro 8.13, organizado por Marques[39], fornece indicações para os gradientes progressivos de acordo com o grau de permeabilidade, a topografia e a resistência à erosão dos três principais solos do estado de São Paulo.

A distância entre os terraços, ou o seu espaçamento, é determinado de maneira que a enxurrada, que escorre nos espaços entre eles, não alcance velocidade erosiva; depende, portanto, da declividade do terreno e do tipo de solo. Quanto maior a separação entre os terraços, menor o custo de construção por unidade de área, porém esse espaçamento máximo tem o timite da eficiência da prática. Cada um deles deve ter capacidade suficiente para receber a enxurrada que escorreu na faixa limitada pelo que foi construído na parte superior, e conduzi-la ou absorvê-la, conforme o caso, isto é, se o terraço é de drenagem ou de retenção.

O espaçamento entre terraços se expressa em termos de diferença de nível, em metros, entre dois terraços sucessivos, podendo, também, ser designado pela distância horizontal; o espaçamento expresso pela diferença de nível é mais preciso.

Os primeiros estudos sobre escoamento de terraços foram efetuados por Ramser[48] e serviram de base para os trabalhos de Nichols[44]. Num levantamento dos dados obtidos nas diversas estações experimentais americanas, Ramser[50] fez um estudo do desenvolvimento do espaçamento de terraços. As fórmulas de espaçamento apresentadas por Hamilton[30] foram usadas muito tempo pelo serviço americano de conservação do solo, com algumas modificações nos valores das constantes. Um estudo do efeito do grau de declive e do comprimento de rampa nas perdas por erosão, com sua aplicação no espaçamento de terraços, foi feito por Zingg[61].

O espaçamento de terraços foi, nos Estados Unidos, determinado, em diferentes épocas, por várias equações, empíricas, tendo sempre como base a declividade do terreno e o tipo de solo. O Departamento de Agricultura adotou, inicialmente, a seguinte fórmula:

$$EV = T + SD$$

onde:

EV = espaçamento vertical entre os terraços;

T e S = coeficientes variáveis com os tipos de solo;

D = declividade do terreno.

Christy[17] apresenta, para determinação do espaçamento de terraços, a equação:

$$EV = S\sqrt{D}$$

onde:

EV = espaçamento vertical entre terraços;

S = coeficiente variável com o tipo de solo;

D = declividade do terreno.

Outro tipo de equação é apresentado por Frevert *et al.*[27]:

$$EV = a + \frac{S}{b}$$

onde:

EV = espaçamento vertical;

S = declividade do terreno;

a e b = constantes que variam com o tipo de solo.

Atualmente, o Serviço de Conservação do Solo dos Estados Unidos utiliza a seguinte equação:

$$EV = XS + Y$$

onde:

EV = espaçamento vertical entre terraços;

X = variável com valores de 0,4 a 0,8 para terraços com gradiente, sendo 0,8 para os nivelados;

S = declividade do terreno;

Y = variável com valores de 1,0 a 2,0, que é influenciada pela erodibilidade do solo, práticas de maneio e sistemas culturais.

Hudson[33] apresenta diversas equações para a determinação do intervalo vertical entre terraços utilizadas em várias regiões, sendo e de Rodésia a seguinte:

$$EV = \frac{S + f}{2}$$

onde:

S = declividade do terreno;

F = fator que varia de 3 a 6, de acordo com a erodibilidade do solo.

A equação adotada na África do Sul é a seguinte:

$$EV = \frac{S}{a} + b$$

onde:

S = declividade do terreno;

a = constante que tem o valor de 4 para regiões de alta precipitação e de 1,5 para áreas sujeitas e baixa precipitação.

Quadro 8.14. Tabela para espaçamento de terreno de base larga em culturas anuais

DECLIVIDADE %	SOLO ARENOSO ESPAÇAMENTO		SOLO ARGILOSO ESPAÇAMENTO		SOLO ROXO ESPAÇAMENTO	
	VERTICAL	HORIZONTAL	VERTICAL	HORIZONTAL	VERTICAL	HORIZONTAL
1	0,38	37,75	0,43	43,10	0,55	54,75
2	0,56	28,20	0,64	32,20	0,82	40,95
3	0,71	23,20	0,82	27,20	1,04	34,55
4	0,84	21,10	0,96	24,10	1,22	30,60
5	0,96	19,20	1,10	21,95	1,39	27,85
6	1,07	17,80	1,22	20,30	1,55	25,80
7	1,17	16,65	1,33	19,05	1,69	24,20
8	1,26	15,75	1,44	18,00	1,83	22,85
9	1,35	15,00	1,54	17,15	1,96	21,75
10	1,43	14,35	1,64	16,40	2,08	20,80
12	1,60	13,30	1,82	15,20	2,32	19,30
14	1,74	12,45	1,99	14,20	2,53	18,05
16	1,89	11,80	2,15	13,45	2,74	17,10
18	2,02	11,20	2,30	12,80	2,92	16,25
20	2,14	10,70	2,45	12,25	3,11	15,55

A equação empregada em Israel é:

$$EV = \frac{S}{10} + 2 \text{ metros}$$

onde:

S = declividade do terreno.

Entre nós, foram bastante utilizadas fórmulas e tabelas baseadas nas equações americanas[1,13,19], dando, porém, os maiores espaçamentos para ao terras argilosas, vindo, a seguir, a roxa e, por último, as arenosas; observa-se, nessas tabelas, que foram dados os mesmos valores para as três primeiras classes de declive, resultando, por isso, um excesso de capacidade para os canais doe terraços, o que implica em maior quantidade linear de terraços, por área, do que seria necessário. Marques[38] apresenta e primeira tabela de terraços baseada em dados de perdas por erosão em diferentes tipos de solo, estabelecendo que os maiores espaçamentos devem ser dados para as terras roxas, depois, para se argilosa, e, finalmente, as granadas, com os menores espaçamentos. A equação proposta por esse autor é a seguinte:

$$EV = T + SD = KD^2$$

onde:

EV = espaçamento vertical entre terraços;

D = grau de declive do terreno;

T, S e K = coeficientes variáveis com o tipo de solo.

Bertoni[8], utilizando os dados das determinações de perdas por erosão obtidos nos principais tipos de solo do Estado de São Paulo, numa média de dez anos de observações, em talhões de diferentes comprimentos de rampa e diferentes graus de declive, com culturas anuais, determinou uma equação que permite calcular as perdas médias de solo para os diferentes graus de declive e comprimentos de rampa. Considerando não só as perdas de solo e água como também o teor de solo da enxurrada, determinou a posição média relativa para esses fatores, considerando conjuntamente. Os dados assim considerados foram estudados com relação ao grau de declive e ao comprimento de rampa, e a equação resultante foi denominada de "índice de erosão". Com o terraceamento baseia-se, essencialmente, no efeito do grau de declive e do comprimento de rampa, com a redação do "índice de erosão" foi organizada uma tabela para espaçamento de terraços. Abaixo, a equação proposta por Bertoni:

$$EV = 0{,}4518\ K\ D^{0{,}58}$$

onde:

EV = espaçamento vertical entre terraços;

D = declividade do terreno;

K = constante para cada tipo de solo, cujos valores calculados foram os seguintes: arenoso = 0,835, argiloso = 0,954, roxa = 1,212.

O quadro 8.14 apresenta o espaçamento entre terraços, de acordo com o grau de declive e o tipo de solo. Posteriormente, Bertoni[10] determinou o valor de K para todas as unidades de solo do Estado de São Paulo, com base nos dados de tolerância de perdas de solo[35], conforme se vê no quadro 8.15.

Quadro 8.15. Valores de K, da equação de espaçamento de terraços, para os grupos de solo do Estado de São Paulo

Solo	K
COM B TEXTURAL	
Podzólico vermelho-amarelo, orto	0,882
Podzólico vermelho-amarelo, v Piracicaba	0,964
Podzólico vermelho-amarelo, v. Laras	1,036
Podzólico com cascalho	0,817
Podzolizado Lins e Marília, v. Lins	0,728
Podzolizado Lins e Marília, v. Marília	0,841
Mediterrâneo vermelho-amarelo	1,194
Terra roxa estruturada	1,256
COM B LATOSSÓLICO	
Latossolo roxo	1,191
Latossolo vermelho-escuro, orto	1,205
Latossolo vermelho-escuro, f. arenosa	1,332
Latossolo vermelho-amarelo, f. rasa	1,074
Latossolo vermelho-amarelo, f. arenosa	1,294
Latossolo vermelho-amarelo, f. terraço	1,218
Latossolo vermelho-amarelo húmico	1,140
Solos de Campos do Jordão	1,060
SOLOS POUCO DESENVOLVIDOS	
Litossolo	0,704
Regossolo	1,284

Três são as condições de uma seção transversal do terraço: *a)* capacidade ampla do canal; *b)* lados com inclinação tão moderada que não dificulte a utilização da maquinaria agrícola; e, *c)* facilidade e economia na construção. Teoricamente, é possível calcular um terraço da mesma forma como se calcula qualquer canal, ou seja, estimando a enxurrada crítica e acomodando a ela a profundidade, largura e gradiente do terraço. Como deve facilitar o trânsito de maquinaria agrícola, o terraço deve ter sempre pouca profundidade e grande largura; geralmente recomenda-se que sua profundidade tenha de 35 a 40 cm, a largura de 5 a 12 metros, e que o talude não seja maior que 5:1, sendo até preferível reduzi-lo para 8:1[55].

A seção transversal do terraço é geralmente menos precisamente definida e especificada que qualquer outro dreno ou canal, porque, primeiro, é construída com maquinaria agrícola em que um controle rigoroso não é possível e, segundo, porque ela muda quando as operações de preparo e cultivo são conduzidas. Nas recomendações americanas[27], a seção transversal varia com as diferentes regiões, sendo, porém, especificada com a área de 0,55 a 0,92 m^2.

Pode-se calcular o canal do terraço, utilizando-se um método prático: *a)* faz-se a estimativa do tempo de concentração e sua correspondente intensidade máxima de chuva; e, *b)* calcula-se o máximo de enxurrada usando a fórmula racional, como mencionado no início desta seção, o coeficiente de enxurrada C pode ser de 0,2 a 0,6, de acordo com as práticas culturais e de manejo adotadas. Como a área servida pelo terraço não é muito variável, pode ser adotado um tempo de concentração uniforme, como, por exemplo, 25 minutos, que é um número bastante apropriado. A intensidade máxima de chuva correspondente, baseada em um período de retorno de dez anos, pode ser de 90 mm por hora, que pode ser aceita como razoável para as regiões de climas subtropical e tropical. Em vez de multiplicar a intensidade máxima de chuva pelo coeficiente de enxurrada, o método simplificado subtrai uma quantidade de chuva de coeficiente de enxurrada, o método simplificado subtrai uma quantidade correspondente à capacidade de infiltração, que tem os seguintes valores, de acordo com o tipo de solo: *a)* solos bem drenados = 40 mm/h; *b)* solos de drenagem média =25 mm/h; e, *c)* solos de drenagem pobre = 10 mm/h. Assim, em uma chuva de 90 mm/h, por exemplo, os três solos em questão dariam uma vazão de 50, 65 ou 80mm/h, respectivamente, que correspondem a 0,14, 0,18 ou 0,22 m^2 por segundo e por hectare.

Conhecendo-se a enxurrada máxima que deve receber cada terraço, seu canal pode ser dimensionado, supondo-se que a seção do canal seja paraboloide e que a velocidade permissível deva ser baixa. Uma solução parcial da equação de Manning, desenvolvida por Cormack[18] e adaptada por Hudson[33], apresentada no quadro 8.16, dá as diferentes dimensões dos canais de terraços para as mais variadas vazões.

Quadro 8.16. Vazões dos canais dos terraços

Profundidade do canal	**Largura do canal (m)**						**Limite do gradiente (m/1.000)**
	1,00	**1,50**	**2,00**	**2,50**	**3,00**	**3,50**	
cm							m³/seg.
5	0,022	0,033	0,044	0,055	0,066	0,077	25
	0,022	0,037	0,052	0,067	0,081	0,096	50
10	0,041	0,061	0,082	0,103	0,123	0,143	10
	0,050	0,077	0,103	0,130	0,157	0,182	14
15	0,060	0,092	0,122	0,152	0,182	0,213	4,5
	0,076	0,105	0,153	0,190	0,230	0,270	7,7
20	0,080	0,120	0,162	0,202	0,243	0,283	2,7
	0,102	0,153	0,204	0,253	0,304	0,353	4,5
25	0,103	0,154	0,205	0,254	0,305	0,354	2,4
	0,129	0,191	0,256	0,318	0,382	0,445	3,3
30	0,125	0,185	0,246	0,246	0,306	0,367	1,4
	0,154	0,230	0,230	0,306	0,382	0,455	2,3

Esse quadro apresenta a capacidade dos canais dos terraços em metros cúbicos por segundo, nos limites superiores e inferiores do gradiente do canal; nesses limites, o superior é para velocidade de 0,6 m por segundo e, o inferior, para velocidade de 0,75 m por segundo. A capacidade é baseada no coeficiente de rugosidade de n = 0,0225, no raio hidráulico de 2/3 da profundidade, e na profundidade do fluxo de metade da altura do canal.

A seção do terraço deve ter a capacidade adequada para conduzir a enxurrada; ser planejada para se ajustar à topografia, à maquinaria agrícola e às culturas, e ser econômica para construir com o equipamento disponível.

O terraço pode ser construído com uma seção na forma de V ou com fundo chato. A seção em V é indicada para os solos menos permeáveis, cuja umidade poderia ser um problema para o fundo chato: este é mais indicado para os solos mais permeáveis, onde a umidade excessiva não causa problema. O tamanho e o tipo de maquinaria a ser utilizada no terreno terraceado devem ser considerados, também, na escolha do tipo de seção do terraço.

A figura 8,8 apresenta uma seção típica para os terraços de base larga, cujas dimensões são as seguintes[3]: *a)* o talude de corte deverá ter um mínimo de 4,20 m; em terrenos com declividade de 8% ou mais, essa largura será 6,00 m; *b)* o talude de frente terá, também, um mínimo de 4,20 m para a declividade de 1% a 4%; de 3,60m, para uma declividade de 5% a 8%, e de 2,40 m para uma acima de 8%; *c)* o talude traseiro terá, também, uma largura mínima de 4,20m, em declividade inferior a 8%; em declividade superior a 8%, terá 6,00 m de largura; *c)* a altura "h" do camalhão varia conforme a altura do fluxo de enxurrada que passa no canal do terraço, de acordo com os dados apresentados no quadro 8.17.

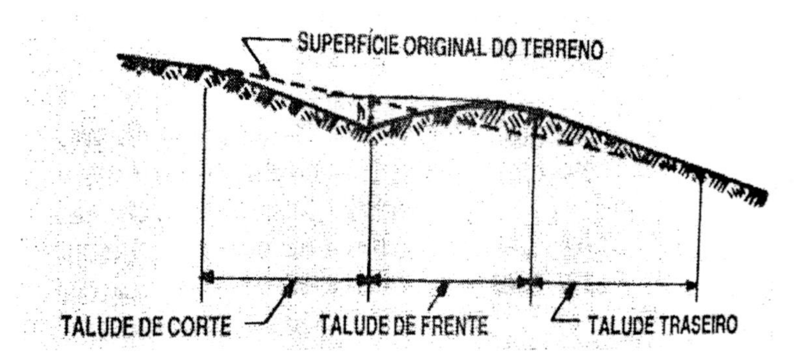

Figura 8.8. Seção típica para os terraços de base larga

Quadro 8.17. Altura do camalhão dos terraços de base larga e altura da vazão da enxurrada no canal

Altura da vazão no canal	Altura do camalhão do terraço
cm	cm
9,0	24,0
12,0	27,0
15,0	30,0
18,0	33,0
21,0	36,0
24,0	39,0
27,0	42,0
30,0	45,0

A quantidade de movimento de terra necessária para construir um terraço de base larga aumenta com a declividade do terreno. Por exemplo, um terraço de seção em V com 4,20m do talude de corte, do talude de frente e do traseiro, e com 0,45m de altura, necessita das seguintes quantidades de movimento de terra nas diferentes declividades do terreno: 4% = 1,27m^3 por metro linear; 8% = 1,63m^3 por metro linear, e, 12% = 1,99m^3 por metro linear[3].

A construção de terraços de base larga aumenta a declividade entre eles. Depois de construído o terraço, a nova declividade do terreno é determinada do alto do camalhão até o fundo do canal no terraço de baixo; assim, um terraço com 0,45m de profundidade e com 4,20m de largura de cada um dos taludes, com um espaçamento de, por exemplo, 24,00m, num terreno de 12% de declividade: determinando-a, novamente, essa declividade terá aumentado de 12 para 17%. Em virtude do aumento do movimento de terra nas maiores declividades, que torna o manejo do solo mais difícil, nos terraços com declividades maiores que 8-10%, deve-se fazer os taludes de frente mais curtos.

Os terraços de base larga podem ser construídos de duas maneiras: *a)* removendo a terra tanto pelo lado de cima como pelo de baixo; e, *b)* removendo a terra unicamente pelo lado de cima do terreno. Os terraços de construção pelos dois lados se adaptam melhor aos terrenos de declives suaves e são os únicos que podem ser construídos com os equipamentos não reversíveis. Os terraços de construção unicamente pelo lado de cima servem tanto para os terrenos de declives suaves como para aqueles de declives mais fortes; para a sua construção, são necessários os equipamentos reversíveis.

Para a escolha do tipo de construção do terraço, é necessário considerar o destino que se quer dar à enxurrada: a absorção ou a retirada. Desejando-se maior infiltração dos excessos de água de chuva, desde que a natureza física do solo o permita preferir os terraços tipo Mangum, que possuem mais camalhão que canal. Requerendo-se mais eficiente drenagem dos excessos de água de chuva, seja pelo volume de enxurrada, seja pela permeabilidade lenta, escolher o terraço tipo Nichols, que possui mais canal do que camalhão, favorecendo mais a drenagem que a retenção[39].

As operações de construção e manutenção de terraços de base larga podem ser realizadas por grande variedade de equipamentos. Os principais: *a)* plainas com lâminas de aço; *b)* arados; e, *c)* outros equipamentos especializados.

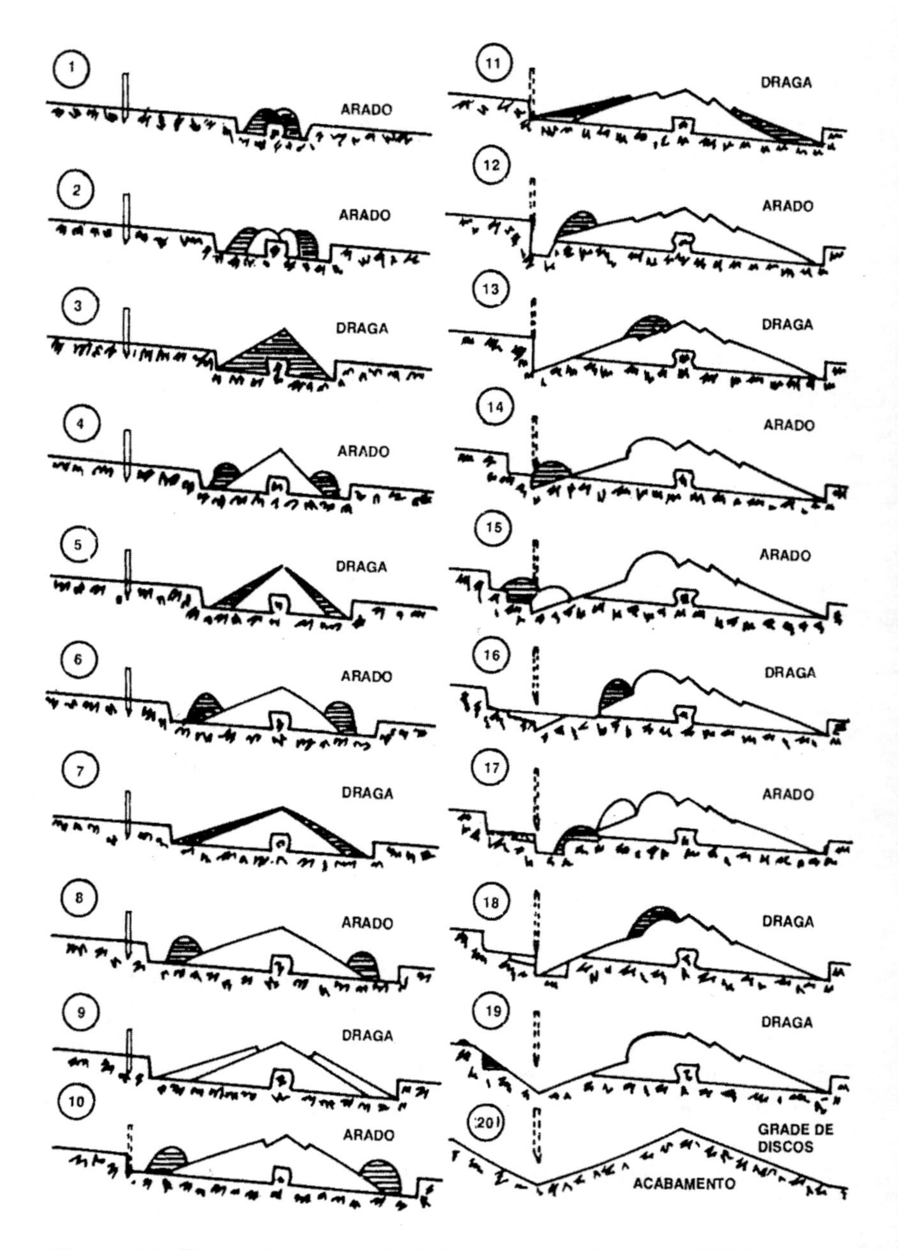

Figura 8.9. Etapas de construção de terraços com draga em "V" de madeira em combinação com arado (desenho de J. Q. A. Marques)

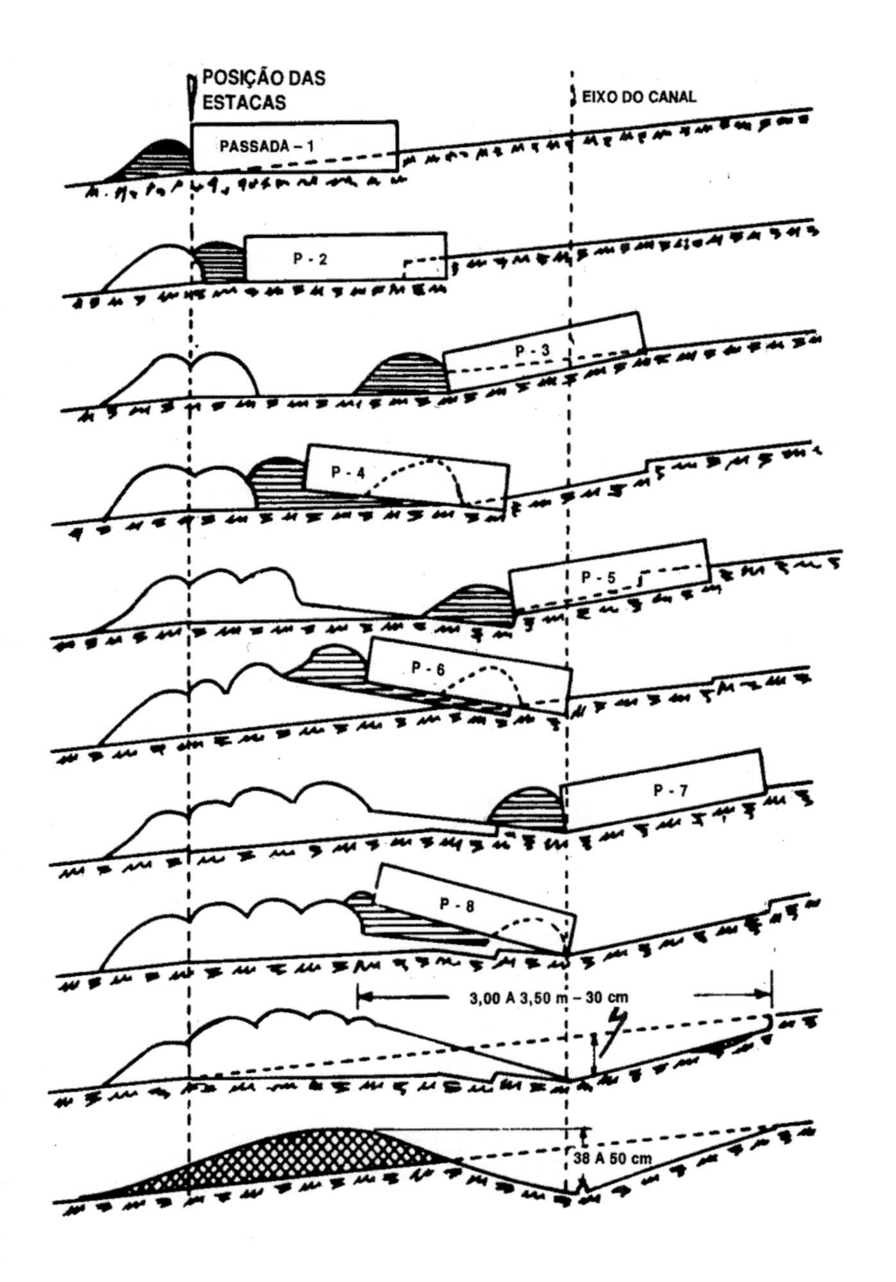

Figura 8.10. Etapas de construção de terraços tipo drenagem de pequena largura, com terraceador de lâmina de 3m (desenho de J. Q. A. Marques)

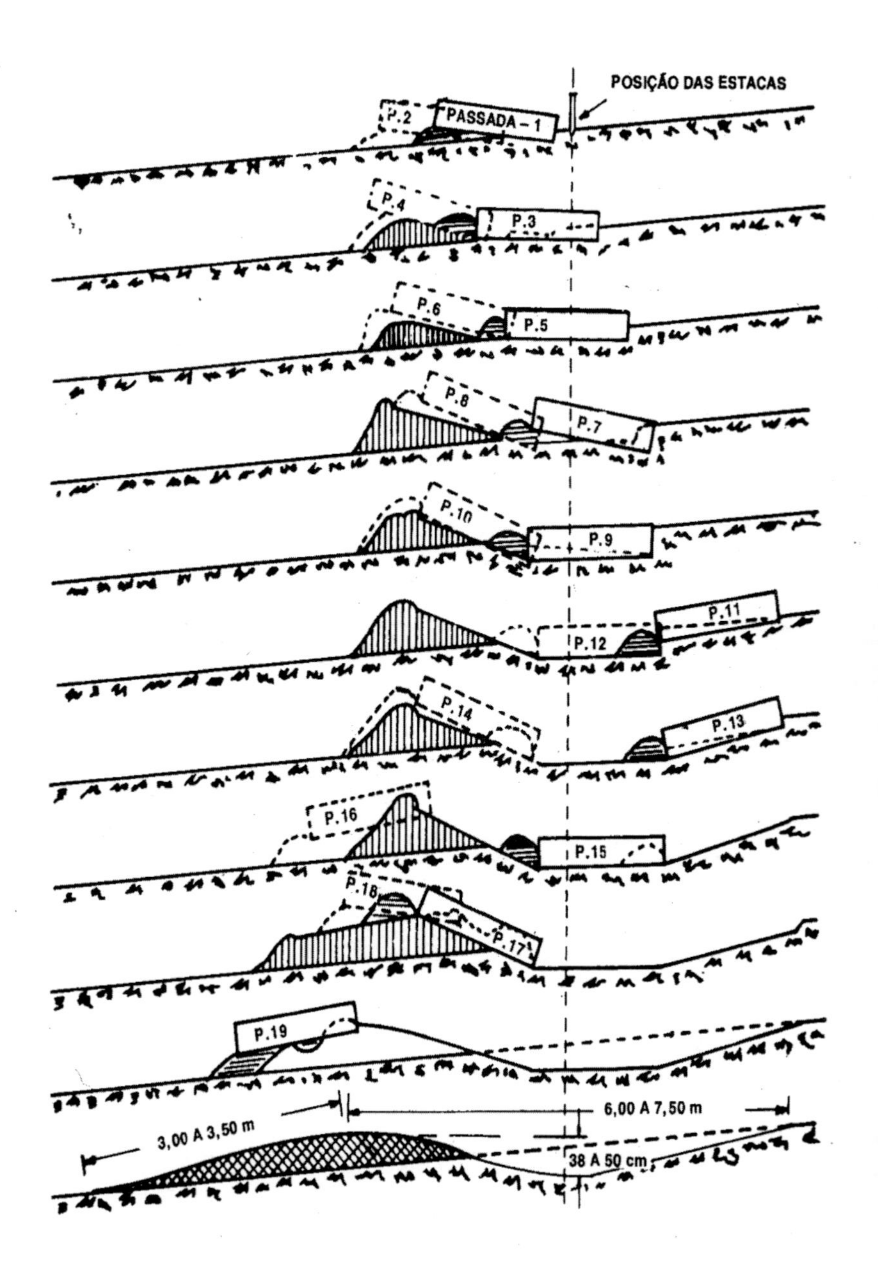

Figura 8.11. Construção de terraços tipo drenagem de grande largura, com terraceador de lâmina de 3m (desenho de J. Q. A. Marques)

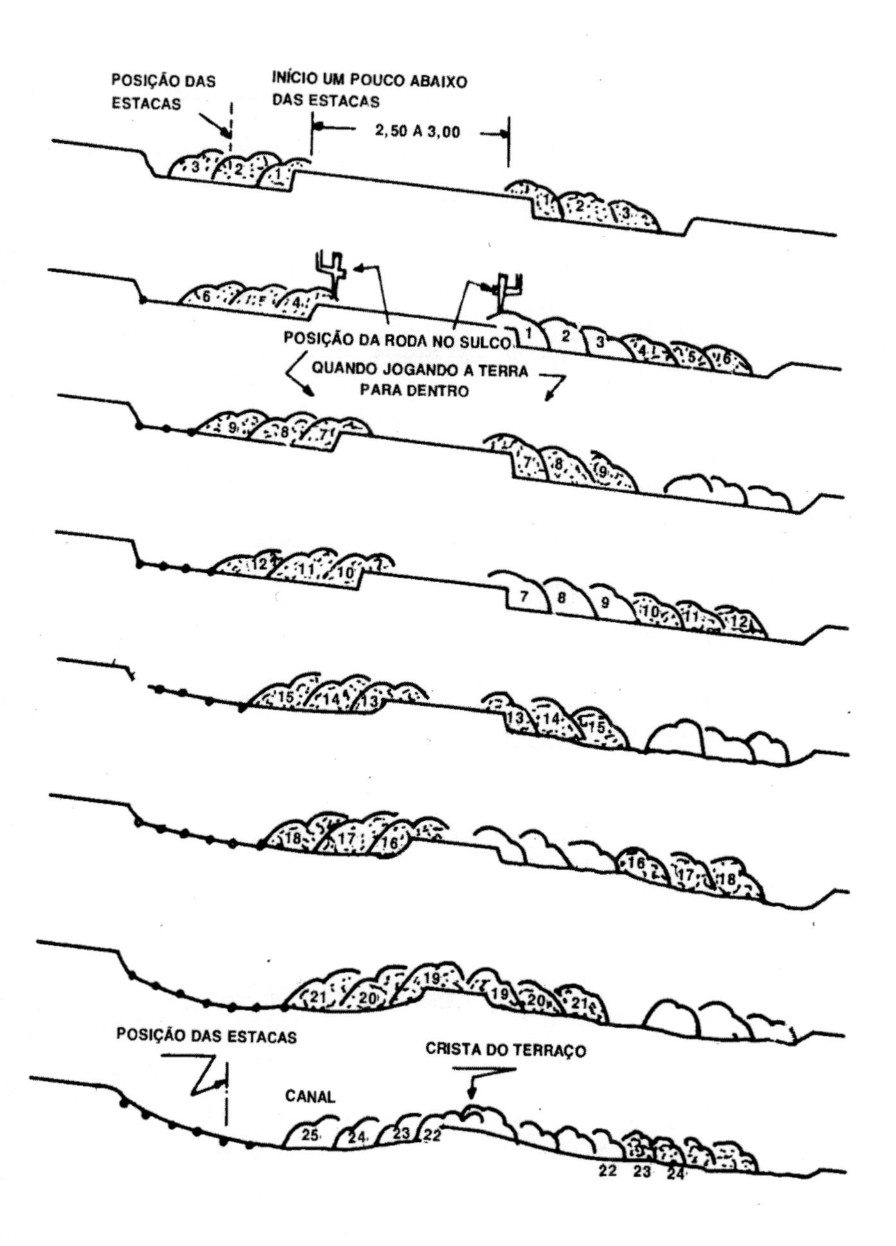

Figura 8.12. Etapas de construção de terraços tipo retenção com arado não reversível de dois elementos pelo sistema de "ilhas" ou "faixas" (desenho de J. Q. A. Marques)

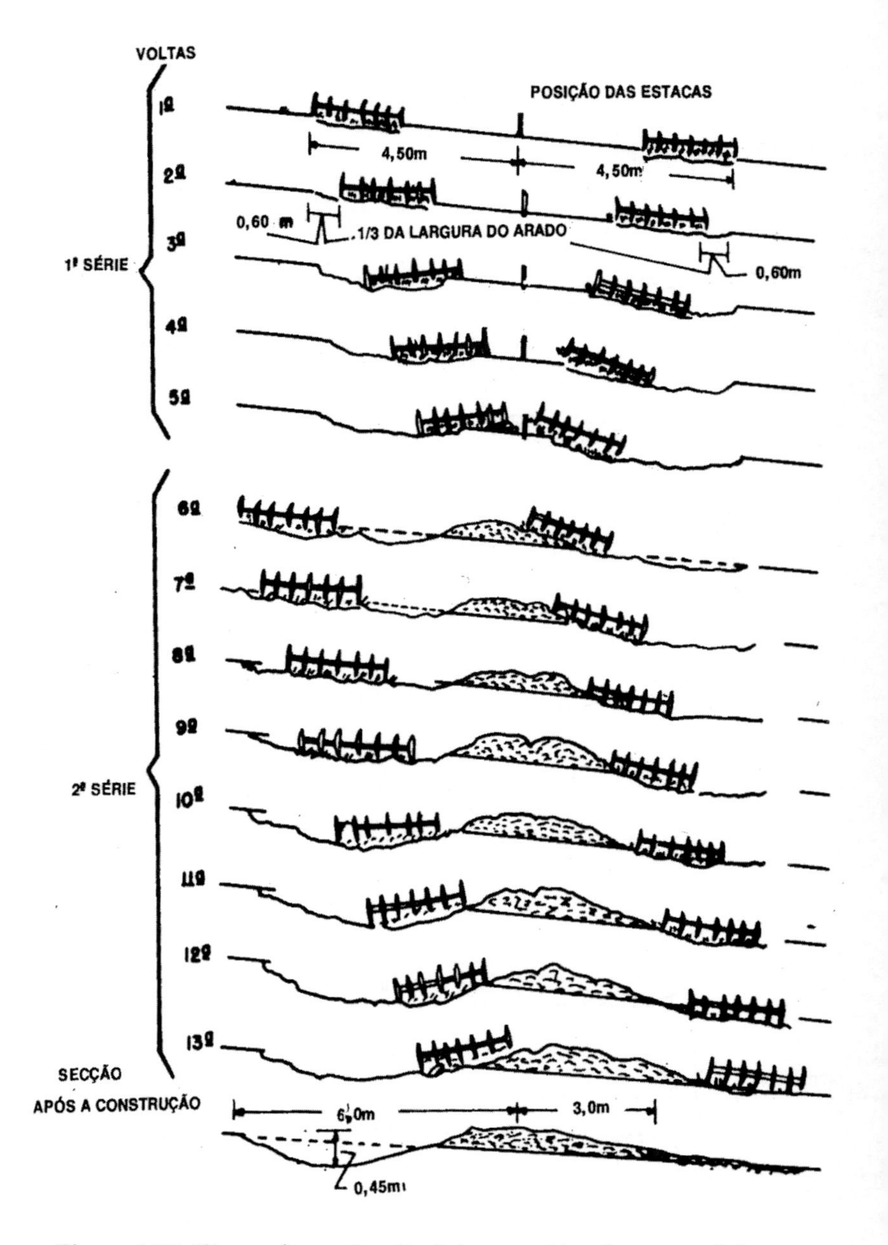

Figura 8.13. Etapas de construção de terraços tipo drenagem de largura média com arado gradeador (arado de disco tipo grande) de 1,80m (desenho de J. Q. A. Marques)

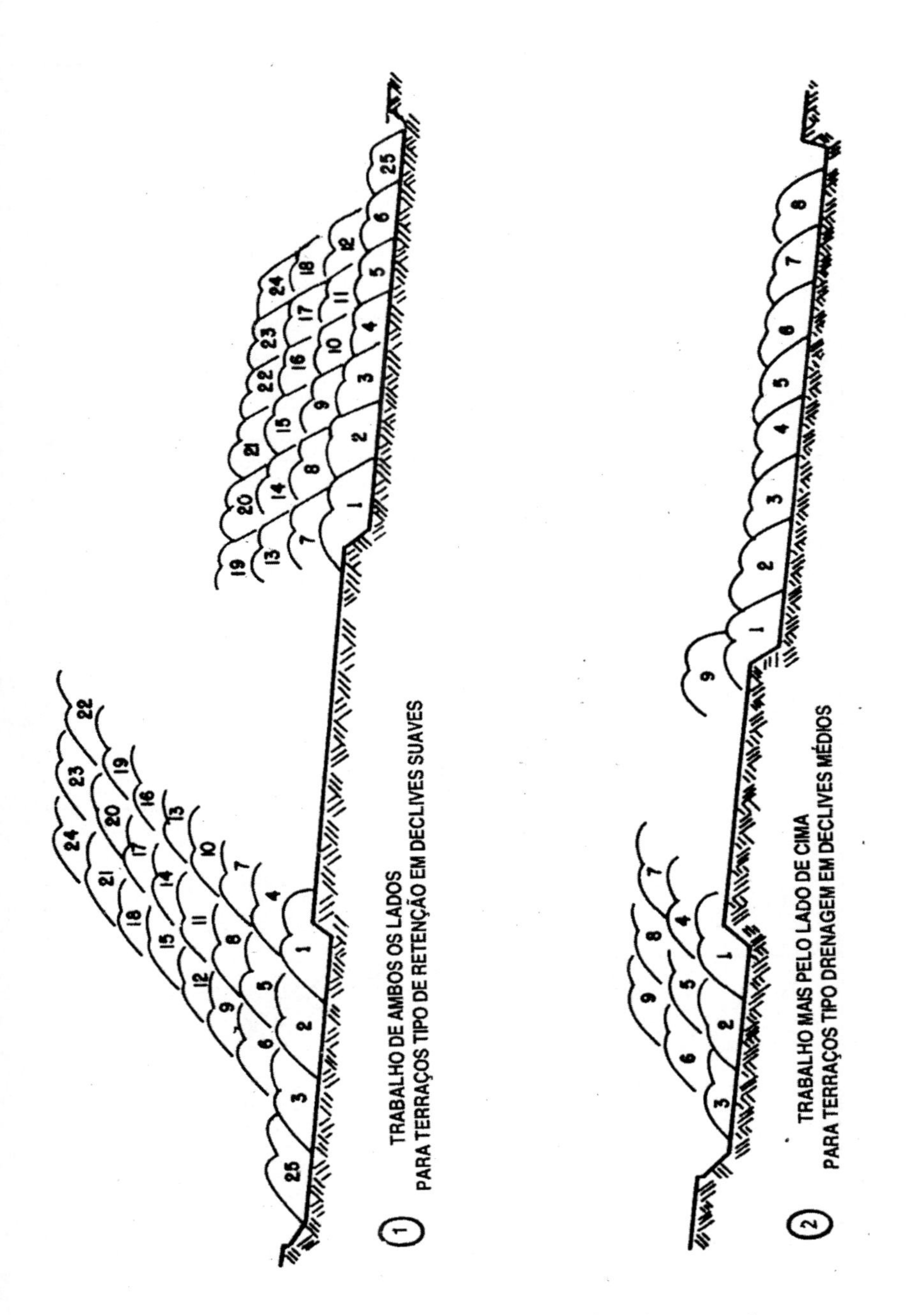

Figura 8.14. Sequência de aração de dois sistemas de construção de terraços (desenho de J. Q. A. Marques)

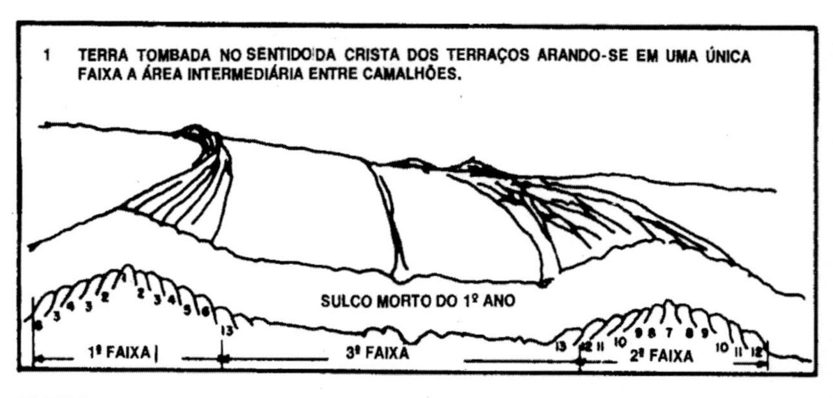

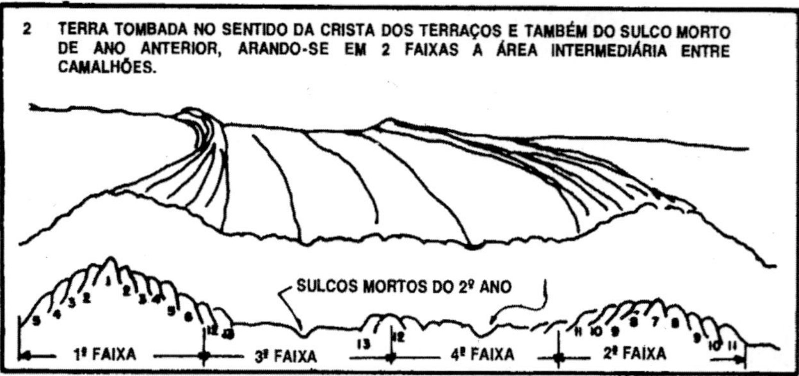

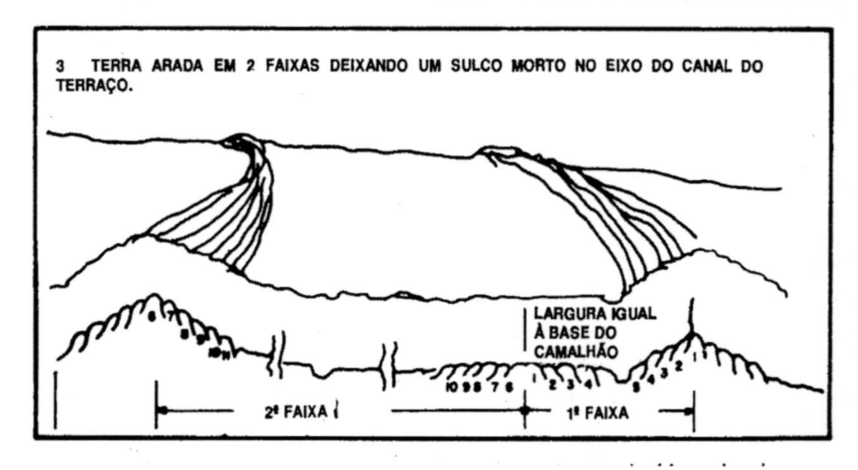

Figura 8.15. Sistema de manutenção de terraços com arado (desenho de J. Q. A. Marques)

As plainas com lâmina de aço possibilitam os melhores rendimentos de trabalho na construção e manutenção de terraços de base larga, porém o seu custo muito elevado, e a natureza especializada dos trabalhos limitam economicamente o seu uso. Os principais tipos de plainas de aço são a draga em V, a terraceadora, a niveladora de estradas e a motoniveladora ou autopatrulha; algumas vezes, a empurradora, ou *bulldozer* é empregada como plaina de ação continua[39].

A draga em V representa, em geral, o tipo mais leve e econômico das plainas e trabalha muito melhor quando combinada com um arado para soltar a terra, principalmente quando o solo é argiloso ou está muito seco. Como não é muito cara e pode ser puxada por animais, constitui o tipo de plaina de lâmina mais prático e acessível aos lavradores. A figura 8.9, apresenta as etapas de construção de terraços com a draga em V.

As terraceadoras são plainas com lâmina de aço especial para serviços de terraceamento; são mais curtas e compactas que as niveladoras de estrada, apresentando menor raio de curva e, assim, melhor adaptação às curvas de nível do terreno. As figuras 8.10 e 8.11 apresentam as etapas de construção de terraços com terraceador de lâmina.

As niveladoras de estrada, as motoniveladoras e as autopatrulhas podem oferecer serviço bastante eficiente e econômico, porém seu uso é restrito às empresas especializadas, às cooperativas e instituições governamentais, em virtude do alto investimento.

Os arados, embora não oferecendo um serviço tão bem acabado e eficaz como os equipamentos especializados, existem em todas as propriedades agrícolas, podendo com vantagem ser empregados para construção e manutenção de terraços pelos próprios agricultores. Como proporcionam um pequeno deslocamento de terra, será necessário grande número de passadas sucessivas para deixar os terraços com as dimensões desejadas. Os arados de discos, quando a terra é naturalmente solta ou foi anteriormente desagregada e revolvida, conseguem maior eficiência de deslocamento lateral de terra do que os arados de aiveca. As figuras 8.12, 8.13 e 8.14 apresentam as etapas de construção de terraços com arados.

Construído o terraço, fazer uma revisão para se certificar se sua altura e seu gradiente estão corretos. Nos pontos onde o canal tenha ficado mais alto, efetuam-se os cortes necessários para evitar que se produzam empoçamentos de água, acertando, nos camalhões, aqueles que ficaram mais baixos. Convém ter em mente que uma estrutura de terra, como o terraço, é tão débil como o ponto mais débil existente.

Após cada chuva forte, inspecionar os terraços para repará--los adequadamente, principalmente no primeiro ano, quando a terra ainda está solta, podendo ocorrer deslizamentos, sendo necessário repará-los e corrigi-los. Depois do primeiro ano, os trabalhos de manutenção são mínimos. A figura 8.15, apresenta três sistemas de manutenção de terraços com arado.

O terraceamento é uma prática necessária para um bom plano conservacionista, mas pode complicar as operações de campo; algumas vezes, os inconvenientes de um sistema de terraceamento pode levá-lo à destruição. O *terraço paralelo* é um sistema relativamente novo na conservação do solo, e seu estudo começou na crença de que a adaptação dos terraços de base larga, marcados paralelos, eliminaria duas das principais Objeções do lavrador para o terraceamento; as curvas muito estreitas e as ruas mortas. Os terraços podem, então, ser locados paralelos a fim de facilitar as operações de cultivo, diminuindo os problemas de sua curvatura e, principalmente, eliminando as ruas mortas.

As primeiras ideias sobre terraços paralelos podem ser encontradas na afirmativa de Buie[16]: "quando a topografia é uniforme, é mesmo possível fazer os terraços paralelos, eliminando assim todas as ruas mortas entre eles", concluindo, porém, que tal sistema proporcionou uma redução de 27,1% nas ruas mortas.

Na construção de terraços paralelos, é necessário um mapa planialtimétrico da área para efetuar os cortes e pequenos aterros, possibilitando que fiquem paralelos. Wittmuss[59] afirmou que um sistema de terraços planejados com o auxílio de um mapa topográfico detalhado reduz o número de ruas mortas e elimina as curvas estreitas de uma linha de terraços. Afirmou também que, com o uso do mapa detalhado, comparado com o sistema de terraços instalado diretamente no campo, a área irregular foi 25% reduzida.

Se a declividade do terreno não varia mais que 2%, o que significa que a topografia é uniforme, os terraços podem ser mantidos paralelos fazendo variar o gradiente, em vez de variar o intervalo horizontal entre os terraços.

De acordo com as instruções do Serviço de Conservação do Solo, dos Estados Unidos[23], quando dois terraços drenam para a mesma direção de um terreno de topografia plana para um de topografia mais inclinada, ou seja, de um terraço de espaçamento maior para outro de espaçamento menor, as fileiras de plantas devem seguir o terraço de cima; ao contrário, quando eles drenam de um terreno mais inclinado para um mais plano, ou seja, de um terraço de espaçamento mais estreito para outro de espaçamento maior, as fileiras de plantas devem seguir o de baixo.

Beasley e Meyer[4] apresentam um método em que o terraço pode ser construído com menos curvatura e a área com ruas mortas é reduzida. De acordo com eles, a declividade de cada terraço pode ser variada para dar melhor espaçamento entre terraços em terrenos de declives variáveis. Durante sua construção, faz-se, também, uma variação na profundidade do corte do canal do terraço.

Na locação, um sistema de terraços paralelos requer maior planejamento que o convencional, e o custo da construção é maior porque necessita também de um movimento de terra lateral; entretanto, facilita os trabalhos normais de cultivo do solo e, segundo autores americanos, reduz cerca de 70% a área com ruas mortas e 28% o tempo gasto em cultivos.

Nos terraços paralelos, para melhorar o seu alinhamento, reduzir a curvatura, diminuir a área com ruas mortas e melhorar o cultivo de terrenos terraceados, devem ser seguidas algumas recomendações[3]: *a)* acertar o terreno antes da construção, eliminando irregularidades e rugosidades, fazendo, assim, que as concentrações de enxurrada diminuam entre os terraços, e facilitando as operações de cultivo na área após a construção. Nos solos rasos, o acerto do terreno fica limitado, uma vez que o solo superficial é empregado para encher as depressões; nesses solos, é aconselhável fazer cortes mais profundos no canal do terraço e utilizar essa camada de subsolo para encher as depressões na área entre terraços; *b)* ter cuidado na escolha do local e do número de deságues. Quanto maior esse número, será mais fácil construir os terraços paralelos, porém os canais escoadouros utilizam uma faixa considerável do terreno, são de construção cara e interferem com as operações das máquinas agrícolas; *c)* construir os camalhões dos terraços mais estreitos e usá-los como caminhos para a virada das máquinas agrícolas; *d)* construir cercas ou canais escoadouros formando um ângulo reto com os terraços, facilitando, assim, as operações agrícolas; *e)* variar sua locação. Para reduzir a curvatura dos terraços e torná-los paralelos, é necessário mudar algumas de suas seções, variando a profundidade de corte do canal do terraço.

A figura 8.16 representa a locação de terraços com gradiente constante e a locação final com as variações de corte para torná-los paralelos[3].

Um mapa topográfico com curvas de nível de intervalo de 1m é a base para o planejamento de terraços paralelos; na sua falta, porém, locar os terraços no terreno, com gradiente constante, dando uma visão da topografia. As estacas podem, então, ser recolocadas, fazendo reajustamentos de locação, por tentativas; até que o alinhamento do terraço apresente a melhor posição.

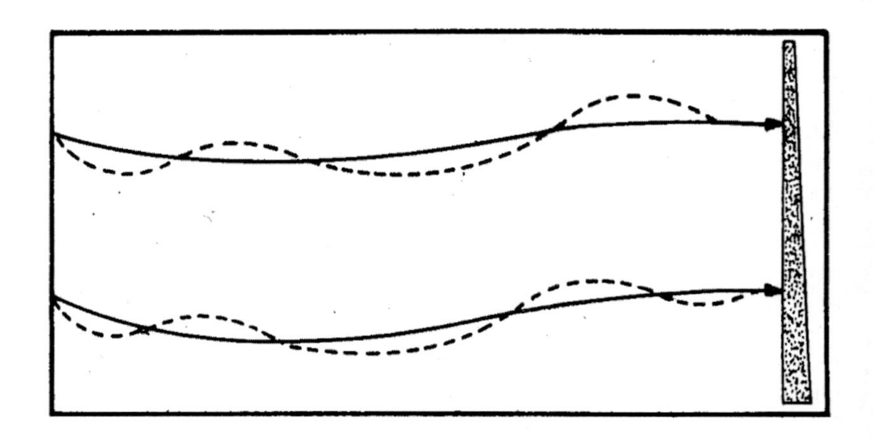

Figura 8.16 Terraço tornando paralelo pelo alinhamento e curvatura, fazendo variar a profundidade, a corte e o gradiente

O mapa topográfico fornece a melhor informação para determinar o terraço que servirá de guia para traçar os paralelos, as variações de topografia e a declividade do terreno. Selecionando o terraço guia traçar os paralelos, mantendo-os dentro dos limites de gradiente e profundidade dos cortes.

Um plano de terraços paralelos com um mapa topográfico pode ser visto na figura 8.17.

No planejamento de um sistema de terraços paralelos no mapa, cuidar para que nem a variação de gradiente nem a de cortes seja muito grande; é possível fazer uma estimativa do gradiente e da profundidade de corte pelo mapa. Assim, pela figura 8.17 pode-se estimar que o maior gradiente está no terraço 4 e a maior variação de corte está no terraço 5.

Terraços de base estreita. Os terraços de base estreita, estruturas mecânicas utilizadas especialmente em terrenos de maior declividade, quando não é possível construir terraço de base larga, são os mais indicados para proteção de culturas perenes do tipo de pomares, cafezal, cacaual. São também denominados "cordões-em-contorno" e em alguns lugares recebem a designação de "curvas de nível". Em virtude de sua pequena largura, podem ser construídos por entre as árvores já formadas, ao longo das curvas de nível do terreno, mesmo que a cultura seja formada em esquadro (Figura 8.18).

Esses terraços não são recomendados para culturas anuais, pois a forte inclinação dos taludes do camalhão e da valeta dificultam o cruzamento das máquinas nos tratos da cultura e impedem o cultivo na sua faixa. Podem, todavia, ser empregados em terrenos de topografia mais acidentada, com inclinações às vezes até de cerca de 40%.

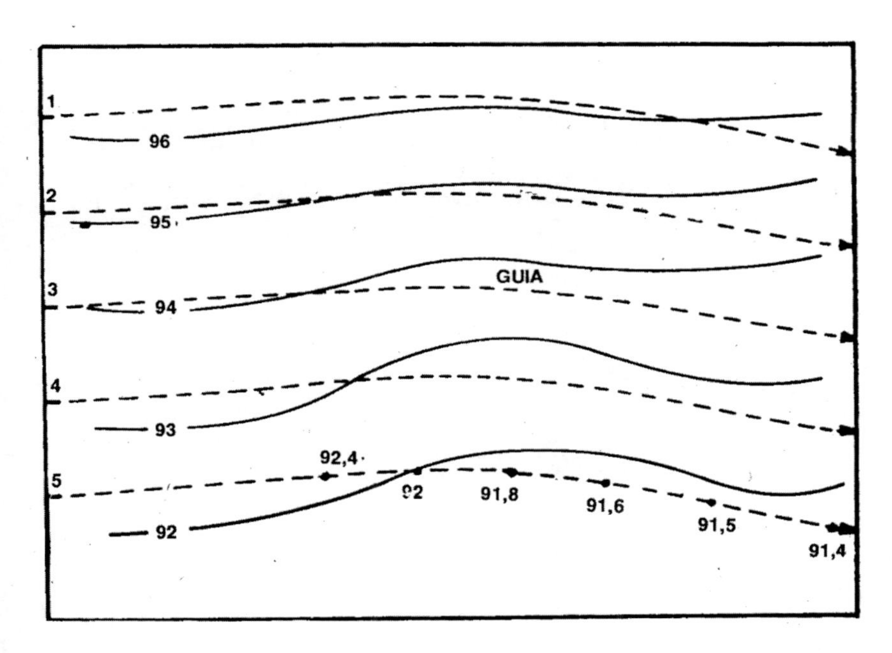

Figura 8.17. Planejamento de um sistema de terraços paralelos com auxílio de um mapa topográfico

Segundo Marques[38], a evolução e adaptação dos cordões em contorno para as condições peculiares de nossos cafezais vêm-se fazendo gradativamente há mais de sessenta anos. A primeira ideia a respeito deve-se a Dafert, primeiro diretor do instituto Agronômico de Campinas, preconizando o emprego de troncos, dispostos em linha quase horizontal, com as juntas e interstícios entupidos de terra, para proteção contra a erosão dos cafezais formados em terrenos inclinados. Carlos Botelho, em 1918, recomendava a construção de sulcos em curva de nível para a proteção contra a erosão e, pouco tempo depois, Carlos Teixeira Mendes, da Escola Superior de Agricultura "Luiz de Queiróz", Piracicaba, aperfeiçoando e combinando as ideias anteriores, construía e preconizava os cordões em contorno na forma ainda hoje empregada para cafezais, ou seja, mais um camalhão de terra do que um canal.

Figura 8.18 Terraço de base estreita (cordão em contorno) em cafezal (foto de J. Q. A. Marques)

Os conceitos emitidos para os terraços de base larga podem servir, também, para os de base estreita. O gradiente, por exemplo, pode ser o mesmo; nos terrenos francamente permeáveis, como são em geral os fatos-solos roxos, os cordões em contorno poderão ser locados em nível para retenção das águas de chuva.

No caso dos terraços de base estreita com caimento constante ou progressivo, há necessidade de limitar o comprimento dos cordões, a fim de evitar transbordamento ao longo da valeta; para os cordões em nível, praticamente não há limite para o comprimento.

A figura 8.19 apresenta uma seção típica para os terraços de base estreita, bem assim as dimensões médias e as etapas de sua construção[38].

O espaçamento entre os terraços de base estreita, em culturas perenes, como o café, cacau e pomares, da mesma maneira que nos de base larga, fica condicionado ao tipo de solo e ao grau de declive do terreno; o espaçamento será maior quanto mais permeável e menos erodível for o solo, e, menor, quanto maior for a declividade do terreno. Não há dados experimentais para determinar o espaçamento de terraços de base estreita, porém, considerando que as perdas de solo e água em culturas perenes como o café são várias vezes maiores que aquelas ocasionadas por culturas anuais, como o algodão, por exemplo, como se pode observar no quadro 6.5, do capítulo 6.4, e mesmo considerando que a capacidade do canal do terraço de base estreita é de cerca da metade da do canal do terraço de base larga, pode-se adotar a mesma tabela apresentada no quadro 8.14 para dimensionar o espaçamento de terraços de base estreita.

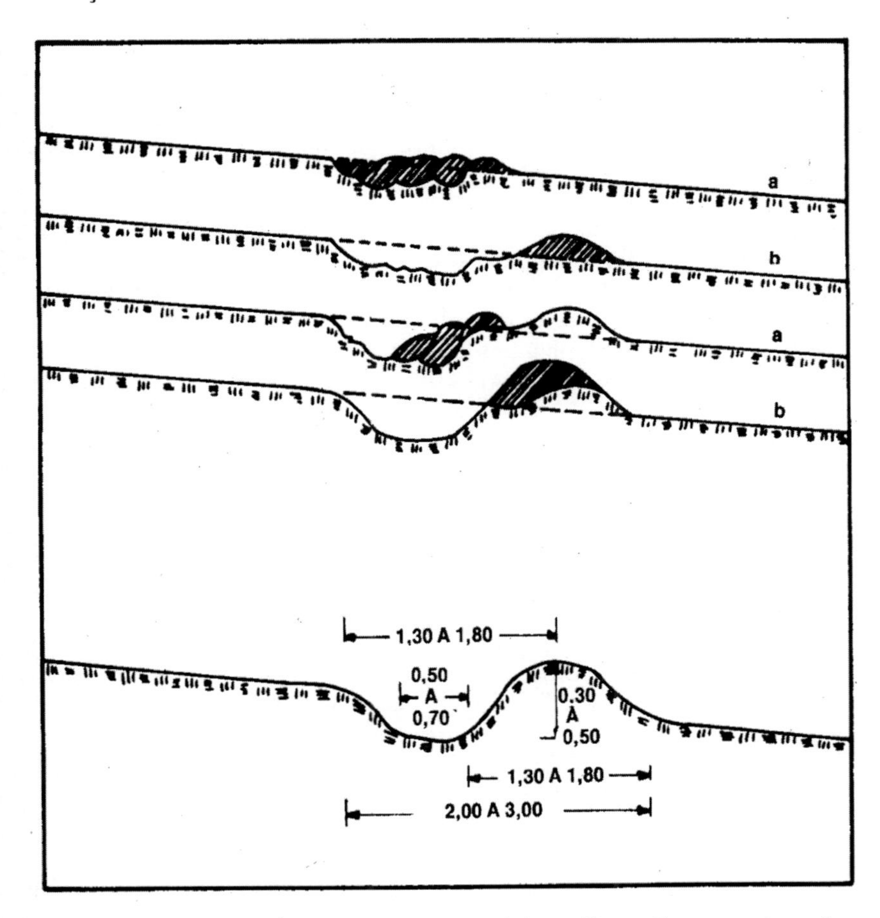

Figura 8.19. Etapas de construção, seção típica e dimensões em metros, de terraços de base estreita: a — uso de arado; b — uso de enxada

A construção dos terraços de base estreita pode ser feita unicamente com instrumentos manuais ou, também, com o auxílio de equipamento simples como o arado, como se pode ver nas etapas de construção apresentadas na figura 8.19.

Em virtude das dimensões dos terraços de base estreita, tais cordões em contorno podem ser construídos em culturas já formadas mesmo que elas sejam dispostas em esquadro.

Em culturas perenes, do tipo de cafezal, os terraços de base estreita, têm notável efeito no controle das perdas de solo e água pela erosão. Dados apresentados por Marques[38] mostram que os terraços de base estreita controlam 64% das perdas de solo e 66% das perdas de água.

Os terraços de base estreita melhoram, de modo geral, a produção do cafezal em virtude de proporcionar maior retenção e armazenamento de água; esse efeito, naturalmente, se acentua nos anos de chuva mal distribuídas[38].

Terraços-patamar. São estruturas utilizadas em terrenos muito inclinados, para proteção de culturas perenes de grande valor, como pomares, vinhedos e mesmo cafezais (Figura 8.20). É uma prática muito antiga para conservação do solo de regiões montanhosas; os incas construíram extensos sistemas de patamares nas escarpadas regiões andinas onde habitaram, os quais até hoje se conservam e se utilizam.

Foto 8.20. Terraço-patamar para fruticultura (foto de J. Q. A. Marques)

O grande inconveniente desses terraços, reduzindo-lhes a aplicação, é o sei elevado custo de construção. Sua utilização se restringe a regiões com grande densidade de população e que não tenham terras planas, justificando a inversão de grande quantidade de trabalho para formar os patamares.

Os terraços-patamar se adaptam a terrenos com declividade acima de 20% e se caracterizam por apresentar, depois de prontos, um verdadeiro banco, ligeiramente inclinado para o lado de dentro do barranco.

Em terrenos inclinados, deverá haver um terraço para cada linha de plantas; em certos casos, pode haver linhas de plantas intermediárias entre os terraços. Em declives mais suaves, o terraço-patamar pode ser feito com maior largura; assim, se as plantas foram de porte pequeno, podem ser colocadas várias linhas em cada patamar[39].

Tais terraços, além de controlarem eficientemente a erosão, contribuem para melhor conservação das águas de chuva, facilitam os trabalhos de colheita, as operações culturais e o acesso às plantas, e evitam que os adubos sejam arrastados pelas enxurradas.

O emprego de equipamento mecânico para baratear a sua construção é dificultado, às vezes, pela presença de pedras e grotas, muito comuns em nossas terras montanhosas, A draga em V de madeira, do tipo rígido e reforçado, combinada com arado de aiveca reversível, pode realizar um bom trabalho para a construção de terraços tipo patamar; o trator com lâmina frontal, mais conhecido como *bulldozer*, poderá ser empregado com grande facilidade de trabalho.

Os cordões de vegetação permanente, ao segurar, durante anos sucessivos, a terra que vem sendo arrastada morro abaixo pelas enxurradas e pelos cultivos do solo, podem formar terraços-patamar com um mínimo de custos. Esse sistema vem sendo realizado com sucesso em Porto Rico, utilizando cana-de-açúcar como cordão de vegetação permanente.

A figura 8.21 apresenta uma seção típica de terraço patamar.

A declividade de sete por mil, contrária à pendente do terreno possibilita que a água que cai sobre a estrutura permaneça concentrada no patamar; com o desnível longitudinal do terraço, a água sai lentamente para o escoadouro.

O gradiente do terraço depende do grau de declive do terreno e do seu comprimento, podendo atingir até dez por mil e ser progressivo ou constante, sendo aquele o mais indicado. Nos gradientes progressivos, variar para cada 50 metros de terraço um por mil no caimento.

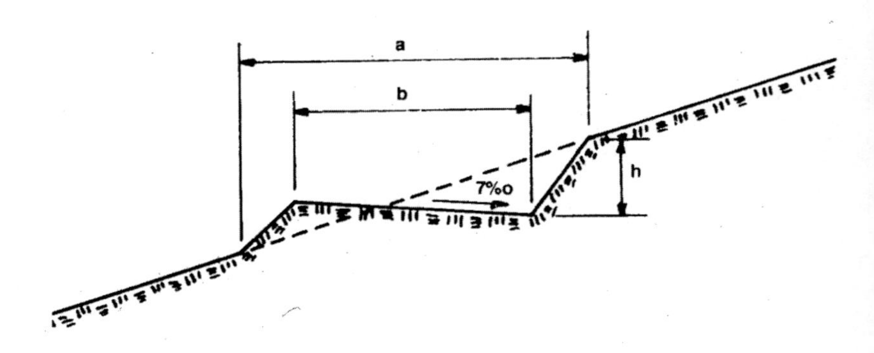

Figura 8.21. Seção típica de um terraço-patamar

Os taludes de corte e aterro dependem de consistência do solo: os de corte podem variar de 1:2.5 a 1:4 e, os de aterro, menos inclinados, de 1:1,5 a 1:1.8.

O espaçamento entre terraços-patamar é, em geral, dado pelo próprio espaçamento entre as ruas niveladas da cultura. Deve-se determinar o espaçamento vertical, para facilitar a locação do terraço, em função da declividade do terreno e do espaçamento da cultura, o que é conseguido pela seguinte equação:

$$\text{Espaçamento vertical} = \frac{\text{espaçamento horizontal x declividade}}{100}$$

Assim, por exemplo, se se deseja plantar um pomar com ruas de 7 metros, protegido com terraços-patamar, em um terreno com declividade media de 40%, a distância vertical entre eles será a seguinte:

$$\text{Espaçamento vertical} = \frac{7 \text{ x } 40}{100} = 2{,}80 \text{ m}$$

A figura 8.22 apresenta um ábaco para dimensionamento dos terraços-patamar e facilitar-lhes a construção.

Requer-se o maior cuidado possível na escolha dos locais onde vão desaguar os terraços-patamar, as grotas naturais e bem vegetadas são o ideal, pois nem sempre é possível construir canais escoadouros em terrenos montanhosos. Não se deve começar a construção de tais terraços sem estabelecer os pontos, bem vegetados, onde vai escoar, sem causar dano, a água que cada terraço transportará.

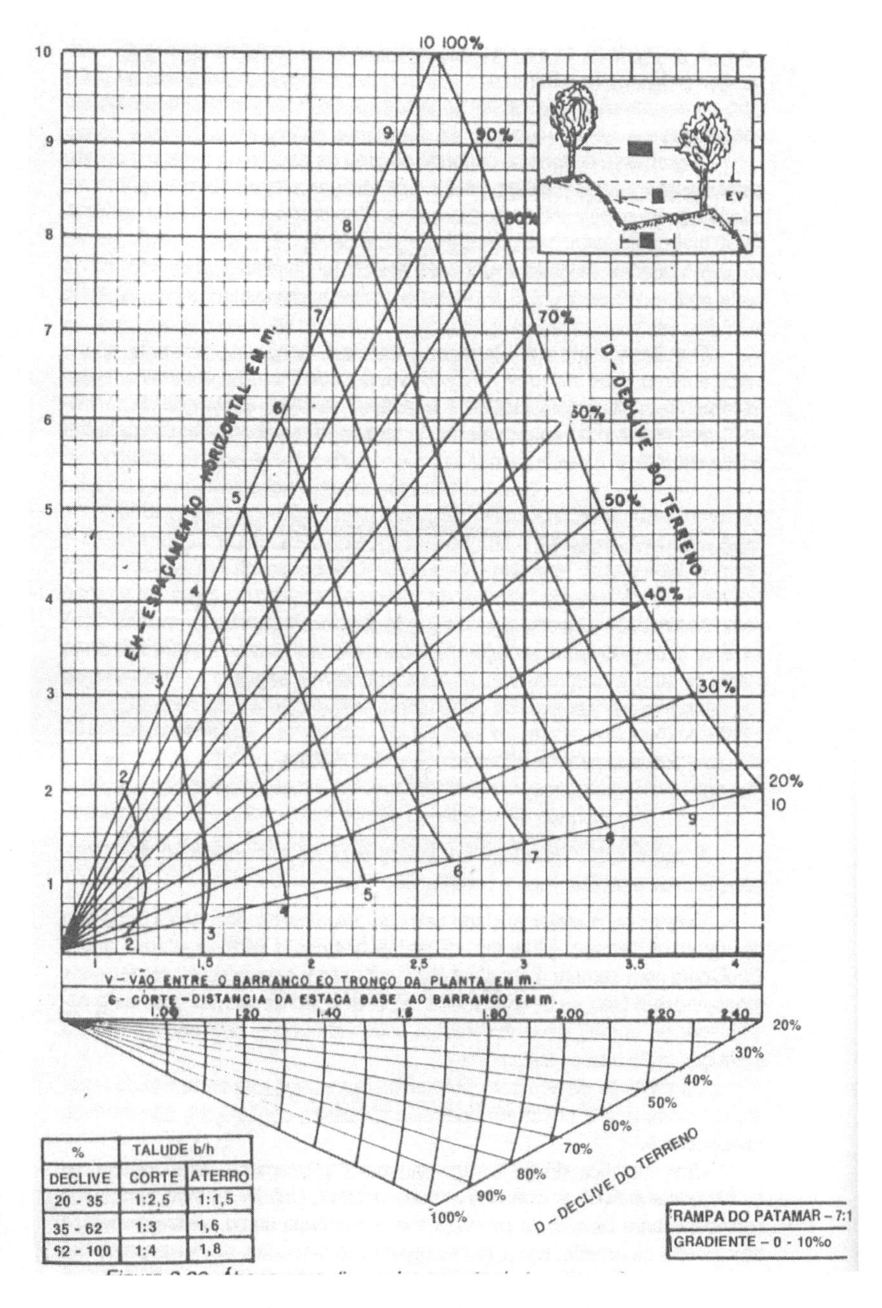

%	TALUDE b/h	
DECLIVE	CORTE	ATERRO
20 - 35	1:2,5	1:1,5
35 - 62	1:3	1,6
62 - 100	1:4	1,8

Figura 8.22. Ábaco para dimensionamento de terraço-patamar

Os terraços devem ser construídos começando na parte alta do terreno, de modo que a enxurrada tomada, durante a construção, não produza rompimentos.

Uma modificação do terraço-patamar é o chamado *terraço individual* ou *banqueta individual:* consiste em um patamar, circular ou oval, construído individualmente para cada planta, e é recomendado como prática mecânica de controle da erosão, nas culturas perenes já formadas, em terrenos de declividade muito forte (Figura 8.23).

Figura 8.23. Terraço individual (banqueta) em cafezal (foto de J. Q. A. Marques)

O terraço individual tem sido usado em Porto Rico e Colômbia para proteção de pomares e cafezais. Segundo Suarez de Castro, seu êxito é variado, podendo ser apontados os seguintes inconvenientes: *a)* o custo de sua construção é alto; *b)* se tem o diâmetro reduzido, como é o caso de terrenos de grande inclinação, isso se reflete no desenvolvimento da planta; *c)* quando instalado ao redor de plantas adultas, podem ser destruídas muitas raízes, ocasionando um desequilíbrio fisiológico perigoso. Entre suas vantagens, pode-se enumerar o melhor aproveitamento de fertilizantes em terrenos inclinados; a facilidade de colheita e, principalmente, a redução da velocidade de escorrimento da enxurrada, com maior infiltração da água de chuva.

O terraço individual não requer uma marcação especial, pois as próprias plantas indicam a sua locação; nos casos de estabelecimento de novas culturas, porém, é preciso dispor as ruas em contorno.

O terraço individual somente pode ser construído com ferramentas manuais do tipo de enxada, enxadão, picareta e chibanca, em virtude de sua própria forma, da declividade do terreno e da presença da planta. É escavado a partir do tronco da planta, para cima, um talude aproximado de 1:3, em um semicírculo, e a terra desagregada vai sendo deslocada para baixo, também em semicírculo: forma-se, assim, uma plataforma circular ao redor do tronco da planta, aproximadamente com o mesmo diâmetro que a sua copa e ligeiramente inclinada para o lado de dentro do terreno.

Em terrenos de inclinação muito forte, evitar construir terraço individual na época de chuvas, pois o material desagregado dificilmente se mantém no lugar onde foi colocado. Nesse tipo de terreno, colocar, previamente, vegetações de travamento na parte baixa da planta também para segurar a terra que for constituir o aterro individual; uma das vegetações mais indicadas para a estabilização das banquetas individuais é a leucena, leguminosa de fácil propagação por sementes, que, ceifada anualmente mantém-se rasteira, oferecendo boa cobertura e bom travamento do solo; outras vegetações podem ser usadas, como a erva-cidreira e todas aquelas que se prestam para formação de renques de vegetação cerrada[39].

A inclinação da plataforma, para o lado de dentro do terreno, tal como a dos terraços-patamar contínuos, e de 7:1 ou cerca de 15%. Com essa inclinação, tem-se, em geral, uma diferença de nível entre o fundo e o topo da banqueta de 0,20 a 0,40m.

Para os taludes de corte e de aterro, que também dependem da consistência do solo, seguir as mesmas recomendações dadas para os terraços tipo patamar contínuos.

A proteção contra a erosão proporcionada pelo terraço individual nas culturas perenes, em terrenos montanhosos, é devida à maior retenção dos excessos de enxurrada; em cada banqueta, as enxurradas encontrarão um anteparo a quebrar sua velocidade de escorrimento e também se depositarão, e maior quantidade poderá intimar-se. Dados obtidos em Porto Rico[56] evidenciam o efeito do controle de perdas de solo proporcionado pelo terraço individual: em terreno argiloso, com 60% de declividade, em cultura de café, ele proporcionou um controle de perdas de solo de 93%.

O terraço individual e essencialmente indicado para regiões de pouca chuva, onde é necessário conservar as maiores quantidades de umidade no terreno.

A figura 8.24 apresenta uma seção típica do terraço individual ou banqueta individual.

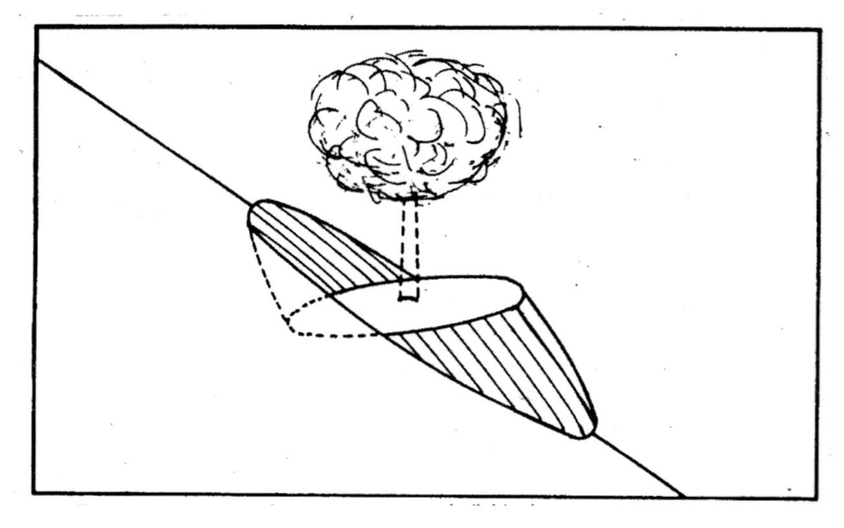

Figura 8.24. Seção típica de um terraço individual

Algumas observações gerais devem ser obedecidas para o êxito dos terraços individuais: *a)* seu uso é possível onde a mão de obra e barata; *b)* não devem ser executados em solos pouco profundos; *c)* construí-los antes do plantio das árvores das culturas que se pretende proteger; *d)* antes de estabelecer as culturas, locá-las em contorno.

Não há dados experimentais, entre nós, sobre os efeitos dos terraços individuais na produção de culturas perenes, porém é de supor que a maior retenção de umidade proporcionada e a possível menor perda de elementos nutritivos redundem em maior e mais estável produção das culturas.

O **terraço de diversão** é uma estrutura composta de um canal e um camalhão de terra na parte de baixo, construída no sentido contrário ao maior declive do terreno, com um pequeno caimento, para proporcionar o transporte de enxurrada, em baixa velocidade, para um desejado ponto de escoamento.

Esse terraço é usado para um ou mais dos seguintes propósitos: *a)* desviar a enxurrada das cabeceiras das voçorocas para impedir o progresso da erosão; *b)* reduzir o comprimento de lançantes, atuando como prática suplementar, em terrenos com culturas em faixas plantadas continuamente; *c)* interromper a concentração de enxurrada de terrenos de topografia suave, onde, por serem planos, não é recomendado o terraceamento; *d)* desviar enxurrada das proximidades das construções rurais; *e)* drenar a área acima das fontes naturais de água; *f)* proteger um sistema de terraceamento desviando a enxurrada de sua cabeceira; *g)* proteger as áreas planas das enxurradas vindas das partes altas; *h)* proteger as terras de baixadas sujeitas a inundações ou problemas de sedimentação.

As áreas acima do terraço de diversão devem ser controladas por um bom manejo do solo ou outras medidas estruturais, a fim de prevenir a acumulação de sedimentos nos seus canais. Quando é impossível estabelecer uma cobertura vegetal eficiente, a capacidade do canal deve ser aumentada para conter o excesso de sedimentação.

A locação do terraço de diversão deve ser determinada pelas condições dos escoadouros, da topografia, do uso e tipo do solo, e do comprimento do lançante. Quando sua finalidade for proteger da enxurrada uma área cultivada, junto a uma área de pastagem, construí-lo na linha divisória entre ambas. Se a área vai ser terraceada imediatamente abaixo do terraço de diversão, ele deve ser locado com o mesmo gradiente dos terraços, a fim de que a primeira faixa seja aproximadamente paralela; com isso, facilitam-se as operações de cultivo, uma vez que a faixa entre o terraço de diversão e o primeiro terraço fica uniforme[24].

Quando o canal de diversão é construído para desviar as enxurradas das cabeceiras das voçorocas, é importante que o terraço esteja a uma boa distância da voçoroca, a fim de proteger o terreno ainda consolidado e evitar novos desbarrancamentos.

Quando são usados para proteger as terras planas, das enxurradas vindas dos terrenos altos, construí-los próximo à base das terras altas, para desviar a enxurrada antes que se espalhe nas terras baixas.

Quando são empregados para proteger as terras de baixada sujeitas a inundação, construí-los abaixo da base do terreno inclinado, a fim de aumentar-lhe a capacidade e tornar a construção mais econômica.

O canal do terraço de diversão deve ter capacidade para receber a enxurrada esperada no seu máximo de precipitação da área que está protegendo, a qual deve ser calculada como para os canais escoadouros.

O gradiente desse terraço deve ser selecionado de acordo com o local onde é construído, da necessidade de sua capacidade e, com isso, a escolha da velocidade permissível; gradientes variáveis podem ser requeridos para obter uma seção do terraço mais uniforme e melhor alinhamento. A velocidade permissível da enxurrada no canal do terraço de diversão pode ser determinada segundo o quadro 8.18[24].

É importante que a seção desse canal seja adaptada aos equipamentos agrícolas que serão usados nas operações normais e que sejam fáceis de manter para que possam ser aceitáveis pelo lavrador. Ela pode ser construída em V ou em forma trapezoidal, e os taludes, 10:1 ou 8:1, respectivamente, se forem cruzados por máquinas durante as operações agrícolas; se as máquinas não forem cruzá-los, os taludes podem ser mais inclinados.

Quadro 8.18. Velocidade permissível de enxurrada no canal do terraço de diversão

Textura do solo	Velocidade permissível, m/s			
	Canal sem vegetação	Variação do canal		
		Podre	Regular	Boa
Arenoso-limoso Arenoso-barrento Limo-barrento	0,45	0,45	0,75	1,05
Limo-argiloso-barrento Arenoso-argiloso-barrento	0,60	0,75	1,05	1,35
Argiloso	0,75	0,90	1,35	1,65

A figura 8.25 apresenta seção típica dos terraços de diversão, de seção em V e de seção trapezoidal.

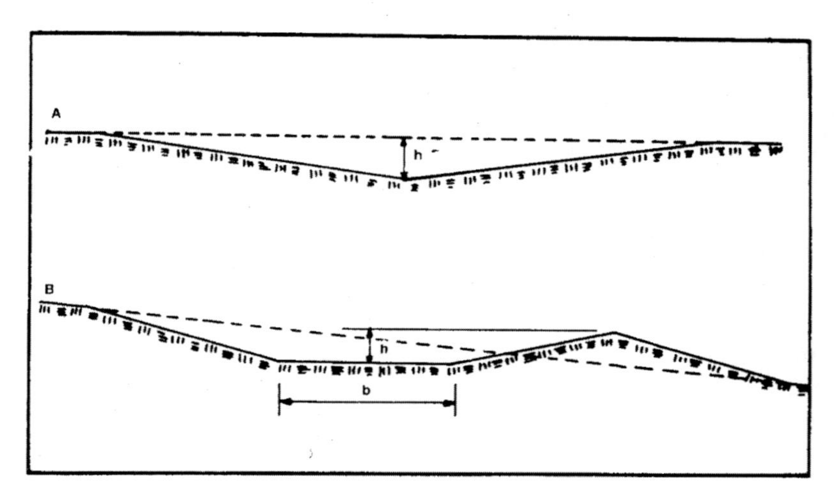

Figura 8.25. Seção típica do terraço de diversão: A — seção em V; E — seção trapezoidal

A enxurrada coletada pelo terraço de diversão deve ser descarregada para um escoadouro adequado, que pode ser um canal vegetado estabelecido previamente, ou uma grota natural estabilizada, ou uma estrutura de concreto ou outro material previamente construído.

d. Sulcos e camalhões em pastagem. Os sulcos e camalhões em contorno, uma das práticas mais eficientes na retenção das águas de chuva em pastagem, são especialmente recomendados para regiões de chuvas escassas (Figura 8.26).

Figura 8.26. Sulcos e camalhões em pastagem (foto: SCS-USA)

Embora a cobertura do solo com pastagens já constitua eficiente maneira de reduzir as perdas por erosão, há, em alguns casos, necessidade de medidas complementares de controle da erosão; por exemplo, nas pastagens em formação, onde a vegetação ainda não esteja proporcionando uma cobertura eficiente, e nos terrenos muito inclinados ou dos pastos fracos e excessivamente pastoreados[39].

A grande vantagem dos sulcos e camalhões, é sua melhor distribuição e maior retenção das águas das chuvas. Em consequência da melhor conservação da água, a vegetação torna-se mais densa e mais vigorosa nas proximidades dos sulcos e camalhões.

Os sulcos e camalhões consistem em uma combinação de um pequeno canal com um pequeno dique de terra: são executados nas pastagens, depois de uma marcação prévia em contorno, com os arados reversíveis, de aiveca ou de disco, passados uma ou duas vezes no mesmo sulco jogando a terra sempre para o lado de baixo.

Para a marcação dos sulcos e camalhões, locar linhas niveladas básicas distanciadas cerca de 30 metros, e que servirão de linhas-base de marcação. Sobre elas, tirar as linhas paralelas, de preferência de baixo para cima das linhas-guia: aí serão feitos os sulcos e camalhões, cujo espaçamento depende das características de infiltração e do movimento da água no solo; do custo da construção; da necessidade de maior ou menor conservação da água, podendo variar de 1 a 10 metros, sendo, porém, o mais comum, em nossas condições, 3 metros[39].

Não deve haver preocupação de reter toda a água de chuva caída, pois a enxurrada em excesso pode derramar sobre os camalhões nos pontos mais baixos, porém a vegetação da pastagem deverá reter alguma terra deslocada.

e. Canais escoadouros. Quando são usados no terreno sistemas de terraceamento com gradiente, para proporcionar a drenagem segura dos excessos de enxurrada é necessário o estabelecimento de canais escoadouros: são canais de dimensões apropriadas, vegetados, capazes de transportar com segurança a enxurrada de um terreno dos vários sistemas de terraceamento ou outras estruturas.

O canal escoadouro vegetado é uma das práticas básicas das mais importantes no planejamento conservacionista de uma área agrícola. Quando a chuva excede a capacidade de infiltração de um solo, um excesso de água passa sobre a superfície do terreno e forma enxurrada; uma vez que o sucesso de qualquer programa de conservação do solo depende da remoção desse excesso de enxurrada, sem comprometer o risco de erosão, o estabelecimento de canais escoadouros vegetados deve ser bem planejado.

Em alguns tipos de solo bastante permeáveis, como o Latossolo roxo, consegue-se, às vezes, dispensar com segurança esses canais, mediante o emprego de práticas mecânicas (como terraceamento em nível) e vegetativas que produzam quase uma retenção completa das águas de chuva[39].

Canais escoadouros, em geral, as depressões no terreno, rasas e largas, em declividade moderada, e estabelecidos com um leito resistente à erosão. Sua melhor localização é a depressão natural, para onde as águas são forçadas a escorrer, bem como nos espigões, divisas naturais e caminhos.

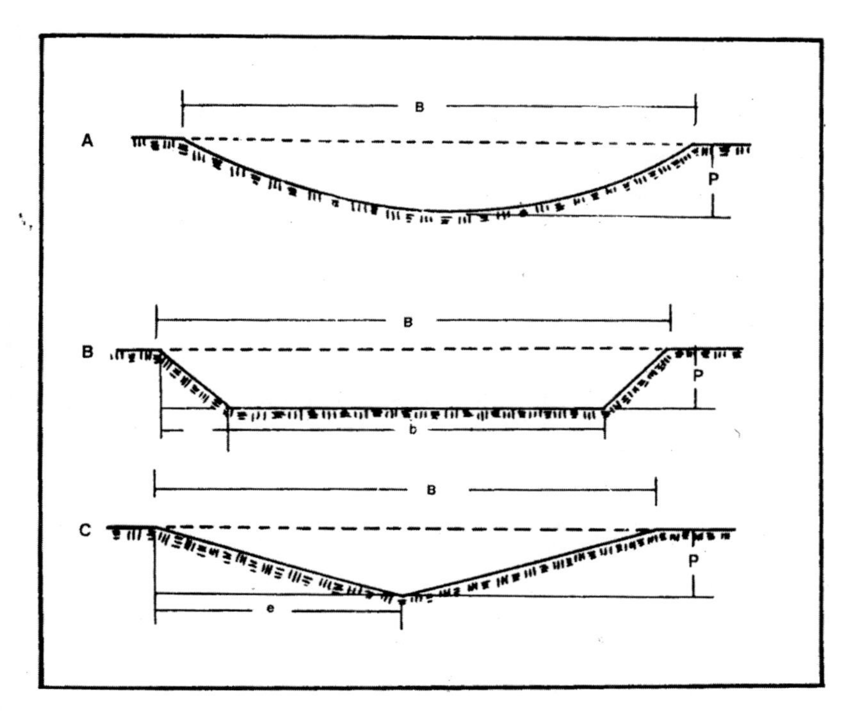

Figura 8.27. Seções típicas dos canais escoadouros: A — Paraboloide; B — Trapezoidal; C — Triangular

Os canais escoadouros podem ser construídos com as seguintes seções: triangular, paraboloide e trapezoidal. Para as declividades mais acentuadas, a forma indicada é trapezoidal, cujo fundo chato, espraiando a lâmina de água, diminui a velocidade de escoamento de enxurrada; a triangular é indicada para as declividades menores, em que o fundo em V, concentrando as águas, impede a deposição de sedimentos; a paraboloide é indicada para as declividades intermediárias. A figura 8.27 apresenta as seções típicas dos canais escoadouros.

Para as três seções, são as seguintes as fórmulas para seu cálculo do perímetro molhado e raio hidráulico, necessárias para determinar as características hidráulicas do canal.

A — Seção paraboloide:

área de seção: A = 2/3 Bp

perímetro molhado: $L + 8p^2/3B$

raio hidráulico: $R = B^2p/1,5B^2 + 4p^2$

largura: $B = A/0,67p$

B — Seção trapezoidal

talude: $Z = e/p$

área de seção: $A = bp + Zp^2$

perímetro molhado: $b + 2p \sqrt{Z^2} + 1$

raio hidráulico: $R = bp + Zp^3/b + 2p \sqrt{Z^2} + 1$

largura: $B = b + 2pZ$

C — Seção triangular

talude: $Z = e/p$

área de seção: $A = Zp^2$

perímetro molhado: $R = 2p \sqrt{Z^2} + 1$

raio hidráulico: $R = 2p/2p \sqrt{Z^2} + 1$

largura: $B = 2pZ$

A vegetação do canal escoadouro deve ser escolhida de modo a suportar a velocidade de escoamento de enxurradas, não ser praga para as terras de cultura e, se possível, ser utilizada como forragem. Várias são as espécies indicadas: entre as gramas, as melhores são a batatais (*Paspaium notatum* Flügge), a tapete (*Axonopus compressus* Swartz-Beauv), a das roças (*Paspalum diiatarum* Poir), a inglesa (*Stenotaphrum secundatum* Walt-Kuntze) e a seda (*Cynodon dactylon* (L.) Pers.); entre os capins, os mais recomendados são: o quicuio (*Pennisetum clandestinum* Hochst), o gengibre (*Paspaium maritimum* Trin.) e o rodes (*Chloris gayana* Kunth.); do grupo de leguminosas, as que melhor se prestam para revestimento de canais escoadouros, destacam-se: o cudzu comum (*Pueraria thumbergiana* Benth.), o cudzu-tropical (*Pueraria phaseoioides* Benth.) e a centrosema (*Cenirosema pubescens* Benth.).

Os limites de velocidade com que as enxurradas podem escorrer sem perigo de provocar escoriações e solapamentos no fundo do canal dependem da vegetação empregada no seu revestimento. As vegetações ideais são aquelas que cobrem e travam completamente o solo num emaranhado uniforme de raízes e caules[38].

De acordo com Marques[38], pode-se tomar os seguintes limites como base para as velocidades de escoamento que os três tipos de vegetação podem suportar com segurança nos canais escoadouros: *a) gramas:* 2,0 a 2,5m por segundo; *b) capins:* 1,5 a 2,0m por segundo; e, *c) leguminosas:* 1,0 a 1,5m por segundo. Da escolha da vegetação dependerá a velocidade de escoamento a ser tomada como limite para o cálculo das dimensões dos canais escoadouros.

A vazão máxima de enxurrada esperada da área a ser servida pelo canal escoadouro é o fator principal na determinação das suas dimensões; essa vazão é o volume de água por unidade de tempo capaz de escorrer da área quando da ocorrência das máximas intensidades de chuva, e com duração suficiente para fazer com que todos os pontos da bacia contribuam com a enxurrada formada.

O chamado método racional (ver seção 8.3) pelas próprias características, é o mais recomendado para o cálculo da vazão, pois considera a intensidade máxima de chuva capaz de ocorrer dentro do período de segurança com que se deseja calcular o canal; a duração da chuva bastante para que todos os pontos da bacia comecem a contribuir; a fração da chuva possível de ficar retida no solo e, finalmente, a extensão da área a ser servida pelo canal.

Os canais abertos devem ser projetados para conduzir a enxurrada esperada a uma velocidade conveniente. A capacidade do canal pode ser calculada pela fórmula:

$$Q = A\ V$$

onde:

Q = capacidade, em metro cúbico/segundo;

A = seção do canal, em metro quadrado;

V = velocidade média, em metro/segundo.

A velocidade máxima permitida no canal é geralmente limitada pela erodibilidade do solo em que está construído e pelo tipo de condição de vegetação ou outro material que o reveste. A velocidade deve ser mantida baixa o bastante para que não ocorra erosão, porém deve ser alto o suficiente para que não ocorra excessiva deposição no fundo do canal. A velocidade em um canal aberto pode ser calculada pela fórmula de Manning:

$$V = 1/n \ R^{2/3} \ S^{1/2}$$

onde:

V = velocidade média, em metro por segundo;

N = coeficiente de rugosidade;

R = raio hidráulico, em metro;

S = gradiente hidráulico, ou desnível do canal, em metro por metro, ou razão da diferença de nível para o comprimento do canal.

Os valores do coeficiente de rugosidade, apresentados por Beasley[3] podem ser vistos no quadro 8.19. Para canais escoadouros vegetados, recomendam-se, em geral, coeficientes de rugosidade variando entre 0,04 e 0,06[31], podendo, para uniformização, ser adotado o valor 0,045[38].

Quadro 8.19. Valores do coeficiente de rugosidade, n

Tipo de canal	n
Revestimento de diversos materiais	
Concreto mal acabado	0,015
Concreto bem acabado	0,013
Madeira aplainada	0,012
Madeira não aplainada	0,013
Tijolos rejuntados	0,013
Canais de terra	
Fundo limpo, vegetação baixa nas laterais	0,022
Fundo limpo, arbustos nas laterais	0,035
Fundo e laterais com vegetação densa	0,100

Na maioria dos canais construídos, as alterações nas áreas das seções e nas curvaturas são feitas gradualmente, a fim de não afetar a rugosidade n, em uma quantidade apreciável.

Com a mesma altura de fluxo no canal vegetado, uma declividade mais alta terá uma velocidade maior, que resultará em um valor mais baixo de n.

Os valores das velocidades máximas permitidas para os canais abertos, apresentados por Beasley[3], podem ser vistos no quadro 8.20.

Para determinar as dimensões de um canal aberto para conduzir o excesso de enxurrada, sugere-se o seguinte procedimento:

a) Calcular a vazão O que será conduzida pelo canal (ver seção 8.3.);

b) Determinar a declividade S do canal no ponto a ser considerado;

c) Determinar o tipo de vegetação e, com auxílio do quadro 8.20, escolher a velocidade máxima permitida que não provoque erosão do canal;

d) Calcular a área da seção do canal pela equação A = Q/V.

Quadro 8.20. Velocidade máxima permitida em canais abertas

Cobertura do canal	**Solos mais erodíveis**			**Solos menos erodíveis**		
	Declividade			**Declividade**		
	0-5	**6-10**	**>10**	**0-5**	**6-10**	**>10**
Nenhuma	m/s			m/s		
Solo cultivado	0,45	—	—	0,60	—	—
Solo não cultivado	0,60	—	—	0,75	—	—
Gramíneas anuais						
Stand regular	0,75	—	—	0,90	—	—
Stand bom	0,90	—	—	1,05	—	—
Gramíneas de densidade médicas						
Stand regular	0,90	0,75	—	1,20	0,90	0,75
Stand bom	1,20	1,05	0,90	1,80	1,50	1,35
Stand ótimo	1,50	1,35	1,20	1,80	1,50	1,35
Gramíneas densas						
Stand ótimo	1,80	1,50	1,20	2,10	1,80	1,50

O quadro 8.21 dá as dimensões aproximadas dos canais escoadouros de acordo com a área de contribuição e com a declividade média do canal, calculadas por Marques[39].

Para facilitar a determinação da velocidade pela fórmula de Manning, são apresentados nos quadros 8.22 e 8.23 respectivamente, os valores de $R^{2/3}$ e $S^{1/2}$.

As dimensões dos canais escoadouros, ou seja, a largura e a profundidade dependem da declividade, da forma da seção, da velocidade média permissível e da vazão máxima esperada de enxurrada. Conhecidos esses fatores, tais dimensões são determinadas com o auxílio das fórmulas apresentadas de cálculo de vazão em canais, ou de ábacos, para encontrá-las com mais facilidade.

Quadro 8.21. Dimensões aproximadas dos canais escoadouros

Área (ha)	Largura (m) Altura (cm)	Declividade do canal (%)				
		1	2	5	10	20
100	Largura	10	15	25	—	—
	Altura	90	67	46	—	—
70	Largura	9	13	22	33	—
	Altura	82	64	44	33	—
50	Largura	8	12	19	27	—
	Altura	75	60	42	31	—
30	Largura	7	10	15	22	30
	Altura	67	53	38	29	22
20	Largura	6	8	12	17	24
	Altura	60	48	35	27	21
10	Largura	4	6	9	12	16
	Altura	50	40	30	24	18
7	Largura	4	5	7	10	13
	Altura	44	36	27	22	17
5	Largura	3	4	6	8	11
	Altura	40	33	25	20	16
3	Largura	3	4	4	6	8
	Altura	34	28	22	17	14
2	Largura	2	2,5	3,5	5	6
	Altura	30	25	19	16	13
1	Largura	1,5	2	2,5	3	4
	Altura	24	20	16	13	10

Quadro 8.22. Valores de $R^{2/3}$

Número	0,00	0,01	0,02	0,03	0,04	0,05	0,06	0,07	0,08	0,09
0,0	0,000	0,046	0,074	0,097	0,117	0,136	0,153	0,170	0,186	0,201
0,1	0,215	0,229	0,243	0,256	0,269	0,282	0,295	0,307	0,319	0,331
0,2	0,342	0,353	0,364	0,375	0,386	0,397	0,407	0,418	0,428	0,438
0,3	0,448	0,458	0,468	0,477	0,487	0,497	0,506	0,515	0,525	0,534
0,4	0,543	0,552	0,561	0,570	0,578	0,587	0,596	0,604	0,613	0,622
0,5	0,630	0,638	0,647	0,655	0,663	0,671	0,679	0,687	0,695	0,703
0,6	0,711	0,719	0,727	0,735	0,743	0,750	0,758	0,765	0,773	0,781
0,7	0,788	0,796	0,803	0,811	0,818	0,825	0,832	0,840	0,847	0,855
0,8	0,862	0,869	0,876	0,883	0,890	0,897	0,904	0,911	0,918	0,925
0,9	0,932	0,939	0,946	0,953	0,960	0,966	0,973	0,980	0,987	0,993
1,0	1,000	1,007	1,013	1,020	1,027	1,033	1,040	1,046	1,053	1,059
1,1	1,065	1,072	1,078	1,085	1,091	1,097	1,104	1,110	1,117	1,123
1,2	1,129	1,136	1,142	1,148	1,154	1,160	1,167	1,173	1,179	1,185
1,3	1,191	1,197	1,203	1,209	1,215	1,221	1,227	1,233	1,239	1,245
1,4	1,251	1,257	1,263	1,269	1,275	1,281	1,287	1,293	1,299	1,305
1,5	1,310	1,316	1,322	1,328	1,334	1,339	1,345	1,351	1,357	1,362
1,6	1,368	1,374	1,379	1,385	1,391	1,396	1,402	1,408	1,413	1,419
1,7	1,424	1,430	1,436	1,441	1,447	1,452	1,458	1,463	1,469	1,474
1,8	1,480	1,485	1,491	1,496	1,502	1,507	1,513	1,518	1,523	1,529
1,9	1,534	1,539	1,545	1,550	1,556	1,561	1,566	1,571	1,577	1,582
2,0	1,587	1,593	1,598	1,603	1,608	1,613	1,619	1,624	1,629	1,634
2,1	1,639	1,645	1,650	1,655	1,660	1,665	1,671	1,676	1,681	1,686
2,2	1,691	1,697	1,702	1,707	1,712	1,717	1,722	1,727	1,732	1,737
2,3	1,742	1,747	1,752	1,757	1,762	1,767	1,772	1,777	1,782	1,787
2,4	1,792	1,797	1,802	1,807	1,812	1,817	1,822	1,827	1,832	1,837
2,5	1,842	1,847	1,852	1,857	1,862	1,867	1,871	1,876	1,881	1,886
2,6	1,891	1,896	1,900	1,905	1,910	1,915	1,920	1,925	1,929	1,934
2,7	1,939	1,944	1,949	1,953	1,958	19 63	1,968	1,972	1,977	1,982
2,8	1,987	1,992	1,996	2,001	2,006	2,010	2,015	2,020	2,024	2,029
2,9	2,034	2,038	2,043	2,048	2,052	2,057	2,062	2,066	2,071	2,075

Número	0,00	0,01	0,02	0,03	0,04	0,05	0,06	0,07	0,08	0,09
3,0	2,080	2,085	2,089	2,094	2,099	2,103	2,108	2,112	2,117	2,122
3,1	2,126	2,131	2,135	2,140	2,144	2,149	2,153	2,158	2,163	2,167
3,2	2,172	2,176	2,180	2,185	2,190	2,194	2,199	2,203	2,208	2,212
3,3	2,217	2,221	2,226	2,230	2,234	2,239	2,243	2,248	2,252	2,257
3,4	2,261	2,265	2,270	2,274	2,279	2,283	2,288	2,292	2,296	2,301
3,5	2,305	2,310	2,314	2,318	2,323	2,327	2,331	2,336	2,340	2,345
3,6	2,349	2,353	2,358	2,362	2,366	2,371	2,375	2,379	2,384	2,388
3,7	2,392	2,397	2,401	2,405	2,409	2,414	2,418	2,422	2,427	2,431
3,8	2,435	3,439	2,444	2,448	2,452	2,457	2,461	2,465	2,469	2,474
3,9	2,478	2,482	2,486	2,490	2,495	2,499	2,503	2,507	2,511	2,516
4,0	2,520	2,524	2,528	2,532	2,537	2,541	2,545	2,549	2,553	2,558
4,1	2,562	2,566	2,570	2,574	2,579	2,583	2,587	2,591	2,595	2,599
4,2	2.603	2,607	2,611	2,616	2,620	2,624	2,628	2,632	2,636	2,640
4,3	2,644	2,648	2,653	2,657	2,661	2,665	2,669	2,673	2,677	2,681
4,4	2,685	2,689	2,693	2,698	2,702	2,706	2,710	2,714	2,718	2,722
4,5	2,726	2,730	2,734	2,738	2,742	2,746	2,750	2,754	2,758	2,762
4,6	2,766	2,770	2,774	2,778	2,782	2,786	2,790	2,794	2,798	2,802
4,7	2,806	2,810	2,814	2,818	2,822	2,826	2,830	2,834	2,838	2,842
4,8	2,846	2,850	2,854	2,858	2,862	2,865	2,869	2,873	2,877	2,881
4,9	2,885	2,889	2,893	2,897	2,901	2,904	29,08	2,912	2,916	2,920
5,0	2,924	2,928	2,932	2,936	3,940	2,944	2,947	2,951	2,955	2,959
5,1	2,963	2,967	2,971	2,975	2,979	2,982	2,986	2,990	2,994	2,998
5,2	3,001	3,005	3,009	3,013	3,017	3,021	3,024	3,028	3,032	3,036
5,3	3,040	3,044	3,047	3,051	3,055	3,059	3,063	3,067	3,070	3,074
5,4	3,078	3,082	3,086	3,089	3,093	3,097	3,101	3,105	3,108	3,112
5,5	3,116	3,120	3,123	3,127	3,131	3,135	3,138	3,142	3,146	3,150
5,6	3,154	3,157	3,161	3,165	3,169	3,172	3,176	3,180	3,184	3,187
5,7	3,191	3,195	3,198	3,202	3,206	3,210	3,213	3,217	3,221	3,224
5,8	3,228	3,232	3,236	3,239	3,243	3,247	3,250	3,254	3,258	3,261
5,9	3.265	3,269	3,273	3,276	3,280	3,284	3,287	3,291	3,295	3,298

Quadro 8.23. Valores de $S^{1/2}$

Número	0	1	2	3	4	5	6	7	8	9
0,001	0,0316	0,0332	0,0346	0,0361	0,0374	0,0387	0,0400	0,0412	0,0424	0,0436
0,002	0,0447	0,0458	0,0469	0,0490	0,0500	0,0501	0,0501	0,0520	0,0529	0,0538
0,003	0,0548	0,0557	0,0566	0,0574	0,0583	0,0592	0,0600	0,0608	0,0616	0,0624
0,004	0,0632	0,0640	0,0648	0,0656	0,0663	0,0671	0,0678	0,0686	0,0693	0,0700
0,005	0,0707	0,0714	0,0721	0,0728	0,0735	0,0742	0,0748	0,0755	0,0762	0,0768
0,006	0,0775	0,0781	0,0787	0,0794	0,0800	0,0806	0,0812	0,0818	0,0825	0,0831
0,007	0,0837	0,0843	0,0848	0,0854	0,0860	0,0866	0,0872	0,0877	0,0883	0,0889
0,008	0,0894	0,0900	0,0905	0,0911	0,0916	0,0922	0,0927	0,0933	0,0938	0,0943
0,009	0,0949	0,0954	0,0959	0,0964	0,0969	0,0975	0,0980	0,0985	0,0990	0,0995
0,010	0,1000	0,1005	0,1010	0,1015	0,1020	0,1025	0,1030	0,1034	0,1039	0,1044
0,01	0,1000	0,1049	0,1095	0,1140	0,1183	0,1225	0,1265	0,1304	0,1342	0,1378
0,02	0,1414	0,1449	0,1483	0,1517	0,1549	0,1581	0,1612	0,1643	0,1673	0,1703
0,03	0,1732	0,1761	0,1789	0,1817	0,1844	0,1871	0,1897	0,1924	0,1949	0,1975
0,04	0,2000	0,2025	0,2049	0,2074	0,2098	0,2121	0,2145	0,2168	0,2191	0,2214
0,05	0,2236	0,2258	0,2280	0,2302	0,2324	0,2345	0,2366	0,2387	0,2408	0,2429
0,06	0,2449	0,2470	0,2490	0,2510	0,2530	0,2550	0,2569	0,2588	0,2608	0,2627
0,07	0,2646	0,2665	0,2683	0,2702	0,2720	0,2730	0,2757	0,2775	0,2793	0,2811
0,08	0,2828	0,2846	0,2864	0,2881	0,2898	0,2815	0,2933	0,2950	0,2966	0,2983
0,09	0,3000	0,3017	0,3033	0,3050	0,3066	0,3082	0,3098	0,3114	0,3130	0,3146
0,10	0,3162	0,3178	0,3194	0,3209	0,3225	0,3240	0,3256	0,3271	0,3286	0,3302

A construção dos canais escoadouros deve anteceder, de cerca de um ano, a construção de terraços ou outras práticas de que resulte concentração de enxurradas, a fim de que haja consolidação e estabelecimento da vegetação.

8.4. Controle de voçorocas

A voçoroca é a visão impressionante do fenômeno da erosão, muitas vezes usada pelos conservacionistas como um sintoma característico; deve-se, porém, ter o cuidado de não superestimá-la. Naturalmente, essa forma de erosão é muito importante como uma fonte de sedimentos nos córregos, porém, em termos de prejuízo para as terras agrícolas ou redução da produção das lavouras, geralmente não é muito importante, uma vez que a maioria das terras sujeitas a esse tipo de erosão são de pouca significância agrícola.

Este tipo de erosão espetacular é muito popular em publicações de divulgação mostrando áreas cortadas por profundas grotas interligadas. Essa situação, porém, é, em geral, encontrada em áreas de clima semiárido impróprias para uma agricultura intensiva, ou em solos com propriedades químicas e físicas adversas e de um potencial agrícola muito baixo.

O controle da voçoroca, além de difícil é muito caro, podendo até ser mais elevado que o próprio valor da terra. Naturalmente, deve-se fazer alguma coisa, principalmente pelo problema de sedimentação dos córregos e barragens. É essencial, todavia, efetuar as medidas de controle das voçorocas para prevenir-lhes a formação.

A voçoroca se forma quando a enxurrada se concentra em depressões mal protegidas e a água escorre em grandes períodos em forma volumosa, adquirindo grande velocidade. À medida que esta ação progride, as grotas vão atingindo maior tamanho, chegando, às vezes, a ter vários quilômetros de comprimento, de 10 a 15m de largura e 6m ou mais de profundidade. O crescimento em comprimento é mais rápido que o transversal, em razão de que é maior o volume de enxurrada que penetra na sua extremidade superior que nos seus lados; o crescimento em profundidade é maior nas regiões de maior declividade.

O lavrador favorece a formação de grotas profundas nas suas terras pela maneira imprópria de localização e mau manejo dos desagues dos terraços ou canais escoadouros; sempre que possível, deve conduzir essas concentrações de enxurradas para as grotas naturais do terreno que estejam bem estabilizadas.

As voçorocas são classificadas pela sua profundidade e pela área da sua bacia. De acordo com Ireland[34], são profundas quando tem mais de 5m de profundidade: médias, quando têm de 1 a 5m, e pequenas, com menos de 1m. Pela área da bacia, elas são consideradas pequenas quando a área de drenagem é menor que 2 hectares; médias, quando de 2 a 20 hectares, e, grandes, quando tem mais de 20 hectares.

Seu controle é realizado com estes objetivos: *a)* intercepção da enxurrada acima da área de voçorocas, com terraços de diversão; *b)* retenção da enxurrada na área de drenagem, por meio de práticas de cultivo, de vegetação e estruturas especifica; *c)* eliminação das grotas e voçorocas, com acertos do terreno executados com grandes equipamentos de movimentação de terra; *d)* revegetação da área; *e)* construção de estruturas para deter a velocidade das águas ou até mesmo armazená -las; *f)* completa exclusão do gado; e, *g)* controle da sedimentação das grotas e voçorocas ativas.

A maioria dos trabalhos de controle de voçorocas consiste em estabilizar a superfície das grotas por meio de vegetações. Qualquer voçoroca, sem considerar o seu tamanho ou condição, geralmente recuperará uma cobertura vegetativa natural se for protegida adequadamente e estiver numa área cuja vegetação cresça rapidamente. A retenção da água que provoca a voçoroca, a proteção contra pastoreio, pisoteamento do gado e fogo, e a remoção de outras causas prejudiciais geralmente resultam no crescimento da vegetação que recobre as grotas e diminui a erosão.

Qualquer outra medida de controle de voçoroca depende da cobertura vegetal para estabilizar o solo exposto à enxurrada excessiva. Muitas das áreas sulcadas ou que tenham grotas ou voçorocas, porém, não estão em boas condições para um crescimento da vegetação, pelos motivos seguintes: a declividade é alta e a superfície do solo foi desgastada e sofreu enormes impactos das gotas de chuva que produziram condições adversas à sobrevivência das plantas.

Uma voçoroca estabilizada pode servir como um canal escoadouro vegetado para descarga de enxurrada dos terraços, um *habitat* para a fauna, uma área reflorestada ou mesmo para pastagem. Se for usado como canal escoadouro, a grata deverá ter a sua seção de tamanho e proporção adequada, e a vegetação escolhida deverá ser bem resistente à erosão.

Nas áreas com grotas onde a erosão é menos crítica, consegue-se um bom resultado, com menos gastos, cercando a área para evitar o pastoreio e o cultivo.

A eliminação de grotas ou de áreas críticas com grotas, pelo acerto do terreno, preenchendo as valas, pode ser prático e possível, desenvolvendo canais escoadouros vegetados com forma tal que tenham velocidades estáveis e outras características hidráulicas. Durante o processo de enchimento das valas, a terra deverá ser compactada para oferecer melhor resistência à erosão.

O controle da voçoroca pelo desvio da enxurrada ou pela maior retenção da água é o mais eficiente, e onde esse método for possível, deverá ser instalado antes de qualquer tratamento dentro da voçoroca. Os canais de diversão deverão ser construídos na parte de cima da voçoroca, a 20-30m da sua cabeceira, de modo que o barranco superior da voçoroca fique bem estabilizado. A retenção da água é conseguida pelo uso adequado do solo com práticas de cultivo que aumentam sua infiltração no solo, como o terraceamento em nível, ou com a construção de pequenas barragens de terra ou de outro material.

Nem sempre é possível manter a enxurrada fora da voçoroca pelo desvio ou pela maior retenção da água, devendo ela escorrer dentro da grota. Para que o faça com segurança, construir estruturas e estabelecer boa cobertura vegetal. É necessário que o gradiente do canal seja reduzido de maneira que a enxurrada possa escorrer a uma velocidade não erosiva.

Todos os sistemas de controle de voçorocas se baseiam no estabelecimento de uma vegetação protetora, porém, quando o estádio de erosão está bem avançado na área, é mais difícil conseguir a cobertura vegetal necessária. Nos pontos intensamente erosionados, como nas voçorocas, onde já não existe mais solo superficial, ou até, como em muitos casos, nem conta mais com o horizonte B, é muito difícil fazer crescer uma vegetação. Sem dúvida, quando se pode desviar a enxurrada, basta proteger a área contra o fogo e o pastoreio para que, em zonas úmidas, se recubra de vegetação natural; primeiro, aparecem, lentamente, as plantas mais rústicas e mais bem adaptadas às más condições de fertilidade; depois, pelo aumento de matéria orgânica que elas fornecem, o solo melhora um pouco e outras plantas aparecem, e assim sucessivamente, até que a área se recobre normalmente de boa vegetação, semelhante à predominante na região.

As vegetações mais utilizadas na proteção das voçorocas são as gramíneas e algumas leguminosas; entre as gramíneas, destacam-se: o capim-azul (*Dactilys glomerara* L.), o capim-bermudas (*Cynodon dactylon* (L.) Pers.), e capim-quicuio (*Pennisetum clandestinum* Hochst.), e, entre as leguminosas: o cudzu (*Pueraria thumbergiana*) e as diversas espécies de *Lespedeza spp.*[55].

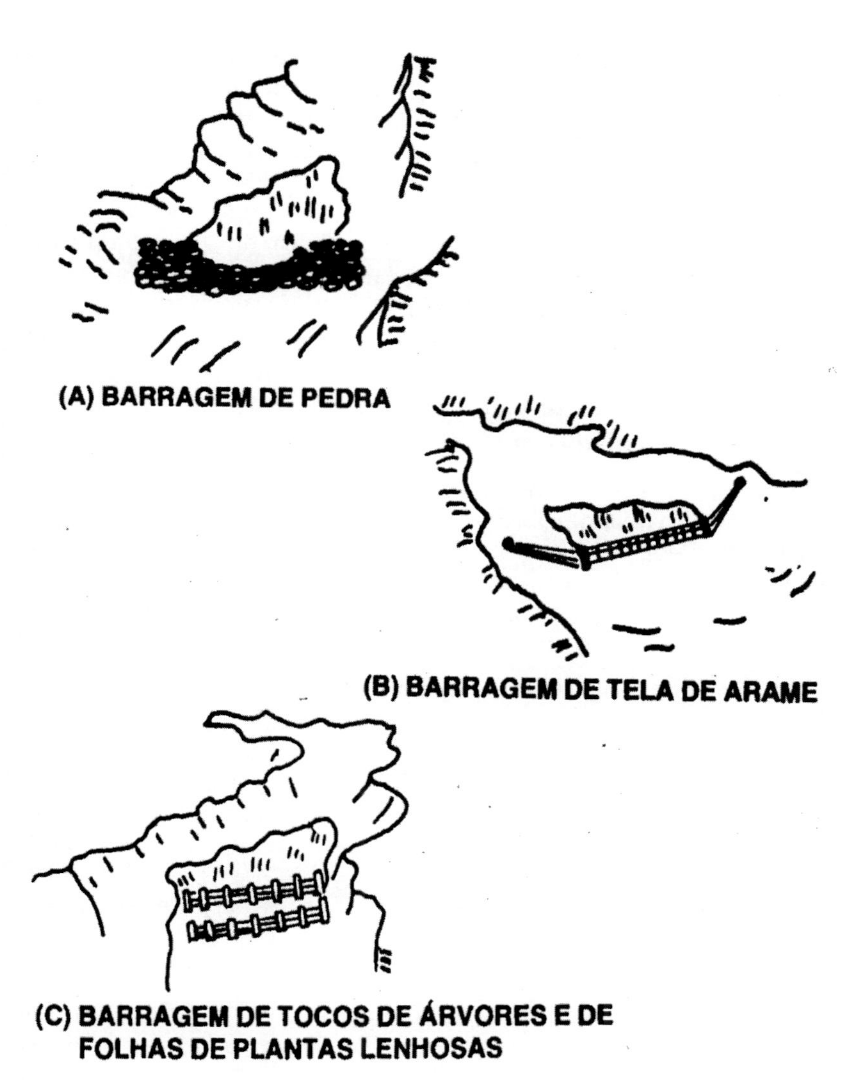

Figura 8.28. Barragens para controle de voçorocas

A parte superior da voçoroca é o lugar onde se concentram as maiores quantidades de água. É eficiente plantar gramíneas e arbustos de crescimento denso, porém deve-se suavizar o talude, na forma 3:1 ou menos.

As estruturas mais utilizadas para a retenção de água e solo da voçoroca, e que também controlam a sedimentação, são barragens construídas de pedras soltas ou de gabiões. Quando se constroem os canais de diversão que impedem a grande concentração de enxurradas, a construção de barragens dentro das voçorocas fica bastante simplificada, pois o volume de água nessas barragens tica limitado ao que se forma na área abaixo de tais canais. As barragens de pedra devem ficar bem encravadas nas paredes laterais e no fundo das voçorocas, a Em de evitar que a água cause erosão no fundo e nos lados das grotas; devem ser de pouca altura, mais ou menos 0,50 m, porém localizadas a intervalos regulares dentro da voçoroca. Podem ser construídas, também, de tela de arame, de madeira, de tocos de árvores, como se pode ver na figura 8.28.

8.5. Estruturas mecânicas para controle de erosão e estabilização

São dispositivos, construídos ou manufaturados, que, em conservação do solo, servem para reter, regular ou controlar o movimento da enxurrada. Podem ser construídos em canais escoadouros vegetados, para diminuição do gradiente efetivo do leito vegetado, ou, em voçorocas, para uma proteção permanente da grota, sob a forma de pequenas barragens de terra, de concreto, de pedras soltas, em gabiões e de tijolos.

Boas práticas vegetativas, juntamente com bom manejo de solo, são necessárias para um programa eficiente de conservação do solo e água, porém nem sempre as práticas vegetativas ou outras medidas simples são suficientes e adequadas para um controle de grandes concentrações de água. Em tais casos, devem ser utilizadas as estruturas. Ainda há o lato de que as medidas vegetativas são sujeitas às influências do clima e de fatores adversos, como os ocasionados pelas pragas, e moléstias das plantas, nem sempre oferecem segurança, ao passo que as estruturas, quando propriamente construídas, são seguras e de longa duração.

Tais estruturas são usadas para as seguintes finalidades: controle da voçoroca; armazenamento de água; prevenção de enchentes; controle de velocidade do escoamento da enxurrada em canais escoadouros; controle de sedimentos; irrigação; drenagem; proteção de praias e de barrancas de córregos e rios.

Para a proteção de canais escoadouros com estruturas mecânicas, constroem-se, em intervalos determinados, pequenas barragens, escalonadas. A determinação do espaçamento horizontal (E) entre barragens, assim como o estabelecimento de sua altura de queda (H), é calculada na base do gradiente de compensação (Dc) do leito vegetado, ou seja, na base da máxima declividade que se pode dar ao canal vegetado dentro do limite de velocidade permitido pela vegetação de revestimento[38].

Figura 2.1. Erosão em área montanhosa (foto dos autores)

Figura 7.1. Erosão laminar (foto CATI)

Figura 7.2. Terreno de cultura anual com sulcos de erosão (foto dos autores)

Figura 7.3. Terreno de encosta com bastantes sulcos de erosão (foto CATI)

Figura 7.4. Terreno de pastagens com sulcos de erosão (foto dos autores)

Figura 7.5. Voçoroca em Latossolo vermelho escuro fase arenosa — Valparaíso (SP) (foto dos autores)

Figura 8.4. Plantio de contorno em cafezal (foto da CATI)

Figura 8.7. Terraço de base larga (foto CATI)

Figura 9.2. Capacidade de uso de um terreno (foto da CATI)

Figura 11.8. Simulador de chuva de braços rotativos, modelo Swanson (foto do IAPAR)

Figura 11.11. Vista parcial dos lisímetros instalados em Campinas (foto dos autores)

Figura 11.12. Vista do túnel onde estão os latões para coleta do material percolado dos lisímetros de Campinas (foto dos autores)

Figura 11.13. Vista dos evaporímetros de solo seco da bateria de lisímetros de Campinas (foto dos autores)

Figura 11.12. Vista do controle de nível de água dos evaporímetros de solo saturado da bateria de lisímetros de Campinas (foto dos autores)

A declividade dos canais pode ser determinada com a fórmula de Manning:

$$D = \frac{V^2 n^2}{R\sqrt[3]{R}}$$

O valor do gradiente de compensação (Dc) do leito vegetado é determinado, adotando-se para valor de V o limite de velocidade de escoamento considerado satisfatório para o tipo de vegetação escolhido. A altura de queda (H) da barragem, para determinado espaçamento horizontal (E) entre barragens, é a diferença entre os espaçamentos verticais correspondentes à declividade original (Do) e à declividade de compensação (Dc) do leito do canal[38], ou seja:

$$H = \frac{Do}{100} E - \frac{Dc}{100} E = E \frac{Do - Dc}{100}$$

Quando se fixa a altura de queda (H), por motivo de pouca resistência do material empregado, determina-se o espaçamento horizontal (E) a ser adotado entre as barragens pela equação:

$$E = \frac{H}{Do - Dc}$$

A figura 8.29 apresenta as principais estruturas, selecionadas por Marques[38], de barragens para redução de declividade no leito vegetado de canais escoadouros.

As formas das estruturas e suas dimensões dependerão do material empregado, da altura de queda e da natureza do solo em que forem colocadas. A principal função da estrutura e quebrar a velocidade de queda da enxurrada, fazendo com que a água entre mansamente no leito vegetado sem provocar danos.

As estruturas flexíveis apresentam vantagens sobre as rígidas e semirrígidas; entre as flexíveis, os gabiões ocupam um lugar importante, pois oferecem vantagens técnicas e econômicas e estabilização de canais. Atualmente, já se veem muitos trabalhos, entre nós, no controle de voçorocas, canais, taludes em vários estados do Brasil.

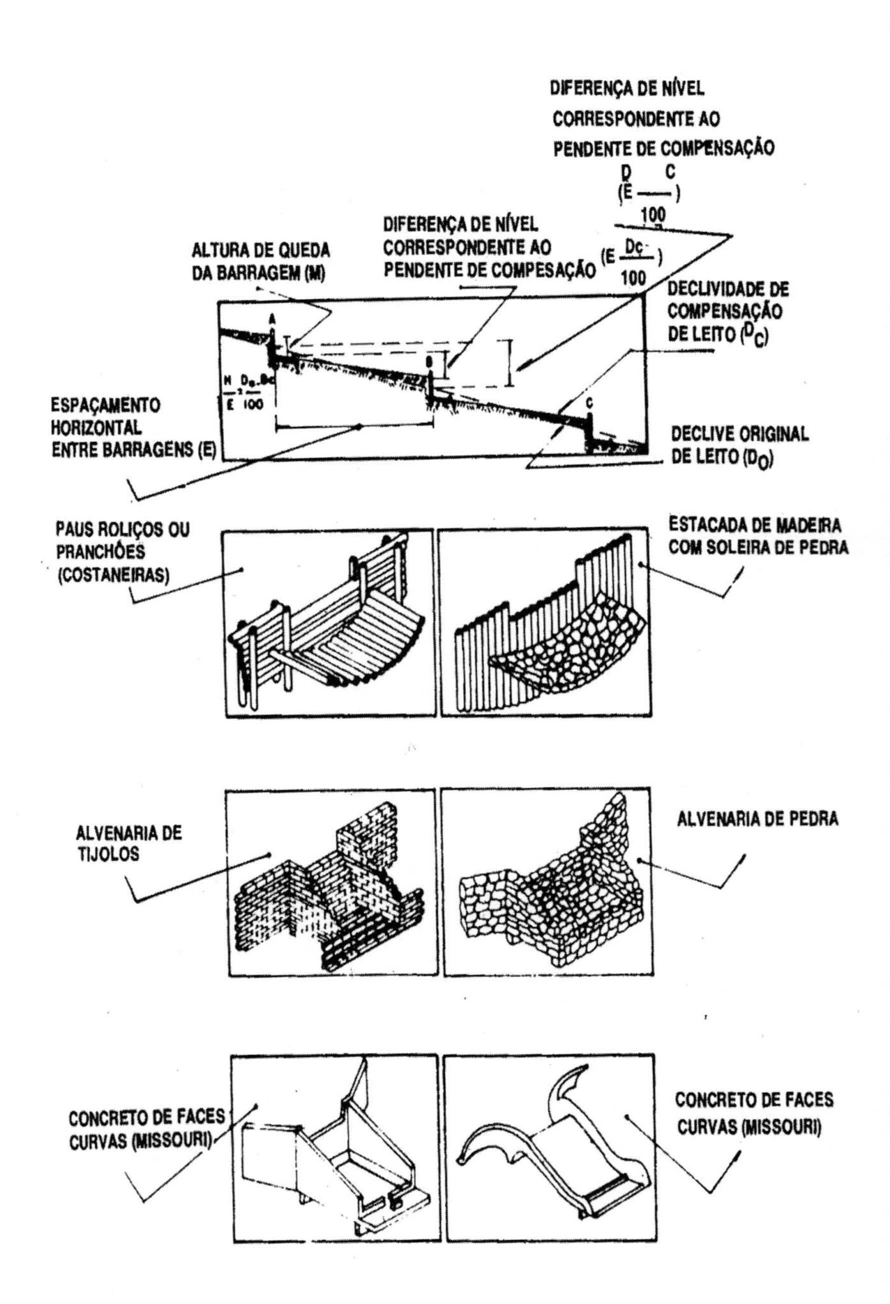

Figura 8.29. Estruturas para barragens de redução de declividade no leito vegetado de canais escoadouros (desenho de J. Q. A. Marques)

Gabião é um invólucro constituído de uma rede metálica, com tio de aço recozido, fortemente zincado, em malha hexagonal de dupla torção, preenchido com pedras de maior peso especifico possível. O termo gabião é originário da palavra italiana *gabbione*, gaiola; as primeiras versões dos gabiões surgiram na antiguidade com os egípcios e os chineses, que utilizavam uma gaiola de vime ou bambu, preenchidas com pedras, para contenção das margens dos rios Nilo e Amarelo. O gabião, na sua versão moderna, foi criado e desenvolvido pela *Officina Maccaferri S. P. A.*, de Bolonha, na Itália, quando em 1893, o aplicou pela primeira vez na proteção das margens do rio Reno, obra que até hoje continua realizando o seu trabalho com eficiência. A técnica do emprego de gabiões encontrou vasto campo de aplicação na estabilização de taludes, na consolidação de rodovias e ferrovias, nas defesas fluviais, no controle de erosão, no revestimento de canais, na proteção de lagos, marinas e cais.

As obras em gabiões se caracterizam por ser, ao mesmo tempo, estrutura monolítica, armada, flexível, drenante e de grande durabilidade, e de apresentar inúmeras vantagens no aspecto construtivo, principalmente na rapidez de execução e maior economia. A grande vantagem do gabião sobre as estruturas rígidas é que suporta os pequenos movimentos do solo, em razão de expansão e contração do terreno argiloso, por efeito do maior ou menor umedecimento do solo.

Sua vantagem prática é que pode ser encontrado no mercado, pré-fabricado, na forma de caixa, colchão ou saco, em várias dimensões. Em geral, são construídos em fio de aço fortemente zincado, podendo ter um revestimento adicional de PVC quando utilizados para ambientes poluídos ou agressivos ao zinco.

A presença de gabiões pode ser constatada na figura 8.30: construção de barragens para controle de voçoroca no Paraná; na figura 8.31: estabilização de canais em Minas Gerais, e na figura 8.32: proteção de talude de aterro de estrada de rodagem em Sergipe.

É muito difícil estabelecer regras gerais sobre as obras de defesa para proteção das encostas, barrancos e curvas dos córregos e pequenos rios. O comum é empregar vegetação nos barrancos para a estabilização dos seus taludes, porém nem sempre o resultado é satisfatório: nesse caso, deve-se recorrer a sistemas mecânicos.

O sistema recomendado pelo Serviço de Conservação do Solo dos Estados Unidos[22], de fabricação caseira, consiste em colocar uma fileira de armação de estacas de madeira: é construída com facilidade, cruzando e amarrando com arame grosso três estacas de madeira de 3 a 5m de comprimento, na forma indicada na figura 8.33. Essas armações são colocadas no barranco a proteger, sem deixar espaço maior que a sua largura, de maneira que tenha uma linha continua de proteção, onde elas são firmadas com pedras pesadas amarradas na base e por meio de um cabo de 1/2'' a 3/4'' que passa pelo centro de todos, formando uma só unidade, e são fincadas no barranco por estacas de madeira de 20 cm de diâmetro conforme a figura 8.33.

Figura 8.30. Construção de barragens escolonadas, com gabiões, para controle de voçoroca, nas proximidades de Paranaciy (Paraná) (foto de Maccaferri Gabiões do Brasil Ltda.)

Figura 8.31. Estabilização de canais, com gabiões, construídos nas proximidades de Betim (Minas Gerais) (foto de Maccaferri Gabiões do Brasil Ltda.)

Figura 8.32. Estabilização de talude de aterro de estrada de rodagem, com gabiões, em Própria (Sergipe) (foto de Maccaferri Gabiões do Brasil Ltda.)

8.6. Controle da erosão eólica

Pelo conhecimento da mecânica da erosão eólica e dos fatores que a influenciam, podem-se indicar três métodos básicos para o seu controle: *a)* aumento da estabilidade do solo e rugosidade da superfície; *b)* estabelecimento e manutenção da vegetação, restos culturais, ou outros tipos de cobertura do terreno; *c)* colocação de barreiras perpendiculares à direção predominante dos ventos.

Muito pouco se pode fazer para modificar a textura e a densidade do solo; pode-se, porém, influenciar-lhe a estabilidade pelo seu manejo e exercer alguma influência na sua umidade, na matéria orgânica e, em menor proporção, na atividade dos seus microrganismos. Produtos químicos e derivados de petróleo estão sendo experimentados para determinar o seu uso como condicionadores do solo.

Até o presente, a melhor influência na estabilidade do solo é feita pelas práticas de seu preparo. O tipo e a quantidade de aração afetam a consolidação das partículas de solo, a permanência de maior quantidade de torrões nele, e a rugosidade da sua superfície. Para o controle da erosão eólica, a superfície do solo deve estar com bastante rugosidade e com o máximo de consolidação das partículas: o arado de aiveca deixa-a com bastante rugosidade e muitos torrões, porém enterra os restos culturais; o arado de discos pulveriza o solo, deixando-o mais suscetível à erosão eólica; os sulcadores fazem muitos sulcos na superfície, o que é muito importante no controle à erosão, principalmente se a direção deles é perpendicular à direção dos ventos predominantes; o arado de subsuperfície deixa boa porcentagem de restos culturais na superfície, porém não forma torrões nem produz uma superfície rugosa. Um preparo do solo excessivo pulveriza os torrões e alisa a superfície do terreno, deixando o solo mais suscetível à erosão eólica.

O meio mais eficiente para o controle da erosão eólica é manter uma cobertura protetora na superfície do solo. Culturas densas, como os capins e pequenos grãos, depois de bem estabelecidas, fornecem excelente proteção, porém as de milho, algodão e sorgo são menos eficientes devido ao espaço entre as fileiras: essas culturas, para serem mais protetoras, devem ser plantadas com as ruas na perpendicular da direção dos ventos predominantes. Uma apropriada sequência de rotação de culturas pode ser usada para proteção em épocas do ano em que o solo é mais vulnerável à erosão eólica. O controle do pastoreio, com aplicação de fertilizantes, poderá ser necessário para manter boa cobertura vegetal. Os restos culturais fornecem uma proteção adicional da erosão eólica, conforme sua quantidade e qualidade, pois a eficiência aumenta com o aumento da sua quantidade.

Os implementos de preparo do solo e de práticas culturais devem ser selecionados para manter a maior quantidade possível de restos culturais para proteger o solo, até que a cultura seguinte forneça adequada cobertura do solo. Coberturas artificiais, com pequenos seixos, fibras de celulose de madeira, aplicação de películas na superfície, condicionadores de solo de derivados de petróleo, emulsões de resina ou de látex podem ser usadas em áreas limitadas, como estradas de rodagem e pistas de aeroportos.

Qualquer obstrução que quebre a superfície de uma área sujeita à erosão eólica reduz essa erosão; barreiras de árvores, arbustos, culturas e mesmo cercas de arame, colocadas perpendicularmente à direção do vento, desviam-no, reduzem-lhe a velocidade na superfície do terreno e seguram as partículas do solo. A altura, a forma, o comprimento e a localização das barreiras com relação ao vento são os fatores mais importantes na sua eficiência. Quando um vento sopra em ângulo reto de uma barreira de árvores, sua velocidade é reduzida 70-80%; a uma distância igual a 20 vezes a altura da barreira, a velocidade é reduzida 20%, porém, a uma distância de 30-40 vezes a sua altura, não há efeito da barreira sobre a velocidade do vento[3]. Pela redução dessa velocidade, as barreiras provocam uma diminuição da evaporação do potencial no terreno entre elas, fornecendo assim um ambiente mais favorável à planta. O quebra-vento, protegendo uma faixa de 20 vezes a altura das árvores, significa que, utilizando árvores de 15m de altura, ele deverá proteger uma faixa de cerca de 300m.

Os cordões de vegetação permanente, formando quebra--ventos de pequeno porte, são também eficazes no controle da erosão eólica, desde que plantados na direção perpendicular dos ventos predominantes.

O terraceamento também tem efeito na proteção contra a erosão eólica e, quando o camalhão e o canal do terraço são vegetados, a proteção ainda será maior.

O vento é um fenômeno climático cujas variações diárias e periódicas na direção e velocidade podem ser determinadas e que auxiliarão no planejamento de medidas de controle da erosão eólica; curvas de intensidade e frequência, semelhante às da chuva, podem ser organizadas para ventos de diversas durações e para as diferentes estações do ano.

A vegetação é a medida mais eficiente no controle da erosão eólica. Uma boa cobertura vegetal protegerá a superfície do solo. Uma boa rotação de culturas manterá sua estrutura e umidade. Quanto maior a quantidade de restos culturais deixados na superfície, maior a quantidade de umidade conservada; o terraceamento em nível, o plantio em contorno e os cordões de vegetação permanente, aumentando a infiltração, aumentam a umidade do solo. A erosão eólica é influenciada em grande parte pelo tamanho dos agregados do solo; assim, as operações de preparo do solo devem ser reduzidas ao mínimo, pois têm a tendência de reduzir o tamanho dos agregados e de pulverizar o solo.

Os quebra-ventos podem ser usados no controle da erosão eólica em locais onde a chuva é suficiente para o plantio de árvores. Quebra-ventos esparramados numa área impedem a ação do vento na superfície do solo dos terrenos cultivados, evitando o levantamento de poeiras e formação de dunas de areia. A escolha das árvores que vão formá-los depende do tipo de solo e da disponibilidade de umidade do solo. Além das árvores, deve-se plantar arbustos, para que a proteção seja efetuada desde a superfície do solo. Com os quebra-ventos, algum efeito é produzido na velocidade do vento no terreno anterior às árvores, porém a influencia maior na redução dessa velocidade é no terreno após os quebra-ventos, o que se pode observar até à distância de 450m. O efeito dos quebra-ventos na velocidade do vento, determinada pelo Serviço de Conservação do Solo dos Estados Unidos[53], pode ser verificada pela figura 8.34.

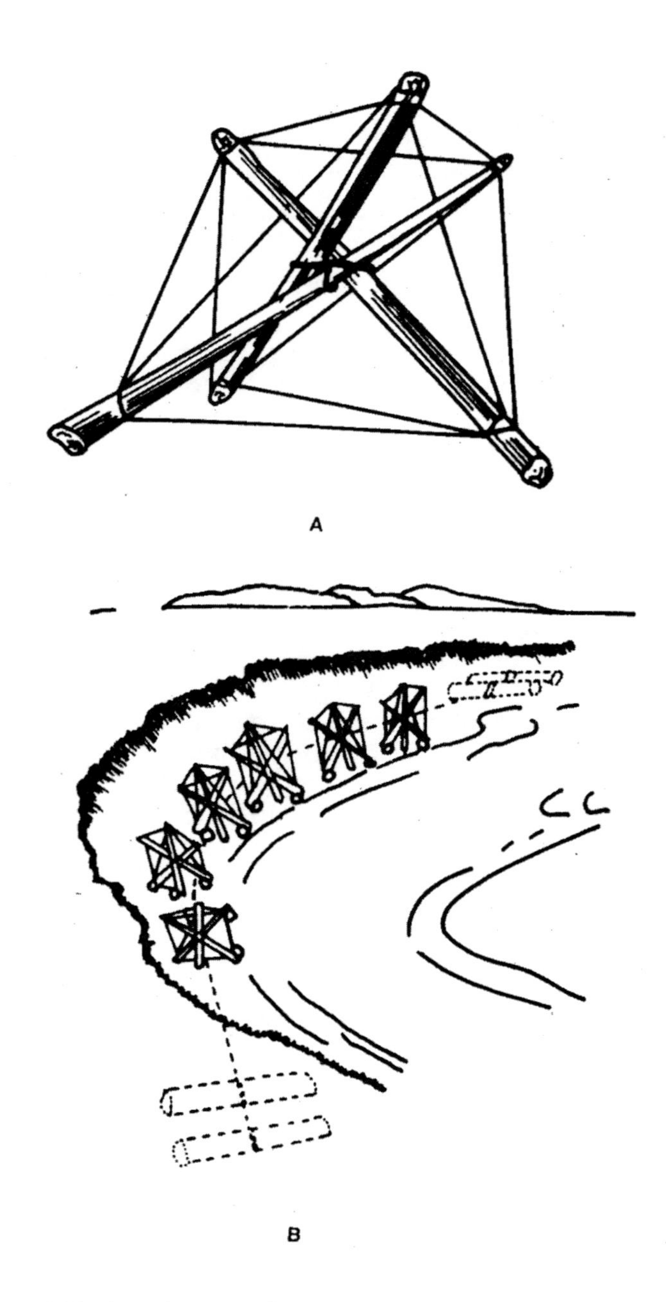

Figura 8.33. A — Armação de estacas de madeira; B — Colocação das armações de madeira para proteção de barracos em curvas de córregos ou rios

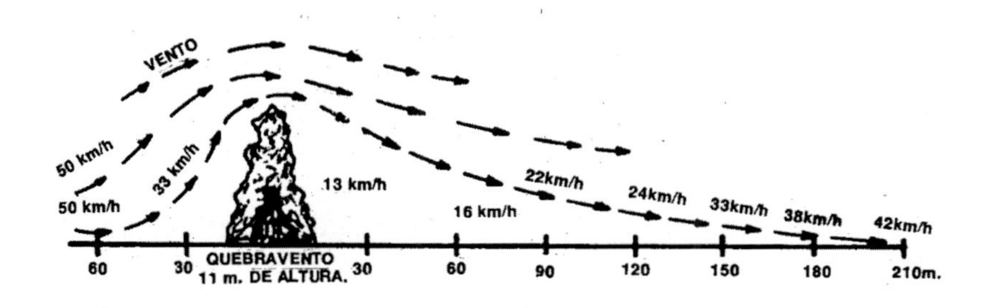

Figura 8.34. Efeito do quebra-vento na redução da velocidade do vento

8.7. Sistemas de manejo do solo

A produção de uma cultura é condicionada pela ação de vários fatores e pode ser apreciada diretamente ou por meio de seu efeito conjunto. As práticas de manejo são inovações introduzidas pelo homem no seu desejo de aumentar as colheitas e de cultivar as mais diversas culturas. Vários sistemas de manejo têm sido estudados visando à manutenção da fertilidade do solo, ao controle da erosão e à redução do custo das operações, para proporcionar maior renda, com o objetivo de uma agricultura estável.

a. Rotação de culturas. Rotação de culturas é o sistema de alternar, em um mesmo terreno, diferentes culturas em uma sequência de acordo com um plano definido. A escolha das culturas que deverão entrar numa rotação terá que levar em conta as condições do solo, a topografia, o clima e a procura do mercado; não é necessário que sejam anuais, pois aquelas de ciclo mais longo, como a mandioca, a cana-de-açúcar e mesmo as pastagens, podem estar num mesmo plano de rotação das culturas anuais.

Os principais objetivos dessa rotação consistem em melhor organização da distribuição das culturas na propriedade agrícola; economia do trabalho; auxílio no controle das ervas daninhas e insetos; ajuda na manutenção da matéria orgânica do solo e do nitrogênio; aumento das produções e redução das perdas por erosão. Assim, a rotação de culturas tem em vista a preservação da produtividade do solo e a manutenção das colheitas.

Há dois critérios razoáveis para avaliar se a fertilidade do solo está sendo mantida. O primeiro, talvez o mais popular, é a manutenção da matéria orgânica do solo; o segundo é a estabilização das produções: sozinho, nenhum dos dois serve como medida satisfatória.

A quantidade de matéria orgânica é de grande importância no controle da erosão. Assim, nos solos argilosos, modifica-lhes a estrutura, melhorando as condições de arejamento e de retenção da água, pelas expansões e contrações alternadas que redundam de seu umedecimento e secamento sucessivos. Nos solos arenosos, a aglutinação das partículas, firmando a estrutura e diminuindo o tamanho dos poros, aumenta a capacidade de retenção da água. A matéria orgânica retém de duas a três vezes o seu peso em água, aumentando a infiltração, do que resulta uma diminuição das perdas por erosão. Com base nessa propriedade da matéria orgânica de reter duas a três vezes o seu peso em água, poder--se-ia fazer a estimativa de que um acréscimo de 1% no teor de matéria orgânica, de uma camada de 30 cm de solo, resultaria em um aumento de capacidade de retenção de água desse solo equivalente a cerca de 7mm de chuva.

Sabe-se que a matéria orgânica do solo se decompõe rapidamente quando ele é cultivado pela primeira vez e que, em seguida, a decomposição é mais lenta, para logo após manter quase constante o seu teor no solo; em consequência, a linha de decomposição é mostrada como uma curva descendente, com tendência a estabilização.

Estudos feitos em Iowa (EUA), mostram que os solos com 4% de matéria orgânica atualmente tinham, há sessenta anos, cerca de 6%, sendo a produção de milho, hoje, quase o dobro da inicial[57]. Naturalmente, as produções aumentaram porque os lavradores, com preços mais favoráveis para o cereal, aperfeiçoaram o cultivo do solo, empregando melhores sementes e melhores práticas culturais. Examinando os dados de produção, sem tomar conhecimento do declínio do teor de matéria orgânica do solo, a conclusão seria a de que sua fertilidade foi sendo melhorada; por outro lado, tomando o teor de matéria orgânica como um critério, e que, enquanto ele estava diminuindo, as produções estavam aumentando, a conclusão seria de que esse teor é secundário. Para Thompson[57], embora não possa ser esquecida, não se deve tentar organizar um sistema visando unicamente à matéria orgânica, presumindo que só sua manutenção e conservação do solo.

A rotação de culturas, além de aumentar o conteúdo de matéria orgânica do solo, tem grande influência na manutenção da fertilidade. Segundo alguns autores, as plantas, em sua decomposição, podem formar produtos tóxicos às próprias plantas de que se originam; a rotação, mudando as culturas, pode evitá-las. A rotação pode também auxiliar no controle de ervas daninhas, pois certas espécies de vegetação nativa ocorrem e se desenvolvem melhor em determinadas culturas do que em outras, devido às diferenças de tratos culturais e de ciclos de vegetação. As moléstias e pragas em geral aumentam de um ano para outro quando a planta fica num mesmo terreno: a mudança de lugar pela rotação de culturas pode auxiliar no seu controle.

Do ponto de vista econômico, a rotação obriga a diversificação de culturas, contribuindo, portanto, para a policultura, o que faz diminuir os riscos de insucessos na exploração agrícola.

Algumas plantas têm a propriedade de adicionar o nitrogênio ao solo; assim, por exemplo, as leguminosas, fixando o nitrogênio do ar, deverão figurar, obrigatoriamente, num esquema de rotação de culturas para um melhoramento na fertilidade do solo.

O plantio contínuo de um terreno com a mesma cultura é causa de grandes reduções no conteúdo de matéria orgânica e de nutrientes minerais, o que, em consequência, origina condições desfavoráveis à obtenção de boas colheitas. Com a rotação, cultivam-se plantas com diferentes exigências nutricionais e se alternam aquelas cujas raízes penetram profundamente com outras de raízes superficiais, e o solo, assim, é explorado mais homogeneamente, evitando a ocorrência de deficiências críticas. Além disso, com uma planta de raízes profundas, na melhoria das condições físicas do solo e subsolo, facilitando a circulação de água e ar pelos canalículos que se formam quando se decompõem as raízes, propiciando um meio mais adequado para o crescimento do cultivo seguinte.

Pela rotação, há melhor utilização de adubos e fertilizantes: estando o terreno ocupado a maior parte do ano com plantas de exigências diferentes de nutrientes, evita-se a perda por lavagens e percolação dos elementos nutritivos.

A variação periódica em práticas culturais e sua redução em número, a manutenção de um bom conteúdo de matéria orgânica, o melhoramento das condições de permeabilidade do solo, a manutenção de uma cobertura vegetal durante a maior proporção do tempo, são fatores que se traduzem em menor erosão quando se utiliza uma rotação adequada[58].

De acordo com os dados obtidos pela Seção de Conservação do Solo do Instituto Agronômico de Campinas (quadro 6.6) culturas como o feijão, a mamona, a mandioca, o amendoim e o algodão são as que apresentam maiores perdas por erosão, vindo, a seguir, o arroz, a soja, a batata, o milho e a cana-de-açúcar. Para o controle da erosão, a rotação é benéfica quando combinada com o sistema de culturas em faixas, pois as culturas se dispõem de tal modo que uma faixa com uma cultura que perde mais fica junto de outra com uma cultura que perde menos. As faixas com diferente densidade de vegetação, assim como diferença em épocas de preparo do solo e cultivos, têm perdas por erosão diversas. Assim, umas faixas retêm a terra e a água perdidas das faixas que ficam acima.

Quadro 8.24. Efeito da rotação trienal milho algodão soja, na produção

Solo	Cultura		Produção	
			Kg/ha	%
Podzólico	Milho	Contínuo	2.416	100
		Rotação	3.116	128
	Algodão	Contínuo	348	100
		Rotação	291	84
	Soja	Contínuo	498	100
		Rotação	732	147
	Milho	Contínuo	2.243	100
		Rotação	3.622	161
Latossolo	Algodão	Contínuo	744	100
		Rotação	505	68
	Soja	Contínuo	1.139	100
		Rotação	1.989	176

A Seção de Conservação do Solo do Instituto Agronômico de Campinas vem conduzindo vários ensaios de rotação de culturas. Num deles, de rotação trienal milho-algodão-soja, instalado num Podzólico vermelho-amarelo textura arenosa média, A abrupto, numa média de 14 anos, houve um aumento de 28% na produção de milho, comparada com a mesma cultura cultivada continuamente. O mesmo ensaio, em Latossolo roxo, apresentou um aumento de produção de 61% para o milho. O efeito da rotação na produção de soja foi 47% e 76% respectivamente em Podzólico e Latossolo. Para a cultura de algodão, em ambos os solos, o efeito não foi positivo, conforme se pode verificar no quadro 8.24[12].

O experimento de rotação trienal milho-algodão-amendoim, após 13 anos, apresentou um aumento médio de 16% na produção de milho, de 52% na de amendoim e de 6% na de algodão, no Podzólico vermelho -amarelo, por efeito da rotação; no Latossolo roxo, 36% na produção de milho e 37% na produção de amendoim, não havendo efeito positivo na cultura de algodão, segundo pode se observar no quadro 8.25[12].

Quadro 8.25. Efeito da rotação trienal milho-algodão-amendoim, na produção

Solo	Cultura		Produção	
			Kg/ha	%
Podzólico	Milho	Contínuo	2.594	100
		Rotação	3.018	116
	Algodão	Contínuo	852	100
		Rotação	901	106
	Amendoim	Contínuo	889	100
		Rotação	1.351	152
	Milho	Contínuo	5.523	100
		Rotação	7.535	136
Latossolo	Algodão	Contínuo	1.965	100
		Rotação	1.744	89
	Amendoim	Contínuo	2.223	100
		Rotação	3.047	137

Num experimento de 23 anos, em Latossolo roxo, de rotação trienal milho-algodão-mucuna, com aplicação de fertilizantes e corretivos químicos, em que a leguminosa era enterrada como adubo verde, a adubação do milho beneficiou o cereal aumentando 18% sua produção e 21% a de algodão; a adubação no algodão beneficiou o milho em 11%

e o algodão em 56%; a calagem na mucuna elevou a produção de milho em 12% e a de algodão em 24%, como se vê no quadro 8.26[12].

Quadro 8.26. Efeito da rotação milho-algodão-mucuna, com adubação e calagem

Tratamentos	Milho		Algodão		Mucuna	
	Kg/ha	%	Kg/ha	%	Kg/ha	%
Sem adubação	4.723	100	507	100	53,3	100
Com adubação no milho	5.558	118	614	121	55,3	104
Com adubação no algodão	5.235	111	789	156	54,1	101
Com colagem na mucuna	5.299	112	628	124	54,5	102

Em experimento de 23 anos, realizado em Latossolo roxo, onde o milho e o algodão entraram em rotação trienal com mucuna para enterrio, amendoim, mamona, soja para grãos, vegetação espontânea e milho + soja intercalar, verificou-se que a melhor rotação ocorreu em milho-mucuna para enterrio-algodão, como mostra o quadro 8.27[12].

Quadro 8.27. Efeito de tipos de rotação trienal, na produção

Tratamentos	Culturas		Vegetação melhoradora
	Milho	Algodão	
	kg/ha	kg/ha	kg/ha
Mucuna para enterro	5.892	1.000	48.643
Amendoim	4.893	833	2.162
Mamona	4.867	831	44.523
Soja para grãos	4.697	724	1.122
Vegetação espontânea	4.260	824	15.133
Milho + tremoço intercalar	3.785	816	4.996
Milho + mucuna intercalar	3.705	729	4.511
Milho + soja intercalar	3.755	772	4.681

Em experimento de nove anos, em Podzólico vermelho-amarelo, na Estação Experimental de Mococa, onde milho + mucuna entrou em rotação com algodão e feijão, verificou-se que esse tipo de rotação pouco beneficiou a produção das culturas, como se pode ver nos dados do quadro 8.28[12].

Quadro 8.28. Efeito da rotação trienal milho + mucuna-algodão-feijão, na produção

Culturas	Produção		
		kg/ha	%
Milho + mucuna	Contínuo	3.394	100
	Rotação	3.500	105
Algodão	Contínuo	1.434	100
	Rotação	1.483	103
Feijão	Contínuo	476	100
	Rotação	505	106

Em estudo de rotação de culturas na Estação Experimental de Campinas, em Latossolo roxo, num período de 11 anos (1964/1965-1974/1975), verificou-se que a rotação milho-algodão-amendoim-leguminosa-leguminosa-leguminosa foi a que apresentou os maiores dados de produção para o milho, como se pode observar no quadro 8.29[37].

Quadra 8.29. Efeito de tipos de rotação de culturas na, produção de milho

Tratamentos	Produção	
	kg/ha	%
Milho contínuo	3.782	100
Milho-algodão-amendoim	4.610	119
Milho-algodão-amendoim-pasto-pasto-pasto	3.788	98
Milho-algodão-amendoim-leguminosa-leguminosa-leguminosa	5.830	151
Milho-algodão-feijão-amendoim	4.885	126
Milho-algodão-arroz	4.402	114

O quadro 8.30 apresenta um experimento em Latossolo roxo, num período de sete anos, na Estação Experimental de Campinas, e cujo objetivo foi pesquisar o efeito de diferentes tipos de rotação de culturas sobre a produtividade do solo: para determinar o tipo de rotação apresentado, vê-se o número da rotação; por exemplo, a rotação I é milho-algodão-amendoim; a rotação VI é amendoim-arroz-feijão; e, a rotação III é milho-algodão-amendoim-leguminosa. Assim, a rotação III (milho-algodão-amendoim-leguminosa) foi a melhor para o milho, proporcionando-lhe um aumento de 81% na produção quando comparado com o milho continuo; a rotação V (milho-algodão-arroz) foi a melhor para o algodão, aumentando-lhe 166% a produção; a rotação II (milho-algodão-amendoim-pasto) foi a melhor para o amendoim: aumento de 63%; e, a rotação V (milho-algodão-arroz) foi a melhor para o arroz: aumento de 71%.

Quadro 8.30. Efeito dos tipos de rotação na produção de várias culturas

Culturas	Produção		
		kg/ha	%
Milho	Contínuo	3.377	100
	Rotação I	4.258	126
	Rotação II	3.809	113
	Rotação III	6.122	181
	Rotação IV	4.302	127
	Rotação V	4.339	129
Algodão	Contínuo	821	100
	Rotação I	1.384	169
	Rotação II	568	69
	Rotação III	664	81
	Rotação IV	1.162	141
	Rotação V	2.182	266
Amendoim	Contínuo	1.029	100
	Rotação I	1.484	144
	Rotação II	1.673	163
	Rotação III	1.415	137
	Rotação IV	467	45
	Rotação V	418	41
Arroz	Contínuo	1.068	100
	Rotação V	1.831	171
	Rotação VI	1.650	154
Feijão	Rotação IV	328	100
	Rotação VI	420	128
Leguminosa	Rotação III	20.583	—
Pasto	Rotação V	65.930	—
Cana-de-açúcar	Contínuo	56.648	—

Todos os dados apresentados podem auxiliar na escolha de certo tipo de rotação de culturas. Assim, o planejamento de um sistema de rotação pode resumir-se no seguinte: *a)* desconsiderando as divisões artificiais que existem em uma propriedade agrícola, e com base na capacidade de uso do solo e nas necessidades econômicas do agricultor, determinam-se as rotações mais convenientes; *b)* calcula-se a área, em hectares, que se coloca em cada tipo de rotação, dividindo-a pelo número de anos da rotação; *c)* formam-se no terreno blocos de extensão igual ao resultado da operação anterior, sendo cada um deles ocupado com uma das culturas da rotação; *d)* anualmente, efetua-se, em cada bloco, a mudança da cultura indicada na rotação estabelecida.

Quando se observam as características das rotações que são estabelecidas para o controle da erosão, uma consideração importante é que as rotações de ciclo curto devem ser preferíveis que as rotações de ciclo longo[33]. Em clima temperado o efeito benéfico das gramíneas é notado na estrutura do solo; notáveis resultados foram obtidos na África com diversas gramíneas, principalmente capim-elefante e capim-chorão, em rotação com milho e fumo, tendo sido observado que quando o milho foi substituído pela gramínea havia um forte efeito residual e a erosão permanecia baixa[32]. Resultados de 30 anos de pesquisas em Iowa mostraram que ainda que as perdas por erosão fossem bastante reduzidas quando o milho era cultivado com grandes aplicações de fertilizantes nitrogenados, as perdas eram reduzidas ainda mais quando o milho era cultivado em rotação com gramíneas[42].

b. Preparo do solo. O aumento sempre crescente da demanda de produtos agrícolas para a alimentação e como matéria-prima para a indústria leva o agricultor não somente a ampliar as áreas cultivadas como a uma progressiva intensificação dos trabalhos de preparo do solo, empregando cada vez mais a máquina como meio de diminuir os custos de produção.

Contudo, essa intensificação no preparo do solo provoca desgastes de sua fertilidade, através da erosão, obrigando o agricultor a utilizar práticas conservacionistas cada vez mais amplas e intensivas.

Em culturas anuais, o preparo do solo, determinando maior ou menor desagregação de suas partículas, tem sensível efeito sobre as perdas de solo e de água, como se pode verificar pelo quadro 8.31[41]: enquanto duas arações com arado de aiveca perderam 14,6t/ha de solo arrastado e 5,7% de chuva anual em água escorrida, uma aração apenas, com o mesmo arado de aiveca, perdeu 12,0t/ha de solo arrastado e 5,5% da chuva anual em água escorrida, e uma aração de subsuperfície com arado de aiveca (arado sem telha tombadora), a perda foi 8,6t/ha de solo arrastado e 5,0% da chuva anual em água escorrida. Esses resultados tornam evidente a necessidade de revolvimento reduzido da camada arável, de forma a limitar a desagregação das partículas de solo, como os das condições estudadas.

Quadro 8.31. Efeito de sistemas de preparo do solo sobre as perdas por erosão

Sistema de preparo do solo	**Perdas por erosão**			
	Solo		**Água**	
	t/ha	%	% da chuva	%
Duas arações	14,6	122	5,7	104
Uma aração	12,0	100	5,5	100
Subsuperfície	8,6	72	5,0	94

Numerosos tipos de máquinas e de sistemas de preparo do solo têm sido desenvolvidos e experimentados em todo o mundo visando a maiores produções, maior proteção contra a erosão e maior economia de trabalho. É de grande importância a maneira como são deixados os resíduos da cultura anterior no solo; de modo geral, os resíduos deixados na superfície protegem melhor o solo contra a erosão e as perdas de água por evaporação. Tal proteção, entretanto, nem sempre coincide com melhores e maiores colheitas.

Visando determinar o efeito dos vários sistemas de preparo do solo sobre a produção de milho, algodão e soja, em três solos paulistas (Latossolo roxo, Podzólico vermelho-amarelo orto e Podzólico vermelho-amarelo textura arenosa/média A abrupto), Marques e Bertoni[40] estudaram vários sistemas de preparo do solo: *a)* Duas arações: uma após a colheita e outra no inicio do período chuvoso; *b)* Uma aração apenas no inicio do período chuvoso; *c)* Subsuperfície: uma aração com arado de aiveca sem a telha tombadora; *d)* Sulcos: preparo do solo, passando o sulcador apenas na linha de plantio; *e)* Grade: preparo apenas com grade leve; e, *f)* Enxada: capina do mato com enxada e plantio em seguida pelos dados do quadro 8.32 dando às produções do sistema de preparo do solo com uma aração o valor 100, obtidos nos vários locais e culturas. Verifica-se: *a)* para o milho contínuo, o preparo do solo com uma aração proporcionou produção em geral superior àquela obtida com os demais sistemas de aradura, mostrando a conveniência de um revolvimento do solo para incorporação dos restos de cultura, verificando-se que uma aração produziu cerca de 19% mais que duas arações em Ribeirão Preto, mostrando ser desnecessária e até inconveniente a repetição da aração, o mesmo ocorrendo em Pindorama; *b)* que em terrenos altamente infestados de ervas daninhas, como aconteceu em Campinas, em que o local de ensaio apresentava grande praguejamento de grama-seda (*Cynodon dactylon* (L.) Pers.) e tiririca (*Cyperus rotundus* L.), o sistema de duas arações proporcionou as maiores diferenças relativas na produção sobre o tratamento com uma única aração, para todas as culturas estudadas; *c)* para o milho em rotação com respeito às diferenças relativas entre os seis sistemas de preparo do solo, observa-se, em primeiro lugar, que o arado revolvedor comum, tanto em uma como em duas passadas, foi superior aos demais equipamentos de preparo do solo; *d)* para o algodão em rotação em Mococa, a posição relativa dos seis sistemas de preparo do solo é bastante diversa dos outros três locais, com franca superioridade da aração com arado revolvedor comum sobre os demais sistemas de preparo do solo; *e)* para a soja em rotação, de maneira geral, são menores as diferenças, indicando a pequena importância de escolher um ou outro sistema de preparo para essa cultura; *f)* de modo geral, todavia, pode haver pequena vantagem dos sistemas de aração normal sobre os demais e, igualmente, uma desvantagem geral para o sistema de grade em relação aos outros[36,40].

Quadro 8.32. Dados relativos, tomando-se o valor 100 como a produção de "uma aração", em várias culturas e locais diferentes de sistemas de preparo de solo

Culturas	Locais	Sistema de preparo do solo				
		Duas arações	Subsu-perfície	Sulcos	Grade	Enxa-da
Milho	Mococa	104	80	89	81	76
	Campinas	113	95	73	94	91
	Ribeirão Preto	81	77	82	74	69
	Pindorama	93	94	79	89	83
Milho rotação	Mococa	90	75	107	85	92
	Campinas	134	55	61	72	66
	Ribeirão Preto	95	94	101	93	84
	Pindorama	99	80	78	70	80
Algodão rotação	Mococa	86	71	79	94	99
	Campinas	154	53	68	49	53
	Ribeirão Preto	104	98	93	84	75
	Pindorama	99	82	81	64	54
Soja rota-ção	Mococa	105	106	108	93	99
	Campinas	118	93	95	74	112
	Ribeirão Preto	94	98	100	98	95
	Pindorama	95	87	92	73	64

A intensificação dos trabalhos de preparo do solo e o crescente emprego de máquinas nas atividades agrícolas têm ampliado consideravelmente as áreas de cultivos nos últimos anos, com o objetivo de atender a uma crescente demanda de produtos agrícolas para a alimentação. Como resultado dessa necessidade, há uma busca incessante de novos métodos, novas máquinas e sistemas de manejo do solo visando a maior produção de culturas.

Experimento conduzido pela Seção de Conservação do Solo do instituto Agronômico de Campinas estudou os efeitos de dois tipos de arado nos trabalhos de preparo do solo em duas profundidades e em duas intensidades, na produção de milho, algodão, amendoim e arroz[11,12], combinando os seguintes fatores: I) intensidade: *a)* uma aração; e *b)* duas arações; II) profundidade: *a)* rasa (0,10m); e *b)* profunda (0,30m); III) Equipamento: *a)* arado de aiveca; e *b)* arado de discos.

Tal experimento, conduzido simultaneamente nas Estações Experimentais de Campinas e Mococa, representativas, respectivamente, de Latossolo roxo e Podzólico vermelho-amarelo orto, foi dividido em dois períodos: o primeiro, de seis anos, com as culturas de milho e algodão, e o segundo, de sete anos, com as culturas de arroz e amendoim.

Quadro 8.33. Comparação percentual dos efeitos da intensidade, da profundidade e do equipamento no preparo de dois solos: Latossolo roxo (Campinas) e Podzólico vermelho-amarelo (Mococa)

Solo	Cultura	Intensidade		Profundidade		Equipamento	
		Uma aração	Duas arações	Rasa	Profunda	Aiveca	Discos
LR	Milho	100	98	100	102	100	98
	Algodão	100	92	100	104	100	105
	Amendoim	100	113	100	110	100	104
	Arroz	100	133	100	136	100	75
PVA	Milho	100	106	100	103	100	100
	Algodão	100	108	100	104	100	98
	Amendoim	100	96	100	104	100	100
	Arroz	100	100	100	109	100	93

Pelo quadro 8.33 — comparação percentual do efeito da intensidade, profundidade e tipo de equipamento de preparo do solo, na produção de milho, algodão, amendoim e arroz nos locais estudados[11], observa-se que não há grande diferença na produção de milho por efeito de qualquer dos fatores estudados. No algodão, duas arações reduziram a 8% a produção e o arado de discos proporcionou-lhe um aumento de 5% no Latossolo roxo; no Podzólico vermelho-amarelo orto, duas arações aumentaram a 8% a produção, e os demais fatores pouco a influenciaram. Para o amendoim, no Latossolo roxo, houve um aumento de produção de 13% por efeito de duas arações e de 10% pela aração profunda; no Podzólico vermelho-amarelo orto não houve diferença na produção de amendoim em nenhum dos fatores estudados. A cultura de arroz foi a mais sensível aos tratamentos: no Latossolo roxo, o preparo com duas arações elevou 33% a produção e a aração profunda 36%, enquanto o arado de discos reduziu a 25%. No Podzólico, os efeitos foram menos acentuados: a aração profunda elevou 9% à produção e o preparo com arado de discos reduziu-a 7%[36].

c. Subsolagem. É o processo mecânico para soltar e quebrar o material do subsolo, a fim de que haja um aumento na infiltração da água de chuva, maior penetrabilidade das raízes e melhor aeração.

Em trabalhos de conservação do solo e água, seu principal objetivo é conservar a água pelo melhoramento das condições físicas do solo e reduzir as perdas de solo, diminuindo a enxurrada. Assim, a subsolagem aumentaria a zona de aeração do solo e quebraria a crosta formada pelo tráfego de maquinaria agrícola, comum à determinada profundidade ou alguma camada pouco permeável do solo.

A estrutura do horizonte B do solo é de particular importância na absorção de água e na circulação do ar. Uma estrutura ideal para essa camada deveria ter alta proporção de agregados médios e apreciável número de grandes poros, através dos quais a água e o ar poderiam circular facilmente. Solos com tal camada pouco permeável oferecem sérios problemas, já que absorvem a água muito lentamente, durante as chuvas, e a penetração das raízes é limitada pela falta de oxigênio necessário à sua respiração.

Em muitos lugares do mundo tem sido tentada a subsolagem com o fim de melhorar a drenagem e aeração: os resultados têm mais desapontado que entusiasmado seus experimentadores. Seu alto custo, em geral, não é compensado pelo aumento que possa ocasionar nas colheitas, Em casos especiais, é possível que se obtenha bom resultado, porém tal benefício é temporário.

Como em muitos países, os experimentos realizados pela Seção de Conservação do Solo do Instituto Agronômico mostraram que a subsolagem não produziu efeito compensador. É possível, entretanto, que em algum caso particular entre nós, ela possa apresentar melhores resultados.

Deve-se ter em mente o alto custo da subsolagem antes de preconizá-la visando a um aumento do armazenamento de água e subsequente aumento de produção resultante. Outro fator desfavorável, e que não pode ser esquecido, e que uma operação como essa, que tende o subsolo, pode acelerar as perdas por evaporação da água já armazenada.

No quadro 8.34, cujos dados foram obtidos em um experimento de subsolagem em Capão Bonito, num Latossolo vermelho escuro orto[9,11,36], observa-se que a subsolagem proporcionou, em média, um aumento de 9% na produção de milho, porém os melhores resultados foram obtidos quando se fez a subsolagem espaçada de 4m, seguida pela subsolagem rasa e subsolagem no primeiro ano. Esse efeito positivo de subsolagem menos intensiva quanto ao espaçamento, profundidade e frequência, talvez se prenda ao tato de que, nessas condições, as perdas de água por evaporação sejam menores e, ao mesmo tempo, haja aumento da infiltração.

Quadro 8.34. Efeito da frequência, profundidade e espaçamento da subsolagem na produção de milho

Fatores	**Subsolagem**					
	1º ano		**2º ano**		**Média**	
	kg/ha	**%**	**kg/ha**	**%**	**kg/ha**	**%**
Frequência						
Sem subsolagem	2.762	100	1.706	100	2.234	100
Só no 1º ano	3.171	115	1.830	107	2.500	112
Atualmente	2.939	106	1.788	105	2.363	106
Profundidade						
Rasa (0,30m)	3.200	116	1.835	107	2.517	112
Média (0,50m)	2.914	105	1.779	104	2.346	105
Profunda (0,70m)	3.051	110	1.813	106	2.432	109
Espaçamento						
1m	2.759	100	1.651	97	2.205	99
2m	2.946	107	1.873	110	2.409	108
3m	3.460	125	1.903	111	2.681	120

d. Plantio direto. As práticas de cultivo desempenham um papel importante no processo de erosão pela chuva. Nas áreas cultivadas, as partículas do solo são desprendidas pelo impacto das gotas de chuva e carregadas pela água da enxurrada.

Um recurso para diminuir os efeitos do impacto da gota na superfície do solo é mantê-lo com vegetação ou com os resíduos desta, que dissipam a energia das gotas de chuva, evitando a desagregação das partículas de solo e, com isso, favorecendo a infiltração da água, diminuindo o escorrimento superficial e, consequentemente, reduzindo as perdas de solo e água. O preparo do solo convencional, com aração e diversas gradagens, favorece as perdas por erosão, pois quebra a estrutura natural do solo, pulverizando-o e deixando-o totalmente exposto à ação erosiva das chuvas.

Considerando os fatores de conservação do solo, o elevado custo de combustível e os problemas de compactação do solo pelo trânsito excessivo de máquinas, idealizou-se uma nova técnica de preparo reduzido do solo.

O plantio sem preparo ou plantio direto, como vem sendo designado entre nós, é a mais nova técnica em sistema de preparo reduzido do solo, e tem recebido, nas publicações de língua inglesa, várias designações: *notillage, zero-tillage, sod-planting, direct-planting, no-till, direct-seeding.*

O conceito desse plantio, explicado por Shear[51], consiste em: *a)* eliminar a vegetação existente com um herbicida com ação de pré-emergência; *b)* plantar a semente e colocar fertilizantes para o desenvolvimento inicial, movimentando o solo o mínimo possível, e, *c)* efetuar a colheita (Figura 8.35).

Os efeitos do plantio direto são notáveis na redução das perdas por erosão, o que pode ser explicado pela quase eliminação das operações de preparo e cultivo, ocorrendo menor quebra mecânica dos agregados e mantendo a superfície do solo irregular em todo o ciclo vegetativo[29].

A agricultura sem preparo do solo é um conceito incompreensível para aqueles que não aprenderam a cultivar sem a aração, ainda que a inversão gasta em cada camada arada represente alto investimento em equipamentos, trabalho e combustível[45].

A total da eliminação do arado, ou de qualquer outro implemento semelhante, não é necessária nem mesmo aconselhável, porém a pulverização indiscriminada do solo é que deve ser evitada; logo após a aração, quando o solo está solto e desagregado e as plantas ainda não oferecem nenhuma proteção, é que ocorrem as chuvas mais intensas, ocasionando as maiores perdas de solo pela erosão.

Figura 8.35. Plantio Direto em cultura de soja (foto SCS — USA)

Essencialmente, essa prática consiste no seguinte: na época do plantio, o lavrador não ara o solo, aplica-lhe um herbicida de contato e, dias depois, utiliza um equipamento que abre um sulco de apenas 5-10 cm de largura onde é depositada a semente e o fertilizante, e, em consequência, movimentando o solo o mínimo possível, não realiza nenhuma operação de cultivo e depois realiza a colheita (Figura 8.36).

O preparo reduzido do solo é uma operação rápida, com baixa demanda de potência de equipamento e de consumo de combustível, cuja economia tem sido estimada em 80%, quando comparado com o preparo convencional[45].

Por outro lado, não se deve pensar que o plantio direto não tenha problemas. As pragas e insetos são mais incidentes nesse sistema, pois a aração convencional ajuda a controlar os insetos pela destruição de seu *habitat*, enquanto a cobertura morta, ocasionada pelo plantio direto, é um lugar apropriado para os insetos depositarem seus ovos.

Tem sido possível, em alguns estados do Sul, como Paraná e Rio Grande, plantar soja e trigo no mesmo ano. Esse multicultivo é, hoje, mais facilitado com a adoção do plantio direto, onde são eliminados os dias consumidos nas operações de preparo, gradagem e cultivo; colhido o trigo, a palha é deixada na superfície, as ervas daninhas eliminadas com herbicidas, e a soja plantada em sulcos estreitos. Grande parte do sucesso do plantio direto depende da própria cultura; quanto melhor desenvolvimento ela tiver, tanto mais facilmente diminuirá a ocorrência de ervas daninhas.

Figura 8.36. Equipamento desenvolvido no IAC para o plantio direto (foto do IAC)

Como não há revolvimento do solo, o plantio direto no controle de perdas de solo é de notável efeito, como evidenciam dados da Estação Experimental de Coshocton, Ohio (EUA) em uma forte chuva de 120.7 mm, ocorrida a 5 de julho de 1969: no controle da erosão em cultura de milho, enquanto o preparo do solo convencional em contorno perdeu, por essa única chuva, 7,2 toneladas de solo por hectare, o plantio direto perdeu apenas 0,07 toneladas de solo por hectare, proporcionando, assim, um controle de 99% das perdas de solo[28].

Quadro 8.35. Perdas de solo e água no plantio convencional e no plantio direto na cultura do milho em dois locais do Estado de São Paulo

Ano	Chuva total	Sistemas de Manejo do Solo					
		Plantio Convencional			Plantio Direto		
		Perdas de solo	Perdas de água	Produção	Perdas de solo	Perdas de água	Produção
	mm	t/ha	mm	kg/ha	t/ha	mm	kg/ha
				CAMPINAS			
1973/74	1.433	7,10	72,84	4.681	6,82	85,04	3.793
1974/75	1.261	0,69	11,61	5.384	0,24	6,85	5.370
1975/76	1.347	1,56	22,80	3.795	0,44	15,68	3.585
MÉDIA	1.347	3,11	35,75	4.620	2,50	35,85	4.243
				PINDORAMA			
1973/74	1.183	39,57	181,07	4.300	16,24	161,21	3.739
1974/75	1.001	1,14	11,61	4.239	1,58	19,38	1.442
1975/76	1.233	82,12	238,36	3.892	22,35	106,82	2.380
MÉDIA	1.139	40,94	143,68	4.144	13,39	95,80	2.520

Somente agora começam a aparecer na literatura nacional os primeiros trabalhos de plantio direto realizados no país. Uma prática afim é apresentada por Marques e Bertoni[40]: em um dos tratamentos estudados para preparo do solo, o plantio em sulcos, os restos de cultura permaneciam na superfície, sendo apenas parcialmente incorporados ao solo. Ramos[47] apresenta dados obtidos nas culturas de soja e trigo com movimentação mínima do solo, no Paraná. Experimentos conduzidos pela Seção de Conservação do Solo do Instituto Agronômico de Campinas — quadro 8.35 — mostram o efeito nas perdas de solo e água, nos dois sistemas de manejo: o convencional e o direto, e na produção de milho. Observa-se que, no Latossolo roxo, com declividade de 6,3%, as perdas de água foram iguais nos dois sistemas, e o plantio direto reduziu 20% às perdas de solo. No Podzólico vermelho-amarelo textura arenosa/média A abrupto, com declividade de 10,8%, o plantio direto reduziu 33% as perdas de água e 63% as perdas de solo quando comparado com o sistema de preparo convencional[5]. O efeito na produção pelo plantio direto mostrou-se não positivo: provavelmente o tipo de herbicida utilizado não tenha sido adequado.

Quadro 8.36. Produção relativa de milho no plantio direto, em quatro solos do Estado de São Paulo, tornando-se o valor 100 para o sistema convencional

Solo	Período	Produção
Latossolo roxo (Campinas)	1ª fase	97
	2ª fase	83
	Média	90
Latossolo roxo (Ribeirão Preto)	1ª fase	75
	2ª fase	106
	Média	90
Podzólico vermelho-amarelo orto (Mococa	1ª fase	79
	2ª fase	129
	Média	93
Podzólico vermelho-amarelo textura arenosa/média A abrupto (Pindorama)	1ª fase	47
	2ª fase	111
	Média	73

Outras pesquisas da Seção de Conservação do Solo compararam ambos os sistemas[38] na produção de milho, em três solos do estado de São Paulo: Latossolo roxo, Podzólico vermelho-amarelo cria e Podzólico amarelo textura arenosa/média A abrupto, durante seis anos. Os dados do primeiro ano não foram considerados, para eliminar a influência de cultivos anteriores, e os demais foram subdivididos em duas fases: a primeira, representada pela média dos 2º e 3º anos e, a segunda, pela dos anos seguintes. Pelos dados relativos — quadro 8.36 — verifica-se que, na primeira fase, o plantio direto teve menor produção em todos os solos, sendo que no Podzólico vermelho-amarelo textura arenosa/média A abrupto, essa diferença foi 53%. Na segunda fase, porém, a situação se inverteu: o sistema de preparo convencional teve produção superior apenas no Latossolo roxo em Campinas, onde o solo se encontrava infestado por capim-colonião (*Panicum maximum* Jacq.) e capim-carrapicho (*Cenchrus echinafus* L.). As maiores diferenças a favor do plantio direto, 29% e 11% foram apresentadas respectivamente no Podzólico vermelho-amarelo orto e no Podzólico vermelho-amarelo textura arenosa/média A abrupto, solos esses que normalmente revelam problema de armazenamento de água. Por esses dados, parece haver necessidade de um "assentamento" do sistema de preparo do solo para que seus efeitos apareçam na produção. Na média dos cinco anos, o sistema convencional se mostrou superior em todos os solos.

A disponibilidade de água é um dos fatores que contribuem para o aumento de rendimento das culturas com o plantio direto em certas áreas.

Alguns autores indicam que a umidade do solo é o fator dominante que proporciona diferenças na produção de milho quando submetido a dois tipos de preparo do solo: o convencional e o plantio direto, sendo que, neste último, há melhor uso da água do solo, refletindo-se num aumento da produção. Isso parece se confirmar nos últimos dados, onde o plantio direto teve melhor resultado que o sistema convencional na fase final para os solos podzólicos, que apresentam problema de retenção de água disponível às plantas, por serem arenosos ou muito argilosos.

O plantio direto não é necessariamente indicado para todas as regiões e culturas, como se observou. Em princípio, é preciso ter uma série de motivos bem determinados para implantá-lo, como a necessidade de controlar a erosão do solo, aumentar o armazenamento de água disponível para as plantas, reduzir a mão de obra e o emprego de máquinas e economizar combustível. O solo terá que ter condições mínimas de estrutura que permitam boa infiltração, sem camada de impedimento que dificulte a permeabilidade. A área não deve ser infestada por grama perene e ervas com características arbustivas. Há, ainda, necessidade de herbicidas seletivos para as culturas e de ação prolongada no solo, de modo a impedir que surjam ervas Que irão concorrer em água e nutrientes com a planta[36].

Referências Bibliográficas

1. ABRAMIDES NETO, J.; MOURA, L. R. Como se deve aplicar as tabelas para terraceamento. *R. Agric,*. Piracicaba, 18:215-217, 1943.

2. AYRES. Q. C.; COATES, D. *Land drainage and reclamation*. New York: McGraw Hill, 1939.

3. BEASLEY, R. P. *Erosion and sediment pollution control*. Ames: Iowa State University, 1972.

4. BEASLEY, R. P.; MEYER, L. D. Improved technique in terrace system layout and construction. *Winter Meeting, Amer. Soc. Agric. Engineers*, 1955.

5. BENATTI JUNIOR, R.; BERTONI, J.; MOREIRA, C. A. Perdas por erosão em plantio direto e convencional de milho em dois solos de São Paulo. *R. Bras. Ci. Solo,* Campinas, 1(2/3): 121-123, 1977.

6. BENNETT, H. H. *Soil conservation*. New York: McGraw Hill, 1939.

7. BERTONI, J. *Determinação do número de cafeeiros plantados em contorno*. Campinas: Instituto Agronômico, 1957 (Boletim, 87).

8. BERTONI, J. O espaçamento de terraços em culturas anuais, determinado em função das perdas por erosão. *Bragantia,* Campinas, 18:113-140, 1959.

9. BERTONI, J. Alguns aspectos do manejo do solo na cultura do milho. *Reunião Brasileira de Milho, 6, Anais...* Piracicaba: Secretaria da Agricultura, USP, p. 105-122, 1965.

I0. BERTONI, J. *Espaçamento de terraços para os solos do Estado*. Campinas: Instituto Agronômico, 1978. Mimeo.

I1. BERTONI, J.; BENATTI JUNIOR, R.; LOMBARDI NETO, F. Efeito de sistemas de preparo do solo: intensidade, profundidade e equipamento, na produção de culturas. *Congresso Brasileiro de Ciência do Solo, Anais...* 15, Campinas, p. 541-546, 1975.

12. BERTONI, J.; PASTANA, F. I.; LOMBARDI NETO, F.; BENATTI JUNIOR, R. *Conclusões gerais das pesquisas sobre conservação do solo do Instituto Agronômico.* Campinas: Instituto Agronômico, 1972 (Circular, 20).

13. BITTENCOURT, H. V. C. O controle da erosão nos cafezais: sulcos e cordões em contorno. *Boletim Superintendência dos Serviços do Café,* São Paulo, 18(194):230-237; (195):322-330; (196)2418-425, 1943.

14. BROWNING, G. M. Contouring in relation to crop yield and soil and water conservation. *Iowa, State College of Agriculture and Mechanic Arts,* Report on agricultural research for the year ending, Ames Agricultural Experiment Station, jun. 30, p. 125-126, 1946.

15. BROWNING, G. M. Save that soil. *Iowa Farm Sci.*, Ames, 2:3-5, 1948.

16. BUIE, E. C. Terrace system planning to reduce point-row. *Agricultural Engineering*, St. Joseph, 22:321-324. 1941.

17. CHRISTY, D. *Terracing*. Austin: Edward Brothers, 1939.

18. CORMACK, R. M. M. The mechanical protection of available land. *Rhodesian Agricultural Journal*, Rhodesia, 48:135-164, 1951.

19. DEPARTAMENTO DE ENGENHARIA E MECÃNICA DA AGRICULTURA. *Divisão de Conservação do Solo*. Tabela de espaçamento de terraços, cordões em contorno e faixas de retenção. São Paulo, 1956.

20. ESTADOS UNIDOS. Department of Agriculture. Soil Conservation Service. *Engineering handbook*. South eastern region. Spartanburg, 1947.

21. ESTADOS UNIDOS. Department of Agriculture. Soil Conservation Service. *Technical specifications for conservation practices*. Milwaukee, 1951, Miss. Valley Reg. 3.

22. ESTADOS UNIDOS. Department of Agriculture. Soil Conservation Serf vice. *Farm planner's engineering handbook for the upper Mississipi Region*. Washington, 1953 (Agriculture handbook, 47).

23. ESTADOS UNIDOS. Department of Agriculture. Soil Conservation Service. *Conservation practices for tobacco lands of the tluecured tobacco soils*. Washington, 1955 (Miscellaneous Publication, 656).

24. ESTADOS UNIDOS. Department of Agriculture. Soil Conservation Service. *Engineering field manual*. Washington, 1969.

25. FLYNN, R. H. Soil conserving practices save farm labor, power and equipment. *Soil Conservation*, Washington, 8(2):49-51, 1940.

26. FOOD AND AGRICULTURE ORGANIZATION OF THE UNITED NATIONS. *Informe parcial sobre los resultados, conclusiones y recomendaciones. Establecimiento de un programa de conservación del suelo*, 1971 (AGL: SFIAGR 26).

27. FREVERT, R. K.; SCHWAB, G. O.; EDMINSTER, T. W.; BARNES, K. K. *Soil and water conservation engineering*. New York: John Wiley, 1955.

28. HARROLD, L. L.; EDWARDS, W. M. A severe rainstorm test of no-till com. *J. Soil and Water Cons.*, Washington, 27:30-31, 1972.

29. HARROLD, L. L.; TRIPLETT, G. B.; EDWARDS, W. M. No-tillage corn, characteristic of the system. *J. Amer. Soc. Agric. Engng.*, 51:128-131, 1970.

30. HAMILTON, C. L. *Terracing for soil and water conservation*. Washington:, USDA, 1938 (Farmer's Bull, 1789).

31. HAMILTON, C. L.; JEPSON, H. G. Graphic solution of open channel dimensions. Washington: USDA, 1939 (Soil Conservation Service, SCS ED-15).

32. HUDSON, N. W. Erosion control research. *Rhodesia Agricultural Journal*, Rhodesia, 54:297-323, 1957.

33. HUDSON, N. W. *Soil conservation*. Ithaca: Cornell University, 1973.

34. IRELAND, H. A.; SHAPE, C. F. S.; EAGLE, D. H. *Principles of gully erosion in the Piedmont oi South Carolina*. Washington: USDA, 1939 (Technical Bulletin, 633).

35. LOMBARDI NETO, F.; BERTONI, J. *Tolerância de perdas de terra para solos do Estado de São Paulo*. Campinas: Instituto Agronômico, 1975 (Boletim técnico, 28).

36. LOMBARDI NETO, F.; CASTRO, O. M.; DECHEN, S. C. F.; SILVA, I. R.; BENATTI JUNIOR, R. Sistemas de preparo do solo em relação à erosão e à produção. *Congresso Brasileiro de Conservação do Solo*, 3, Brasília, 1980.

37. LOMBARDI NETO, F.; SILVA, I. R.; DECHEN, S. C. F.; CASTRO, O. M. Manejo do solo em relação à erosão e à produção na cultura de milho. *Congresso Brasileiro de Conservação do Solo*, 3, Brasília, 1980.

38. MARQUES, J. Q. A. Conservação do solo em cafezal. *Boletim da Superintendência dos Serviços do Café*, São Paulo, 1950.

39. MARQUES, J. Q. A. *Processos modernos de preparo do solo e defesa contra a erosão*. Bahia: Instituto Central de Fomento Econômico, 1950 (Boletim, 19).

40. MARQUES, J. Q. A.; BERTONI, J. Sistemas de preparo do solo em relação à produção e à erosão. *Bragantia*, Campinas 20: 403-459, 1961.

41. MARQUES, J. Q. A.; BERTONI, J.; BARRETO. G. B. Perdas por erosão no Estado de São Paulo. *Bragantia*, Campinas, 20:1143-1181, 1961.

42. MOLDENHAUER, W. C.; WISCHMEIER, W. H.; PARKER, D. T. The influence of crop management on runoff, erosion and soil properties of a Marshall silty clay loam. *Soil Sci. Soc. Amer. Proc.*, Madison, 31:541 -546, 1967.

43. MUSGRAVE, G. W.; NORTON, R. A. Soil and water conservation investigations. *Progress Report*, Washington: USDA, 1937 (Technical Bulletin, 558).

44. NICHOLS, M. L. *An improved channel-type terrace for the south-east*. Washington: USDA, 1937 (Farmer's Bulletin, 1790).

45. PHILIPS, S. H.; YOUNG, H. M. *No-tillage farming*. Milwaukee: Reinman Associates, 1973.

46. PIETERS, A. J. *Green manuring:* principles and practice. New York: John Wiley, 1977.

47. RAMOS, M. *Sistemas de preparo mínimo do solo:* técnicas e perspectivas para o Paraná. Ponta Grossa: EMBRAPA, IPEAME, 1973. Mimeo.

48. RAMSER, C. E. *Prevention of erosion of farm lands by terracing*. Washington: USDA, 17 (Bulletin, 512).

49. RAMSER, C. E. Runoff from small agricultural areas. *J. agric. Res.,* Was shington, 34(9):797-823, 1927.

50. RAMSER, C. E. Development in terrace spacing. *Agricultural Engineering,* Sf. Joseph, 26:285-289, 1945.

51. SHEAR, G. M. The development of the no-tillage concept in the United States. *Outlook on Agriculture,* Bracknell, 5(6):247~251, 1968.

52. SMITH, D. D. The effect of contour planting on crop yield and erosion losses in Missouri. *J. Amer. Soc. Agron.,* Madison, 38:810-819, 1946.

53. STALLINGS, J. H. *Soil conservation.* New York: Prentice-Hall, 1957.

54. SUAREZ DE CASTRO, F. Síembras en contorno. *Agric. Trop.,* Bogotá, 3(6):43-47, 1947.

55. SUAREZ DE CASTRO, F. *Conservación de suelos*. Madrid: Salvat, 1956.

56. TELFORD, E. A. Saving Puerto Rican coffee soil. *Agriculture in the Americas,* p. 118-120, 1946.

57. THOMPSON, L. M. *Soils and soil fertility*. New York: McGrawHill, 1952.

58. UHLAND, R. E. The value of crops rotations for soil and water conservation. *Soil Conservation Service,* Washington: USDA, 1949 (SCSTP, 83).

59. WITTMUSS, H. D. *Terrace planning to reduce irregular area*. Tese de M. S. Universidade de Nebraska, 1950.

60. YARNELL, D. C. *Rainfall intensity frequency data*. Washington: USDA, 1935 (Miscelaneous Publication, 204).

61. ZINGG, A. W. An analysis of degree and length of slope data as applied to terracing. *Agricultural Engineering,* St. Joseph, 21:99-101, 1940.

9. LEVANTAMENTO E PLANEJAMENTO CONSERVACIONISTA

A conservação do solo constitui, sem dúvida, um dos aspectos mais importantes da agricultura moderna. A segurança da coletividade e os próprios interesses dos agricultores requerem seja dada uma orientação técnica ao uso do solo. As atividades do homem que trabalha a terra, assim como as dos responsáveis pelo bem-estar coletivo, terão que se pautar pelos princípios conservacionistas como garantia para a própria estabilidade da nação.

A fim de que as explorações agrícolas possam ser conduzidas em bases conservacionistas, sem descuidar, ao mesmo tempo, dos interesses financeiros dos agricultores, é necessário a planificação racional do uso a ser dado a cada gleba de terra, tendo em vista o conjunto de suas principais características físicas, ecológicas e econômicas.

Um planejamento conservacionista requer um levantamento das características condicionadoras da capacidade de uso do solo, uma vez que a utilização racional terá que levar em conta a potencialidade de exploração de cada gleba. O controle de erosão por práticas conservacionistas, a adoção de modernas técnicas de mecanização e das melhores variedades de culturas, e o uso científico dos fertilizantes e corretivos, podem transformar a agricultura, porém, para que tudo isso seja eficiente, o uso da terra precisa ser correto.

Todo programa de conservação do solo deve basear-se no uso de cada terreno de acordo com sua capacidade e em um tratamento conforme sua necessidade. A capacidade de uso indica o grau de intensidade de cultivo que se pode aplicar em um terreno sem que o solo sofra diminuição de sua produtividade por efeito da erosão. O tratamento é a aplicação dos métodos de proteção do solo.

Sem dúvida, quanto mais bem estudado for o solo e quanto maior a soma de detalhes e indicações recolhidas no seu levantamento, tanto mais sólidas serão as bases para um planejamento de seu uso racional.

Há muitos sistemas de classificação do uso da terra e que consistem, essencialmente, em classificá-la de acordo com alguma propriedade especial. Por exemplo, na Inglaterra, um sistema de mapas fornece o uso atual da terra, indicando, de maneira simplificada, onde deverá ser reflorestada, ou em pastagens, ou com culturas, sem detalhes, por exemplo, das alternativas de culturas. Outro tipo de classificação se refere apenas à possibilidade de determinada cultura ser plantada, com as indicações muito sumárias como: área "muito apropriada" para algodão, ou "regularmente apropriada", ou "não apropriada"; algumas vezes, esse sistema se refere a certa forma de uso, Como: "apropriada para irrigação". Muitos outros sistemas de classificação do uso do solo são discutidos por Jacks[6].

Uma revisão dos sistemas de classificação, usados em outros países, feita por Raychaudhuri e Murtay[15]; Hudson[5] apresenta as variações adotadas por Israel, Filipinas e Rodésia em comparação com o sistema americano.

Hudson[5] propõe um sistema de codificação do solo para a classificação da capacidade de uso, a qual tenta relacionar o uso da terra com o risco de erosão e, assim, todos os fatores e características que podem influenciar esse risco de erosão devem ser fixados e considerados. A codificação tem dois objetivos: *a)* serve como um sistema de armazenamento, de tal maneira que uma informação especifica está sempre armazenada no mesmo lugar em que possa ser rapidamente encontrada; e, *b)* fornece uma maneira conveniente de uma grande quantidade de informação ser registrada num espaço limitado em um mapa ou fotografia aérea. A codificação consiste em uma série de letras e algarismos que indicam um valor para determinada característica. Por exemplo, se a profundidade de um solo é maior que 1500m, ela é representada pelo número 1, entre 90 e 150 cm, pelo 2, entre 50 e 90 cm, pelo 3, etc., sendo que o número que representa a profundidade do solo é sempre colocado na mesma posição. Numa codificação típica:

$$\frac{2\ F\ 5}{A1}$$

em que as características físicas descritas seriam:

$$\frac{\text{Profundidade-Textura-Permeabilidade}}{\text{Declividade-Erosão}}$$

Estes são os principais fatores incluídos em um sistema de codificação, ainda que cada sistema poderia ter a sua própria escala de valores.

O primeiro sistema de classificação da capacidade de uso foi apresentado nos Estados Unidos, sendo o trabalho de Norton[12] considerado fundamental para implantá-lo em vários países do mundo, como se pode verificar pelas publicações apresentadas[14,17,18].

Trabalho realizado por Marques *et al.*[11] lançou as bases dos critérios para o levantamento e planejamento conservacionista a serem adotados no Brasil; anos após, os mesmos autores propuseram um trabalho mais avançado[10]. Posteriormente, por iniciativa do Escritório Técnico de Agricultura (ETA), em outras oportunidades, foram organizadas Comissões de especialistas que apresentaram estudos mais detalhados[8,9]. Recentemente, uma Comissão da Sociedade Brasileira de Ciência do Solo organizou um Manual de Levantamento e Planejamento Conservacionista[7]. Todos esses estudos são adaptações do sistema americano.

Planejamento conservacionista é o estabelecimento de um esquema de trabalhos para a propriedade agrícola, de tal forma que se assegure a conservação do solo juntamente com sua exploração lucrativa, redundando em completa renovação dos sistemas de trabalho, das práticas agrícolas e, mesmo, da organização da propriedade. Culturas e explorações serão trocadas de lugar, eliminadas completamente ou introduzidas. Caminhos e cercas serão mudados de posição. Barragens, canais e diques serão construídos. Tudo dentro das normas econômicas e em escalonamento compatível com as possibilidades do agricultor.

Para conseguir seu objetivo, o planejamento conservacionista terá que se basear no conhecimento de todas as condições de ordem física, econômica e social que se inter-relacionam dentro da propriedade, de modo a afetar a sua exploração[10]. Esse conhecimento se adquire mediante o que se denomina levantamento conservacionista, que nada mais é senão um breve e expedito inventário de todas as condições que podem modificar o uso do solo.

As principais características condicionadoras da capacidade de uso do solo e que, assim, deverão ser tomadas como base na execução do planejamento conservacionista, são: a unidade do solo, a declividade do terreno, a erosão e o uso atual que vem sendo dado.

9.1. Unidade de solo

O conhecimento do tipo de solo de cada uma das glebas da propriedade é essencial para qualquer piano conservacionista. Realmente, conhecendo-se a natureza e as características do solo é que se poderá, com segurança, traçar normas para sua conservação. Qualquer plano de exploração racional de um solo terá que se fundamentar no seu conhecimento o mais aprofundado possível.

Um mapa de solos mostra as diferentes unidades com alguma significação em uma área e a sua localização em relação às outras características da paisagem. Como existem muitas unidades de solo, também existem muitas interpretações individuais dos mesmos. Tais interpretações proporcionam ao usuário toda a informação que é possível extrair do mapa básico. Sem dúvida, porém, muitos usuários desejam dispor de uma informação mais generalizada do que a que fornece cada unidade individual de mapeamento. Os solos podem agrupar-se de diferentes maneiras, segundo as necessidades específicas do usuário do mapa. As classes de solos que se agrupam e as variações que se estabelecem para cada grupo dependem da finalidade desse agrupamento. A classificação por capacidade de uso é uma das possibilidades de agrupamento que se realizam principalmente para fins agrícolas. Como sempre ocorre quando se efetuam agrupamentos interpretativos, também na classificação por capacidade de uso se começa pelas unidades de mapeamento, que constituem os elementos de construção do sistema.

As unidades individuais do mapeamento nos mapas de solos mostram a localização e a extensão das diferentes classes de solos de uma região. Essas unidades permitem emitir o maior número de decisões exatas acerca dos solos individuais e realizar predições quanto ao seu uso e manejo. O agrupamento por capacidade de uso dos solos se realiza para: *a)* orientar os agricultores no uso e interpretação dos mapas de solos; e *b)* praticar amplas generalizações fundadas na potencialidade do solo, suas limitações de uso e problemas de manejo.

A classificação por capacidade de uso é interpretativa, baseada na avaliação da incidência do clima e das características permanentes dos solos sobre os riscos de erosão, as limitações de uso, a capacidade produtiva e as necessidades de manejo do solo. As semelhanças dos solos de uma mesma classe de capacidade de uso se referem ao seu grau de limitação para o seu uso agrícola ou aos riscos que estão expostos quando assim utilizados.

Na grande maioria dos casos de classificação da capacidade de uso da terra, a unidade de solo constitui o principal aspecto condicionador dessa capacidade. Para identificação das unidades de solo, nos levantamentos conservacionistas, tomam-se como base características e propriedades de maior interesse local e de mais fácil caracterização no campo[16].

As unidades de solo nos levantamentos conservacionistas são separadas, entre si, em função das diferenças identificáveis, por exame sumário de campo, nas características do solo reconhecidamente importantes para determinação da capacidade de produção e para realização do planejamento conservacionista. Algumas dessas características podem ser identificadas por observação direta, tais como textura, cor, estrutura, porosidade; outras vezes, terão de ser inferidas dedutivamente em face das condições e características que puderem ser observadas, como a fertilidade, o teor de matéria orgânica e a reação de pH[8,9,10].

As condições e características definidoras das unidades de solo podem ser reunidas em: *a)* condições e características geológicas; *b)* classes pedológicas; e, *c)* características identificadoras do solo. As condições e características geológicas do solo são muito pouco utilizadas, e dependem da existência de levantamentos geológicos anteriormente executados, podendo ser identificadas no mapa as seguintes: formação geológica e material originário do solo. Sendo possível, a segunda deve ser a preferida, e o símbolo de sua notação identificadora no mapa colocado antes da fração caracterizadora do solo. Raramente será possível identificar a classe pedológica em que se enquadra o solo, em razão dos conhecimentos especializados que tal identificação demanda; quando a classe pedológica é identificável, o seu símbolo identificador será colocado antes da fração caracterizadora do solo, logo em seguida aos símbolos das características geológicas, dos quais se separa por um traço de união[9].

As indicações da origem do solo são dadas de utilização facultativos nos levantamentos conservacionistas. Fornecem, quando disponíveis, valiosos elementos para a classificação pedogênica dos solos, e, alguns casos, para a melhor caracterização das suas propriedades.

Quando identificáveis nos levantamentos conservacionistas, figuram seus símbolos, antes da fração: *a)* material originário; e, *b)* formação geológica. A primeira característica será sempre preferível, devendo, a segunda, ser omitida nos mapeamentos quando aquela for identificada e caracterizada.

A classificação pedológica em que se enquadra o solo nos levantamentos conservacionistas completa a caracterização da sua unidade; quando conhecida seus símbolos são colocados antes da fração e logo em seguida aos símbolos da origem geológica, exceção feita para o caso dos "tipos de terreno", que substituirão toda a fração: *a)* grandes grupos de solo; *b)* séries; e, *c)* tipos de terreno. Quando as séries são conhecidas entre as classificações pedológicas, no mapeamento somente a sua representação, que poderá ser por números, será feita, de acordo com uma legenda.

Para uniformidade de interpretação, é desejável que se utilize a classificação adotada pela Equipe de Pedologia do Ministério da Agricultura, pois as adaptações para as condições peculiares do Brasil têm sido feitas no sentido de completar o levantamento de reconhecimento ao nível de grandes grupos de todos os solos do país[9].

Os grandes grupos e as principais unidades de solos encontradas no Brasil podem ser tentativamente enquadrada em dez agrupamentos fundamentais, aproximadamente correspondentes às dez ordens do Sistema Compreensivo Americano[4], completando aqueles anteriormente apresentados pelo sistema clássico[1]: da seguinte maneira, ressalvando-se que a colocação em determinado agrupamento está sujeita a modificações[9].

1. Entissolos: solos azonais (aluviais, litossólicos, regossólicos, areias costeiras, areias coloridas), alguns solos glei pouco húmicos.

2. Vertissolos: grumossolos.

3. Inceptissolos solos bruno-ácidos, alguns solos glei pouco húmicos, litossolos e regossolos.

4. Aridissolos: alguns solos brunoavermelhados, solonetz associados, regossolos e litossolos.

5. Molissolos: brunizens ou prairie, alguns solos solonetz e glei húmicos associados.

6, 7 e 8. Espodossolos, Alfissolos e Ultissolos: podzolo, incluindo Podzolo hidromórfico.

9. Oxissolos: solos latossólicos, solos com o horizonte B latossólico, algumas lateritas hidromórficas.

10. Histossolos: solos orgânicos.

As delimitações entre as unidades de solo no mapa são representadas por uma linha cheia (—————).

As principais características identificadoras do solo a serem consideradas nos levantamentos sumários para fins de sua conservação são: cor, textura, estrutura, porosidade e drenagem interna. As duas primeiras são indispensáveis e deverão fazer parte de todas as fórmulas mínimas de identificação em que se inclua a unidade de solo como aspecto condicionador básico da capacidade de uso da terra.

Os símbolos identificadores das características do solo serão agrupados compondo um número que, ao lado da topografia, da qual se separa por um traço de união, constituirá o numerador de uma fração na qual se reúnem as características específicas do solo.

Nos levantamentos sumários para fins de determinação da capacidade de uso do solo, costuma-se discriminar apenas as características de mais fácil identificação em exame sumário de campo, assim como as de maior interesse direto para a determinação da capacidade de uso do solo: cor, textura, drenagem interna, consistência e propriedades correlatas.

Para a indicação da cor do solo, na descrição de perfil, adotar-se-á a tabela de Munsell. Para a notação nos mapas do levantamento conservacionista, porém, pode adotar-se uma simplificação da cor por meio de letras minúsculas indicadoras da cor principal e da tonalidade[8], a saber:

a) cor	b) tonalidade
e — branco;	e — brancacento;
g — gríseo;	g — grisáceo (acinzentado);
p — preto;	p — negrusco;
b — bruno;	b — bruno (pardo, castanho);
v — vermelho;	v — avermelhado;
l — laranja;	s — rosado;
a — amarelo;	l — alaranjado;
o — verde-oliva;	a — amarelado;
r — roxo;	d — esverdeado;
	o — oliváceo;
	z — azulado;
	r — arroxeado (violáceo).

A cor deve ser determinada em amostra úmida e amassada, escolhendo sempre as mesmas condições de iluminação e incidência da luz solar.

A *profundidade efetiva* do solo é aquela em que as raízes das plantas podem penetrar livremente em busca de água e elementos nutritivos, e representa a camada do solo mais favorável ao desenvolvimento radicular e ao armazenamento da umidade disponível para as plantas.

Essa profundidade tem importância especialmente para conhecimento da capacidade de uso do solo, para culturas de sistema radicular mais ou menos profundo, para conhecimento da capacidade de retenção de água e de elementos nutritivos, e para a seleção e quantificação de práticas de trabalho mecânico de terrenos como, por exemplo, o terraceamento[8].

As classes de profundidade efetiva do solo adotadas nos levantamentos conservacionistas são as seguintes[8]:

0 — não identificada;

1 — muito profundo: quando a camada livre de solo tem profundidade superior a 2 metros;

2 — profundo: quando os impedimentos para o livre desenvolvimento das plantas se situam entre 2 e 1 metro abaixo da superfície;

3 — moderadamente profundo: quando os impedimentos para o livre desenvolvimento das plantas se situam entre 1 e 0,50 metro abaixo da superfície;

4 — raso: quando os impedimentos para o livre desenvolvimento das plantas se situam entre 0,25 e 0,50 metro abaixo da superfície;

5 — muito raso: quando os impedimentos para o livre desenvolvimento das plantas se situam a profundidades menores que 0,25 metro abaixo da superfície.

A *textura* é talvez a mais importante característica do solo, não apenas para discriminação de sua identidade taxonômica, como para o condicionamento de suas demais características e propriedades, inclusive aquelas que definem sua aptidão e potencialidade agrícola. A textura do solo superficial (camada arável) é de grande importância para a determinação da capacidade de uso do solo, dando indicações sobre a facilidade de seu trabalho mecânico, sua erodibilidade, sua permeabilidade, sua capacidade de retenção de umidade[9].

A textura de um solo define as proporções em que se encontram as frações argila, limo e areia, que constituem o material inorgânico sólido de sua massa, não devendo, pois, ser confundida com a estrutura, a constituição, ou mesmo a facilidade de ser trabalhado o solo, embora tais características mantenham, com ela, uma estreita correlação[8].

Será importante sempre procurar avaliar a textura da parte mineral do solo isoladamente, seja do grau de agregação das partículas, seja da quantidade de matéria orgânica presente, de forma que os termos "solo argiloso", "solo arenoso" etc., utilizados na descrição de uma textura, se refiram unicamente a proporção dominante das partículas dentro de determinados limites de tamanho, sem qualquer relação com outras características de solo[8].

De acordo com o tamanho das partículas, distinguem-se as seguintes frações de uma massa de solo[8]:

1. Argila: formada de partículas inferiores a 0,002 mm de diâmetro médio;

2. Limo: formada de partículas com diâmetro médio entre 0,002 e 0,02 mm;

3. Areia fina: formada de partículas com diâmetro médio entre 0,02 e 0,2 mm;

4. Areia grossa: formada de partículas com diâmetro médio entre 0,2 e 2 mm.

A massa de solo pode ter, também, cascalho e calhaus.

A expressão areia corresponde à soma de areia fina (0,02 a 0,2 mm) e areia grossa (0,2 a 2,0 mm), o silte ou limo, às frações de diâmetro médio de 0,02 a 0,002 mm, e a argila às frações menores que 0,002 mm[8,9].

Para fins de levantamento conservacionista, o Manual Brasileiro[8] adota a seguinte classificação textural, ou seja, os índices de textura identificáveis, que consistem em uma primeira parte, obrigatória, e, de uma segunda, opcional, constituída pelas subdivisões da primeira.

Classificação textural principal ou obrigatória:

0 — não identificada;

2 — solos argilosos, com teor de argila superior a 40%;

4 — solos barrentos, com teor de argila entre 25 e 40%;

6 — solos limosos, com teor de argila inferior a 25% e teor de limo superior a 50%; e,

8 — solos arenosos, com teor de argila inferior a 25% e teor de limo inferior a 50%.

Classificação textural secundária e opcional, formada pelas subdivisões das classes obrigatórias:

(2) Solos argilosos:

1 — solos muito argilosos, com teor de argila superior a 60%;

2 — solos argilosos, com teor de argila entre 40 e 60%.

(4) Solos barrentos:

3 — solos barro-arenosos (areno-argilosos) com teor de argila entre 25 e 40% e de areia superior a 45%;

4 — solos barrentos, com teor de argila entre 25 e 40%, de areia inferior a 45%, e de limo inferior a 50%:

5 — solos barro-limosos (limo-argilosos) com teor de argila entre 25 e 40% e, de limo, superior a 50%.

(6) Solos limosos:

6 — solos limosos, com teor de argila inferior 15% e, de limo, superior a 50%;

7 — solos limo-barrentos, com teor de argila entre 15 e 25% e, de limo, superior a 50%.

(8) Solos arenosos:

8 — solos arenosos, com teor de argila interior a 15% e, de limo, inferior a 50%;

9 — solos areno-barrentos, com teor de argila entre 15 e 25% e, de limo, inferior a 50%.

No campo, a classificação granulométrica do solo poderá ser feita com auxílio de testes rápidos, procurando identificar, pelo tato e pela vista, a proporção das frações argila, limo e areia.

Os "fragmentos grosseiros", assim denominados aqueles entre 2 e 200 mm de diâmetro médio, constituem uma porção do solo de grande importância pela influência que exerce na conservação da umidade, na infiltração, nas enxurradas, no desenvolvimento do sistema radicular das plantas e na proteção contra a erosão eólica. Na caracterização da textura, são indicados por uma letra maiúscula colocada em seguida à notação da classe textural, desde que a massa de solo os contenha em proporção significante, ou seja, acima de 15 a 20% em volume[8].

A *estrutura* em cada camada fornecerá valiosa referência para a avaliação do grau de permeabilidade do solo, indicando o grau de adensamento das partículas e a quantidade de poros, canalículos e fendas existentes nos horizontes do perfil; quanto mais, bem desenvolvida é a estrutura, maior é a permeabilidade. No campo, o grau de desenvolvimento da estrutura é determinado pela verificação da estabilidade ou resistência dos agregados e pela proporção entre material agregado e desagregado.

De acordo com o Manual Brasileiro[8], o desenvolvimento da estrutura pode ser classificado em:

a) Forte: quando os agregados são estáveis e bem visíveis em cortes recentes do solo, ligeiramente aderidos uns aos outros, separando-se ao serem expostos, mas resistindo como agregados;

b) Moderado: quando os agregados são bem formados e visíveis na estrutura indeformada do solo; embora não sejam perfeitamente distintos uns dos outros se fragmentam, quando o solo é desagregado, em uma mistura de muitos agregados inteiros, alguns partidos e um pouco de material desagregado;

c) Fraco: quando os agregados são fracamente formados, indistintos e dificilmente visíveis num corte, formando-se, quando o solo é desagregado, uma mistura de poucos agregados inteiros, muitos partidos e muito material desagregado.

A *permeabilidade* tem grande importância no condicionamento dos movimentos da água e do ar e do desenvolvimento das plantas. Não é fácil caracterizar, em um exame rápido de campo, o grau de permeabilidade das principais camadas de um solo. Usualmente, o índice que serve de base para essa determinação é a altura, em milímetros, da coluna de água que pode ser percolada durante uma hora através de um bloco de solo de estrutura inalterada, sob a pressão de uma camada livre de água de um centímetro de altura[8]. No campo, entretanto, pode-se avaliar aproximadamente o grau de permeabilidade de cada uma das camadas importantes do solo em função de sua textura e, sobretudo, de sua estrutura.

Nos levantamentos conservacionistas, distinguem-se, em cada uma das camadas do solo, os seguintes graus de permeabilidade[8]:

a) Rápida: quando o solo é de textura mais grossa e de estrutura fortemente desenvolvida, apresentando fáceis canais para a percolação de água, percolação essa que, nos testes de laboratório, é de mais de 250 mm por hora;

b) Moderada: quando o solo é de textura média e de estrutura moderadamente desenvolvida, sendo, também, moderada a percolação da água, atingindo nos testes de laboratório níveis de 1 a 250 mm por hora;

c) Lenta: quando o solo é de textura fina e de estrutura fracamente desenvolvida, sendo a percolação mais difícil e, em geral, de velocidade inferior a 1 mm de água percolada por hora, nos testes de laboratórios.

As classes de permeabilidade do solo adotadas no Manual Brasileiro são[8]:

0 — não identificada;

1 — rápida no solo e rápida no subsolo;

2 — rápida no solo e moderada no subsolo;

3 — rápida no solo e lenta no subsolo;

4 — moderada no solo e rápida no subsolo;

5 — moderada no solo e moderada no subsolo;

6 — moderada no solo e lenta no subsolo;

7 — é lenta no solo e rápida no subsolo;

8 — lenta no solo e moderada no subsolo;

9 — lenta no solo e lenta no subsolo.

A *fertilidade aparente* do solo, no levantamento conservacionista, é uma característica difícil de ser avaliada e, embora não tendo grande utilidade para comparação de solos de regiões diferentes, serve como bom termo de comparação entre unidades de solo de uma mesma região que sejam semelhantes em outras características[3].

A fertilidade aparente é determinada apenas pela fertilidade inerente do solo, pela sua maior ou menor riqueza de elementos nutritivos essenciais: no exame de campo é inferida principalmente pela vegetação espontânea e pelas colheitas obtidas. Quando possível, usar as análises químicas disponíveis e os resultados de experimentos de adubação existentes.

O *Manual Brasileiro de Levantamento Conservacionista*[8] adota seis classes de fertilidade aparente do solo:

0 — não identificada;

1 — muito alta;

2 — alta;

3 — média;

4 — baixa;

5 — muito baixa.

Algumas condições peculiares atuais do solo, que podem ser modificáveis pelo homem, são de grande importância para a determinação da capacidade de uso do solo[8]: *a)* reação ou pH; *b)* matéria orgânica; *c)* pedregosidade; *d)* classe de drenagem; *e)* risco de inundação; e *f)* salinidade.

A *reação ou pH* representa pela letra r, que é o grau de acidez ou de alcalinidade do solo, pode ser útil na separação das unidades de solo para o planejamento conservacionista. O Manual Brasileiro[8] apresenta as seguintes classes de reação do solo:

0 — não identificado;

1 — alcalinos, com pH acima de 8,5;

2 — moderadamente alcalinos, com pH entre 7,5 e 8,5;

3 — praticamente neutros, com pH entre 6,5 e 7,5;

4 — moderadamente ácidos, com pH entre 5,5 e 6,5;

5 — ácidos, com pH entre 4,5 e 5,5;

6 — fortemente ácidos, com pH entre 3, 5 e 4 ,5;

7 — extremamente ácidos, com pH abaixo de 3, 5.

A *matéria orgânica* do solo é uma característica difícil de avaliar num exame sumário de campo, sendo quase sempre estimada na base da cor e estrutura do solo; é usada para diferenciar unidades de solos que, nos demais critérios de levantamento, apresentem-se semelhantes[8].

A matéria orgânica incorporada ao solo pode, quase sempre, ser percebida ao redor das partículas, nos interstícios, ou dentro dos elementos estruturais. Pelo tato, algumas vezes, é possível determinar o grau e a natureza da cimentação provocada por ela[2].

O *Manual Brasileiro de Levantamento Conservacionista*[8] distingue as seguintes classes de riqueza em matéria orgânica, representadas no mapeamento pela letra O:

1 — não identificada;

2 — solos orgânicos (turfosos), identificados pela cor preta e pela grande quantidade de restos vegetais não inteiramente decompostos, contendo mais de 20% de matéria orgânica quando sobre solos arenosos, ou mais de 30% de matéria orgânica quando sobre argilosos;

3 — solos com alto teor de matéria orgânica, identificados, em geral, pela cor mais escura, pela estrutura mais desenvol-

vida, quase sempre grumosa ou granular, e pela presença de minhocas e outras formas microscópicas de vida animal ou vegetal, dentro do solo;

4 — solos com médio teor de matéria orgânica, identificados, em geral, pela cor medianamente escura e pela estrutura moderadamente desenvolvida;

5 — solos com baixo teor de matéria orgânica, identificados, em geral, pela cor clara e pela estrutura fracamente desenvolvida, compacta e adensada.

A *pedregosidade*, representada pela letra p, determinada pela quantidade de pedras de um solo, tem interesse para a avaliação da facilidade e dificuldade de trabalhos mecânicos do solo; no caso de pedras pequenas, pode ter interesse na avaliação da conservação da umidade, no controle da erosão eólica e hídrica e na infiltração e desenvolvimento do sistema radicular das plantas.

O *Manual de Levantamento da Capacidade de Uso*[9] apresenta, com detalhes, os critérios para classificação da pedregosidade do solo, que, em linhas gerais, consiste na seguinte:

0 — não identificada;

1 — sem pedras ou praticamente sem pedras, quando os fragmentos grosseiros (cascalhos e calhaus) representam menos de 15% da massa de solo, em volume, ou quando os matacões cobrem menos de 0,01% da superfície do solo;

2 — solos cascalhentos ou com abundância de calhaus, quando contém entre 15 e 50% de fragmentos grosseiros, em volume da massa de solo, apresentando problemas de infiltração, de controle de enxurrada, de emprego de máquinas agrícolas;

3 — solos extremamente cascalhentos ou com extrema abundância de calhaus, quando, contendo mais de 50% de fragmentos grosseiros, apresentem efeitos sobre a física do solo e dificuldades no emprego de máquinas de preparo e cultivo do solo;

4 — solos com matacões, em quantidade de 0,01 a 1% da sua superfície, interferindo no trabalho mecanizado;

5 — solos com abundância de matacões, 1 a 10% da sua superfície, e que podem impedir o trabalho com tração mecânica, adaptados para pastagens ou silvicultura;

6 — solos com excessiva abundância de matacões, 10 a 90% da superfície, podendo ter algum valor para pastagem ou silvicultura;

7 — solos rochosos, com 2 a 15% da superfície apresentando afloramentos rochosos ou rochas bastante rasas em quantidade para impedir o uso de máquinas agrícolas mais comuns;

8 — solos muito rochosos, com 15 a 50% da superfície apresentando exposições rochosas em quantidade suficiente para impedir o uso de máquinas agrícolas de tração mecânica;

9 — solos extremamente rochosos, com 50 a 90% da superfície apresentando exposições rochosas capazes de impedir o emprego de quaisquer máquinas agrícolas, podendo, entretanto, ser explorados com pastagem e reflorestamento.

A *classe de drenagem*, representada pela letra *d*, é uma característica de grande importância para indicação da capacidade de uso do solo, cuia drenagem natural reúne, a um só tempo, conceitos de capacidade de escoamento superficial do terreno, de permeabilidade do solo e de sua drenagem interna.

A melhor indicação do grau de drenagem natural do solo é dada pela coloração dos seus vários horizontes. A má drenagem é revelada pelos mosqueados, especialmente pelas cores misturadas de gríseo, amarelo-pálido e pardo-enferrujado; cores brilhantes de amarelo e vermelho, típicas de solos bem arejados, indicam boa drenagem.

As classes de drenagem do ponto de vista do condicionamento da capacidade de uso do solo são as seguintes[9]:

0 — não identificada;

1 — excessiva, quando a água se perde do solo mais do que o normal, tanto por escorrimento superficial como por infiltração através do perfil, com prejuízo para as reservas normais às plantas, como ocorre nos terrenos muito declivosos ou nos solos muito porosos;

2 — adequada, quando a água escorre livremente no solo tanto na superfície como na subsuperfície, sem problemas (de rapidez ou de lentidão), como ocorre nos terrenos com condições médias de declividade e de textura;

3 — ligeiramente deficiente, quando a água do solo se perde com lentidão bastante para provocar encharcamento por

períodos curtos, porém sem prejudicar as explorações agrícolas;

4 — deficiente, quando a água do solo se perde com lentidão bastante para provocar encharcamento por períodos significantes e prejudiciais para as explorações agrícolas, exigindo obras simples de drenagem artificial;

5 — muito deficiente, quando a água se perde tão lentamente que o solo se apresenta encharcado por grande parte do tempo e com problemas sérios para as explorações agrícolas, exigindo obras complexas e relativamente dispendiosas de drenagem artificial:

6 — a extremamente deficiente, quando a água do solo se perde tão lentamente que o lençol freático aflora à superfície ou acima desta durante a maior parte do tempo, impedindo o desenvolvimento das principais culturas (à exceção da arrozeira, se estabelecido um mínimo de drenagem artificial), exigindo obras de drenagem artificial muito complexa e dispendiosa;

7 — definitivamente impedida, quando a água do solo é impedida de escoar livremente, provocando o encharcamento quase permanente do solo, sem possibilidade de exploração agrícola; em razão da situação do terreno do relevo ou de outras condições do solo, a drenagem artificial se apresenta impraticável.

O *risco de inundações* para fins de determinação da capacidade de uso do solo, discriminado em função da sua possibilidade de ocorrência, é indicado pela frequência e pela duração usual com que ocorrem[9].

A frequência das inundações é estimada em razão do intervalo provável de ocorrência: *a)* ocasionais, com mais de cinco anos de ocorrência provável; *b)* frequentes, com recorrência provável entre um e cinco anos; *c)* anuais, sucedendo sistematicamente todo ano, repetindo-se uma ou mais vezes nas suas estações.

Sua duração é avaliada de acordo com o tempo em que as águas cobrem o solo; *a)* curtas, duram menos de dois dias; *b)* médias, levando entre dois dias e um mês; e *c)* longas, cuja duração alcançada mais de um mês.

As classes de riscos de inundação, identificadas com a letra i, a utilizar nos levantamentos para fins de determinação da capacidade de uso da terra são as seguintes[9]:

0 — não identificada;

1 — ocasionais e curtas;

2 — ocasionais e médias;

3 — ocasionais e longas;

4 — frequentes e curtas;

5 — frequentes e médias;

6 — frequentes e longas;

7 — anuais e curtas;

8 — anuais e médias;

9 — anuais e longas.

A *salinidade do solo,* identificada com a letra s, é uma característica de grande importância na determinação da capacidade de uso, principalmente no Nordeste brasileiro. As grandes concentrações de sais solúveis no solo constituem impedimento ao desenvolvimento normal da maioria das plantas cultivadas, sendo, assim, de grande importância nas regiões secas, para classificação da sua capacidade de uso.

As classes de salinidade do solo são as seguintes[9]:

0 — não identificada;

1 — nula: solos isentos de sais solúveis em excesso;

2 — ligeira: solos com muito pequenas quantidades de sais solúveis em excesso, com teores de menos de 15% e condutividade elétrica abaixo de 2 mmho/cm, com inibição de crescimento de culturas por efeito de excesso de sal;

3 — moderada: solos com pequenas quantidades de sais solúveis, com teores entre 15 e 35% e condutividade elétrica entre 2 e 4 mmho/cm para solos normais, e entre 4 e 8 mmho/cm para solos afetados pelo sal, com rendimento das culturas inibido pelo excesso de sal;

4 — forte: solos que apresentam grande quantidade de sais solúveis, com teores entre 35 e 65% e condutividade elétrica entre 8 e 16 mmho/cm, com rendimento bastante inibido para as culturas e sérias limitações para a capacidade de uso do solo;

5 — muito forte: solos com quantidades excessivas de sais solúveis, com concentrações superiores a 65% e condutividade elétrica acima de 16 mmho/cm, onde as culturas em geral não produzem e os terrenos são desprotegidos e cheios de crostas.

A *sodificação do solo*, identificada com a letra n, refere-se à presença de quantidades maiores de sódio trocável (Na+): o solo se apresenta enegrecido tanto na superfície como nas camadas internas do perfil, sendo altamente nocivo e prejudicial às plantas. De acordo com os níveis de sodificação, as classes são as seguintes[9]:

0 — não identificada;

1 — nula: solos com quantidades de sódio trocável abaixo de 4%, sem problemas para as plantas;

2 — ligeira: solos com muito pequenas quantidades de sódio trocável, teor de 4 a 10%, com pequenos problemas para as plantas,

3 — moderada: solos com pequenas quantidades de sódio trocável, entre 10 e 15%, apresentando problemas de uso com plantas cultivadas;

4 — forte: solos com quantidades excessivas de sódio trocável, entre 15 e 20%, com sérios problemas para as culturas;

5 — muito forte: solos cujo teor de sódio trocável seja superior a 20%, impedindo completamente seu uso com plantas cultivadas.

Para fins de classificação da capacidade de uso do solo a salinidade em geral, incluindo a salinidade propriamente dita e a sodificação, poderão os solos ser classificados nas seguintes classes[9]:

0 — não identificada;

1 — nula: solos isentos de sais solúveis em excesso e de sódio trocável;

2 — salinidade ligeira: solos que apresentam muito pequenas quantidades de sais solúveis em excesso;

3 — sodificação ligeira: solos que apresentam muito pequenas quantidades de sódio trocável;

4 — salinidade moderada: solos que apresentam pequenas quantidades de sais solúveis em excesso;

5 — sodificação moderada: solos que apresentam pequenas quantidades de sódio trocável;

6 — salinidade forte: solos que apresentam grandes quantidades de sais solúveis em excesso;

7 — sodificação forte: solos que apresentam grandes quantidades de sódio trocável;

8 — salinidade muito forte: solos que apresentam quantidades excessivas de sais solúveis em excesso;

9 — sodificação muito forte: solos que apresentam quantidades excessivas de sódio trocável.

9.2. Declividade do terreno

Para o condicionamento da capacidade de uso da terra, a topografia, na maioria dos casos, constitui um dos fatores de maior importância.

As condições e características identificadoras da topografia são representadas no denominador da tração, antes da notação de erosão, separadas por um traço de união.

Para fins de planejamento conservacionista, não há necessidade, de modo geral, de discriminar no levantamento os graus de declive do terreno em suas mínimas variações. Será suficiente delimitar as zonas em que ocorrem determinadas classes de declive, e, bem assim, a direção e o sentido das declividades.

De acordo com o *Manual Brasileiro para Levantamento da Capacidade de Uso*[9], são oito as classes de declividade, usualmente discriminadas em função das limitações oferecidas para o trabalho das máquinas agrícolas, da seguinte maneira:

A — Declives suaves, inferiores a 2,5%, podendo ser arados em todas as direções e sentidos:

A - : inferiores a 1%;

A + : entre 1 e 2,5%.

B — Declives moderados, entre 2,5 e 12%, podendo ser trabalhados em curvas de nível por tratores de rodas:

B - : entre 2,5 e 5%;

B + : entre 5 e 12%.

C — Declives fortes, entre 12 e 50%, podendo ser trabalhados mecanicamente apenas em curvas de nível e por máquinas simples de tração animal ou, em certos limites, por tratores de esteiras:

C - : entre 12 e 25%, ainda trabalháveis, com limitações e cuidados especiais, por tratores de esteiras;

C + : entre 25 e 50%, somente trabalháveis mecanicamente por máquinas simples de tração animal, assim mesmo com limitações sérias.

D — Declives muito fortes, superiores a 50%, não mais podendo ser trabalhados mecanicamente, nem mesmo pelas máquinas simples de tração animal:

D - : entre 50 e 100%, somente trabalháveis com instrumentos e ferramentas manuais;

D + : superiores a 100%, praticamente impossíveis de ser trabalhados mesmo com instrumentos e ferramentas manuais.

As delimitações entre as classes de declividade são representadas por uma linha preta interrompida (-----).

9.3. Erosão

Representa um dos principais aspectos no solo. Sua caracterização se faz com números e símbolos especiais, indicadores do tipo e do grau da erosão, figurando, tais números e símbolos, no denominador da fração, em seguida ao símbolo da classe de declive, do qual ficam separados por um traço de união.

O conhecimento do desgaste já produzido no solo pela erosão, em suas diferentes formas, será de grande interesse como base para os planejamentos conservacionistas, pois indica, não apenas a maior ou menor erodibilidade do solo, como o grau de redução de sua capacidade de produção e, principalmente, a natureza e a intensidade das práticas conservacionistas necessárias.

Nos levantamentos conservacionistas, distinguem-se apenas as formas de erosão hídrica por arrastamento, pois a erosão por impacto apresenta seus efeitos somados àqueles da erosão por arrastamento. São levantados três tipos de desgaste pela erosão: *a)* erosão laminar; *b)* erosão em sulcos; e, *c)* erosão em voçorocas ou desbarrancados. São também levantadas as acumulações ou deposições de sedimentos transportados.

A laminar, embora sendo a forma mais importante de erosão, é a mais difícil de ser identificada e avaliada em virtude da pequena diferenciação morfológica entre os horizontes do perfil; quase sempre é difícil uma avaliação da profundidade da camada que já foi removida pela erosão laminar. Um perfil virgem, não decapitado, é a melhor referência para determinar a profundidade desgastada; quando não se tem um perfil virgem para a referência, muitas vezes se adota a profundidade hipotética de 20 cm para o horizonte A intacto[9].

A erosão em sulcos e a erosão em voçorocas são facilmente reconhecíveis, em seus diferentes graus de intensidade, pela profundidade e frequência ou extensão das grotas deixadas no solo.

As classes de erosão usualmente levantadas e mapeadas são as seguintes[9]:

I — Geral

0: não identificada;

θ: não aparente, tal como ocorre em solos virgens recobertos de vegetação.

II — Erosão laminar

1: erosão laminar ligeira, quando já aparente, mas com menos de 25% (1/4) do solo superficial (horizonte A) removido ou, quando não for possível identificar a profundidade normal do horizonte A de um solo virgem, com mais de 15 cm de solo superficial (horizonte A) remanescente;

2: erosão laminar moderada, com 25 a 75% (1/4 a 3/4) de solo superficial (horizonte A) removido, ou, quando não for possível identificar a profundidade normal do horizonte A de um solo virgem, com 5 a 150m de solo superficial (horizonte A) remanescente;

3: erosão laminar severa, com mais de 75% (3/4) do solo superficial (horizonte A) removido e, possivelmente, com o subsolo (horizonte B) já aflorado, ou, quando não for possível identificar a profundidade natural do horizonte A de um solo virgem, com menos de Som de solo superficial (horizonte A) remanescente;

4: erosão laminar muito severa, com todo o solo superficial (horizonte A) removido e com o subsolo (horizonte B) bastante erodido, já havendo, em alguns casos, sido removido em proporções entre 25% (1 /4) e 75% (3/4) da profundidade original;

5: erosão laminar extremamente severa, com o subsolo (horizonte B), em sua maior parte, removido, e com o horizonte C já atingido, encontrando-se o solo praticamente destruído para fins agrícolas.

III — Erosão em voçorocas

6: erosão do tipo de voçorocas, desbarrancados, desmoronamentos e escorregamentos de massas de terra (solifluxão).

IV — Erosão em sulcos

a) Frequência dos sulcos:

7: erosão em sulcos repetidos ocasionalmente sobre o terreno, a distâncias superiores a 30 m um do outro;

8: erosão em sulcos repetidos com frequência, a distâncias inferiores a 30 m, mas ocupando menos de 75% (3/4) da área do terreno;

9: erosão em sulcos repetidos com muita frequência, ocupando mais de 75% (3/4) da área do terreno; este símbolo 9, ao contrário do 7 e do 8, deverá ser usado sem símbolos complementares de erosão laminar.

b) Profundidade dos sulcos:

7, 8 ou *9* : (sem qualquer outro símbolo), sulcos superficiais, que podem ser cruzados por máquinas agrícolas e serão desfeitos pelas práticas normais de preparo do solo:

⑦, ⑧ ou ⑨ : sulcos rasos, que podem ser cruzados por máquinas agrícolas e serão desfeitos pelas práticas normais de preparo do solo. No mapa, são representados por uma linha vermelha mista de um traço e um ponto, terminada por uma seta indicadora do sentido de caimento (–·–·→);

[7], [8] ou [9] ou : sulcos profundos, que não podem ser cruzados por máquinas agrícolas. No mapa, são representados por uma linha vermelha mista de um traço e dois pontos, terminada por uma seta indicadora do sentido de caimento (–··–··→);

7V, 8V ou *9V:* sulcos muito profundos ou voçorocas, que não podem ser cruzados por máquinas agrícolas. No mapa, são representados por uma linha vermelha cheia e sinuosa, terminada por uma seta indicadora do sentido de caimento (～～～→).

V — Acumulações

+ : acumulação recente por deposição de colúvio ou sedimentos de erosão;

(+) : acumulação antiga de colúvio ou sedimentos de erosão, mas ainda sem diferenciação de horizonte em seu perfil;

△+: acumulação ou deposição de sedimentos nociva ou prejudicial às explorações agrícolas.

VI — Estabilização

$\hat{3}, \hat{7}, \widehat{37},$ etc.: erosão parcialmente estabilizada;

$\bar{3}, \bar{7}, \overline{37},$ etc.: erosão completamente estabilizada;

—·—·(—·—)—·→ : trecho estabilizado em sulco de erosão.

VII — Erosão eólica

As classes de erosão eólica usualmente levantadas e mapeadas são as seguintes[8]:

L: litorânea, quando ocorre junto a orla marítima, com deslocamento de material arenoso em forma de dunas:

C: continental, quando ocorre no interior do continente, havendo movimento de partículas de solo sem que haja reposição do material deslocado.

Os graus de erosão eólica, representados sob a forma de um índice numérico aposto à letra maiúscula indicadora do tipo de erosão eólica, usados em seguida àqueles da erosão hídrica, são os seguintes:

1: erosão eólica pequena ou ligeira;

2: erosão eólica regular ou moderada;

3: erosão eólica severa ou intensa.

As delimitações entre os tipos e graus de erosão, no mapa, são representadas por uma linha preta pontilhada (.....).

9.4. Uso atual do solo

Para determinar a capacidade de uso do solo, assim como planejar as necessárias mudanças na sua utilização, é de grande importância o conhecimento do seu uso atual.

No levantamento, podem ser delimitados os diferentes tipos de uso do solo, assinalando-os por letras simbólicas convencionais, segundo o Manual Brasileiro de Levantamentos Conservacionistas[8]. Os símbolos e as cores adotadas para a caracterização dos diferentes tipos de uso ou cobertura do solo são os seguintes:

I — Mato (verde dominante)

1. Vegetação espontânea:

F: Mata tropical e subtropical de terras altas (verde-escuro):

a) mata tropical e subtropical menos exuberante e densa que a primeira, semicaduca, em terras secas (verde médio):

Co: cocais caracterizados pelo predomínio de coqueiros, especialmente camaúbas, buritis e assaís;

Pi: pinhais ou pinheirais, caracterizados pela predominância de pinheiros, especialmente araucárias;

Sad: savana densa, cerrado grosso ou cerradão.

b) mata tropical e subtropical menos exuberante e densa que a primeira, semicaduco, em terras pantanosas (verde-azulado):

Vi: vegetação intermitentemente inundada de margem de rios, charcos etc.;

Vm: vegetação marítima, formações de mangrove (manguezal) ou flora halófita do litoral.

c) capoeira ou mato tropical e subtropical ralo ou arbustivo, também denominado savana ou cerrado (verde-oliva):

Ct: caatingas, ou seja, associações ou formações lenhosas de terras secas que perdem as folhas no estio;

Sam: savana média ou cerrado.

2. Vegetação formada artificialmente (traços verticais verde-escuros)

Fr: reflorestamento;

Fre: reflorestamento com eucalipto;

Frcn: reflorestamento com cássia-negra;

Frpi: reflorestamento com pinheiro.

3. *Vegetação explorada:*

Fc: mato nativo com culturas subsidiárias (verde-escuro com pontos marrons);

Fp: mato nativo pastoreado (verde-escuro com pontos alaranjados);

Fx: mato nativo queimado ou cortado e ainda, não restaurado (pontos verde-escuros).

II — Campos e pastagens (amarelo dominante)

1. *Diversos:*

az: azevém;

a: capim-angola;

bb: barba-de-bode;

c: capim-colonião;

e: capim-elefante;

g: capim-gordura;

gr: grama;

grb: grama-balalais;

grm: grama-missioneira;

grs: grama-seda;

j: capim-jaraguá;

leg: leguminosas;

g: capim-quicuio;

r: capim-de-rodes;

rb: capim-rabo-de-burro;

sb: samambaia;

sp: sapé;

sr: apim-de-serra.

2. Pastagem nativa não melhorada e utilizada (alaranjado):

Cam: campinas, campos sem árvores, campos limpos ou estepes de gramíneas;

Sar: savana rala, campos cobertos, campos cerrados ou estepes arbustivas.

3. Pastagem nativa não melhorada e não utilizada ou em descanso (amarelo):

Cam: campinas, campos sem árvores, campos limpos ou estepes de gramíneas;

Sar: savana rala, campos cobertos, campos cerrados ou estepes arbustivas.

4. Pastagem melhorada, tratada ou cercada (verde-amarelos):

Pc: pastagem melhorada com plantio de novas espécies. Pastagem cultivada;

Pn: pastagem nativa melhorada sem plantio de novas espécies;

Pnx: pastagem nativa melhorada sem plantio de novas espécies e não arável.

5. Capineira, ou área com capim e forrageira para corte (traços verticais verde-amarelos):

Xag: algaroba;

Xe: capineira-de-elefante;

Xg: capineira-de-gordura;

Xgu: capineira-de-guatemala;

Xi: capineira-de-imperial;

Xleg: leguminosas para corte;

Xpl: palma para corte.

III — Culturas

1. Culturas e explorações permanentes (roxo dominante):

H: Horta, olericultura (roxo-escuro):

Ab: abóbora;

Cb:	cebola;
Er:	ervilha;
Fi:	flores;
Mi:	melancia;
Re:	repolho;
To:	tomate.

Po: Pomar, fruticultura (roxo-claro):

Abe:	abacate;
Abx:	abacaxi;
Ba:	banana;
Ci:	cítrus, laranja
Cq:	caqui;
Fi:	figo;
Gb:	goiaba;
Mç:	maça;
Mir:	mirtáceas;
Mg:	manga;
M:	mamão;
Mr:	marmelo;
Pe:	pêra;
Os:	pêssego;
Vi:	videira.

Ci: Culturas industriais (rosa):

Amo:	amoreira;
Bb:	bambu;
Cac:	cacau;
Cn:	carnaúba;
De:	dérris;
Fo:	fórmio;
Mt:	mate;
Men:	menta;
Ot:	oiticica;

Pir:	piretro;
Ra:	rami;
Ser:	seringueira;
Si:	sisal;
Tu:	tungue.

Caf: cafezal a pleno solo (púrpura);

Cafs: cafezal sombreado (púrpura com traços verde-escuro).

2. Culturas anuais (marrom dominante):

a) de sequeiro (marrom-escuro)

Alg:	algodão;
Ar:	arroz;
Av:	aveia;
Bd:	batata-doce;
Bi:	batata-inglesa;
Cen:	centeio;
Fu:	fumo;
Ge:	gergelim;
Gi:	girassol;
Li:	linho;
Mam:	mamona;
Man:	mandioca;
Mi:	milho;
Sor:	sorgo;
Tr:	trigo.

b) com irrigação por inundação (marrom-escuro com pontos azuis)

Ari:	arroz.

3. Leguminosas (ocre e marrom-avermelhado)

a) vivazes (ocre)

Alf:	alfafa;
Gd:	guandu;
Cen:	centrosema;

Cz: cudzu;
Te: tefrósia.

b) anuais (marrom-avermelhado: terra cota ou siena)

Ame: amendoim;

Cro: crotalária;

Ev: ervilha-de-vaca;

Fem: feijão-de-mesa;

Fep: feijão-de-porco;

Mn: mucuna;

Soj: soja.

IV — Diversos (cores diversas)

1. Terreno baldio (âmbar e cinza):

Bai: terras improdutivas (cinza);

Bap: terras produtivas em pousio (marrom-claro: âmbar ou sépia).

2. Terreno coberto de água (azul dominante):

Bre: brejos, pântanos e terrenos alagadiços (azul celeste); açudes, lagos, rios, córregos (azul).

3. Núcleos de habitações e terras não agrícolas associadas (vermelho dominante):

E: edificações (vermelho-escuro)
parques, estradas (vermelho-claro, escarlate).

V — Associações de vegetações (cores respectivas)

consociação em linhas ou carreiras (traços inclinados alternados das cores respectivas);

consociação desordenada não formando linhas (cor maciça da vegetação principal com pontos da cor da vegetação secundária).

R: rotação (cor da cultura atual sobreposta com o símbolo).

As delimitações entre diferentes tipos de uso atual do solo são feitas, no mapa, por linhas interrompidas de cor verde (-----).

9.5. Acidentes topográficos

Para orientação do planejamento conservacionista, é necessário, também, o conhecimento dos acidentes topográficos mais importantes da área a ser planejada: os principais são locados no mapa, atendendo-se às *convenções adotadas na Figura 9.1*[8,10].

(A) EDIFICAÇÕES

– HABITAÇÕES E CONSTRUÇÕES
– IGREJA
– ESCOLA
– MOINHO DE VENTO PARA ELETRICIDADE
– MOINHO DE VENTO PARA ÁGUA
– OLARIA
– CEMITÉRIO
– RUÍNAS
– CRUZEIRO
– LINHA TELEFÔNICA
– LINHA DE BAIXA TENSÃO
– LINHA DE ALTA TENSÃO
– ESTRADA DE FERRO
– ESTRADA DE RODAGEM FEDERAL OU ESTADUAL
– ESTRADA DE RODAGEM MUNICIPAL
– ESTRADA DE RODAGEM PARTICULAR
– ESTRADA DE RODAGEM ABANDONADA
– TRILHO

(B) DETALHE

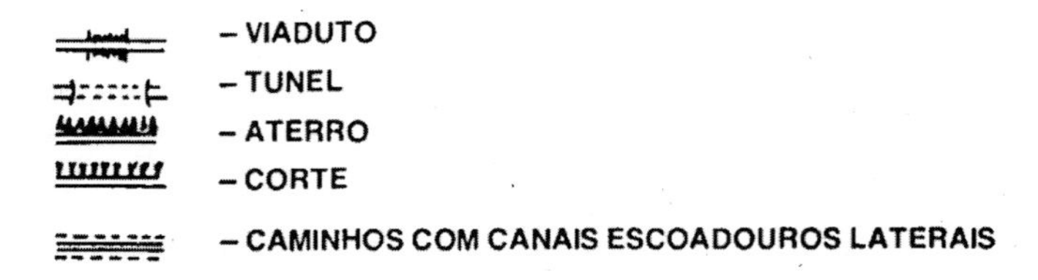

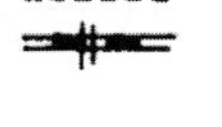

- CRUZAMENTO DE NÍVEL DE ESTRADA DE RODAGEM COM ESTRADA DE FERRO
- CRUZAMENTO SUPERIOR DE ESTRADA DE FERRO
- CRUZAMENTO INFERIOR DE ESTRADA DE FERRO

- PARADA DE ESTRADA DE FERRO

(C) OBRAS DE ARTE E PASSO

- PONTE
- PINGUELA
- PASSAGEM A VAU
- BUEIRO

(D) HIDROGRAFIA

- NASCENTE DE GRANDE RENDIMENTO, COM MAIS DE 10 LITROS POR MINUTO
- NASCENTE DE PEQUENO RENDIMENTO, COM MENOS DE 10 LITROS POR MINUTO
- POÇO DE GRANDE RENDIMENTO
- POÇO DE PEQUENO RENDIMENTO
- CISTERNA DE GRANDE RENDIMENTO
- CISTERNA DE PEQUENO RENDIMENTO
- BEBEDOURO ARTIFICIAL
- BREJO OU PANTANO

(E) CURSOS D ÁGUA

(NOS CURSOS INTERMITENTES, EM VEZ DE LINHAS, USAR-SE-ÃO LINHAS INTERROMPIDAS OU PONTILHADAS)

- RIO
- RIBEIRÃO NÃO VADEÁVEL

- CÓRREGO VADEÁVEL
- CANAL OU DRENO
- ENCANAMENTO D ÁGUA
- ARQUEDUTO

(F) ARMAZENAMENTO DE ÁGUA

– LAGOA
– AÇUDE OU REPRESA

(G) CÊRCAS E TAPUMES

– MURO DE ALVENARIA
– MURO DE PEDRA
– CERCA DE ARAME EM DIVISA DE PROPRIEDADES
– CERCA DE ARAME EM DIVISÕES INTERNAS DA PROPRIEDADE
– CERCA DE MADEIRA EM DIVISA DE PROPRIEDADE
– CERCA DE MADEIRA EM DIVISÕES INTERNAS DA PROPRIEDADE
– CERCA VIVA OU RENQUE DE ÁRVORES
– CERCA DE ARAME AO LONGO DE ESTRADA

(H) ATERRADOS E ESCAVAÇÕES

– DIQUES OU ATERROS
– VALAS

(I) DIVISAS E LINDES

– DIVISA COM CERCA DE ARAME
– DIVISA SEM CERCA
– DIVISA DE ARRENDATÁRIOS COM CERCA
– DIVISA DE ARRENDATÁRIOS SEM CERCA

(J) TERRAÇOS

– TERRAÇOS NIVELADOS COM AS DUAS PONTAS FECHADAS
– TERRAÇOS NIVELADOS COM UMA PONTA ABERTA
– TERRAÇOS NIVELADOS COM DUAS PONTAS ABERTAS
– TERRAÇOS COM CAIMENTO NUM ÚNICO SENTIDO
– TERRAÇO COM CAIMENTO PARA OS DOIS LADOS
TD – TERRAÇOS DE DIVERGÊNCIA

(K) DIVERSOS

- MARCO SIMPLES
- MARCO NUMERADO
- ÁRVORES DESTACADAS
672 – PONTOS NIVELADOS COM A SUA COTA RESPECTIVA
S – RETIRADAS DE AMOSTRAS DO SOLO
- ESTAÇÕES QUAISQUER OU OBJETOS LOCADOS NO LEVANTAMENTO
4 – NUMERO DE CAMPO OU GLEBA
- TERRENO PEDREGOSO
- BLOCOS DE PEDRA OU ROCHA EXPOSTA
- PEDREGULHO
- PEDREIRA
- BARREIRA OU SOLAPADO COM A COTA DO DESNÍVEL

(L) LIMITES DAS CARACTERÍSTICAS MAPEADAS

- (PRETO) – UNIDADES DE SOLO
- (PRETO) – CLASSES DE DECLIVE
- (PRETO) – GRAUS DE EROSÃO
- (VERDE) – TIPOS DE USO ATUAL

(M) CORES DOS TRAÇOS

PRETO – PLANIMETRIA
AZUL – HIDROGRAFIA
SÉPIA – RELEVO
VERMELHO – SULCOS DE EROSÃO E LIMITES DE PROPRIEDADE
VERDE – VEGETAÇÃO E TIPOS DE USO DO SOLO

(N) PLANEJAMENTO

- HABITAÇÕES E CONSTRUÇÕES
- ESTRADA
- CAMINHOS COM CANAIS ESCOADOUROS LATERAIS
- PONTE
- BUEIRO

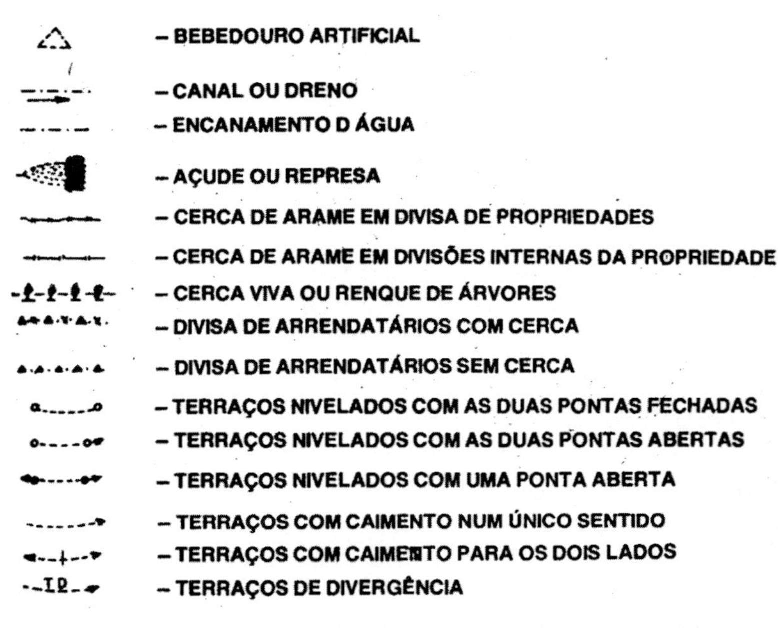

Figura 9.1. Convenções adotadas para os acidentes topográficos

9.6. Ordenação dos símbolos e das notações utilizadas nos mapeamentos

Os aspectos dos terrenos que são caracterizados e mapeados nos levantamentos conservacionistas são representados sob a forma de símbolos e notações especiais.

Cada parcela do terreno será caracterizada por uma fórmula tendo uma fração que, no numerador apresenta os símbolos indicadores das características intrínsecas do solo e no denominador os símbolos e notações da declividade do terreno e da erosão, respectivamente em primeiro e segundo lugar, separados por um traço de união. As indicações da origem geológica e as classificações pedológicas em que se enquadra o solo, quando conhecidas ou identificáveis, serão colocadas à frente da fração. O uso atual será colocado em último lugar, no fim da formula, e o símbolo da capacidade de uso do solo, quando utilizado, antecederá os demais (as descrições das classes de capacidade de uso são definidas logo a seguir).

Nem sempre todas as características poderão ser identificadas e mapeadas num levantamento conservacionista, porém devem ser colocadas as que são importantes no condicionamento da capacidade de uso de uma gleba. Apresentamos, a seguir, uma fórmula para exemplificar a caracterização de uma gleba:

$$\text{II } 9 \; \frac{122}{\text{B - 27}} \; \text{Mi}$$

em que:

II = classe de capacidade de uso do solo (terras cultiváveis com problemas simples de conservação);

9 = grande grupo de solo (oxissolo, latossolo roxo);

1 = profundidade efetiva do solo (muito profundo, quando a camada livre do solo tem profundidade superior a 2 metros);

2 = textura do solo superficial (solos argilosos, com teor de argila entre 40 e 60%);

2 = permeabilidade do solo e do subsolo (rápida no solo e moderada no subsolo);

B = declividade do terreno (declives moderados, entre 2,5 e 12,0%);

27 = erosão (2 = erosão laminar moderada, e, 7 = erosão em muitos sulcos repetidos ocasionalmente sobre o terreno, a distâncias superiores a 30 metros um do outro);

Mi = uso atual (culturas anuais: milho).

Quando no levantamento houver um aspecto ou característica do solo que seja absolutamente restritiva do uso, sobrepondo-se decisivamente sobre os demais aspectos ou características do solo no condicionamento de sua capacidade de uso, bastará que tal aspecto ou característica seja representada, omitindo-se os demais. É o caso, por exemplo, da alta pedregosidade, elevada acidez do solo, risco de inundação, salinidade forte, erosão muito severa, etc.

9.7. Capacidade de uso do solo

A classificação da capacidade de uso do solo visa estabelecer bases para o seu melhor aproveitamento e envolve a avaliação das necessidades para os vários usos que possam ser dados a determinada gleba. As classes de capacidade de uso do solo deverão ser utilizadas como base sobre a qual os fatores econômicos e sociais de determinada área possam ser considerados ao elaborar modificações no uso do solo[13].

Depois de levantados sumariamente, os fatores físicos que maior influência tem sobre o uso da terra — a natureza do solo, a declividade, a erosão, o uso atual — serão devidamente interpretados e pesados em conjunto para determinação das classes de capacidade de uso do solo.

Para se proceder a essa classificação do potencial de uso da terra, os critérios adotados são, principalmente, os seguintes[8,9]:

a) o da estabilidade do solo, em função especialmente de sua declividade e erodibilidade;

b) o da produtividade do solo em função de sua fertilidade, da sua falta ou excesso de umidade, acidez, alcalinidade etc.;

c) o das obstruções contra o livre emprego de máquinas, em função de sua pedregosidade e profundidade, dos sulcos de erosão existentes, do encharcamento etc.;

d) o do ambiente ecológico, em função especialmente das condições climáticas, notadamente o regime pluviométrico.

Além de tais critérios, e necessário que sejam considerados os dados e informações obtidos mediante a experimentação agronômica. Associando-se devidamente todos os fatores levantados, organiza-se uma classificação das glebas de cada propriedade, ou bacia hidrográfica, ou determinada região, em função de sua capacidade de uso.

Todas as terras produtivas podem ser divididas em duas categorias: *a)* as que garantem uma colheita satisfatória por determinado período de cultivo sem dano para a terra; e, *b)* as que precisam estar cobertas com vegetação permanente para produzir um lucro satisfatório e preservar a terra. Deve-se, portanto, em uma classificação de terras, determinar em qual categoria uma gleba se enquadra. A essas duas, pode-se acrescentar uma terceira categoria: a das terras que são tão pobres ou tão falhas de condições favoráveis que excluem qualquer possibilidade de uma exploração econômica.

Basicamente as terras podem ser definidas nas seguintes categorias: *a)* cultiváveis; *b)* cultiváveis apenas em casos especiais de algumas culturas permanentes e adaptadas em geral para pastagens ou florestas; e, *c)* terras que não se prestam para vegetação produtiva. As classes de capacidade de uso são baseadas nessas três categorias.

A classificação convencional, aceita universalmente, abrange oito classes de capacidades de uso do solo, sendo quatro de terras de cultura, três de terras de pastagens e reflorestamento, e uma de terras impróprias para a vegetação produtiva[8,9] (Figura 9.2, caderno central a cores).

A — *Terras cultiváveis*

I — terras cultiváveis aparentemente sem problemas especiais de conservação (verde-claro);

II — terras cultiváveis com problemas simples de conservação (amarelo);

III — terras cultiváveis com problemas complexos de conservação (vermelho);

IV — terras cultiváveis apenas ocasionalmente ou em extensão limitada com sérios problemas de conservação (azul).

B — Terras cultiváveis apenas em casos especiais de algumas culturas permanentes e adaptadas em geral para pastagens ou reflorestamento

V — terras cultiváveis apenas em casos especiais de algumas culturas permanentes e adaptadas em geral para pastagens ou reflorestamento, sem necessidade de práticas especiais de conservação (verde-escuro);

VI — terras cultiváveis apenas em casos especiais de algumas culturas permanentes e adaptadas em geral para pastagens ou reflorestamento, com problemas simples de conservação (alaranjado);

VII — terras cultiváveis apenas em casos especiais de algumas culturas permanentes e adaptadas em geral para pastagens ou reflorestamento com problemas complexos de conservação (marrom).

C — Terras impróprias para vegetação produtiva e próprias para proteção da fauna silvestre, para recreação ou para armazenamento de água

VIII — terras impróprias para cultura, pastagem ou reflorestamento, podendo servir apenas como abrigo da fauna silvestre, como ambiente para recreação ou para fins de armazenamento de água (roxo).

As diferentes classes de capacidade de uso do solo são mostradas em cores no mapa, indicando de maneira sumária e simples as técnicas básicas e o uso da gleba. Dentro das áreas coloridas, sob a forma de símbolos e convenções, são encontradas as informações do levantamento: diferenciação de solos, declividades, graus de erosão, uso atual. Essas informações serão usadas pelos técnicos para a determinação de recomendações mais adaptadas e específicas das práticas conservacionistas e do manejo do solo[9].

Para ajudar na determinação de capacidade de uso de cada gleba, deve-se, em cada levantamento, organizar uma tabela indicadora das combinações de fatores condicionadores da capacidade de uso do solo que podem ser encontrados em cada classe. Para orientação dos técnicos planejadores, é de ajuda a organização de listas de recomendações para as principais práticas conservacionistas a adotar em cada classe de capacidade de uso do solo e em cada modalidade de exploração.

As classes de capacidade de uso do solo podem não ter um caráter permanente, pois as modificações naturais sofridas pelo solo ou a introdução de novas práticas de manejo podem deslocar uma gleba de uma para outra classe de capacidade de uso, porém a avaliação da capacidade de uso do solo se baseará nas condições existentes por ocasião do levantamento.

A fotografia ou o mapa colorido com assores convencionais para cada uma das: classes da capacidade de uso, indicam a potencialidade de cada uma das glebas, orientando assim planejamento conservacionista, cujo passo inicial, em uma propriedade agrícola, é a distribuição racional dos caminhos, canais escoadouros, barragens, cercas, etc., visando facilitar o mais possível a aplicação de práticas que sigam as curvas de nível do terreno.

A maioria dos caminhos será disposta em contorno, devendo os de ligação apresentar pendentes suaves e protegidos com canais escoadouros. As propriedades deverão ser planejadas globalmente de modo a ficar protegidas desde as cabeceiras dos morros até o leito dos córregos. Nas cabeceiras dos morros, serão colocadas as reservas florestais, vindo, a seguir, as pastagens, depois as culturas perenes (pomar, cafezal), e, mais abaixo, já em topografia mais suave, serão colocadas as culturas anuais.

Juntamente com os tipos de exploração, serão recomendadas as práticas conservacionistas. Assim, pomar e cafezal, com o plantio em contorno ou com os terraços de base estreita: a cultura anual, com as faixas e protegida com os cordões de vegetação permanente ou terraceamento; a pastagem, com sulcos de retenção de umidade e etc.

9.8. Caracterização das classes de capacidade de uso

As classes de capacidade de uso são caracterizadas, em termos gerais, apenas do ponto de vista das condições físicas da terra, ou seja, das condições inerentes do solo e ecológicas locais; tais classes não são comparáveis com exatidão de uma região para outra, porém se conformam dentro dos princípios gerais[12].

Não são consideradas as condições econômicas e sociais, também de importância para o condicionamento da potencialidade de exploração do solo, embora o sejam na elaboração dos planejamentos específicos de áreas ou de propriedades agrícolas.

As características das oito classes de capacidade de uso do solo são as seguintes[8]:

Classe I. Terras cultiváveis permanente e seguramente, com produção de colheitas entre médias e elevadas, das culturas anuais, sem práticas ou medidas especiais. O solo é profundo e fácil de trabalhar, conserva bem a água, é medianamente suprido de elementos nutritivos, o terreno tem declividade suave, e podem ser cultivadas sem práticas especiais de controle da erosão.

Classe II. Terras cultiváveis que requerem uma ou mais práticas especiais para serem cultivadas segura e permanentemente, com a produção de colheitas entre médias e elevadas das culturas anuais. A declividade pode ser suficiente para correr enxurrada e provocar erosão. O solo pode ter alguma deficiência que possa limitar a sua capacidade de uso: algumas naturalmente encharcadas podem requerer drenagem; podem não ter boa capacidade de retenção de umidade; algumas práticas conservacionistas são necessárias, tais como plantio em contorno, plantas de cobertura, culturas em faixa, ate mesmo terraços. Em alguns casos, pode necessitar a remoção de pedras e utilização de adubos e corretivos.

Classe III. Terras cultiváveis que requerem medidas intensivas ou complexas, a fim de poder ser cultivadas, segura e permanentemente, com a produção de colheitas entre médias e elevadas das culturas anuais. A topografia moderadamente inclinada exige cuidados intensivos para controle de erosão da drenagem deficiente exige controle da água; a baixa produtividade requer práticas especiais de melhoramento do solo. São enquadradas nessa classe as melhores terras, não irrigadas, de algumas regiões semiáridas.

Classe IV. Terras que não se prestam para cultivos contínuos ou regulares, com produção de colheitas médias ou elevadas das culturas anuais, mas que se tornam apropriadas, em períodos curtos, quando adequadamente protegidas. São de declive íngreme, erosão severa, drenagem muito deficiente, baixa produtividade, ou qualquer outra condição que a torna imprópria para o cultivo regular. Em algumas regiões, onde há escassez de chuva, as culturas sem irrigação não são seguras.

Classe V. Terras que não são cultiváveis com culturas anuais, sendo especialmente adaptadas para algumas culturas perenes, para pastagens ou para reflorestamento. São terras praticamente planas com problemas de encharcamento, ou alguma obstrução permanente como afloramento de rochas. O solo é profundo e as terras têm poucas limitações para uso em pastagens ou silvicultura, podendo ser usadas permanentemente sem práticas especiais de controle de erosão ou de proteção do solo.

Classe VI. Terras que não são cultiváveis com culturas anuais, sendo especialmente adaptadas para algumas culturas perenes, para pastagens ou reflorestamento. São terras que apresentam problemas de pequena profundidade do solo ou declividade excessiva. Em regiões áridas e semiáridas, a escassez de umidade é a principal causa para o enquadramento na classe.

Classe VII. Terras que, além de não serem cultiváveis com culturas anuais, apresentam severas limitações, mesmo para pastagens ou para reflorestamento, exigindo grandes restrições de uso, com ou sem práticas especiais. Requerem cuidados extremos para controle da erosão.

Classe VIII. Terras não cultiváveis com qualquer tipo de cultura e que não se prestam para floresta ou para produção de qualquer outra forma de vegetação permanente de valor econômico. Prestam-se apenas para proteção e abrigo da fauna silvestre, para fins de recreação ou de armazenamento de água em açudes. São áreas extremamente áridas, declivosas, pedregosas, arenosas, encharcadas ou severamente erodidas. São, por exemplo, encostas rochosas, terrenos íngremes montanhosos ou de afloramento rochoso, dunas arenosas da costa, terrenos de mangue e de pântano.

Ao iniciar um planejamento conservacionista, faz-se primeiro um mapa da propriedade: atualmente, isso é mais fácil com o uso da aerofotografia, que revela os mais importantes fatores físicos, de cuja influência se desenvolve uma combinação específica de práticas para cada unidade de área no mapa. Ao pensar em todos os tipos de solo, em todos os graus de declive e em todos os tipos de clima do Brasil, combinados de diferentes maneiras, vê-se como pode diferir grandemente o uso do solo: isso define a capacidade de uso que não está, necessariamente, relacionada com a sua produtividade.

Referências Bibliográficas

1. BALDWIN, M.; KELLOG, C. E.; THORP, J. Soil classification. *Yearbook of Agriculture*. Washington: USDA, 1938 (Doc. 398).
2. CLARKE, G. R. *The study of the soil in the field*. London: Oxford University, 1941.
3. ESTADOS UNIDOS. Department of Agriculture. Soil Conservation Service. *Guide for soil conservation survey*. Washington, 1948.
4. ESTADOS UNIDOS. Department of Agriculture. Soil Conservation Service. *Soil survey staff. Soil classification:* a comprehensive system (7th. approximation). Washington, 1960.
5. HUDSON, N. W. *Soil conservation*. Ithaca: Cornell University, 1973.
6. JACKS, G. V. Land classification for land use planning. *Imperial Bureau of Soil Science,* 1946 (Technical communication, 43).
7. LEPSCH, I. F. (coord.); BELLINAZI JR., R.; BERTOLINI, D.; SPINDOLA, C. R. *Manual para levantamento utilitário do meio físico e classificação de terras no sistema de capacidade de uso:* 4ª aproximação. Campinas: Sociedade Brasileira de Ciência-do Solo, 1983.
8. MARQUES, J. Q. A. *Manual brasileiro para levantamentos conservacionistas:* 2ª aproximação. Rio de Janeiro: Escritório Técnico Brasil-Estados Unidos (ETA), 1958.
9. MARQUES, J. Q. A. *Manual brasileiro para levantamento da capacidade de uso da terra:* 3ª aproximação. Rio de Janeiro: Escritório Técnico Brasil-Estados Unidos (ETA), 1971.

10. MARQUES, J. Q. A.; BERTONI, J.; GROHMANN, F. *Levantamento conservacionista*. Campinas: Instituto Agronômico, 1957 (Boletim, 67).

11. MARQUES, J. Q. A.; GROHMANN, F.; BERTONI, J. Levantamento conservacionista. Levantamento e classificação de terras para fins de conservação do solo. *Reunião Brasileira de Ciência do Solo, Anais...* 2, Campinas, p. 651-676, 1949.

12. NORTON, E. A. *Soil conservation survey handbook*. Washington: USDA, 1939 (Miscelaneous Publication, 532).

13. NORTON, E. A. *Land classification as an aid in soil conservation operations in the classification of land*. Columbia: Agricultural Experiment Station, 1940 (Bulletin, 421).

14. PATINO, L. R. Instruciones provisionales sobre la forma como hacer un levantamento de conservación del suelo. *Irrigación en México*, 25(3); 22-51, 1944.

15. RAYCHAUDHURI, S. P.; MURTAY, R. S. Land classification for agricultural development. *Indian J. Agron.*, New Delhi, 7:172-181, 1969.

16. SMITH, R. P.; SAMUELS, G. A. system of soil profile characterization. *J. Soil and Water Cons.*, Fairmont, 5(4): 158-198, 1950.

17. STOBBE, P. C.; LEAHEY, A. *Guide for selection of agricultural souls*. Dom. Canada, 1944 (Farmer's Bulletin 117).

18. VALKENBURG, S. Van; BOESCH, L. H.; STAMP, D.; WAIBEL, L. The world land use survey. *Tijdschritt voor Economische en Sociale Geographie*, p. 114-118, 1950.

10. EQUAÇÃO DE PERDAS DE SOLO

O uso de equações empíricas para avaliar as perdas de solo de uma área cultivada vem se tornando prática indispensável para o planejador conservacionista.

Nos dois últimos decênios, os pesquisadores americanos aprimoraram a precisão das equações de perdas de solo, usadas presentemente, o que foi possível mediante a utilização de dados experimentais obtidos de análises minuciosas de talhões experimentais e pequenas bacias hidrográficas de perdas de solo e água e dados a elas relacionados.

A nova técnica de previsão das perdas de solo não só tem maior segurança como pode ser utilizada em escala universal, dependendo, nesse caso, da existência ou obtenção de dados locais específicos.

O novo método de avaliar a capacidade das chuvas de causar erosão, dentre aquelas esperadas a cair durante o ano, é o ponto central do sistema, o responsável por grande parte de sua facilidade de aplicação.

Os primeiros trabalhos para desenvolver equações que avaliassem as perdas de solo de uma área datam de 1940, na região do Corn Belt dos Estados Unidos. O processo empregado a partir daquela época até 1956 era conhecido por método do plantio em declives[20].

Zingg[24] publicou uma equação relacionando a intensidade de perdas de solo com o comprimento e com o grau de declive do terreno.

Smith[15] acrescentou-lhe os fatores práticas conservacionistas e culturais e instituiu o conceito de limite específico de perdas de solo, a fim de organizar um método gráfico para estabelecer as práticas conservacionistas para a sua região de trabalho.

Browning *et al.*[4] acrescentaram os fatores erodibilidade do solo e de manejo, preparando ainda um conjunto de tabelas para simplificar o seu uso no campo.

Outros progressos e adaptações foram introduzidos, principalmente visando às condições da região do Corn Belt.

Em 1946, em Ohio, uma comissão nacional para predição das perdas de solo reuniu-se com a finalidade de adaptar a equação do Corn Belt a outras áreas cultivadas, com problemas de erosão pela chuva. Essa comissão reestudou cada fator em separado e acrescentou-lhe o fator chuva[13].

O trabalho desse grupo culminou com uma nova equação, conhecida como equação de Musgrave, e que foi largamente empregada para estimativas globais de erosão em bacias hidrográficas incluídas em programas para redução de inundações.

Anos de utilização no campo, pelas entidades oficiais de conservação do solo, vieram demonstrar o valor da equação de predição das perdas de solo como um recurso a orientar o planejador conservacionista.

Entretanto, a adoção das equações não pode ser difundida a novas áreas, devido à falta de informações básicas e de métodos para adaptar os valores dos fatores determinados pelas diferenças na distribuição das chuvas, tipos de chuvas esperadas, práticas agrícolas locais, duração do período de desenvolvimento da cultura e outras variáveis.

Finalmente, uma equação de perdas de solo foi aprovada no fim da década de 1950[5,19], com a superação de muitas limitações surgidas nas equações anteriormente propostas. Em 1954, no Runoff and Soil-Loss Data Center, do *Agricultural Research Service,* com sede na Universidade de Purdue, foi desenvolvida a atual equação de perdas de solo, cujo aperfeiçoamento resultou da reunião e interpretação analítica dos dados básicos de perdas de solo e de água disponíveis em vários locais dos Estados Unidos, a partir de 1950.

Essas análises determinaram várias melhorias de importância e que foram incluídas na equação, tais como: *a)* um índice de erosão de chuva; *b)* um método de avaliar os efeitos do manejo de uma cultura com vistas às condições climáticas locais; *c)* um fator quantitativo de erodibilidade do solo; *d)* um método que leva em conta os efeitos de interpelações de certas variáveis, tais como nível de produtividade, sequência de culturas e manejo dos resíduos.

Em consequência dessas modificações, a equação superou as restrições climáticas ou geográficas próprias dos primeiros estudos e, devido à sua aplicação generalizada, o modelo aperfeiçoado passou a denominar-se equação universal de perdas de solo.

Wischmeier e Smith[21] revisaram-na, atualizando e incorporando-lhe novos dados disponíveis.

No Brasil, os trabalhos iniciais sobre a equação de perdas de solo foram desenvolvidos por Bertoni *et al.*[3] utilizando os dados existentes para as condições do estado de São Paulo. A partir de 1975, vários autores vêm tentando avaliar os fatores da equação para outras regiões.

Essa equação servirá como guia para o planejamento do uso do solo e determinação das práticas de conservação do solo mais apropriadas a uma dada área.

Um plano para a conservação do solo e água requer o conhecimento das relações entre os fatores que causam perdas de solo e água e as práticas que reduzem tais perdas.

A equação de perdas de solo exprime a ação dos principais fatores que sabidamente influenciam a erosão pela chuva. A equação desenvolvida por Wischmeier e Smith[20] é expressa:

$$A = R\,K\,L\,S\,C\,P$$

onde:

A = perda de solo calculada por unidade de área, t/ha;

R = fator chuva: índice de erosão pela chuva, (MJ/hamm/ha);

K = fator erodibilidade do solo: intensidade de erosão por unidade de índice de erosão da chuva, para um solo específico que é mantido continuadamente sem cobertura, mas sofrendo as operações culturais normais, em um declive de 9% e comprimento de rampa de 25 m, t/ha/ (MJ/hamm/ha);

L = fator comprimento do declive: relação de perdas de solo entre um comprimento de declive qualquer e um comprimento de rampa de 25 m para o mesmo solo e grau de declive;

S = fator grau de declive: relação de perdas de solo entre um declive qualquer e um declive de 9% para o mesmo solo e comprimento de rampa;

C = fator uso e manejo: relação entre perdas de solo de um terreno cultivado em dadas condições e as perdas correspondentes de um terreno mantido continuamente descoberto, isto é, nas mesmas condições em que o fator K é avaliado;

P = fator prática conservacionista: relação entre as perdas de solo de um terreno cultivado com determinada prática e as perdas quando se planta morro abaixo.

Quadro 10.1. Energia cinética da chuva natural expressa em Megajoule por hectare — milímetros de chuva

Intensidade mm/h	0,0	0,1	0,2	0,3	0,4	0,5	0,6	0,7	0,8	0,9
0	0,000	0,032	0,058	0,073	0,084	0,093	0,100	0,105	0,111	0,115
1	0,019	0,123	0,126	0,129	0,132	0,134	0,137	0,139	0,141	0,143
2	0,145	0,147	0,149	0,151	0,152	0,154	0,155	0,157	0,158	0,159
3	0,161	0,162	0,163	0,164	0,165	0,166	0,168	0,169	0,170	0,171
4	0,172	0,172	0,173	0,174	0,175	0,176	0,177	0,178	0,178	0,179
5	0,180	0,181	0,182	0,182	0,183	0,184	0,184	0,185	0,186	0,186
6	0,187	0,188	0,188	0,189	0,189	0,190	0,191	0,191	0,192	0,192
7	0,193	0,193	0,194	0,194	0,195	0,195	0,196	0,196	0,197	0,197
8	0,198	0,198	0,199	0,199	0,200	0,200	0,201	0,201	0,201	0,202
9	0,202	0,203	0,203	0,204	0,204	0,204	0,205	0,205	0,206	0,206
	0	1	2	3	4	5	6	7	8	9
10	0,206	0,210	0,213	0,216	0,219	0,222	0,224	0,226	0,229	0,231
20	0,233	0,234	0,236	0,238	0,239	0,241	0,243	0,244	0,245	0,247
30	0,248	0,249	0,250	0,252	0,253	0,254	0,255	0,256	0,257	0,258
40	0,259	0,260	0,261	0,262	0,262	0,263	0,264	0,265	0,266	0,267
50	0,267	0,268	0,269	0,270	0,270	0,271	0,272	0,272	0,273	0,274
60	0,274	0,275	0,275	0,276	0,277	0,277	0,278	0,278	0,279	0,280
70	0,280	0,281	0,281	0,282	0,282	0,283	0,283	0,283	0,283	0,283
80	0,283									

10.1. Fatores que afetam as perdas de solo

a. Chuva (R)

O fator chuva (R) é um índice numérico que expressa à capacidade da chuva, esperada em dada localidade, de causar erosão em uma área sem proteção.

Extensivos estudos de dados de perdas de solo associados com as características de chuva mostraram que quando outros fatores, à exceção da chuva, são mantidos constantes, as perdas de solo ocasionadas pelas chuvas nos terrenos cultivados são diretamente proporcionais ao valor do produto de duas características de chuva: sua energia cinética total e sua intensidade máxima em trinta minutos[18].

Esse produto representa um termo de interação que mede o efeito de como a erosão por impacto, o salpico e a turbulência se combinam com a enxurrada para transportar as partículas de solo desprendidas.

O produto da energia cinética pela intensidade, ou valor El — índice de erosão — é considerado a melhor relação encontrada para medir a potencialidade erosiva da chuva[16].

A energia das gotas de chuva aqui referida é uma energia decorrente do movimento; essa energia cinética é expressa em Megajoule/hectare-milímetro de chuva, e seus valores são dados pela equação[6]:

$$Ec = 0{,}119 + 0{,}0873 \log l$$

onde:

Ec = energia cinética em Megajoule/ha-mm;

l = intensidade da chuva em mm/h.

Considerando que as gotas de tamanho médio não continuam a aumentar quando a intensidade de chuva excede de 76 mm/ha, esse valor é o limite superior do campo de definição da variável l[21], sendo a energia cinética igual a 0,283 MJ/ha-mm.

O quadro 10.1 apresenta os valores da energia cinética da chuva natural obtidos com a equação anterior para diversos valores de intensidade de chuva.

Os valores de intensidade máxima em trinta minutos são calculados pelos diagramas de pluviográficos.

O índice de erosão El_{30} é dado pelo produto:

$$El_{30} = Ec \times l_{30}$$

onde:

El_{30} = índice de erosão em Megajoule/hectare multiplicado por milímetros/hora;

Ec = energia cinética da chuva;

l_{30} = intensidade máxima em 30 minutos, em milímetros/hora.

A soma dos valores de El de cada chuva, isoladamente, em certo período, proporciona uma avaliação numérica da erosividade da chuva dentro daquele período.

Finalmente, a soma de todos os valores de El, para as chuvas maiores do que 10 mm, ou menores que proporcionaram apreciável perda de solo, caídas em um ano em dado local, dará o valor anual de El.

O valor Ft da equação, para dado local, nada mais é do que a média dos valores anuais de El de um período longo de tempo (vinte anos ou mais).

Quando se quer estimar as perdas anuais médias de um solo, o R a ser usado é o valor médio do índice de erosão anual para aquele local. Pode-se também estimar as perdas de solo para uma chuva individual ou outros períodos usando o valor apropriado de R.

Devido a serem os registros de pluviógrafos escassos ou inexistentes em alguns países e as análises dos diagramas dos pluviógrafos para a energia cinética extremamente morosas e trabalhosas, diversos autores tentaram correlacionar o índice de erosão com fatores climáticos, fatores esse de fácil medida e que não requerem registros de intensidade de chuva.

Lombardi Neto e Moldenhauer[9], utilizando 22 anos de registros de precipitação de Campinas, encontraram alto coeficiente de correlação para a regressão linear entre o índice médio mensal de erosão e o coeficiente chuva, modificado do coeficiente original proposto por Fournier.

A relação obtida é:

$$El = 67,355\ (r^2/P)^{0,85}$$

onde:

E = média mensal do índice de erosão, mm/ha.L;

r = precipitação média mensal em milímetros;

P = precipitação média anual em milímetros.

O índice de erosão médio anual, isto é, o fator R para um local, é a soma dos valores mensais dos índices de erosão. Para um longo período de tempo, vinte anos ou mais, essa equação estima com relativa precisão os valores médios de El de um local, usando somente totais de chuva, os quais são disponíveis para muitos locais.

Lombardi Neto *et al.*[10], utilizando a equação desenvolvida[9], estabeleceram os valores de El_{30}, para 115 locais previamente escolhidos do estado de São Paulo.

A figura 10.1 mostra o mapa de isoerodentes — linhas que ligam pontos de iguais potenciais de erosão — para o estado de São Paulo, linhas essas que representam os valores médios anuais de erosividade da chuva, e também o do fator chuva na equação de perdas de solo; os valores entre as linhas podem ser interpolados linearmente.

Quando se preveem as perdas de solo de uma gleba em dado local, a distribuição estacional das chuvas erosivas deve ser considerada, bem como o valor anual do índice de erosão. A porcentagem do valor anual do El, que ocorre durante um período do ano quando o solo está cultivado, é bastante vulnerável à erosividade da chuva e difere significativamente de local para local.

Os dados de chuva sumarizados para desenvolver o mapa de isoerodentes foram também analisados para diferentes lugares quanto à distribuição do potencial de erosão durante o ano. As porcentagens mensais do total anual do El para um local foram comparadas com dados similares dos adjacentes. Locais que não apresentavam diferenças na porcentagem de distribuição foram combinados, e os valores médios das porcentagens estabelecidos. Assim procedendo, foram separadas, para o estado de São Paulo, catorze áreas relativamente homogêneas, onde a distribuição do potencial de erosão anual era uniforme. A figura 10.3 apresenta a distribuição da porcentagem do El anual para três áreas uniformes conforme a figura 10.2, observando-se as diferenças existentes.

No cálculo do valor do fator uso-manejo, da equação de perdas, a informação da distribuição esperada do potencial de erosão durante o ano é combinada com a da mudança da suscetibilidade do solo a erosão durante os estádios de desenvolvimento da cultura[17].

Para facilitar a aplicação dos dados, o quadro 10.2 apresenta os valores acumulados do El durante todo o ano nas catorze áreas estabelecidas no estado de São Paulo.

As novas informações provenientes do mapa de isoerodentes e das curvas de distribuição do El podem facilitar grandemente a aplicação da equação de perdas de solo, como guia para o planejamento conservacionista, tornando-se aplicável em qualquer local do estado de São Paulo.

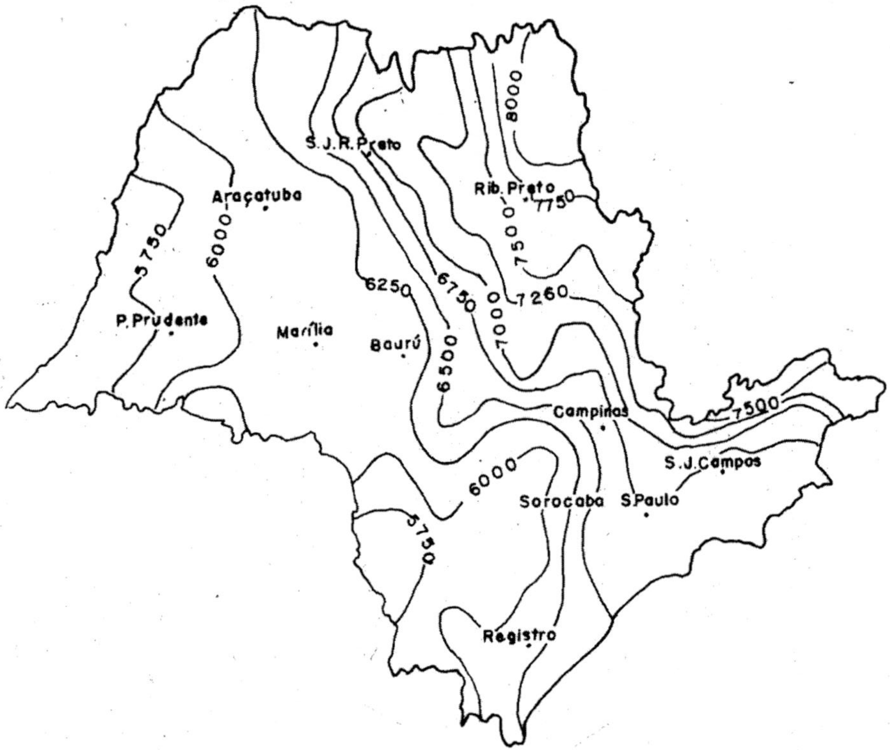

Figura 10.1. Valores médios anuais do índice de erosão da chuva do Estado de São Paulo

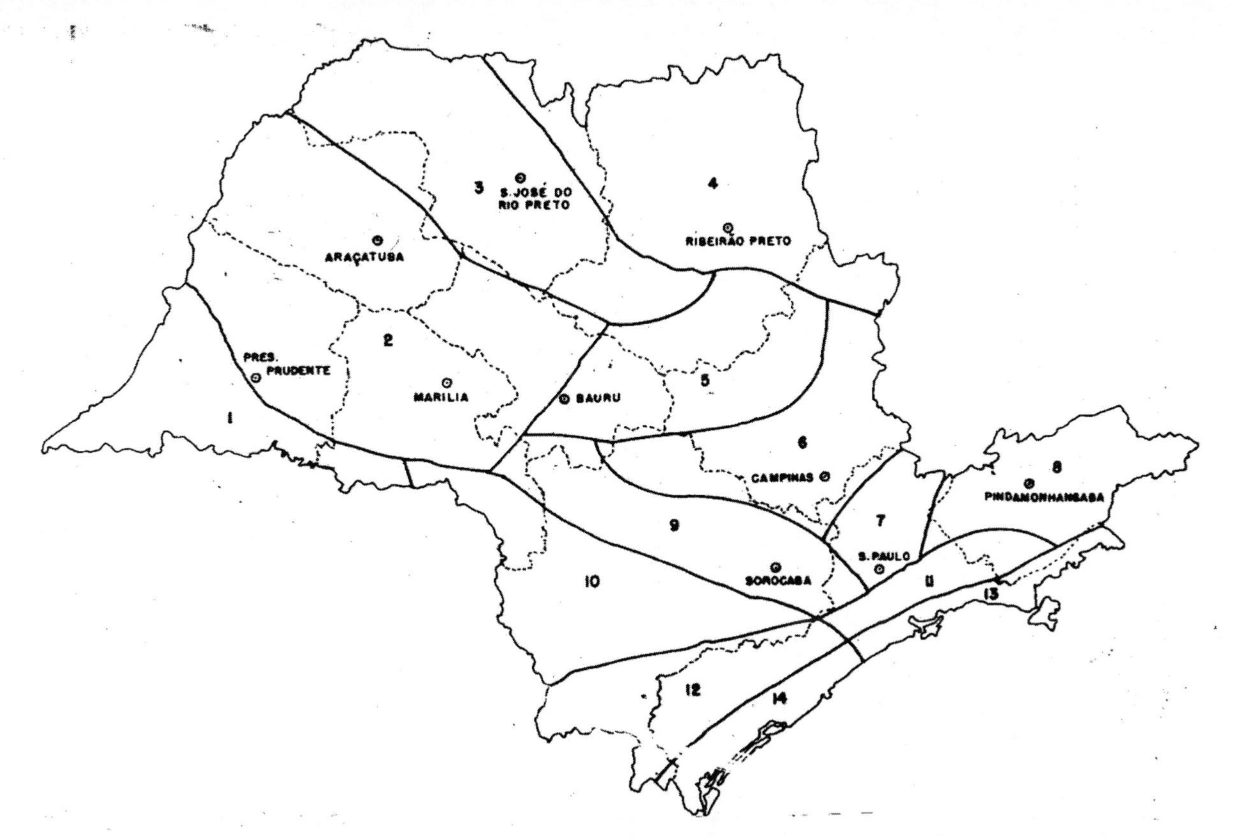

Figura 10.2. Áreas do Estado de São Paulo cuja distribuição do potencial de erosão das chuvas é uniforme

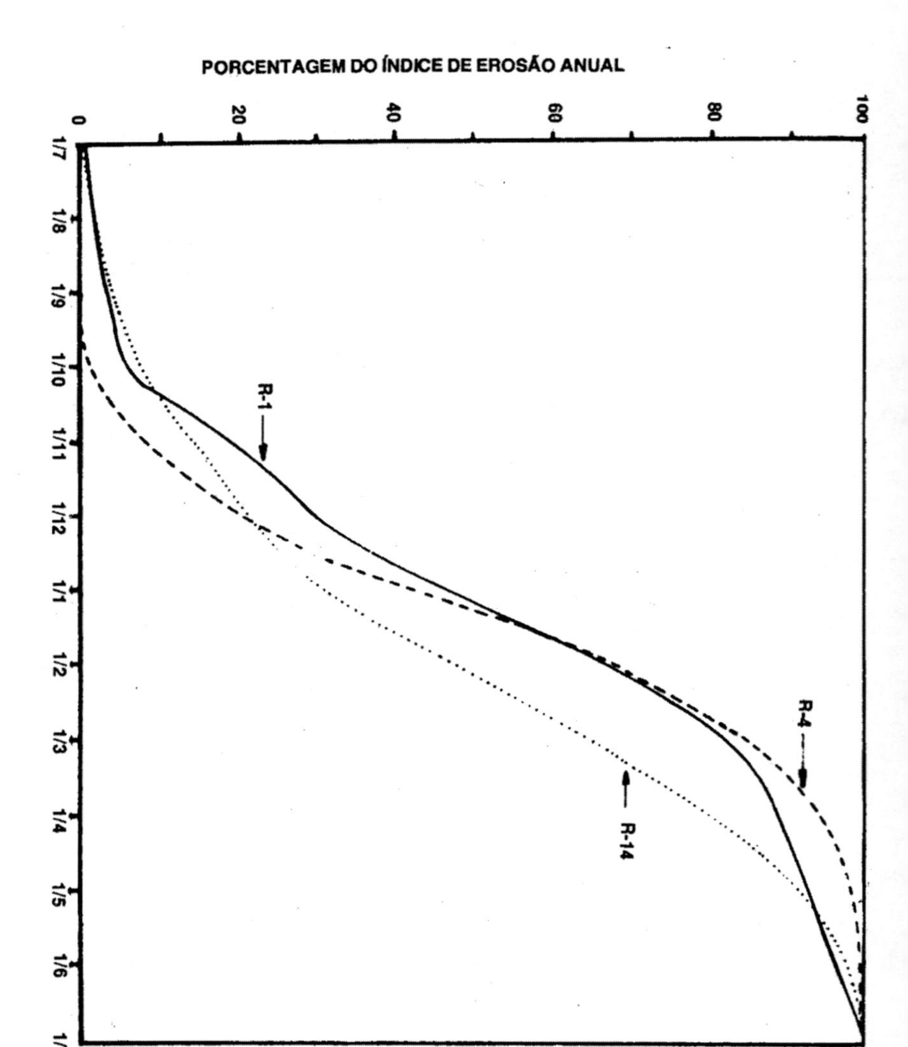

Figura 10.3. Curvas de distribuição do índice de erosão para três áreas uniformes

Quadro 10.2. Porcentagem do valor médio do índice de erosão que ocorre entre 1º de julho e as datas indicadas. Calculado para as áreas geográficas mostradas na Figura 10.2

Área nº	1º/7	1º/8	1º/9	1º/10	1º/11	1º/12	1º/1	1º/2	1º/3	1º/4	1º/5	1º/6	1º/7
1	0	2	3	5	19	30	47	66	82	88	92	97	100
2	0	1	2	4	15	23	42	64	82	92	94	98	100
3	0	1	1	2	10	18	39	62	84	95	97	99	100
4	0	0	0	1	9	21	44	66	84	95	98	99	100
5	0	1	2	3	13	21	45	68	86	95	97	99	100
6	0	1	2	4	12	21	42	65	84	95	97	99	100
7	0	1	2	4	14	24	44	65	83	94	97	99	100
8	0	0	1	4	12	22	42	63	81	95	98	99	100
9	0	2	3	6	17	25	44	65	82	93	96	98	100
10	0	2	5	9	22	30	45	63	78	88	92	96	100
11	0	1	2	5	13	22	38	61	81	94	97	99	100
12	0	2	4	7	18	24	38	59	77	90	95	98	100
13	0	2	4	9	18	27	44	59	74	88	95	99	100
14	0	2	4	7	15	21	31	47	65	81	92	98	100

b. Erodibilidade do solo (K)

O significado de erodibilidade do solo é diferente de erosão do solo. A intensidade de erosão de uma área qualquer pode ser influenciada mais pelo declive, características das chuvas, cobertura vegetal e manejo, do que pelas propriedades do solo. Contudo, alguns solos são mais facilmente erodidos que outros, mesmo quando o declive, a precipitação, a cobertura vegetal e as práticas de controle de erosão são as mesmas. Essa diferença, devida às propriedades inerentes ao solo, é referida como erodibilidade do solo[6].

As propriedades do solo que influenciam a erodibilidade pela água são aquelas que: *a)* afetam a velocidade de infiltração, permeabilidade e capacidade total de armazenamento de água; *b)* resistem às forças de dispersão, salpico, abrasão e transporte pela chuva e escoamento[20].

O fator erodibilidade do solo (K) tem seu valor quantitativo determinado experimentalmente em parcelas unitárias, sendo expresso, como a perda de solo (A), por unidade de índice de erosão da chuva (El).

Uma parcela unitária possui 25m de comprimento e uma declividade uniforme de 9%, em alqueive, preparada no sentido do declive[(1)]. Alqueive, nesse caso, significa um terreno que foi preparado e deixado livre de vegetação por um mínimo de dois anos, ou até que os primeiros resíduos da cultura anterior estejam decompostos.

Durante o período de determinações de perda de solo, em cada primavera, a parcela e preparada e deixada em condições convencionais, como para o plantio de milho, sendo capinada quando necessário para prevenir o crescimento de ervas daninhas ou formação de crostas superficiais. Quando todas essas condições são encontradas, cada um dos fatores L, S, P, C tem valor unitário, e K iguala-se a A/El[20].

Medidas experimentais do valor de K, conforme as normas estabelecidas no surgimento da equação universal de perdas de solo, são custosas e requerem muitos anos de determinações, além de ser difícil isolar os efeitos de solo de outros fatores. Tais motivos tornaram necessária a estimativa da erodibilidade do solo por outros meios[1,12,14,22,23].

Lombardi Neto e Bertoni[7] estudaram 66 perfis de solo para dois agrupamentos de solos que ocorrem no estado de São Paulo, e os analisaram de acordo com o método de Middleton[12], com algumas modificações.

---

(1) O declive de 9% e o comprimento de 25 m foram escolhidos arbitrariamente, como termo de comparação. Esses valores foram utilizados na equação de perdas de solo porque representam as dimensões mais comuns nos estudos de perdas por erosão da Seção de Conservação do Solo do Instituto Agronômico. Campinas.

Os autores consideram os valores obtidos como uma estimativa do fator erodibilidade do solo, conforme dados apresentados (quadro 7.1), para os principais solos paulistas.

Bertoni *et al.*[3] encontraram, para um Latossolo roxo que ocorre em Campinas, o valor de 0,0122 para o fator K obtido de dados experimentais no qual foram observadas as condições-padrão requeridas.

c. Comprimento e grau de declive (LS)

A intensidade de erosão pela água é grandemente afetada tanto pelo comprimento do declive como pelo seu gradiente.

Esses dois efeitos, pesquisados separadamente, são representados na equação de perda de solo por L e S respectivamente. Para a aplicação prática da equação são considerados conjuntamente como um fator topográfico: LS[20].

O fator LS é a relação esperada de perdas de solo por unidade de área em um declive qualquer em relação a perdas de solo correspondentes de uma parcela unitária de 25 m de comprimento com 9% de declive.

Para uso em combinações definidas de comprimento e grau de declive, foi construído um gráfico usando a equação[6]:

$$LS = \frac{\sqrt{L}}{100}(1{,}36 + 0{,}97\,S + 0{,}1385\,S^2)$$

onde:

L = comprimento do declive em metros;

S = grau do declive em porcentagem.

O efeito do comprimento e do grau de declive assim estabelecido pressupõe declives essencialmente uniformes, isto é, não considera se eles são côncavos ou convexos, pois seus efeitos nas perdas por erosão não estão ainda bem avaliados. Contudo, dados escassos indicam que o uso do gradiente médio de um comprimento de rampa pode subestimar as perdas de solo de declives convexos e superestimar aquelas de declives côncavos.

Quando a parte final de uma rampa se apresenta mais declivosas que a superior, o gradiente deve ser usado para representar o declive de todo o comprimento de rampa no cálculo do fator LS.

Para declive côncavo, a deposição de material ocorre na parte interior e, em tal caso, o comprimento e o grau de declive a empregar é a parte superior a partir do ponto onde o solo começa a depositar[20].

Utilizando os dados das determinações de perdas por erosão obtidos nos principais tipos de solo do Estado de São Paulo, numa média de dez anos de observações em talhões de diferentes comprimentos de rampa e graus de declive, Bertoni[2] determinou uma equação que permite calcular as perdas médias de solo para os variados graus de declive e comprimentos de rampa.

O cálculo do fator LS para a equação de perdas de solo foi baseado nas fórmulas obtidas por Bertoni[2], a saber:

$$T = 0{,}145 \times D^{1{,}18} \qquad (1)$$

onde:

T = perdas de solo, em quilogramas/unidade de largura/unidade de comprimento;

D = grau de declive do terreno, em porcentagem.

$$T = 0{,}166 \times C^{1{,}63} \qquad (2)$$

onde:

T = perdas de solo, em quilogramas/unidade de largura;

C = comprimento de rampa do terreno, em metros.

Para as condições-padrão, as equações (1) e (2) tornam-se:

$$LS = 0{,}00984\ C^{1{,}63} D^{1{,}18} \qquad (3)$$

onde:

S = fator topográfico;

C = comprimento de rampa em metros;

D = grau de declive em porcentagem.

A figura 10.4 apresenta as curvas obtidas para o fator LS e, o quadro 10.3, o fator LS da equação de previsão de perdas de solo para várias combinações de grau de declive e comprimento de rampa, obtidas pela equação (3).

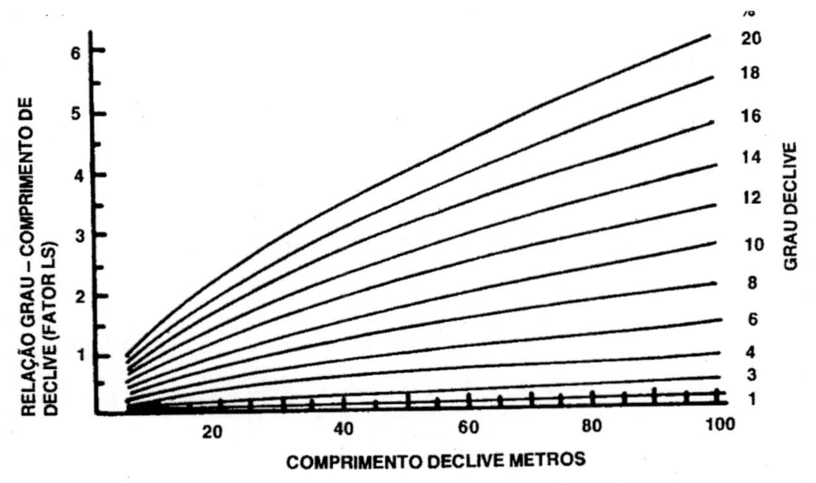

Figura 10.4. Curvas de fator LS da equação de predição de perdas por erosão

d. Uso-manejo do solo (C)

As perdas de solo que ocorrem em uma área mantida continuamente descoberta podem ser estimadas pelo produto dos termos R, K, L e S da equação de perdas de solo. Entretanto, se a área estiver cultivada, tais perdas serão reduzidas devido à proteção que a cultura oferece ao solo. Essa redução depende das combinações de cobertura vegetal, sequência de cultura e práticas de manejo. Depende também do estádio de crescimento e desenvolvimento da cultura durante o período das chuvas.

O fator uso e manejo do solo (C) é a relação esperada entre as perdas de solo de um terreno cultivado em dadas condições e as perdas correspondentes de um terreno mantido continuamente descoberto e cultivado[20].

Os efeitos das variáveis uso e manejo não podem ser avaliados independentemente, devido às diversas interações que ocorrem.

Assim, uma cultura pode ser plantada continuamente em um mesmo local ou então em rotação com outras. Seus restos podem ser removidos, deixados na superfície, incorporados próximos à superfície ou totalmente enterrados com o preparo do solo. Quando deixados na superfície, podem ser cortados ou mantidos como foram colhidos.

O preparo do solo pode deixar a superfície do terreno bastante irregular ou lisa.

Diferentes combinações dessas variáveis provavelmente apresentem diferentes efeitos nas perdas de solo.

Quadro 10.3. Fator LS da equação de previsão de Perdas de Solo para várias combinações de grau de declive e comprimento de rampa

Declive	Comprimento de rampa (metros)												
%	5	10	15	20	25	30	35	40	45	50	55	60	80	100
1	0,03	0,04	0,05	0,06	0,07	0,08	0,09	0,10	0,11	0,12	0,12	0,13	0,16	0,18
2	0,06	0,09	0,12	0,15	0,17	0,19	0,21	0,23	0,25	0,26	0,28	0,29	0,35	0,41
4	0,14	0,22	0,28	0,33	0,38	0,43	0,47	0,51	0,55	0,59	0,63	0,67	0,80	0,92
6	0,23	0,35	0,45	0,54	0,62	0,69	0,77	0,83	0,90	0,96	1,02	1,07	1,29	1,48
8	0,32	0,49	0,63	0,76	0,87	0,98	1,08	1,17	1,26	1,34	1,43	1,51	1,81	2,08
10	0,41	0,64	0,82	0,98	1,13	1,27	1,40	1,52	1,64	1,75	1,86	1,96	2,36	2,71
12	0,51	0,79	1,02	1,22	1,40	1,57	1,73	1,89	2,03	2,17	2,30	2,43	2,92	3,36
14	0,61	0,95	1,22	1,46	1,68	1,89	2,08	2,26	2,43	2,60	2,76	2,92	3,51	4,03
16	0,71	1,11	1,43	1,71	1,97	2,21	2,44	2,65	2,85	3,05	3,23	3,42	4,10	4,72
18	0,82	1,27	1,64	1,97	2,27	2,54	2,80	3,04	3,27	3,50	3,72	3,93	4,71	5,43
20	0,93	1,44	1,86	2,23	2,57	2,88	3,17	3,44	3,71	3,96	4,21	4,45	5,34	6,14

A efetividade do manejo dos restos culturais dependerá da quantidade de resíduos existente, que, por sua vez, é função da chuva, fertilidade do solo e manejo da cultura.

A proteção da cobertura vegetal não só depende do tipo de vegetação, do *stand* e do seu desenvolvimento como, também, varia grandemente nos diferentes meses ou estações do ano. A eficácia de reduzir a erosão, portanto, depende da quantidade de chuvas erosivas que ocorrem durante esse período, quando a cultura e as práticas de manejo apresentam uma proteção mínima.

O fator C mede o efeito combinado de todas as relações das variáveis de cobertura e manejo acima enumeradas.

A proteção oferecida pela cobertura vegetal, durante o seu ciclo vegetativo, e gradual. Para fins práticos, dividiu-se o ano agrícola em cinco período ou estádios da cultura, definidos de tal modo que os efeitos de cobertura e manejo possam ser considerados aproximadamente uniformes dentro de cada período, a saber[17]:

a) período D — preparo do solo: desse preparo ao plantio;

b) período 1 — plantio: do plantio a um mês após o plantio;

c) período 2 — estabelecimento: do fim do período 1 até dois meses após o plantio;

d) período 3 — crescimento e maturação; de dois meses após o plantio até a colheita;

e) período 4 — resíduo: da colheita até o preparo do solo.

As intensidades de perdas de solo são computadas para cada um desses estádios e para cada cultura, sob várias condições (sequência de culturas, níveis de fertilidade, produção, quantidade de restos culturais)[3].

Para a obtenção do valor C, as intensidades de perdas de solo de cada período são combinadas com dados relativos à chuva, isto é, em relação à porcentagem de distribuição do Índice de erosão (El) anual para determinado local (quadro 10.2).

Trabalhos recentes de Wischmeier e Smith[21] procuram definir tais períodos de acordo com a porcentagem de cobertura oferecida pela cultura à área cultivada.

Dados preliminares obtidos da análise de parcelas experimentais de perdas de solo e enxurrada, efetuados pela Seção de Conservação do Solo do Instituto Agronômico, de São Paulo, permitiram avaliar os efeitos de sistemas de uso e manejo nas perdas de solo para cada estádio da cultura. O quadro 10.4 apresenta a relação entre as perdas de solo de áreas cultivadas e as perdas em áreas continuamente descobertas.

*Quadro 10.4. Razão de perdas de solo entre área cultivada e área continuamente descoberta**

Cobertura, seqüência e manejo	Produtividade	Razão de perdas de solo por período de estádio de cultura				
				%		
		D	1	2	3	4
Milho, contínuo, palha queimada	Média	37	30	21	6	1
Milho, contínuo, palha enterrada	Média	23	19	17	4	2
Milho contínuo palha superfície	Média	–	5	2	1	1
Algodão, contínuo, convencional	Média	40	60	40	50	20
Soja, contínuo, convencional	Média	35	30	20	20	5
Pasto (1º ano), rotação	–	–	–	40	–	–
Pasto (2º ano), rotação	–	–	–	0,4	–	–
Milho, rotação, após pasto	Média	10	11	8	4	1
Milho, rotação, plantio direto após pasto	Média	–	8	5	3	1
Soja, rotação após milho	Média	15	12	20	4	3
Soja, rotação plantio direto após milho	Média	–	8	10	4	3
Algodão, rotação após soja	Média	20	20	30	15	13
Cana-de-açúcar (1º ano) convencional	Média	–	–	15	–	–
Cana-de-açúcar (2º ano)	Média	–	–	0,15	–	–

(*) Dados preliminares da Seção de Conservação do Solo do Instituto agronômico de São Paulo.

Quadro 10.5. Tabela para avaliar o calor C para uma rotação de quatro anos da região de Campinas

(1) Operações	(2) Data dia/mês	(3) Valores quadro 10.2 (área 6)	(4) Estádio da cultura	(5) Índice erosão período	(6) Razão perdas solo	(7) Colunas (5) X (6)	(8) Valor de C
				%	%		
Plantio pasto	1/10	4	–	–	–	–	–
	1/10	104	G	100	40	0,4000	
Preparo solo M	1/10	204	G	100	0,4	0,0040	0,4040
Plantio M	1/11	212	D	8	10	0,0080	
	1/12	221	1	9	11	0,0099	
	1/1	242	2	21	8	0,0168	
Colheita M	1/5	297	3	55	4	0,0220	
Preparo solo S	1/10	304	4	7	1	0,0007	0,0574
Plantio S	1/11	312	D	8	15	0,0120	
	1/12	321	1	9	12	0,0108	
	1/1	342	2	21	20	0,0420	
Colheita S	1/5	397	3	55	4	0,0220	
Plantio pasto	1/10	404	4	7	3	0,0021	0,0889
Total rotação quatro anos				400			0,5503
Valor médio anual de C para a rotação							0,1376

Para determinar o valor de C para uma rotação de culturas ou cultura continuada, é necessário, em primeiro lugar, determinar as datas prováveis de plantio e colheita, tipo de preparo do solo e manejo dos restos culturais, bem como a produção média esperada.

A avaliação do fator C será explicada com o exemplo:

> Avaliar o fator C para quatro anos de rotação pasto, pasto, milho e soja, na região de Campinas, com preparo convencional para todas as culturas e produções médias de milho e soja. Considerar que o pasto será de capim-gordura e que os restos culturais de milho e soja permanecerão no terreno. Considerar, também, que o pasto será instalado em 1º de outubro, o preparo do solo de milho e soja em 1º de outubro, o plantio em 1º de novembro e a colheita a 1º de maio.

Será organizada uma tabela como a ilustrada no quadro 10.5, obtendo as seguintes informações: *a)* na coluna 1: listagem em sequencia cronológica de todas as operações de preparo do solo, plantio e colheita envolvendo a rotação; *b)* na coluna 2: listagem da data inicial de cada período do estádio da cultura. A data do plantio inicia com o estádio 1. Por definição, o período 2 inicia um mês após, o período 3, dois meses após o plantio, o período 4, com a colheita e, o período D, com o preparo do solo. Para o pasto, foi separado no 1º ano de implantação e no 2º ano de estabelecimento. Todas as datas da coluna 2 são determinadas pelas condições locais de plantio e colheita; *c)* na coluna 3: listagem da distribuição percentual do índice de erosão anual para Campinas, que é obtido no quadro 10.2. O valor é encontrado para cada data estabelecida na coluna 2, acrescentando um valor 100 cada vez que passa 1º e julho; *d)* coluna 4: os períodos de estádio da cultura que termina com a data correspondente desta linha; *e)* coluna 5: porcentagem do Índice de erosão aplicado para cada período de estádio da cultura. Os valores são as diferenças entre os valores sucessivos da coluna 3; *f)* coluna 6: razões de perda de solo indicadas no quadro 10.4, de acordo com as condições específicas e períodos de estádio da cultura representada para cada linha desse quadro; *g)* coluna 7: produto das colunas 5 e 6. O valor decimal é derivado dos valores de porcentagem daquelas colunas; *h)* coluna 8: subtotal dos diferentes períodos da rotação, revelando onde ocorre mais erosão e sugerindo medidas adicionais de conservação a utilizar visando reduzi-la. O total dessa coluna dividido pelo número de anos da rotação e o valor de C para esta rotação, sob as condições consideradas nas colunas de 1 a 6.

O valor C calculado para essa rotação neste exemplo é diretamente aplicável somente para a área 6 (figura 10.2). Para outras áreas ou outras datas de operações, os valores nas colunas 3 e 5 do quadro 10.5 são diferentes, e o valor de C para a mesma rotação pode ser maior ou menor.

e. Prática conservacionista (P)

O fator P da equação de perdas de solo é a relação entre a intensidade esperada de tais perdas com determinada prática conservacionista e aquelas quando a cultura está plantada no sentido do declive (morro abaixo).

As práticas conservacionistas mais comuns para as culturas anuais são: plantio em contorno, plantio em faixas de contorno, terraceamento e alternância de capinas.

O quadro 10.6 apresenta alguns valores de P, da equação de perdas de solo, para as práticas conservacionistas de proteção do solo contra a erosão, obtidos pela Seção de Conservação do Solo do Instituto Agronômico[11].

Quadro 10.6. Valor de P da equação de perda do solo; para algumas práticas conservacionistas

Práticas conservacionistas	Valor de P
Plantio morro abaixo	1,0
Plantio em contorno	0,5
Alternância de campinas + plantio em contorno	0,4
Cordões de vegetação permanente	0,2

Para áreas terraceadas, o comprimento do declive a usar na determinação do valor de LS na equação é o intervalo do terraço. O valor de P para área terraceada, portanto, deverá ser o mesmo do plantio em contorno, uma vez que, reduzindo o comprimento de declive, reduzem-se as perdas de solo pela raiz quadrada do comprimento.

10.2. Tolerância de perdas de solo

A expressão tolerância de perdas de solo é usada para designar a intensidade máxima de erosão de solo que permitirá a um elevado nível de produtividade manter-se econômica e indefinidamente. E representada geralmente em termos de toneladas de perdas de solo por hectare e por ano.

O conhecimento da intensidade esperada de perdas de solo para cada uma das alternativas de sistemas de cultivo e manejo para uma área qualquer pode ser obtido pela equação de perdas de solo.

Quando a previsão dessas perdas pode ser comparada com a tolerância de perdas de solo para aquela área, é possível determinar as combinações de cultivo e manejo a adotar, nas quais a previsão de perdas de solo é menor do que a tolerância, proporcionando, portanto, uma verificação satisfatória do controle da erosão.

O estabelecimento de tolerância para solos e topografia tem sido geralmente uma questão de julgamento coletivo, em que fatores físicos e econômicos são levados em consideração. A tolerância dessas perdas depende das propriedades do solo, profundidade, topografia e erosão antecedente.

Para o estado de São Paulo, ela varia de 4,5 a 15,0t/ha/ano, de acordo com as características do solo[8]. Solos profundos, de textura média e bem drenada têm um valor de tolerância mais elevado. Solos pouco profundos, ou que possuem horizontes superficiais, apresentam um valor de tolerância mais baixo. O quadro 7.2 apresenta os limites de tolerância de perdas por erosão para algumas unidades de solos paulistas.

10.3. Aplicação da equação de previsão de perdas de solo no planejamento conservacionista de uma área

A equação de previsão de perdas de solo é um instrumento valioso para os trabalhos de sua conservação. Com o seu auxílio, pode-se predizer com bastante precisão as perdas anuais médias de solo em condições especificas de declive, solo, sistemas de manejo e cultivo e outros fatores. Pode ser utilizada como guia para o planejamento do uso do solo para determinar as práticas de conservação mais apropriadas para dado terreno.

O procedimento para calcular as perdas médias do solo esperadas anualmente para dado sistema de cultivo em um terreno é ilustrado pelo exemplo seguinte.

Seja, por exemplo, uma gleba de Latossolo roxo na região de Campinas, tendo 8% de declive e, o terreno, cerca de 100 metros de comprimento de rampa. Deverá ser cultivado com uma rotação de culturas de quatro anos: pasto, milho e soja. O preparo do solo será convencional e as culturas plantadas em contorno, sendo que os restos culturais do milho e soja serão incorporados nesse preparo. A fertilidade do solo é razoável e, a Produção esperada, de média a alta.

Inicialmente, devemos selecionar os valores de R, K, L, S, C e P que se aplicam a essa condição especifica para a gleba.

O valor do fator chuva, R, para Campinas, é 6,730 (figura 10.1). O valor do K, erodibilidade do solo, é 0,012 para o Latossolo roxo dessa região (quadro 7.1). O LS é obtido no quadro 10.3 ou na figura 10.4: para o declive de 8% e comprimento de 100 metros é 2,08. O fator C, uso e manejo, para a rotação estabelecida, é obtido no quadro 10.5, apresentando o índice 0,1376. O valor de P, prática conservacionista, para o plantio em contorno, é 0,5 (quadro 10.6).

Aplicando esses valores na equação, obtém-se:

A = R K L S C P = 6.730 x 0,012 x 2,08 x 0,1376 x 0,5 = 11,6t de solo/hectare/ano

Se se tivesse plantado morro abaixo, o valor de P seria 1,0 e, a perda esperada, 23.1 t/ha/ano.

O quadro 7.2 indica que, para o Latossolo roxo, a tolerância de perdas de solo é 12,0 t/ha/ano. Portanto, o valor 11,6 t/ha/ano está dentro do limite máximo de perdas que esse solo poderia suportar.

Referências Bibliográficas

1. BARNETT, A. P.; ROGERS, J. S. Soil physical properties related to runnoff and erosion from artificial rainfall. *Trans. ASAE,* St. Joseph, 9:123-125, 128, 1966.

2. BERTONI, J. O espaçamento de terraços em culturas anuais, determinado em função das perdas por erosão. *Bragantia,* Campinas, 18:113-140, 1959.

3. BERTONI, J.; LOMBARDI NETO, F.; BENATTI JR., R. *Equação de perdas de solo.* Campinas: Instituto Agronômico, 1975 (Boletim Técnico, 21).

4. BROWNING, G. M.; PARISH, C. L.; GLASS, J. A. A method for determining the use and limitation of rotation and conservation practices in control of soil erosion in Iowa. *J. Amer. Soc. Agron.,* Madison, 39:65-73, 1947.

5. ESTADOS UNIDOS. Department of Agriculture. Agricultural Research Service. *A universal equation for predicting rainfall-erosion losses.* Washington, 1961 (ARS 22-66).

6. FOSTER, G. R.; McCOOL, D. K.; RENARD, K. G.; MOLDENHAUER, W. C. Conversion of the universal soil loss equation to Sl metric units. *J. Soil and Water Cons.,* Ankeney, 36 (6): SSS-359, 1981.

7. LOMBARDI NETO, F.; BERTONI, J. *Erodibilidade de solos paulistas.* Campinas: Instituto Agronômico, 1975 (Boletim Técnico, 27).

8. LOMBARDI NETO, F.; BERTONI, J. *Tolerância de perdas de terra para alguns solos de Estado de São Paulo.* Campinas: Instituto Agronômico, 1975 (Boletim Técnico, 28).

9. LOMBARDI NETO, F.; MOLDENHAUER, W. C. Erosividade da chuva: sua distribuição e relação com perdas de solo em Campinas, SP. *Encontro Nacional de Pesquisa sobre Conservação do Solo, Anais...*, 3, Recife, p. 13, 1980.

10. LOMBARDI NETO, F.; SILVA, I. R.; CASTRO, O. M. Potencial de erosão das chuvas do Estado de São Paulo. *Encontro Nacional de Pesquisa sobre Conservação do Solo, Anais...*, 3, Recife, p. 13, 1980.

11. MARQUES, J. Q. A.; BERTONI, J.; BARRETO, G. B. Perdas por erosão no Estado de São Paulo. *Bragantia*, Campinas, 20:1143-1181,1961.

12. MIDDLETON, H. E. *Properties of soils which influence soil erosion.* Washington: USDA, 1930 (Technical Bulletin, 178).

13. MUSGRAVE, C. W. The quantitative evaluation of factors in water erosion, a first approximation. *J. Soil and Water Cons.*, Fairmont, 2:133-138, 1947.

14. OLSON, T. C.; WISCHMEIER, W. H. Soil erodibility evaluations for soils on the runoff and erosion stations. *Soil Sci. Soc. Amer. Proc.*, Madison, 27:590-592, 1953.

15. SMITH, D. D. Interpretation of soil conservation data for field use. *Agricultural Engineering*, St. Joseph, 22:173-175, 1941.

16. WISCHMEIER, W. H. A rainfall erosion index for a universal soil loss equation. *Soil Sci. Amer. Proc.*, Madison, 23:246-249, 1959.

17. WISCHMEIER, W. H. Cropping-management factor evaluations for a universal soil loss equation. *Soil Sci. Soc. Amer. Proc.*, Madison, 24:322-326, 1960.

18. WISCHMEIER, W. H.; SMITH, D. D. Rainfall energy and its relationship to soil loss. *Trans. Amer. Geophys. Un.*, Washington, 39:285-291, 1958.

19. WISCHMEIER, W. H.; SMITH, D. D. A universal soil-loss estimating equation to guide conservation farm planning. *International Soil Science*, 7, Madison, Transactions, p. 418-425, 1960.

20. WISCHMEIER, W. H.; SMITH, D. D. *Predicting rainfall erosion losses from cropland East of the Rocky Mountains*. Washington: USDA, 1965 (Handbook, 282).

21. WISCHMEIER, W. H.; SMITH, D. D. *Predicting rainfall erosion losses: a guide planning*. Washington: USDA, 1978 (Handbook. 537).

22. WISCHMEIER, W. H.; MANNERING, J. W. Relation of soil properties to ists erodibility. *Soil Sci. Soc. Amer. Proc.,* Madison, 33:131-137, 1969.

23. WISCHMEIER, W. H.; JOHNSON, C. B.; CROSS, B. B. A soil erodibility monograph for farmland and construction sites. *J. Soil and Water Cons.,* Fairmont, 26:189-193, 1971.

24. ZINGG, A. W. Degree and length of land slope as it affects soil loss in runoff. *Agricultural Engineering*, St. Joseph, 21:59-64, 1950.

11. METODOLOGIA DE PESQUISA DE EROSÃO

Os métodos de pesquisa utilizados para estudar a erosão pela água compreendem grande número de técnicas e procedimentos diferentes.

O estudo dos fatores físicos, sociais e econômicos que influem sobre a erosão do solo devem ser considerados da responsabilidade do Governo; não se pode esperar que o cidadão tenha a seu cargo a execução das pesquisas, experimentos e ensaios necessários para conhecer as características da erosão em cada região e as maneiras de combatê-la. Realmente, compete ao Governo essas tarefas objetivando obter os dados básicos para uma política nacional de conservação do solo.

Em linhas gerais, as pesquisas dos fatores físicos que influem sobre a erosão podem-se resumir assim[59]: *a)* características de intensidade, duração e frequência das chuvas; *b)* características físicas e químicas dos solos; *c)* características da vegetação; *d)* perdas de solo e água ocasionadas pelas diferentes chuvas em várias unidades de solo com diferentes coberturas vegetais; *e)* estudo da influência do clima, vegetação e solo sobre a erosão e a enxurrada; *f)* efeito das práticas vegetativas, edáficas e mecânicas sobre as perdas de solo e água; *g)* efeitos econômicos das diferentes práticas e sistemas de manejo.

11.1. Propósitos da pesquisa de erosão

e. Necessidade de pesquisa

Um programa nacional de conservação do solo exige informações reais sobre a quantidade e intensidade de erosão nas condições de solo e clima. Assim, por exemplo, enquanto algumas terras precisam ser protegidas com terraços, outras requerem somente práticas mais simples. O terraceamento pode não ser necessário ou até ser antieconômico, porém a decisão deve ser baseada nos dados obtidos pela pesquisa, pois é importante saber quanta erosão está ocorrendo e quanto poderá ser reduzida pela construção de terraços. Muitas das informações obtidas pelas pesquisas realizadas em um local podem ser aplicadas em outros, desde que em condições comparáveis.

Numerosos dados de pesquisas de erosão foram obtidos pelos Estados Unidos, que iniciaram as investigações há cerca de cinquenta anos, porém hoje já se constata a sua existência em muitos outros países. Entre nós, as pesquisas sobre conservação do solo, em forma definida e sistematizada, iniciaram-se em 1943, com o funcionamento da Seção de Conservação do Solo, cujo objetivo principal é realizar pesquisas e experimentação para solucionar os problemas agronômicos da conservação do solo no estado, fornecendo as diretrizes e os elementos básicos para a campanha conservacionista a ser realizada pelos órgãos de extensão.

Mesmo quando as condições locais de clima, solo e uso da terra são muito diferentes, necessitando informações e pesquisas que devem ser iniciadas do principio, as técnicas e equipamentos já desenvolvidos são de grande valia.

Uma política de pesquisa de conservação do solo poderia ter os seguintes pontos de sua linha de ação: *a)* as práticas de defesa do solo, eficientes e econômicas, têm que ser basear no conhecimento do processo de erosão; *b)* o trabalho fundamental da experimentação consiste em obter informação básica que possa ser Usada no campo, não só no diagnóstico dos problemas como, principalmente, na aplicação do tratamento necessário; *c)* os dados fornecidos pela pesquisa, a serem utilizados pelos técnicos no campo, devem ser avaliados pelas condições especificas de cada região; *d)* a aplicação dos dados experimentais, pelos técnicos no campo, deve estar condicionada ao conhecimento dos fatores de clima, solo e topografia da região; *e)* a avaliação dos fatores que provocam a erosão e o armazenamento de dados são importantes para uma previsão e o estudo antecipado de problemas em potencial e evitar situações desastrosas.

b. Definição de objetivos

Antes de decidir um programa de pesquisas, é importante definir claramente os seus objetivos. Se a finalidade é obter uma resposta prática para um problema prático, tal como o efeito do plantio em contorno quando comparado com o plantio morro abaixo, o procedimento é completamente diferente do que seria necessário para uma pesquisa fundamental e a longo prazo como, por exemplo, o estudo da força erosiva da chuva de uma região[31].

A escala dos experimentos também necessita ser considerada, pois, embora alguns estudos possam ser feitos em laboratórios ou em pequenos talhões, os que vão pesquisar as operações culturais somente podem ser testados em parcelas suficientemente grandes para tais operações de campo.

A precisão do experimento e da técnica empregada deve ser considerada. Se o problema é determinar, simplesmente, a melhor entre duas alternativas, não se deve desperdiçar com muito exagero na técnica experimental. Deve-se, porém, ter em mente as observações de Hayward[26], que, examinando os resultados de muitos experimentos com talhões, concluiu que apenas poucos deles foram pesquisados cientificamente. A afirmativa de pesquisadores de erosão de que a medição de diferenças tão grandes entre tratamentos não necessita da estatística para explicá-las deve ser considerada pelo pesquisador de que não é realmente uma posição cientifica.

Na determinação das perdas por erosão, sob chuva natural, com talhões munidos de sistemas coletores, é muito difícil o uso de repetições para uma análise estatística, em virtude do grande aumento de área e do encarecimento das instalações; a determinação por muitos anos confere melhor representatividade dos resultados. A Seção de Conservação do Solo tem prolongado a determinação de perdas por erosão para cada grupo de tratamento durante o mínimo de 12 anos; nos Estados Unidos, a determinação de perdas de solo e água pela erosão tem durado, para cada grupo de tratamentos, de 10 a 25 anos[43].

Os experimentos de campo para determinação do efeito de práticas conservacionistas e de manejo na produção de culturas são executados, com repetições para análise estatística, sem grandes problemas de custos operacionais.

As determinações de perdas por erosão com talhões munidos de sistemas coletores utilizando simuladores de chuva são mais práticas, demandam menos tempo e, como empregam padrões de chuva, podem ser mais facilmente comparáveis. Entretanto, em virtude de suas limitações, é difícil extrapolar as medições para as condições de campo e de chuvas naturais[40].

11.2. Estudos de determinação da erosão

Além dos estudos da determinação de perdas por erosão com talhões munidos de sistemas coletores, onde, com relativa precisão, medem-se as perdas de solo e água, pode-se determinar as mudanças na superfície do solo provocadas pela erosão e também o desenvolvimento de uma voçoroca.

a. Determinação das mudanças na superfície do solo

Se a erosão é concentrada em pequenas áreas, uma rápida estimativa, baseada no nível da superfície do solo, pode ser suficiente[31]. Vários métodos para medição das mudanças de nível da superfície foram sugeridos[23]. Um processo simples é cravar no solo um prego de ferro galvanizado, de 30 cm de comprimento: as medições da cabeça do prego até a superfície do solo mostrarão as mudanças no nível da superfície. Outro método simples é cravar tampas de garrafas na superfície do solo: assim, a erosão ocorrida depois de certo tempo é mostrada pelos pedestais formados com a proteção dada pelas tampinhas de garrafas.

A erosão severa em uma estrada pode ser medida, com precisão, pelo nivelamento com instrumento de engenharia da seção da estrada, desde que tenha, nos dois lados, marcos de referência.

Nas áreas de pastagens, a colocação de marcos de referência pode influenciar os hábitos dos animais, alterando, consequentemente, seu tráfego, podendo introduzir erros nas determinações. Para evitar esse problema, Hudson[30] sugere a colocação de estacas de metal, sem obstruir a superfície do terreno, em blocos de concreto, em intervalos de 2 m; uma régua colocada entre duas estacas adjacentes pode dar uma medição precisa das alterações na superfície do terreno. Com esse método, foi possível medir as alterações na superfície com precisão de um milímetro.

b. Medição do desenvolvimento de voçorocas

Quando o desenvolvimento de uma voçoroca está sendo determinado, são necessárias medições tanto no desenvolvimento horizontal quanto no vertical. A colocação de estacas a intervalos regulares ou em distribuição retangular, e as medições feitas regularmente, fornecem os dados para determinar a intensidade com que as bordas da voçoroca estão se movimentando; para esse tipo de levantamento, também podem ser usadas fotografias tiradas sempre do mesmo ponto[31].

Em geral, o índice anual de avanço de uma voçoroca é variável, sendo mais rápido em alguns estádios de seu ciclo de desenvolvimento que em outros; as observações indicam que a velocidade de avanço decresce progressivamente nos estádios finais de desenvolvimento.

A previsão do índice do avanço de uma voçoroca baseada somente na intensidade de seu desenvolvimento pode conduzir a sérios erros de avaliação, a menos que se dê adequada consideração aos fatores que podem ter maior influência no índice de avanço. Os fatores condicionantes, tais como as características dos materiais geológicos, topografia, uso do solo e volume de enxurrada, são os que alteram a intensidade de desenvolvimento da voçoroca; uma mudança nas condições acima, nas cabeceiras da voçorocas, muda completamente o índice de avanço[19].

11.3. Experimentos de campo

Vários são os experimentos de campo de um programa de pesquisas de conservação do solo, como: *a)* os sistemas de talhões coletores para determinação das perdas de solo e água pela erosão, sob chuva natural, nos mais variados solos, com as principais culturas e submetidos às principais práticas de conservação e manejo do solo; *b)* as determinações de perdas de solo e água pela erosão, sob chuva artificial, utilizando simuladores de chuva, também estudando os diferentes tipos de solo, diferentes coberturas vegetais, e diferentes práticas de conservação e manejo do solo; *c)* o estudo de pequenas bacias hidrográficas homogêneas, onde o tratamento com práticas simples de controle da erosão é determinado na quantidade e qualidade das perdas de solo; *d)* o estudo, com lisímetros, do movimento da água na superfície do solo, o movimento através do seu perfil, a absorção, a evaporação e o uso da água pelas culturas; *e)* série de ensaios, com possibilidade de análise estatística dos resultados, visando estudar o efeito sobre a produção das práticas conservacionistas e sistemas de manejo do solo, como base para o julgamento de sua praticabilidade e vantagem econômica; *f)* estudo de várias plantas de cobertura, gramíneas, leguminosas e outras, adotadas para cobertura de canais vegetados, proteção de taludes de corte e aterro, e travamento do solo de grande interesse na sua estabilidade.

a. Metodologia para a determinação de perdas por erosão

A determinação das perdas sofridas pelo solo por efeito de fenômeno de erosão pode ser feita de várias maneiras. A escolha de cada processo depende, principalmente, da natureza das perdas a determinar, como do tipo de práticas conservacionistas a estudar, das condições ecológicas locais e das possibilidades do pesquisador.

Para a solução direta de alguns problemas agronômicos de caráter prático, em geral as determinações são feitas no campo, de modo a repetir o mais aproximadamente possível as condições naturais da região. Grande parte das determinações de perda por erosão, entretanto, tem que ser feita em laboratório, de maneira a controlar com mais exatidão certos fatores em estudo.

Determinados fatores que interferem no fenômeno da erosão, inerentes ao solo, a planta ou ao clima, somente podem ser controlados e isolados satisfatoriamente em laboratório, em condições estranhas às do ambiente natural, facilitando, pois, a análise dos resultados. É o caso, por exemplo, do estudo das características do solo que condicionam sua erodibilidade ou de sua desagregação e transporte com o auxílio de simulador de chuva, seja em laboratório, seja em condições de campo. Tais simuladores permitem obter em pouco tempo grande número de dados, ao passo que, em condições naturais, o pesquisador ficaria sujeito a variações e mudanças de toda a sorte, tornando muito mais demoradas e difíceis as conclusões[8].

Todavia, não se pode perder de vista a complexidade dos fatores em jogo e suas inter-relações, pois um fator estudado isoladamente pode comportar-se diferentemente de quando estudado em conjunto.

Apresentamos, a seguir, esquematicamente, os principais métodos em uso para a determinação de perdas por erosão.

Na solução dos problemas de conservação do solo, entretanto, tais métodos quase sempre são empregados em combinação e com variações diversas daquelas apresentadas, razão por que um esquema dessa natureza não pode ser tomado muito rigidamente. É mais uma tentativa de sistematização do assunto[36].

De modo geral, podemos agrupar os diferentes métodos de determinação de perdas por erosão da seguinte maneira:

I — Métodos diretos

- Erosão por impacto
- Erosão por arrastamento superficial
  - Volume das perdas
    - coleta total
    - coleta de uma fração
    - registro da passagem
    - amostragem periódica
  - Intensidade das perdas
  - Qualidade das perdas
    - determinação da umidade
      - — análise mecânica
      - — análise química
- Perdas por percolação

II — Métodos indiretos

- Mudanças no relevo do solo

levantamento de graus de erosão
levantamento topográfico
documentação fotográfica
Alterações na constituição do solo
análise física
análise mecânica

Os *métodos diretos* são todos aqueles que se baseiam na coleta, na medição e na análise do material erosado, com auxílio de instalações coletoras e medidores especiais.

A medida do empobrecimento do solo seria obtida diretamente em função do solo, da água e dos elementos nutritivos arrastados pela erosão.

Em geral, para o estudo da erosão como fator de depauperamento do solo, os métodos diretos de medição do material erosado são mais indicados, pois permitem eliminar os efeitos dos demais fatores de depauperamento da fertilidade.

A primeira diferenciação entre os métodos diretos de determinação de perdas por erosão é, naturalmente, dada pela própria natureza das perdas. Dentre os diferentes tipos de erosão, costuma-se estudar mais comumente, por determinação das perdas, a erosão por arrastamento superficial e a lavagem por percolação através do perfil do solo, apesar de não ser propriamente um tipo de erosão[8].

Erosão por impacto. Para avaliar a erosão provocada pelo impacto das gotas de chuva sobre a superfície do solo, na grande variedade de métodos.

Em laboratório, por exemplo, costuma-se expor quantidades conhecidas de solo a ação de simulador de chuva com pressão, tamanho de gota e intensidade controladas, podendo-se estudar os efeitos de desagregação e transporte de partículas. Sendo de capital importância a natureza das gotas de chuva, é necessário lançar mão, tanto em laboratório como em condições de campo, de dispositivos especiais para o fornecimento de chuva artificial com características controláveis.

Para estudo da erosão por impacto, em condições de campo, lança-se mão, em geral, de pequenos depósitos enterrados no solo, apresentando, de um lado, os bordos rentes ao nível do solo e, de outro, um anteparo vertical, de maneira a recolher os respingos carregados de partículas de solo.

A determinação de perdas por erosão de impacto é interessante, especialmente no estudo das propriedades físicas do solo que lhe afetam a erodibilidade (textura, estrutura, coesão, tenacidade) e das práticas conservacionistas que se baseiam na cobertura do solo com vegetações e restos de cultura.

Erosão por arrastamento superficial. Em geral, essa é a forma de erosão mais importante e, por isso mesmo, a decisiva no estudo das práticas conservacionistas.

A determinação das perdas por arrastamento superficial constitui o método mais útil e acessível de estudar o efeito global das características do solo, o efeito da cobertura vegetal, das práticas culturais e, especialmente, das práticas conservacionistas.

Determinando as perdas por arrastamento superficial de certa área, tem-se, ao mesmo tempo, a avaliação dos principais tipos de erosão superficial, ou seja, a erosão por impacto, a erosão laminar e a erosão em sulcos. Para fins práticos, em condições de campo, é precisamente essa avaliação das perdas globais por erosão superficial que interessa.

A determinação das perdas por erosão superficial de arrastamento da mesma maneira que para as demais formas de erosão, poderá ser quantitativa e qualitativa.

A determinação quantitativa se faz pela medição do volume e da intensidade de escoamento e, a qualitativa, pela análise das substâncias e elementos transportados no material erosado.

O estudo da erosão por meio da medição direta do volume do material erosado é um dos mais fáceis e úteis para a avaliação do efeito de diferentes tipos de solo e, sobretudo, da eficiência das diferentes práticas de controle da erosão.

O sistema de determinação do volume das perdas varia grandemente com a área do terreno considerada e com as modalidades de uso do solo. Varia desde pequenas instalações de laboratórios com coleta total do material erosado, até estudo de perdas em grandes bacias hidrográficas por meio de medições de vazão e de análises periódicas de material transportado em grandes cursos de água.

Na coleta total, tanques de capacidade suficiente recolhem toda a enxurrada escorrida do talhão experimental em determinado período de tempo. Esse sistema não pode, em geral, ser usado para talhões de área superior a 80 m^2, pois, do contrário, os tanques ficariam excessivamente grandes.

Os tanques são feitos e calibrados de tal forma que uma simples leitura da altura da água recolhida forneça o seu volume total; uma vez que não há divisores e seu consequente erro de divisão, a medição será mais exata.

Figura 11.1. Detalhe dos tanques e divisores de um sistema coletor para determinação de perdas por erosão (foto dos autores)

Figura 11.2. Detalhe do divisor feito em sistema coletor para determinação de perdas por erosão (foto dos autores)

Na coleta de uma fração, apenas uma alíquota da enxurrada é coletada e, por essa fração, avalia-se o volume total. Embora com pequeno erro de avaliação das perdas, resultante do fracionamento da amostra medida, permite determinações satisfatórias para áreas de tamanho bastante grande, sendo usado para talhões de até 10.000 m^2[8]. Utiliza-se um tanque em geral pouco maior e mais raso que os demais, equipado com telas retentoras de palha e restos de cultura, para funcionar como tanque de decantação; nele, fica depositada a maior parte do solo arrastado, e se a chuva não foi muito forte, toda a enxurrada que escorre é recolhida.

Nas enxurradas mais volumosas, esse tanque de decantação extravasa e, no seu vertedouro, instala-se um divisor especial que separa e conduz uma fração alíquota do extravasado para um segundo tanque ou para um segundo divisor.

Em alguns sistemas coletores, especialmente em áreas maiores de 200 m^2, há necessidade de acrescentar um terceiro tanque, recebendo a tração separada por um segundo ou mesmo terceiro divisor (Figura 11.1).

Os divisores usados são do tipo Geib[22], com janelas perfeitamente iguais cortadas ou armadas em chapa metálica, em número ímpar, em geral inferior a quinze (Figura 11.2).

O volume recolhido em um tanque final, multiplicado pelo número de janelas dos divisores imediatamente precedentes no caso de não serem separados por um tanque, acrescido ao volume depositado no tanque precedente, e assim por diante, até o tanque de decantação, dará o volume total escorrido do talhão experimental.

No caso da utilização do registro de passagem, não há limites no tamanho das áreas a serem estudadas, podendo variar desde um pequeno talhão até grandes bacias hidrográficas. Tal sistema é especialmente interessante no estudo da correlação entre as intensidades da chuva e de escoamento das enxurradas.

A enxurrada passa por um vertedouro equipado com linígrafo, que registra, ao mesmo tempo, o volume e a intensidade. Para avaliação das perdas de solo, o vertedouro é equipado com um tanque de decantação e com uma pequena calha para coleta de uma amostra da enxurrada escoada. Por meio dessa amostra, determina-se a quantidade de solo transportado em suspensão, que, calculada em relação ao volume total de enxurrada, dá a perda total de solo, à qual se deve, naturalmente: somar ao solo encontrado no tanque de decantação.

Na falta de linígrafo para registrar a vazão de cursos de água, pode-se determiná-la periodicamente, acontecendo o mesmo com a determinação do teor de substâncias e elementos transportados. Desse modo, poder-se-á ter uma avaliação aproximada do volume das perdas por erosão ocorridas em bacias hidrográficas extensas. A amostragem poderá ser feita em pontos onde o leito do curso de água permita uma determinação mais fácil e precisa da vazão. Para dosagem do material transportado na água, pode-se fazer, por exemplo, três coletas de amostras diárias.

Visando correlacionar a velocidade das perdas por erosão com a intensidade de chuva, em diferentes condições de uso do solo, lança-se mão de linígrafos instalados nos vertedouros da base dos talhões ou áreas experimentais, ao mesmo tempo em que se instalam pluviógrafos em pontos representativos da área experimental; assim, os pluviógrafos registram a intensidade das chuvas e, os linígrafos, a intensidade e a velocidade das enxurradas escorridas. Esse estudo da intensidade de perdas permite verificar o efeito de certas práticas de uso do solo no retardamento das enxurradas; ele é especialmente importante para determinação do tempo de concentração de bacias hidrográficas de diferentes características de conformação, declividade, cobertura, solo. Pode ser feito tanto em talhões pequenos como em áreas experimentais ou bacias hidrográficas grandes.

Um ponto importante no estudo da erosão é a determinação da qualidade das perdas. O caso mais simples de estudo das perdas por erosão é aquele em que se faz medição apenas da quantidade de lama e de enxurrada arrastadas, sem determinar os teores de substâncias e elementos nutritivos. Esse método serve para fins de comparação prática dos efeitos de tipos de solo, de cobertura, de tratamentos do solo ou de práticas conservacionistas diversas. Pelos totais de lama e enxurrada arrastados, pode-se avaliar, com alguma aproximação os efeitos da erosão, sobretudo se se tratar de comparação de tratamentos sob condições semelhantes de solo.

Para uma avaliação mais precisa das perdas, torna-se necessário, entretanto, associar as medições de volume ou de peso do material transportado, às determinações do teor com que nas mesmas figurem as principais substâncias e elementos transportados. Essas determinações vão desde as simples secagem para verificação do teor de umidade até às análises mecânicas e químicas completas.

A determinação da umidade do material erosado é de grande importância no estudo da erosão. Desse material, depois das devidas medições de volume ou peso, retiram-se amostras representativas com que se determina, por pesagem e secagem em estufa, o teor de umidade da lama decantada e de solo na enxurrada. Dessa forma, pode-se avaliar as perdas em solo seco e em água limpa; sempre que possível, para cada medição de perdas nos tanques, são tomadas amostras da lama decantada e da enxurrada com solo em suspensão para determinação da umidade. Os dados obtidos são, em geral, usados para determinação dos teores médios utilizáveis no cálculo das perdas por erosão.

Do material sólido arrastado, retiram-se amostras para determinar a textura do solo arrastado por análise mecânica, cujos dados permitem o estudo da erodibilidade de diferentes tipos de solo.

Do mesmo modo, a análise química do material erosado, tanto lama como enxurrada, fornece dados valiosos para estudo da erodibilidade dos solos e para comparação de certas práticas, especialmente daquelas que interferem diretamente na sua fertilidade.

Perdas por percolação. Embora não provocadas por fenômenos de erosão propriamente dita, as perdas, tanto em água como em elementos nutritivos, que se verificam no solo por ação das águas de percolação, costumam também ser determinadas juntamente com aquelas da erosão propriamente dita, em virtude de sua estreita relação com ela.

As determinações são feitas em lisímetros, que consistem, de maneira geral, em recipientes especiais para coleta e medição da água e dos elementos nutritivos que atravessam verticalmente uma camada mais ou menos profunda de solo.

Existe grande diversidade de lisímetros e, para cada estudo, um tipo mais indicado. Há desde os mais simples, destinados a medir a água de percolação, com tubos maiores ou menores cheios de terra desagregada, ou então com bandejas de coleta introduzidas no perfil do solo, ou aqueles que se utilizam de blocos de solo sem alterar sua estrutura e que medem, a um só tempo, as perdas por erosão superficial, percolação, evaporação e transpiração. Os mais complexos são aqueles de blocos monolíticos, com dispositivos para pesá-los.

Os *métodos indiretos* para determinação da erosão são os baseados nos vestígios deixados no solo ou nas diferenças apresentadas em relação ao solo não erosado. De modo geral, são mais imprecisos do que os baseados no estudo do material erosado, mesmo porque quase sempre outros fatores se associam a erosão, somando com esta seus efeitos sobre o relevo ou sobre a constituição do solo, de tal modo que é difícil isolar e diferenciar as causas primárias. Constituem, em geral, processos auxiliares de estudo da erosão.

Mudanças do relevo do solo. Em períodos longos, é possível, algumas vezes, diferenciar os efeitos da erosão e mesmo avaliar a extensão dos danos provocados, em função das mudanças e alterações apresentadas pelo relevo do solo.

Uma comparação de levantamentos de graus de erosão realizados em épocas diferentes sobre uma mesma área pode indicar o progresso ou a estabilização da erosão. Possibilitando, algumas vezes, até mesmo a avaliação quantitativa das perdas sofridas, por seu efeito. O levantamento do grau de erosão baseia-se especialmente na camada de solo virgem remanescente e na profundidade e proximidade dos sulcos. Assim, por exemplo, se o levantamento de certa área indicar, em determinada época, uma erosão laminar de grau 1 (mais de 15 cm de solo remanescente) e, o levantamento alguns anos mais tarde assinalar uma erosão laminar de grau 3 (apenas 5 cm de solo remanescente), é sinal de que, durante esse período de tempo, foram desgastados cerca de 10 cm da camada do solo. Poder-se-ia então determinar a profundidade gasta anualmente ou, mesmo, a tonelagem de solo arrastado por unidade de área, se conhecida a densidade do solo em questão.

Algumas vezes, com auxílio de levantamentos topográficos altimétricos, de grande precisão, consegue-se avaliar a camada de solo arrastada pela erosão. Para tanto, marcos especiais são instalados em pontos convenientes da área e, de tempos em tempos, são feitos levantamentos altimétricos de grande precisão. Esse método é adotado em certos casos de avaliação das mudanças de forma no perfil da superfície do terreno, especialmente em talhões experimentais munidos de coletores de material erosado, como um complemento dos trabalhos; pode-se verificar, por exemplo, se um perfil reto se altera para côncavo ou convexo. Em casos especiais, marcos ocasionalmente existentes no terreno podem servir como indicadores da camada de solo arrastada pela erosão. Para detalhes de avaliação da eficiência do terraceamento, pode-se colocar, ao longo dos terraços, dentro dos canais, marcos indicadores do seu perfil e que podem servir para calcular o arrastamento de terra na área terraceada.

A documentação fotográfica, com fotografias tomadas a intervalos regulares, de pontos e direções fixas, poderá indicar variações e progressos em certas formas de erosão, notadamente naquelas que se apresentam em sulcos, voçorocas, deslizamentos, sedimentação.

Alterações na constituição do solo. Em certos casos, a erosão pode ser reconhecida e avaliada em sua extensão pelas mudanças assinaladas na própria constituição física e química do solo.

A análise física compreendendo o exame do perfil do solo, da textura, da permeabilidade, pode, em alguns casos, auxiliar na avaliação da camada de solo superficial já arrastada pela erosão. Completa, em geral, as informações fornecidas pelo levantamento de graus de erosão, pois, nestes, nem sempre se pode reconhecer os horizontes do solo. O levantamento expedito de campo, de per si, pode ser insuficiente, exigindo, então, análises físicas mais detalhadas e precisas em laboratórios.

A análise química, efetuada em um solo, a intervalos regulares, pode determinar a variação de sua riqueza em elementos nutritivos. Descontando-se as perdas verificadas, a quantidade consumida e a retirada pelas colheitas, obtêm-se, com bastante aproximação, as perdas ocasionadas pela erosão, uma vez que esta é quase sempre o principal fator de desgaste do solo.

b. Sistemas coletores para determinação das perdas de solo e água pela erosão

Os talhões coletores para a determinação das perdas de solo e água pela erosão têm sido bastante utilizados em vários países. Na maioria dos antigos trabalhos realizados nos Estados Unidos, foram empregadas parcelas de 1,80 m de largura e 22 m de comprimento, com uma área aproximada de 40 m^2, para avaliar os efeitos dos diversos fatores sobre a erosão. Os talhões eram cercados com lâminas de metal ou de madeira que limitavam as parcelas, penetrando de 15 a 20 cm no terreno, ficando fora da superfície de 10 a 150 m. Nos tanques coletores do material erosado, que ficavam na extremidade inferior das parcelas, construídos de metal ou de concreto armado, concentrava-se a enxurrada e o solo arrastado. O primeiro tanque retinha as partículas grossas de solo e todo o material sedimentado, e o excesso de enxurrada passava por um divisor onde uma fração alíquota era conduzida para um segundo tanque, geralmente denominado de tanque de armazenamento.

O divisor Geib com várias janelas, sempre de número ímpar, o melhor equipamento que se conhece para dividir o fluxo de enxurrada e obter uma fração alíquota, consiste em uma caixa metálica onde sai a enxurrada por uma série de janelas verticais, todas de um mesmo tamanho. A enxurrada que passa pela janela central é conduzida ao tanque seguinte para ser medida, e a que passa pelas outras janelas é conduzida para um sistema comum de deságue; quando se utiliza um divisor de sete janelas, por exemplo, significa que apenas um sétimo da enxurrada é conduzido do tanque de sedimentação para o de armazenamento.

Os talhões devem ser suficientemente grandes para que os dados obtidos tenham a melhor representatividade. Na Seção de Conservação do Solo são utilizados os seguintes tamanhos de talhões para a determinação das perdas de solo e água pela erosão: *a)* determinação do efeito de cobertura vegetal, consorciação de culturas e rotação de culturas, em parcelas de 100 m^2, com 4 m de largura e 25 m de comprimento; *b)* determinação do efeito de práticas conservacionistas em cafezal, com parcelas de 1.000 m², com 20 m de largura e 50 m de comprimento; *c)* determinação do efeito de práticas conservacionistas em culturas anuais, preparo do solo e manejo do solo, com parcelas de 2.000 m², com 25 m de largura e 80 m de comprimento; *d)* determinação do efeito de comprimento de rampa, com parcelas de 250 m², 500 m² e 1.000 m², respectivamente com as seguintes dimensões: 10 x 25 m; 10 x 50 m e 10 x 100 m (Figura 11.3).

Figura 11.3. Vista geral dos sistemas coletores, para determinação de perdas de erosão, instalados na E. E. Campinas do IAC (foto dos autores)

Cálculo dos sistemas coletores. O método mais utilizado na determinação das perdas por erosão é aquele em que se coleta, em tanques especiais, uma fração alíquota ou toda a enxurrada escorrida em cada talhão experimental[5,9].

O cálculo, o projeto e a construção de tais sistemas coletores têm sido variáveis em função das condições de pluviosidade, de solo, de declive, de estudos a serem feitos e de possibilidades em meios de trabalho.

O princípio geral do cálculo dos sistemas coletores é o mesmo dos cálculos de vazão de determinada área para projeto de canais escoadouros.

A capacidade de coleta dos tanques faz-se na base de um dia (24 horas), uma vez que as medições são diárias. A área dos vertedouros, das bicas, das janelas dos divisores, é determinada em função da intensidade máxima de enxurrada possível de ocorrer na área do talhão. Assim, para o cálculo do volume máximo de enxurrada possível em 24 horas, toma-se como base a precipitação máxima diária da região, a área do talhão e o coeficiente de enxurrada da área, variando este em função do tipo de solo, da cobertura, do uso do solo, do declive do terreno, do comprimento de rampa. A precipitação máxima diária multiplicada pelo coeficiente de enxurrada e pela área do talhão dá o volume máximo de enxurrada a ser recolhido em um dia.

Para o cálculo da vazão máxima, isto é, do volume máximo por unidade de tempo, necessário para determinação da área dos vertedouros, toma-se como base o tempo de concentração do talhão e, para esse tempo, determina-se a máxima intensidade de chuva possível, dentro do período de segurança desejado. Conhecendo a intensidade máxima de chuva, assim como o coeficiente de enxurrada e a área do talhão, determina-se a vazão máxima.

Obtida a vazão máxima, é fácil determinar as áreas dos vertedouros, em função da velocidade de escoamento. Tem-se utilizado para os cálculos, em declividade de até 8% e comprimento de 100 m, um valor de velocidade média de escoamento de 1,2 metro/segundo.

No cálculo do sistema coletor, procura-se fazer com que os tanques apresentem, de preferência, áreas de exposição em números inteiros, para facilitar não só as medições dos volumes de enxurrada recolhida como o desconto da chuva direta no caso de não serem tampados.

Deve-se projetar o tanque de decantação mais comprido do que largo, aproximadamente duas vezes, para facilitar a quebra de velocidade de escoamento e consequente decantação dos sedimentos transportados.

Os tanques de armazenamento, isto é, os que vêm em seguida aos divisores, devem ser calculados também com área de exposição em números inteiros e o mais profundo possível, com o fito de reduzir os erros de medição de altura. Essa profundidade, entretanto, fica condicionada à topografia do terreno.

Para fracionar o volume de enxurrada escorrida de determinada área, de modo que os tanques possam comportar as frações recolhidas, lança-se mão dos divisores; destes, o mais indicado é o de janelas múltiplas verticais do tipo Geib[22]. Constitui-se de número ímpar de janelas e de áreas perfeitamente iguais, compondo um vertedouro para as enxurradas, de tal forma que em cada janela, passe uma mesma vazão;

recolhendo a enxurrada que passa na janela mediana, tem-se uma tração alíquota do total escorrido.

As janelas que compõem o divisor devem apresentar uma proporção de altura para largura de cerca de 8:1 ou 10:1[9]; seu número deve ser, em geral, inferior a quinze, para que não seja grande o erro de divisão. Para obter frações maiores do que 1/11, ou 1/13 ou mesmo 1/15, basta instalar dois ou mais divisores em série; assim, um divisor de 1/9, associado em série com um divisor de 1/7, fornece uma fração alíquota final de 1/63. Deve-se evitar a associação em série de dois divisores, colocando sempre depois de cada divisor um tanque de armazenamento, a fim de obter maior precisão na medição das perdas de volume intermediário.

Com efeito, enquanto uma associação em série direta só permite a medida da fração final recolhida no último tanque, uma associação em série tal que entre dois divisores fique um tanque de armazenamento, permite medições também da primeira fração dividida, antes de somar o erro natural de uma segunda divisão. Dessa forma, o segundo divisor só funcionará no caso de chuvas muito intensas.

O cálculo de um sistema coletor é feito por tentativas, lixando-se ora a fração que se deseja recolher, ora o volume dos tanques, até que se obtenha um conjunto de dimensões de tanques, de número de divisores, de tamanho de divisores, que seja satisfatório e equilibrado.

Exemplo de cálculo de um sistema coletor. Suponhamos que se queira instalar uma série de talhões experimentais para determinação do eleito sobre a erosão, de alguns sistemas de preparo do solo, plantio e cultivo em culturas anuais. Devendo os trabalhos ser feitos, tanto quanto possível, iguais aos adotados nas culturas da região, com o emprego de máquinas, esses talhões deverão ser grandes, suponhamos de 1.000 m^2, com dimensões de 20 x 50 m, respectivamente na direção das curvas de nível e do maior declive do terreno.

Suponhamos que a precipitação máxima registrada para a região tenha sido 140 mm, dentro do período de segurança desejado. As condições de solo, de declive, de cobertura e de tratos culturais dão, em média, um coeficiente de enxurrada de 0,65 a esperar nas maiores perdas; isso indica que, da área em apreço, pode-se esperar um máximo de enxurrada correspondente a 65% da chuva calda.

Dessa forma, o volume máximo de enxurrada possível de escorrer, com a segurança desejada, da área de cada talhão experimental seria:

$$0{,}14 \text{ m} \times 1.000 \text{ m}^2 \times 0{,}65 = 91 \text{ m}^3$$

O sistema coletor, então, teria que ter uma capacidade para recolher 91 m^3 de enxurrada, embora fracionadamente.

Suponhamos que o tanque de decantação, isto é, o primeiro tanque do sistema, fosse construído com uma área de exposição de 8 m^2, sendo 2 m de largura e 4 m de comprimento, internamente; a área desse tanque será, assim, cerca de 0,008 da área do talhão. Digamos que o declive do terreno permita a construção de um tanque de 4 m de comprimento, com profundidade total de 0,9 m e profundidade útil de armazenamento de 0,6 m, internamente; o volume de enxurrada armazenada será, então, de 4,8 m^3, ou seja, 2,0 x 4,0 x 0,6 m.

Dos 91 m^3 restam, por conseguinte, 86,2 m^3, ou seja, 91 - 4,8, para serem recolhidos ou fracionados. Lançando mão de um divisor de onze janelas instalado na saída do tanque de decantação, teremos uma fração de 1/11 para recolher, ou seja, 7,836 m^3 (86,2/11). Essa tração e muito grande ainda para se recolher integralmente; faz-se necessária, então, uma segunda divisão, sendo conveniente usar um tanque intermediário de armazenamento. Esse tanque terá uma área de exposição de 1,50 m^2, com lados iguais de 1,225 m. Construindo-o com uma altura interna total de 0,9m e uma altura útil de armazenamento de 0,75 m, teremos um volume útil de armazenamento de 1,125 m^3, ou seja, 1,225 x 1,25 x 0,75 m.

Dessa forma, ainda restarão 6,711 m^3, ou seja, 7,836 - 1,125 para dividir e recolher.

Instalando um divisor de sete janelas na saída desse tanque de armazenamento intermediário, obter-se-á uma fração final de apenas 0,959 m^3 (6,711/7). Para recolher essa fração final, será necessário, então, um tanque de armazenamento com capacidade útil para cerca de 1 m^3; esse tanque poderá ser, por exemplo, de 1 m^2 de superfície livre, com lados iguais de 1 m, e uma profundidade total de 1,10 m e útil interna de 1 m.

Dessa forma, fica toda a enxurrada recolhida com o artificio de uma divisão total de 1/77, ou seja, utilizando dois divisores, um de 1/11 e outro de 1/7.

Resta, agora, determinar as áreas dos vertedouros e das janelas e as dimensões dos divisores. O passo inicial será o cálculo da vazão máxima, mediante a equação:

$$Q = \frac{CIA}{360}$$

onde:

Q = vazão máxima em metro cúbico/por segundo;

C = coeficiente de enxurrada, em porcentagem;

l = intensidade máxima de chuva para o tempo de concentração da área, em milímetro/hora;

A = área do talhão, em hectare.

Para esse cálculo, já conhecemos a área do talhão (A = 0,1 ha). O coeficiente de enxurrada (C) faz-se, em geral, igual a 100%, considerando que em períodos curtos toda a água calda em chuvas fortes possa escorrer.

Resta, portanto, determinar a intensidade máxima de chuva (l). Para conhecer a intensidade capaz de provocar a vazão máxima no talhão em apreço, é preciso determinar, em primeiro lugar, o seu tempo de concentração; este corresponderá ao tempo requerido para que, em determinada chuva, todos os pontos da área estejam contribuindo com enxurrada na extremidade em que estão os coletores. Supõe-se que quando uma chuva tem uma duração igual ao tempo de concentração, todas as partes da área estejam contribuindo simultaneamente para descarga na saída do escoadouro.

Considerando de 7% o declive do terreno, verifica-se que a velocidade média de escoamento da enxurrada sobre a sua superfície coberta de culturas anuais é de cerca de 1,5 m/s; assim sendo, para percorrer 50 m de comprimento do talhão, a enxurrada gastará cerca de 33 segundos, ou seja, 50/1,5, que será o tempo de concentração do talhão.

Tabelas de precipitação máxima para curtos períodos de tempo indicam a intensidade máxima provável de ocorrer nesse tempo de concentração. Para uma região, por exemplo, para o tempo de concentração de 33 segundos, a precipitação máxima, dentro de um período de segurança de cerca de 25 anos, é 335 mm/h, ou seja, a intensidade l da fórmula citada.

Desse modo, a vazão máxima possível de ocorrer no talão será:

$$Q = \frac{335 \times 1{,}00 \times 0{,}1}{360} = 0{,}093 \text{ m}^3/\text{s}$$

Conhecida a vazão máxima, será fácil determinar a área dos vertedouros ao longo de todo o sistema coletor; para efeito de cálculo, considera-se uma velocidade de escoamento dentro do sistema coletor de 1,2 m/s.

Assim, a área da calha que recebe toda a enxurrada do talhão, como um funil na soleira concentradora, será 0,0775 m^2, ou seja, 0,093 m^3/1,2 m.

Conhecida a área da calha ou bica, é fácil determinar suas dimensões. Supondo-se uma calha de seção retangular e fixando-se em 40 cm sua largura, tem-se uma altura útil de 190 m, ou seja, 0,0775 m^2/0,4 m, altura essa que, por segurança, é aumentada para 30 cm.

O próximo vertedouro a calcular será o primeiro divisor, instalado no fim do tanque de decantação. A área total das janelas desse divisor será, também, de 0,0775 m^2. Sendo onze o número de janelas, será de 0,0070 m^2 (0,0775111) a área de cada janela. As dimensões das janelas serão determinadas de tal modo que a largura seja de cerca de oito a dez vezes a largura. Fixando em 30 mm sua largura, tem-se uma altura útil calculada de 233 mm (7.000/30); para maior segurança, pode-se aumentá-la para 250 mm.

Conhecidas as dimensões das janelas, determinam-se as dimensões de todo o divisor. Fazendo de 35 mm o intervalo entre janelas e de 25 mm o intervalo da última janela a parede interna da calha divisora, tem-se uma largura interna de 730 mm, ou seja:

$$(30 \text{ mm} \times 11) + (35 \text{ mm} \times 10) + (25 \text{ mm} \times 2) = 730 \text{ mm}$$

Fazendo de 40 mm a altura acima e abaixo das janelas, tem-se que a altura interna da calha do divisor será de 330 mm, ou seja:

$$40 \text{ mm} + 250 \text{ mm} + 40 \text{ mm} = 330 \text{ mm}$$

O comprimento da calha divisora terá aproximadamente uma e meia a duas vezes a largura; para o presente caso, terá um comprimento de 1.100 mm.

Finalmente, teremos que calcular o último divisor do sistema, a ser instalado entre o segundo e o terceiro tanque de armazenamento. A área total de suas janelas será a mesma de uma das janelas do divisor anterior, ou seja, 7.000 mm^2. Sendo sete suas janelas, cada uma terá uma área de 1.000 mm^2. Fazendo de 12,5 mm a largura das janelas, tem-se uma altura útil calculada para elas de 80 mm, ou seja, 1.000 mm^2/12,5 mm; para segurança, aumenta-se essa altura para 100 mm.

As dimensões de calha do divisor serão obtidas em função dessas dimensões das janelas. Fixando em 19 mm o intervalo entre janelas e em 12,5 mm o intervalo da última parede interna da calha do divisor, tem-se uma largura interna de 226,5 mm, ou seja:

$$(12{,}5 \text{ mm} \times 7) + (19 \text{ mm} \times 6) + (12{,}5 \text{ mm} \times 2) = 226{,}5 \text{ mm}$$

Fixando em 45 mm a altura acima das janelas e em 50 mm a altura abaixo, obtém-se uma altura interna de 195 mm para a calha do divisor, ou seja:

$$45 \text{ mm} + 100 \text{ mm} + 50 \text{ mm} = 195 \text{ mm}$$

O comprimento da calha do divisor será de 500 mm.

Em resumo, as características do sistema coletor para estudo de efeitos de sistemas de preparo do solo, plantio e cultivos em culturas anuais são as seguintes:

I. Talhões

a) área (m^2) 1.000
b) largura (m) 20
c) comprimento (m) 50
d) declive (%) 7
e) tipo de solo

II. Cálculo da enxurrada

a) coeficiente de enxurrada 0,65
b) chuva máxima diária (mm) 140
c) intensidade máxima (mm/h) 335
d) deflúvio total (m^3) 91
e) vazão máxima (litros/s) 93

III. Tanque de decantação

a) superfície (m^2) 8.0
b) comprimento (m) 4,0
c) largura (m) 2,0
d) profundidade útil (m) 0,6
e) volume útil (m^3) 4,8

IV. 1º tanque de armazenamento

a) superfície (m^2) 1,5
b) lado (m) 1,225
c) profundidade útil (m) 0,75
d) volume útil (m^3) 1,125

V. 2º tanque de armazenamento

a) superfície (m^2) 1,0
b) lado (m) 1,0
c) profundidade útil (m) 1,0
d) volume útil (m^3) 1,0

VI. Janelas do 1º divisor

a) número 11

b) largura (mm) 30

c) altura útil (mm) 250

d) intervalo (mm) 35

e) distância da parede (mm) 25

f) distancia superior (mm) 40

g) distância inferior (mm) 40

VII. Calha do 1º divisor

a) largura interna (mm) 730

b) altura interna (mm) 330

c) comprimento (mm) 1.100

VIII. Janelas do 2º divisor

a) número 7

b) largura (mm) 12,5

c) altura útil (mm) 100

d) intervalo (mm) 19

e) distância da parede (mm) 12,5

f) distância superior (mm) 45

g) distância inferior (mm) 50

IX. Calha do 2º divisor

a) largura interna (mm) 226,5

b) altura interna (mm) 195

c) comprimento (mm) 500

A figura 11.4 apresenta as características do sistema coletor e a figura 11.5 as do divisor Geib projetados.

Para facilitar o cálculo da enxurrada é necessário, em cada sistema coletor, organizar fórmulas que, de acordo com as características dimensionais, os descontos de chuva direta quando os tanques são descobertos, e as várias situações quando a enxurrada se encontra só no tanque de decantação, ou está no 1º tanque de armazenamento, ou, ainda, quando está no 2º tanque de armazenamento.

A dedução da fórmula para o cálculo da enxurrada de um sistema coletor para talhão de 20 x 50 m, é a seguinte:

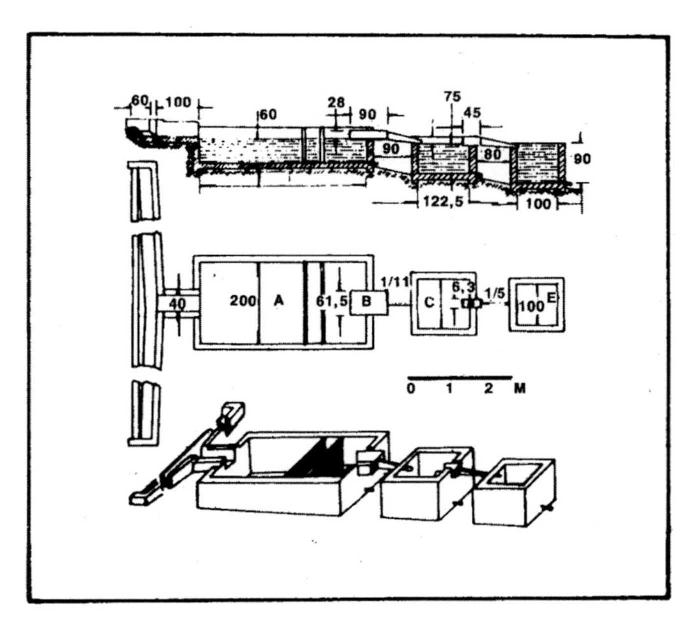

Figura 11.4. Sistema coletor para talhões de 1.000 m^2 (20 m x 50 m); A — tanque de decantação com telas; B — divisor tipo Gleib com 11 janelas; C — tanque de armazenamento; D — divisor tipo Geib com 5 janelas; E — Tanque de armazenamento

I. Características do sistema

a) tanque de decantação

largura (m) 2,00
comprimento (m) 4,00
altura útil (m) 0,60

b) 1º tanque de armazenamento

lado (m) 1,225
altura útil (m) 0,750

c) 2º tanque de armazenamento

lado (m) 1,0
altura útil (m) 1,0

d) janelas do 1º divisor

número 11

e) janelas do 2º divisor

número..7

II. Áreas para o desconto da chuva direta

a) até o tanque de decantação: soleira, calha do divisor e parede do tanque

(m^2)..4,00

tanque (m^2)...8,00

área total (m^2)...12,00

b) no 1º tanque de armazenamento: parede do tanque e calha do divisor

(m^2)..0,10

tanque (m^2)...1,50

área total (m^2).. 1,60

c) no 2º tanque do armazenamento: parede do tanque e calha do divisor

(m^2)..0,08

tanque (m^2)...1.00

área total (m^2)...1,08

III. Dedução das fórmulas

Todos os tanques têm, no fundo, uma queda de 1%. As leituras são feitas junto ao divisor. Para a obtenção do volume do tanque, não basta apenas multiplicar a área pela altura, pois ambas as suas extremidades têm profundidades diferentes. A diferença em profundidade e igual a 1% do complemento do tanque.

a) quando a enxurrada está no tanque de decantação, há duas situações: as leituras são inferiores a 40 mm ou superiores a 40 mm.

Pela figura 11.6, calcula-se o volume do tanque de decantação, da seguinte maneira:

$$\text{volume ABCDEF} = \frac{4{,}00 \times 2{,}00 \times 0{,}04}{2} = 0{,}160 \text{ m}^2 = 160 \text{ litros}$$

Para leituras inferiores a 40 mm

A figura 11.7 representa o fundo do tanque de decantação, e com ela se calcula o volume do tanque até a altura de 40 mm.

"Os triângulos ABC e AGH são semelhantes, logo, suas áreas estão entre si como os quadrados dos lados homólogos."

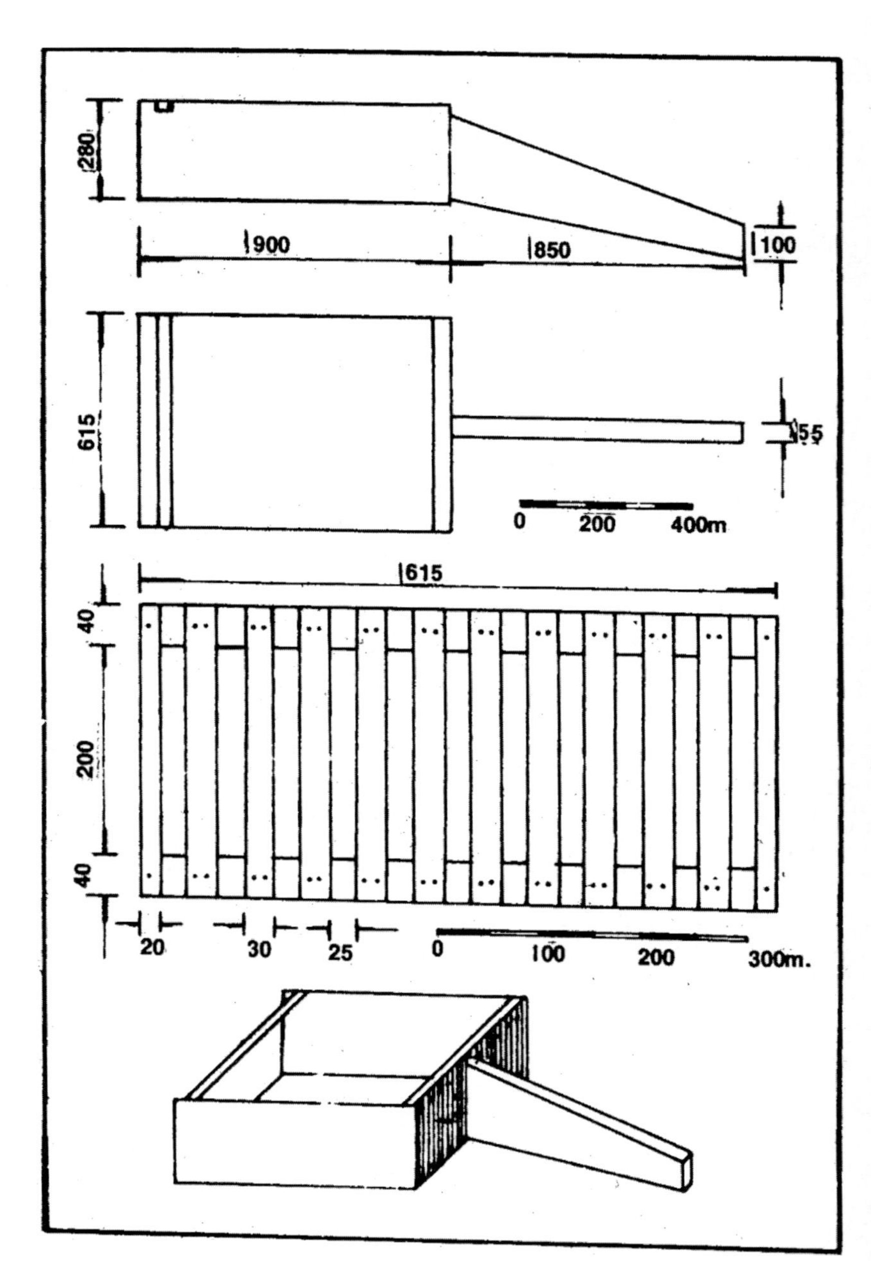

Figura 11.5. Divisor tipo Gleib com 11 janelas para talhões de 1.000 m² (20 x 50 m)

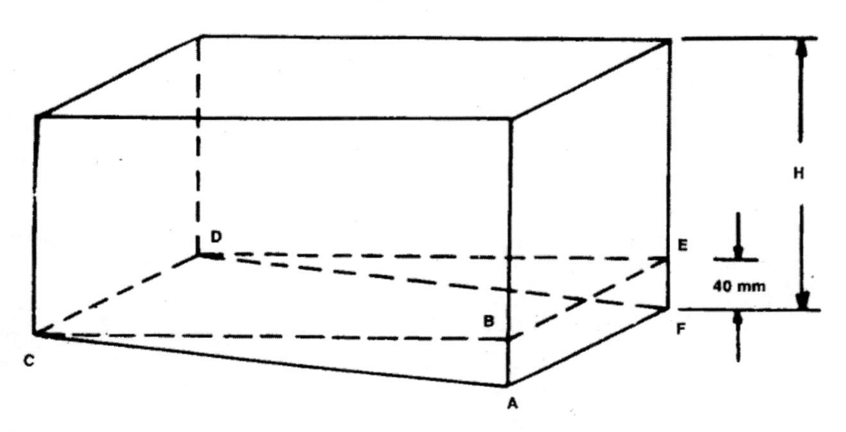

Figura 11.6. Esquema do tanque de decantação para o cálculo do volume quando as leituras são superiores a 40 mm

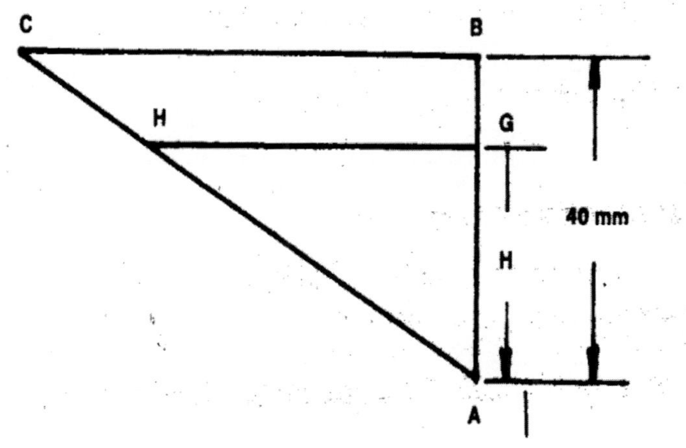

Figura 11.7. Esquema do fundo do tanque de decantação

$$\frac{AGH}{ABC} = \frac{\overline{AG}^2}{\overline{AB}^2}$$

$$AGB = ABC\ \frac{\overline{AG}^2}{\overline{AB}^2} = 160 \qquad \frac{h^2}{40^2} = \frac{160}{1.600} \quad h^2 = 0{,}1h^2$$

Sendo a chuva direta igual a 12,0 p, a fórmula será:

$$v = 0{,}1\ H^2 - 12{,}0\ p \qquad (1)$$

Para leituras superiores a 40 mm

Com a figura 11.6, calcula-se o volume do tanque de decantação, para leituras superiores a 40 mm, da seguinte maneira:

Sendo a área do tanque = 8,00 m² e o volume ABCDEF = 160 litros, o volume total será:

$$V = 160 + 8\ (H - 40) = 160 + 8H - 320 = 8H - 160$$

Essa fórmula, descontando a chuva direta, será:

$$V = 8H - 12{,}0p - 160 \qquad (2)$$

b) quando a enxurrada está no 1º tanque de armazenamento, o volume ABCDEF calculado é

$$\frac{1{,}225 \times 1{,}225 \times 0{,}1225}{2} = 0{,}00919\ m^3 = 9{,}19 \text{ litros}$$

Assim, para leituras superiores a 12,25 mm, em que a área do tanque é 1,50 m² e o volume ABCDEF é 9,19 litros, seu volume será:

$$V = 9{,}19 + 1{,}5\ (H - 12{,}25) = 9{,}19 + 1{,}5\ H - 18{,}38 = 1{,}5\ H - 9{,}19$$

que, descontada a chuva direta, será:

$$V = 1{,}5\ H - 1{,}6p - 9{,}19 \qquad (3)$$

O volume total, calculado pela leitura do 1º tanque de armazenamento, será determinado pelo volume desse tanque multiplicado pelo número de janelas do 1º divisor e somado com o volume do tanque de decantação:

$$V = (3) \times 11 + (2)$$

$$V = (1{,}5H - 1{,}6p - 9{,}19)\ 11 + (3\ H_1 - 12{,}0p - 160)$$

sendo:

H = 620, que é a altura, em milímetros, no tanque de decantação quando está extravasando para o de armazenamento.

Assim,

$$V = (1{,}5\,H - 1{,}6p - 9{,}19)\,11 + (8 \times 620 - 12{,}0p - 160)$$

$$V = 16{,}5H - 17{,}6p - 101{,}09 + 4.960 - 12{,}0p - 160$$

$$V = 16{,}5H - 29{,}6p + 4.698{,}91 \qquad (4)$$

c) quando a enxurrada está no 2º tanque de armazenamento o volume ABCDEF calculado é:

$$\frac{1{,}0 \times 1{,}0 \times 0{,}01}{2} = 0{,}005\ m^3 = 5{,}0\ \text{litros}$$

Assim, para leituras superiores a 10 mm, em que a área do tanque é 1,00 m^2 e o volume ABCDEF é de 5 litros, o volume do 2º tanque de armazenamento será:

$$V = 5 + 1(H - 10) = 5 + H - 10 = H - 5$$

que, descontada a chuva direta será:

$$V = H - 1{,}08p - 5 \qquad (5)$$

O volume total, calculado pela leitura do 2º tanque de armazenamento, será determinado pelo volume desse tanque multiplicado pelo número de janelas do 2º divisor e somado com o volume do 1º tanque de armazenamento, sendo o total multiplicado pelo número de janelas do 1º divisor e, depois, somado ao volume do tanque de decantação:

$$V = [(5)\,7 + (3)]\,11 + (2)$$

$$V = (H - 1{,}08p - 5)7 + (1{,}5\,H_2 - 1{,}6p - 9{,}19)11 + (8H_1 - 12{,}0p - 160)$$

onde:

$H_1 = 620$;

$H_2 = 756{,}125$, que é a altura em milímetros no 1º tanque de armazenamento quando está extravasando para o 2º tanque de armazenamento;

$V = (7H - 7.56p - 35 + 1.134{,}19 - 1.6p - 9{,}19)11 + 4.960 - 12.0p - 160;$

$V = (7H - 9{,}16p + 1.090)11 + 4.960 - 12.0p - 160;$

$V = 77H - 100{,}76p + 11.990 + 4.960 - 12{,}0p - 160;$

$V = 77H - 112{,}76p + 16.790.$

Em resumo, para o cálculo da enxurrada de um sistema coletor para talhões de 20 x 50 m, são usadas as seguintes fórmulas:

a) Enxurrada no tanque de decantação

Para leituras inferiores a 40 mm:

$$V = 0{,}1H^2 - 12{,}0p$$

Para leituras superiores a 40 mm:

$$V = 8H - 12{,}0p - 160$$

b) Enxurrada no 1º tanque de armazenamento

$$V = 16{,}5H - 29{,}6p + 4.699$$

c) Enxurrada no 2º tanque de armazenamento

$$V = 77H - 112{,}76p + 16.790$$

sendo:

H = altura em milímetros;

P = precipitação em milímetros;

V = volume em litros.

c. Simulador de chuva e sua utilização em pesquisas de erosão do solo

Para ter um grande valor prático, os resultados de pesquisa devem ser disponíveis tão logo seja possível, após sua precisão ser reconhecida, isso é importante quando se avalia aspecto de conservação do solo, cultivos e práticas de manejo recentemente desenvolvidas. No caso dos talhões coletores de enxurrada, utilizando chuva natural, a experiência revela que amostra representativa de chuva, incluindo combinações de chuvas críticas em condições críticas de tratamento e a formulação de resultados conclusivos geralmente requerem mais de dez anos de determinações; durante esse período de tempo, práticas de manejo e cultivo foram, em alguns casos, abandonados ou consideravelmente modificadas.

Durante anos, os pesquisadores pensaram em libertar-se, usando simuladores de chuva artificial, que apresentam duas vantagens: *a)* os resultados de pesquisa são intensamente acelerados, uma vez que não são mais dependentes da ocorrência de chuva em determinado momento; e, *b)* a eficiência da pesquisa é aumentada devido ao controle de chuva, uma das variáveis mais importantes.

Os simuladores de chuva foram desenvolvidos para acelerar a avaliação das práticas de manejo e cultivo e estudar os processos mecânicos de erosão sob condições controladas.

Pesquisas de erosão que contam apenas com chuva natural apresentam certas desvantagens: o simulador de chuva pode superar algumas delas, pois é geralmente mais rápido, eficiente, controlável e adaptável. Meyer[42] relaciona as seguintes vantagens do simulador de chuva: *a) resultados mas* rápidos: estudos de erosão que levam em conta apenas chuva natural só produzem resultados conclusivos em dez anos e, durante esse período, as práticas que estão sendo estudadas poderão ser modificadas ou abandonadas. Por outro lado, as chuvas simuladas podem ser aplicadas em condições especificas de tratamento durante um ou mais anos, indicando informações relativas a respeito dos tratamentos em estudo; *b) eficiência:* com chuva natural, os dados são coletados e analisados para cada chuva que produz enxurrada. As áreas experimentais requerem muita supervisão durante todo o período. Ambos são dispendiosos e morosos e restringem grandemente o propósito de tal pesquisa. Com o simulador resultado de poucas chuvas para condições específicas proporcionam as informações desejadas; *c) controle:* as parcelas experimentais e os equipamentos nos estudos com chuva natural devem estar em perfeitas condições a qualquer tempo. Perdas de importantes comparações devido a defeitos de equipamentos ou condições anormais das parcelas são de ocorrência comum. Com o simulador de chuva, as parcelas e equipamentos podem ser inspecionados antes e durante a coleta dos dados. A chuva simulada pode ser aplicada para intensidade, duração e condições de tratamento escolhidas. Além disso, seus resultados não são confundidos com diferenças no padrão de chuva de um local para outro. Chuvas idênticas podem ser aplicadas para grande número de locais, sendo os resultados comparáveis sem ajuste de chuvas diferentes; *d) adaptabilidade:* o simulador de chuva é prontamente adaptável para condições de pesquisa em laboratório. Estudos de erosão inexequíveis no campo podem ser conduzidos em laboratório, possibilitando melhor conhecimento dos processos básicos de erosão.

Para pesquisas de erosão, o simulador deve conter características próprias e reproduzir os efeitos de chuva natural de mesma intensidade. Meyer[42] relaciona algumas das características desejadas para um simulador de chuva: *a)* distribuição do tamanho de gota e velocidade terminal próxima daquelas de chuva natural para mesma intensidade; *b)* intensidade de chuva que produza variações proporcionais de enxurradas e erosão; *c)* parcela de área suficiente para representar satisfatoriamente o tratamento e as condições de erosão; *d)* características de gota e intensidade de aplicação uniforme por toda a área; *e)* ângulo de impacto não diferente do vertical para a maioria das gotas; *f)* aplicação de chuva uniforme por toda a área continua à parcela; *g)* operação satisfatória em condições de vento de apreciável velocidade; e, *h)* equipamento portátil e de fácil manuseio.

O "âmago" de qualquer simulador de chuva é o método de formação de gota. Esse formador determina não somente a amplitude de repetição da chuva, mas também os processos requeridos para obter uma chuva uniforme na parcela[57]. Vários pesquisadores revisaram o desenvolvimento dos simuladores de chuva[29,41,50].

Hudson[31] estabelece dois tipos de simulador baseados na descrição prática dos princípios e mecanismos de interesse em pesquisa de erosão: *a)* gotas não pressurizadas: os primeiros simuladores projetados trabalhavam com água gotejando das extremidades de fios de tecido pendurados ou pontas de tubo; *b)* simuladores de bicos pressurizados: as duas partes básicas de um simulador são os bicos ou formadores de gotas e o mecanismo de aplicação da chuva.

Parsons[53] e Ellison e Pomerene[16] usaram como formador de gotas um simulador de fios pendurados, consistindo em uma tela de arame coberta com gaze e uma toalha colocada frouxamente, de modo a formar uma depressão em cada abertura da malha de arame; quando havia o suprimento de água, um fio de tecido era pendurado no centro de cada depressão. A intensidade média é facilmente controlada por um fluxo através dos bicos ou por uma carga de água no tanque de suprimento montado sobre o sistema formador de gota; o diâmetro da gota é dependente do tamanho do fio e limitado para gotas maiores do que 4 mm.

Quando o trabalho clássico de Laws[34] estabeleceu a variação dos diâmetros de gota e a relação entre distribuição do tamanho de gota e intensidade, maior variação no tamanho de gota foi requerido do que poderia obter pelo simulador de fios pendurados. Uma solução encontrada foi usar tubos de pequenos diâmetros ou bicos na formação de gotas. Ekern e Muckenhirn[15] desenvolveram um simulador constituído de 22 agulhas hipodérmicas colocadas em um recipiente de alumínio, distribuídas em quadrados de 2,50 m. As agulhas foram envoltas com tubos de vidro para dar variação no tamanho de gota de 2,8 a 5,8 mm. Usando esse tipo de formadores de gotas, vários trabalhos foram publicados[12,33,47,51,54,58].

Simuladores de agulhas e fios pendurados apresentam a desvantagem de que as gotas somente atingem a velocidade terminal se caírem de uma altura considerável: seu uso principal nas pesquisas de erosão e em pequenas escalas nas investigações de laboratório. Tais simuladores são mais convenientes do que os de fio pendurados porque os tamanhos de gota são obtidos com maior precisão e maior variação de tamanho.

O conhecimento das características da chuva e o reconhecimento de sua importância na erosão do solo, durante os últimos trinta anos, sugerem que o simulador de chuva deva também ter uma distribuição de gota semelhante à chuva natural, com as gotas caindo em sua velocidade terminal[57]. O uso de bico é praticamente o único método disponível para reproduzir a distribuição de gotas com grande variação no tamanho. As características da forma do bico e a velocidade de descarga governam a variação de tamanho de gotas formadas e a magnitude do tamanho médio da gota, portanto, os bicos oferecem a melhor oportunidade para reproduzir o tamanho de gotas que ocorrem durante uma chuva.

Com o reconhecimento da importância da energia cinética da chuva[66] apareceu uma nova geração de simuladores, com os quais as gotas, deixando o bico sob pressão, têm melhor probabilidade de atingir a velocidade terminal.

Meyer e McCune[43] desenvolveram, na Universidade de Purdue, um simulador de chuva com um número de características desejadas não combinadas anteriormente em nenhum outro simulador. Tendo sido projetado, porém, para trabalhos em parcelas de até 3 m de largura e 25 m de comprimento, é muito complexo, dispendioso e de difícil manuseio; produz uma energia de impacto de aproximadamente 75% daquela da chuva natural para uma intensidade de 63,5 mm/h, tendo sido demonstrado que se usado para propósitos de predição de erosão, não existe diferença real entre a chuva natural e o simulador de chuva[3]. Meyer[43] mostra que o simulador produz 77% da energia cinética e 87% do *momentum* por unidade de chuva; 62% do total de energia cinética e 70% do *momentum* total por unidade de área total de impacto de gota, e 63% de energia cinética e 72% do *momentum* por unidade de área de impacto de gota (por incrementos) da chuva natural à intensidade de 50,8 mm/h; isso implica que a erosão usando o simulador será menor do que da chuva natural[67].

Swanson[62] projetou um simulador que reduzia, grandemente, a mão de obra requerida, mantendo-o ainda valioso para parcelas de campo. Sua base for um equipamento comercial de irrigação de braços rotativos. Dez braços, cada um com 8 m de comprimento e três bicos, são acoplados numa haste central que também conduz a água para os bicos. Estes são colocados em raios de 1,5, 3,0, 4,5, 6,0 e 7,5m respectivamente, com dois, quatro, seis, oito e dez bicos em cada rato. O simulador montado num reboque é instalado entre as parcelas, de tal forma que os braços rotacionam sobre as mesmas, e operado em nível para manter uma pressão uniforme de água em todos os bicos; em um declive de 6% em parcela de 10,5 m de comprimento, a altura do bico é 2,4 m na parte superior da parcela e 3,0 m na parte inferior. O simulador pode ser usado em pares de parcelas retangulares espaçadas de até 4 m e com um comprimento de 12 m ou menos. Talhões de 10,5 m de comprimento podem ser acomodados com um simulador; dois simuladores podem ser empregados para canteiros maiores, com até 22,5 m (Figura 11.8, caderno central a cores).

Figura 11.9. Detalhe do equipamento de suporte nos braços rotativos e de operação do simulador de chuva (foto dos autores)

Simuladores como os de Meyer e de Swanson são utilizados para operações conduzidas em escala de campo; contudo, equipamentos menores são suficientes para trabalhos de laboratórios ou testes em parcelas menores no campo. Um simples bico pode ser usado como simulador, mas a dificuldade será sempre a energia cinética, que é maior para a chuva natural de mesma intensidade, como os vários tipos de simulador, como, por exemplo, o circulante[31], o com um disco rotativo[46], e aqueles para estudos de infiltração[11,47,54]. Embora as aplicações desses tipos de simulador tenham sido limitadas para pequenas parcelas, seu desenvolvimento futuro é muito promissor, podendo incluir bicos múltiplos para parcelas no campo.

Os principais centros de pesquisas de conservação do solo do país — Campinas, Recife, Porto Alegre, Londrina, Viçosa e Brasília — usam o simulador de chuva tipo Swanson para acelerar a obtenção de dados de perdas de solo e água pela erosão.

Durante muitos anos, esses equipamentos foram utilizados na determinação de perdas de solo e água das terras cultiváveis, rodovias e aeroportos e, também, para estimar a velocidade de infiltração da água no solo.

As pesquisas mais comuns com simulador de chuva são a intensidade de enxurrada e erosão para vários tratamentos da superfície do solo; avaliação do efeito da cobertura morta; distribuição do tamanho de partículas e agregação de materiais do solo carregados na enxurrada, comprimento e grau de declive; movimento de pesticidas, herbicidas e fertilizantes pela enxurrada.

Figura 11.10. Detalhe do vertedouro e linígrafo para a determinação das perdas por erosão com simulador de chuvas (foto dos autores)

Em alguns lugares, ele foi usado inicialmente para o refinamento de alguns fatores que compõem a equação de perdas de solo, com ênfase especial à erodibilidade de solo (K)[2,4,13,17,18,65]. Outra área de destaque tem sido o fator uso-manejo (C), como: *a)* preparo do solo para culturas anuais; *b)* espaçamento e direção das culturas anuais; *c)* manejo dos restos culturais; e, *d)* estádios de desenvolvimento da cultura. Estudos do efeito da forma do declive nas perdas de solo e água estão sendo conduzidos, bem como a avaliação das propriedades físicas e químicas que influenciam o processo de erosão[17,18,20,38,39,44,45,63]. Atualmente, há grande interesse no estudo de problemas de poluição, que vem sendo realizado como simulador de chuva[25,48].

O *simulador de chuva de braços rotativos desenvolvido por Swanson*[62] retém as mesmas características de distribuição de tamanho de gota e velocidade terminal de Meyer e McCune[31], devido a utilizar o mesmo tipo de bico (Veejel 80.100 com 6 psi e 15 litros/min), o qual produz uma distribuição de tamanho de gota similar à de uma chuva natural, e as gotas atingem uma velocidade terminal após uma queda de, no mínimo, 2,40 m de altura.

Lombardi Neto *et al.*[35] calcularam a energia cinética do impacto de gota de chuva para o simulador, mediante o seguinte procedimento:

a) para uma chuva natural de 50,8 mm/h de intensidade, usando a equação de energia cinética, é encontrado o valor:

$$Ec = 12,14 + 8,88 \log_{10} I$$

$$Ec = 12,14 + 8,88 \log_{10} (50,8) = 27,29 \text{ t-m}^2\text{/ha-mm}$$

Quadro 11.1. Energia cinética para 1 mm de chuva caindo numa intensidade de 50,8 mm/h, para o simulador de braços rotativos

Classe: tamanho da gota	Distribuição: tamanho da gota	Velocidade de queda	Energia cinética*
mm	mm	m/s	
0,5 — 1,0	0,10	3,08	0,48
1,0 — 1,5	0,14	4,85	1,68
1,5 — 2,0	0,19	6,07	3,57
2,0 — 2,5	0,23	6,95	5,66
2,5 — 3,0	0,18	7,41	5,04
3,0 — 3,5	0,11	7,65	3,28
3,5 — 4,0	0,05	7,85	1,57
	1,00		21,28

* $Ec = 0,59077 \times (a) \times (V^2)$

b) para o simulador de braços rotativos, o quadro 11.1 apresenta a energia cinética para 1 mm de chuva, segundo Meyer e McCune, para o bico Veejet 80.100, com 6 psi de pressão no bico, a 2,40 m de altura, e para uma intensidade de 50,8 mm/h.

Verifica-se, portanto, que o simulador de braços rotativos produz 78% da energia cinética de um chuva natural, para uma chuva de 50,8 mm/h de intensidade[3,42].

Para o simulador de chuva de braços rotativos, com 6 psi de pressão nos bicos 80.100, o valor do índice de erosão (lE) é obtido pela equação:

$$IE = A \times 21,28 \times I_{30} \times 10^{-3}$$

ou

$$IE = 0,0213 \times I_{30} \times A$$

onde:

IE = índice de erosão; em t.m./ha x mm/h;

I_{30} = intensidade máxima de chuva em 30 minutos em mm/h;

A = quantidade de chuva em milímetros.

Assim, por exemplo, se aplicarmos uma chuva de 120 mm/h, durante 20 minutos, teremos:

$$IE = 0,0213 \times 120 \times 40 = 102 \text{ t.m.mm/ha.L}$$

d. Estudo com bacias hidrográficas pequenas e homogêneas

A pesquisa de conservação do solo com bacias hidrográficas pequenas e homogêneas é muito importante para o conhecimento do processo erosivo nas suas condições naturais.

A função crítica do solo em um ecossistema é a penetração e armazenamento da água que o atinge em forma de chuva. O potencial agrícola do solo não é determinado por sua capacidade de armazenar água, uma vez que esta é usualmente uma função de sua profundidade, porém pelo modo como ele absorve a água. Quando a intensidade da chuva excede a capacidade de infiltração, ocorre à enxurrada, e a erosão pode ser um problema.

As práticas agrícolas podem ter um pequeno efeito na capacidade total de armazenamento. Algumas vezes, qualquer mudança na cobertura vegetal ou no manejo do solo pode ter um profundo efeito sobre as características hidrológicas da área, estabelecendo um melhoramento ou um prejuízo no processo de sua conservação.

Os conservacionistas estão muito mais interessados em pequenas bacias hidrográficas do que em áreas grandes, já que as investigações naquelas são de grande valor, também, para fazer estimativas econômicas. Assim, procura comprovar-se, também, uma das definições clássicas de conservação que é "o manejo do solo para manter uma desejada máxima produção econômica".

A variação da intensidade e duração das chuvas pode ser significativa para chuvas especificas, porém é reconhecido que se espera que uma chuva individual cubra uma área de um mínimo de 1.000 a 1.500 hectares.

Muitas são as fórmulas para calcular a vazão esperada de uma bacia hidrográfica, a saber: Método do Cook; Fórmula Racional; de Burkli-Ziegler; de Iszkhowskt; de Meyer; de Minnesotta; de Pettis. A teoria moderna, fundas da em histogramas de enxurrada, tem valor unicamente quando se dispõe de dados de infiltração; assim, no futuro, os modelos matemáticos, com base nos dados obtidos, melhorarão as técnicas de planejamento de estruturas. Os fatores que afetam o volume de enxurrada em uma bacia hidrográfica são: tamanho, conformação, orientação, topografia, geologia e cobertura vegetal: o volume e a intensidade de escorrimento da enxurrada crescem com o aumento de tamanho da bacia, porém a intensidade e o volume por unidade da área diminuem com o aumento da área de descarga.

Harrold[27] observou que 99% do volume de enxurrada de uma bacia de uma milha quadrada (259 hectares) ocorre entre maio e setembro, e que 95% desse volume de bacias de 100.000 milhas quadradas (25.900.000 hectares), entre outubro e abril. As bacias compridas e estreitas têm mais baixa intensidade de escorrimento que as compactas da mesma área, pois naquelas o escorrimento da enxurrada não se concentra tão rapidamente, nem as precipitações intensas cobrem uniformemente toda a área[56].

As características topográficas, como a declividade e a extensão das áreas deprimidas, afetam a intensidade e o volume do fluxo. A geologia ou os materiais dos solos determinam grande variação na capacidade de infiltração e, em consequência, uma variação no volume da enxurrada; assim, também, a cobertura vegetal, uma vez que a vegetação retarda o fluxo, aumenta a retenção e diminui os picos de enxurrada. As obras como diques, barragens, pontes e bueiros influem na intensidade de escorrimento.

O objetivo básico da pesquisa é estudar a utilização, a longo prazo, de bacias com referência a organização, manejo do solo e água, visando também à economia. Deve-se escolher duas bacias representativas, homogêneas, próximas uma da outra, com o propósito de indicar aos lavradores o que se pode esperar ao adotar práticas conservacionistas, sendo importante, também, demonstrar os efeitos das práticas de conservação do solo e água na erosão, nos rendimentos dos cultivos e na exploração total de uma exploração agrícola. Algumas práticas podem resultar em um retomo relativamente rápido, outras podem não mostrar seus benefícios por muitos anos; o maior interesse, porém, é o aumento da produtividade de um terreno quando se compara com outro similar que não recebeu cuidados especiais para evitar os estragos no solo. Além de servir como bacias experimentais, representam uma maneira de assistência concentrada em área limitada, oferecendo a vantagem de contribuir para a educação do público, pelo interesse despertado pela extensão e volume dos trabalhos executados; de fornecer amplo campo de prova para observações em grande escala, e, sem dúvida, de um excelente campo de treinamento e instrução para técnicos, estudantes e lavradores.

A título de orientação, pode ser seguida a seguinte metodologia:

I. Escolher duas bacias hidrográficas, homogêneas, com área inferior a 500 hectares;

II. Em uma delas, trabalhar de acordo com os métodos usuais da região e sem nenhuma prática conservacionista ou outro manejo especial; outra, planejada com base no mapa de capacidade de uso, terá caminhos, terraços, canais escoadouros, plantio em contorno e um padrão de uso e sistemas de manejo segundo o recomendado;.

III. Registrar em um mapa todas as informações para análise e planejamento dos trabalhos propostos, cujo grau de detalhes depende de complexidade das estruturas ou medidas de conservação do solo. Além das informações mais importantes — determinação da área de contribuição a características da bacia, e localização das estruturas — podem também conter a média da declividade das várias seções do córrego principal, a média da declividade do terreno nas várias partes da bacia, o uso do solo dividido em culturas, pastagens e florestas, a área de cada tipo de solo predominante ou grupo de solos;

IV. Construir nas duas bacias os vertedouros e tanques de amostras e instalar os linígrafos e pluviógrafo para determinar os efeitos hidrológicos do manejo do solo;

V. As tarefas principais são: *a)* planejamento integral das bacias; *b)* localização das práticas de conservação do solo;

c) construção dos vertedouros, das casas protetoras para os linígrafos, dos tanques amostradores e dos divisores de amostras; *d)* construção de caminhos, canais vegetados, terraços e outras obras ou estruturas necessárias; *e)* instalação dos linígrafos e pluviógrafo;

VI. Os estudos a realizar são os seguintes: *a) hidrológicos*: totais diários e intensidade das chuvas: volume das enxurradas; densidade dos sedimentos; perdas de solo e água; *b) econômicos*: estimativas dos distintos tipos de uso do solo; estudo de inversão e rendimento; produção e valor agrícola futuro; custos e benefícios nas áreas das bacias;

VII. Efetuar o cálculo da vazão da bacia hidrográfica, de preferência pela fórmula de Burkli-Ziegier;

VIII. Calcular seção do vertedouro, considerando que a largura da sua parede é menor que a metade da lâmina de agua, e ele funcionará como de parede delgada, com a fórmula:

$$Q = 1{,}84\ L\ H^{2/3}$$

IX. Coletar as amostras da enxurrada para o cálculo da quantidade de sedimentos, utilizando a roda de Coshocton ou o amostrador idealizado por Barnes e Frevert[1].

Um linígrafo instalado no vertedouro registrará a intensidade e o total das perdas de água da bacia. A amostra recolhida no tanque dará o conteúdo de sedimentos na enxurrada, e o cálculo fornecerá o total das perdas de solo para cada chuva. Uma análise da amostra dará as perdas de matéria orgânica, nitrogênio, fósforo, cálcio e magnésio ocorridas em cada chuva. O desenvolvimento do programa de uso racional do solo demonstrará seu efeito na quantidade e qualidade das perdas de solo, água e elementos nutritivos.

e. Estudos com lisímetros

O conhecimento das relações entre água, solo e planta é de grande importância na agricultura proporcionando aos técnicos a melhor utilização de práticas de cultivo, não só para a economia da água e redução das perdas por erosão como para aumento da produção. O conhecimento do movimento da água na superfície do solo e através do seu perfil, a absorção, a evaporação e o uso da água pelas culturas é necessário para o seu melhor emprego e controle.

Em uma revisão de literatura sobre lisímetros, cobrindo cerca de 250 anos de pesquisa em lisimetria, Kohnke *et al.*[32], assinalam que a maioria dos estudos sobre lisímetros focalizam seu manejo, o balanço hídrico e problemas sobre a fertilidade do solo, sendo poucos os que cuidam das suas instalações.

Para a instalação dos lisímetros da Seção de Conservação do Solo (IAC), serviram de orientação as indicações de Musgrave[49]. Bertoni e Barreto[7] apresentam os detalhes de construção dos lisímetros e alguns dados preliminares obtidos.

Poucos são os países que apresentam publicações recentes relativas às pesquisas com lisímetros. Países da Europa publicaram trabalhos relacionados a várias culturas[14,21] e à determinação de elementos nutritivos no percolado[37,52]. Países africanos, também têm apresentado trabalhos de pesquisas em lisimetria[55], como o de Theron[64] que, além da determinação da composição da água de percolação, conclui que a quantidade de água percolada e quase quatro vezes maior em lisímetro sem cobertura vegetal quando comparada com lisímetro cultivado com milho; Haouet[26] concluiu ser constante a quantidade de água evaporada em lisímetros sem cobertura vegetal, sendo essa quantidade cerca de 50% a 70% da chuva anual.

Na América Latina, os trabalhos de Suarez de Castro e Rodriguez Grandas[60,61] apresentam, entre outras, as seguintes conclusões: a percolação é maior nos lisímetros sem cobertura do solo do que naqueles com cobertura viva; as perdas por percolação não são uniformes nos diversos meses do ano; há uma correlação bastante estreita entre a chuva e a quantidade de água percolada; a umidade do solo é mais ou menos constante, sendo cerca de 10% menor no caso de cobertura viva do que no de cobertura morta ou solo descoberto; com base na quantidade de elementos nutritivos no percolado, a percolação desempenha um papel importante na fertilidade do solo. Bertoni e Barreto[6], com dados obtidos em lisímetros monolíticos, apresentaram uma tentativa para o estudo do ciclo hidrológico. Grohmann *et al.*[2] sugeriram um tipo de lisímetro monolítico, de pequenas dimensões, que consta de um bloco cilíndrico de solo, cujas paredes laterais são revestidas de acetato de celulose e verniz: destina-se a estudos em laboratório, com as vantagens do baixo custo, da facilidade de construção e da eliminação da drenagem pelas paredes.

A bateria de lisímetros instalada na estação experimental de Campinas, do Instituto Agronômico, consta em síntese de sessenta unidades de lisímetros de bloco monolítico e perfil natural de solo, dezoito unidades de evaporímetros de solo seco, oito de evaporímetros de solo saturado, três evaporímetros de superfície livre de água, um anemógrafo, um termógrafo, dois pluviômetros e quatro termômetros de solo.

Os sessenta lisímetros distribuem-se em linhas de 10 unidades, dispostos simetricamente em relação ao túnel onde se localizam os recipientes destinados a receber a água de erosão e de percolação. Cada duas linhas, uma de cada lado do túnel, é constituída por um dos três principais solos do Estado: *a)* podzolizado de Lins e Marília; *b)* podzólico vermelho-amarelo; e, *c)* latossolo roxo. Em cada linha, as duas primeiras unidades são de 0,45 m de profundidade, as seis intermediárias de 0,90 m de profundidade e, as duas últimas, de 1,80 m de profundidade. Todas têm a mesma área útil, 0,75 m^2. Os cilindros foram construídos de chapas de ferro galvanizado nº 16. Na profundidade de 0,20 m, foram colocados anéis e chapa para evitar a passagem de água ao longo das paredes (Figuras 11.11 e 11.12; caderno central a cores).

As dezoito unidades de evaporímetros de solo seco estão dispostos em duas linhas de nove unidades cada uma, ao lado da escada de acesso do túnel. Cada linha é constituída de três evaporímetros para cada um dos três solos em estudo. Com o auxílio de uma balança presa a uma falha que desliza sobre trilhos, os evaporímetros são pesados duas vezes por semana (Figura 11.13, caderno central a cores).

As oito unidades de evaporímetros de solo saturado estão instaladas do outro lado da escada de acesso ao túnel, em posição simétrica à dos evaporímetros de solo seco. Estão dispostas em uma única linha constituída de dois evaporímetros para cada solo em estudo e mais dois em turfa. Por meio de um sistema de vasos comunicantes, pode-se manter o nível do lençol de água no interior do evaporímetro à altura desejada. Esse sistema permite também determinar a quantidade de água evaporada ou a sobre, no caso de ocorrência de chuvas (Figura 11.14, caderno central a cores).

Os três evaporímetros de superfície livre de água, instalados ao lado daqueles de solo saturado são constituídos por tanques de evaporação de 0,33 m de altura, com as áreas de 0,1875 m^2, 0,75 m^2 e $3{,}00^2$; a medição de água evaporada é feita com parafusos micrométricos.

A figura 11.15 apresenta a planta geral de todo o conjunto e, as figuras 11.16 e 11.17, os detalhes do corte do túnel com as unidades de várias profundidades, e tanques e cilindros.

O ciclo hidrológico, ou distribuição da chuva nas várias frações, pode ser determinado pela equação de equilíbrio seguinte[6]:

$$p = rs + er + as + ev + tr + pc$$

em que, da precipitação pluvial (p) uma parte constitui a retenção superficial (rs) pela vegetação ou pelo solo, outra escorre superficialmente, constituindo a enxurrada (er), outra parte infiltra no solo, sendo por ele retida como água do solo (as), outra volta da superfície das plantas à atmosfera pela evaporação (ev), outra volta do solo à atmosfera através das plantas onde é utilizada e transpirada (tr), e, finalmente, a última se perde atravessando o solo para as camadas inferiores por percolação (pc). Com tal equação, pode-se determinar o valor de qualquer dos termos, conhecendo-se os restantes, da seguinte maneira: precipitação pluviométrica (p) = diretamente pelo pluviômetro; retenção superficial (rs) = indiretamente; enxurrada (er) = diretamente pelos lisímetros; água do solo (as) = diretamente a partir da capacidade de campo e do ponto de murchamento; evaporação (ev) e transpiração (tr) = indiretamente; percolação (pc) = diretamente nos lisímetros.

Com o auxílio da bateria de lisímetros e evaporímetros, Bertoni *et al.*[10] determinaram as perdas de água por escoamento superficial, percolação e evapotranspiração dos três principais solos do Estado de São Paulo, durante treze anos, sendo as seguintes as principais conclusões: *a)* no podzolizado de Lins e Marília não houve diferença de percolação e escoamento superficial por influência da profundidade do perfil do solo. As perdas por escoamento superficial e por percolação variaram com os diferentes usos do solo. Não houve influência na percolação pelos manejos utilizados em cafezal. A evapotranspiração foi maior nos evaporímetros cultivados com café quando comparados com solo descoberto ou com cobertura morta; *b)* no podzólico vermelho-amarelo, orto, com o aumento da profundidade do perfil, a percolação diminuiu e o escoamento aumentou. Houve estreita relação entre a precipitação e a percolação. As perdas por escoamento superficial e por percolação variaram com os diferentes usos do solo e com as diferentes práticas de manejo utilizadas em cafezal. A evapotranspiração foi maior nos evaporímetros cultivados com café, quando comparados com o solo descoberto ou com cobertura morta; *c)* no latossolo roxo, com o aumento da profundidade do perfil, a percolação aumentou. Há estreita relação entre a precipitação e a percolação. As perdas por escoamento superficial e por percolação variaram com os diferentes usos do solo e com as diferentes práticas de manejo utilizadas em cafezal. A evapotranspiração foi maior no evaporímetros cultivados com café quando comparados com o solo descoberto ou com cobertura morta.

f. Experimentos para a determinação do efeito de práticas conservacionistas na produção de culturas

No estudo das práticas conservacionistas, além da determinação de sua eficiência no controle da erosão, é de máxima importância determinar, também, os seus efeitos sobre a produção das culturas em que são aplicadas, sobre a administração e sobre a economia geral da propriedade agrícola.

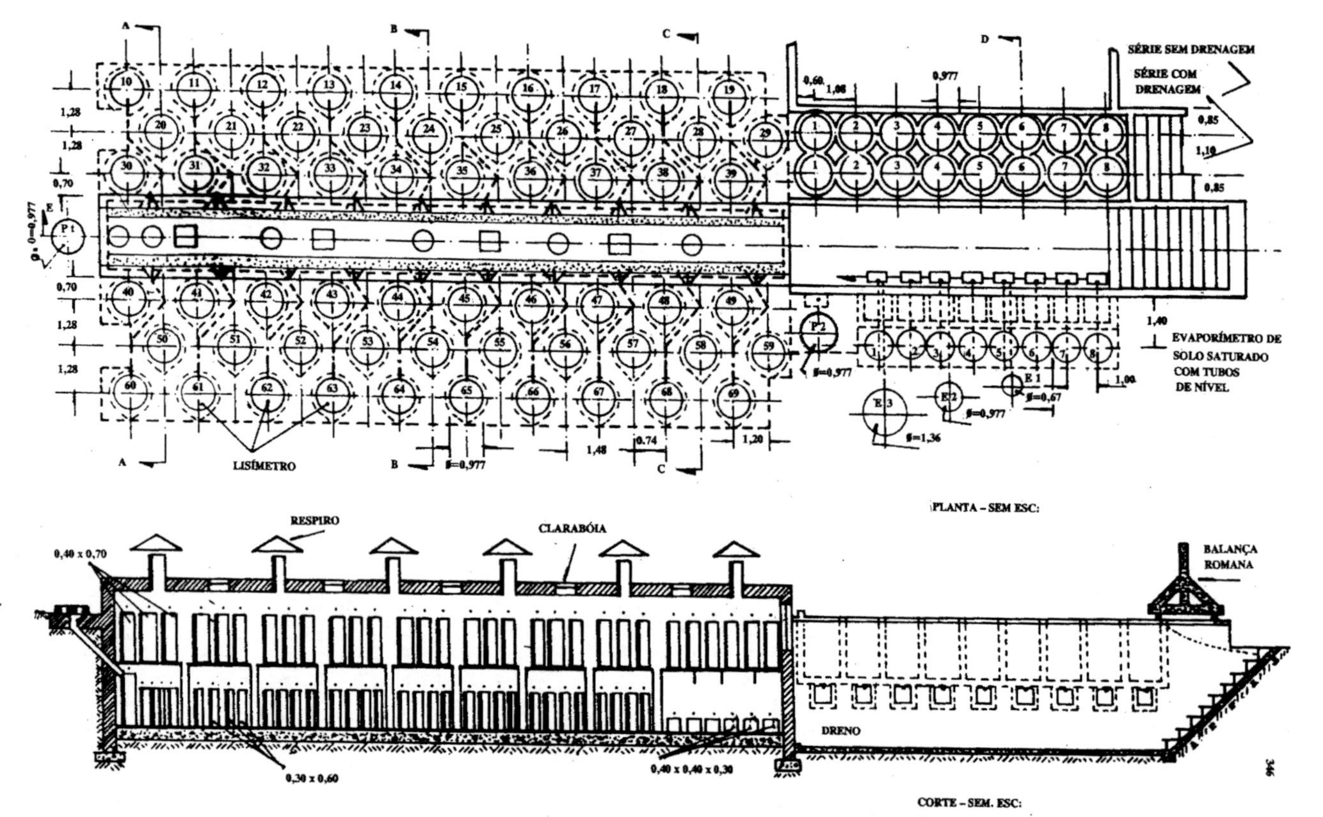

Figura 11.15. Planta geral da bateria de lísimetros e evaporímetros

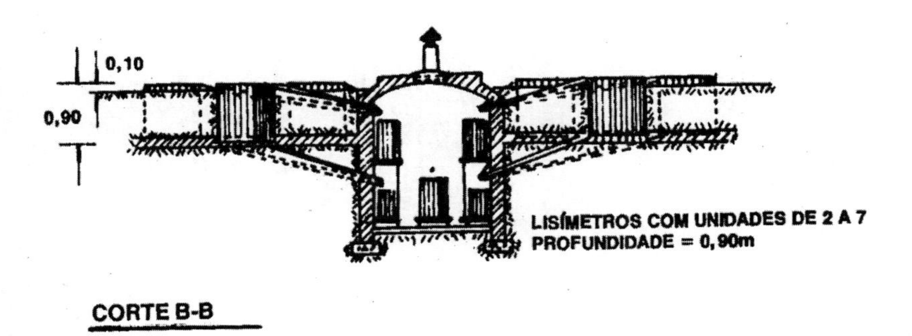

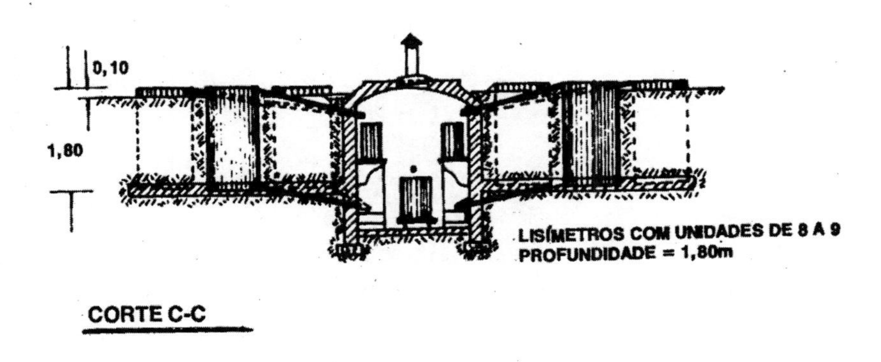

Figura 11.16. Detalhe do túnel e dos lisímetros de várias profundidades

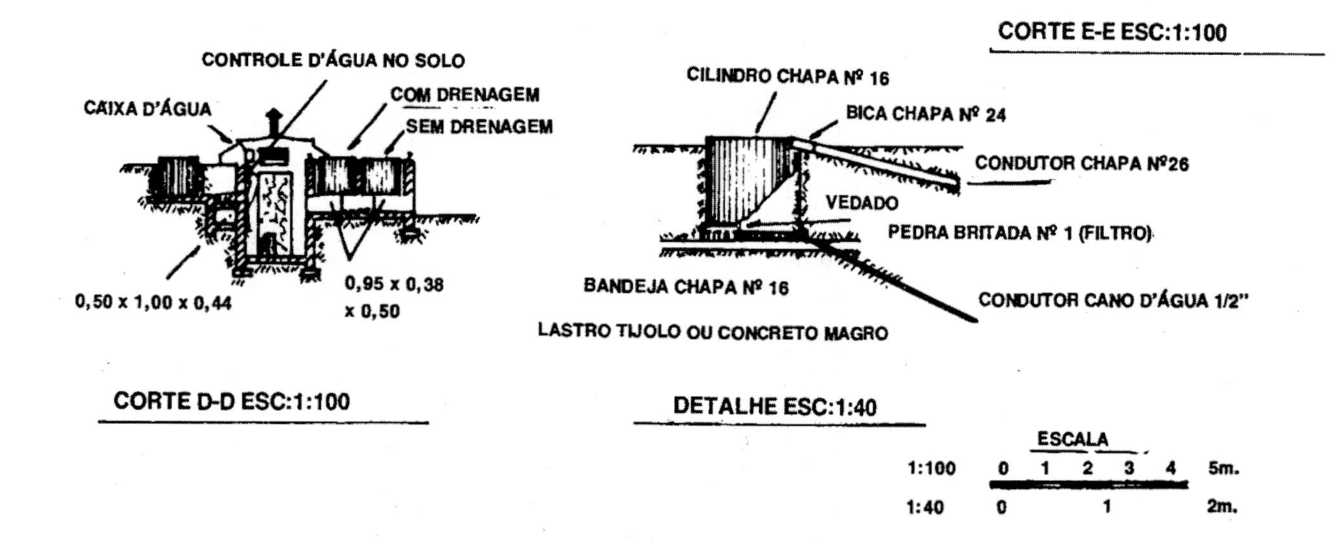

Figura 11.17. Detalhes do evaporímetro de solo saturado e de um lisímetro

O estudo do efeito sobre a produção das principais práticas conservacionistas, como base para julgamento de sua praticabilidade e vantagem econômica, deve ser conduzido com uma série de ensaios com possibilidade de análise estatística dos resultados. Os canteiros devem ser de tamanho suficiente para os tratamentos estudados forneçam dados que tenham a melhor representatividade.

Durante os 38 anos de atividades da Seção de Conservação do Solo (IAC), foram realizados numerosos ensaios visando determinar o efeito de práticas conservacionistas na produção de culturas. Com o objetivo de orientar o pesquisador, apresentamos, a seguir, alguns deles e suas características.

1. Ensaio de rotação trienal: milho, algodão e soja: seis tratamentos com quatro repetições em blocos ao acaso, canteiros de 150 m^2 (10 x 15 m) e área útil de 60 m^2 (6 x 10 m).
2. Ensaio de incorporação de matéria orgânica e calagem: quatro tratamentos com quatro repetições em quadrado latino, canteiros de 150 m^2 (10 x 15 m), e área útil de 60 m^2 (6 x 10 m).
3. Ensaio de rotação com leguminosas para enterrio: doze tratamentos com quatro repetições em blocos ao acaso, canteiros de 60 m^2 (5 x 12 m) e área útil de 60 m^2 (3 x 10 m).
4. Ensaio de tipos de rotação de culturas: oito tratamentos com cinco repetições, canteiros de 60 m^2 (5 x 12 m) e área útil de 30 m^2 (3 x 10 m).
5. Ensaio de rotação trienal, milho, algodão e amendoim: seis tratamentos com quatro repetições em blocos ao acaso, canteiros de 150 m^2 (10 x 15 m) e área útil de 30 m^2 (6 x 5 m).
6. Ensaio de rotação trienal, milho consorciado com mucuna, algodão e feijão: seis tratamentos com quatro repetições em blocos ao acaso, canteiros de 50 m^2 (5 x 10 m) e área útil de 18 m^2 (3 x 6 m).
7. Ensaio de efeito de queima dos restos de cultura: seis tratamentos com seis repetições em quadrado latino, canteiros de 50 m^2 (5 x 10 m) e área útil de 18 m^2 (3 x 6 m).
8. Ensaio de rotação de culturas: vinte tratamentos com quatro repetições em blocos ao acaso, canteiros de 160 m^2 (10 x 16 m) e área útil de 60 m^2 (6 x 10 m).

9. Ensaio de alternância de épocas de cultivo: quatro tratamentos com quatro repetições em quadrado latino, canteiros de 140 m^2 (7 x 20 m) e área útil de 82,50 m^2 (5 x 16,50 m).

10. Ensaio de práticas vegetativas em cafezal: oito tratamentos com quatro repetições em blocos ao acaso, canteiros de 42 covas (6 x 7) e área útil de 25 covas (5 x 5).

11. Coleção de plantas úteis para a conservação do solo, com cerca de 150 canteiros de 25 m^2 (5 x 5 m), para estudo de observações de capins, gramas, leguminosas e outras plantas, no que se refere a propagação, cobertura e travamento do solo.

12. Ensaio de práticas mecânicas em cafezal: seis tratamentos com quatro repetições em blocos ao acaso, canteiros de 96 covas (8 x 12) e área útil de 32 covas (4 x 8).

13. Ensaio de preparo do solo: seis tratamentos com seis repetições em blocos ao acaso, canteiros de 200 m^2 (10 x 20 m) e área útil de 90 m^2 (6 x 15 m).

14. Ensaio de direção de trabalhos culturais: quatro tratamentos com seis repetições em blocos ao acaso, canteiros de 300 m^2 (10 x 30m) e área útil de 224 m^2 (8 x 28 m).

15. Ensaio de intensidade, profundidade e equipamento no preparo do solo: dezesseis tratamentos para cada cultura (milho e algodão) num fatorial de 2 x 4 x 2, canteiros de 200 m^2 (10 x 20 m) e área útil de 90 m^2 (6 x 15 m).

16. Ensaio de profundidade de trabalho mecânico do solo (subsolagem); um fatorial de 3 x 3, em três blocos de 9, com canteiros de 288 m^2 (16 x 18 m) e área útil de 210 m^2 (14 x 15 m).

17. Ensaio de efeito de profundidade de preparo do solo e adubação: oito tratamentos com quatro repetições em blocos ao acaso, canteiros de 90 m^2 (6 x 15 m) e área útil de 36 m^2 (3,60 x 10 m).

18. Ensaio do efeito do plantio sem preparo (plantio direto): três tratamentos com 10 repetições em blocos ao acaso, com canteiros de 200 m^2 (10 x 20 m) e área útil de 84 m^2 (6 x 14 m).

Referências Bibliográficas

1. BARNES, K. K.; FREVERT, R. K. A runoff sampler for large watersheds. *Agricultural Engineering*, St. Joseph, 35:84-90, 1954.

2. BARNETT, A. J.; CARREKER, R.; ABRUNA, F.; DOOLEY, A. E. Erodibility of selected tropical soils. *Trans. ASAE*, St. Joseph, 14:496-499, 1971.

3. BARNETT, A. J.; DOOLEY, A. E. Erosion potential of natural and simulated rainfall compared. *Trans ASAE*, St. Joseph, 15:1112-1114, 1972.

4. BARNETT, A. J.; TYSON, B. L.; McGINNIS, J. T. Soil erodibility in relation tovsoil and site properties *Congresso Pan-Americano de Conservação do Solo, Anais...*, 1, São Paulo, p. 83-91, 1966.

5. BERTONI, J. Sistemas coletores para determinação de perdas por erosão. *Bragantia*, Campinas, 9:147-155, 1949.

6. BERTONI, J.; BARRETO, G. B. O ciclo hidrológico determinado por uma bateria de lisímetros. *Congresso Pan-Americano de Conservação do Solo, Anais...*, 1, São Paulo, p. 65-73, 1966..

7. BERTONI, J.; BARRETO, G. B. Monolith lysimeters-construction teatures and preliminary hydrological results. *Internacional Congress of Soil Science*, 9, Adelaide, Austrália, Transactions, p. 599-609, 1968.

8. BERTONI, J.; LOMBARDI NETO, F.; BENATTI JR., R. *Metodologia para a determinação de perdas por erosão.* Campinas: Instituto Agronômico, 1975 (Circular 44).

9. BERTONI, J.; LOMBARDI NETO, F.; BENATTI JR., R. *Cálculo de sistemas coletores.* Campinas: Instituto Agronômico, 1975 (Circular, 45).

10. BERTONI, J.; LOMBARDI NETO, F.; BENATTI JR., R. Estudos em lisímetros monolíticos, de perdas de água e evapotranspiração em três tipos de solos sob diferentes condições de uso. *Bragantia*, Campinas, 35:123-145, 1976.

11. BERTRAND, A. R.; PARR, J. F. Design and operation of the Purdue sprinkling infiltrometer. *Purdue University*, Agricultural Experiment Station, 1961 (Research Bulletin, 723).

12. BUBENZER, G. D.; JONES JR., B. A. Drop size and impact velocity effects on the detachment of soils under simulated rainfall. *Trans. ASAE*, St. Joseph, 14:625-628, 1971.

13. DANGLER, E. W.; EL-ISWAIFY, S. A. Erosion of selected Hawai soils by simulated rainfall. *Soil Sci. Amer. J.*, Madison, 40:769-773, 1976.

14. DEMOLON, A.; BASTISSE, E. M. Études *lysimetriques appliqués a l'agronomie.* Versailles: Ministére de I'Agronomie et du Ravitaillement, 1942.

15. EKERN JR., P. C.; MUCKENHIRN, R. J. Water drop impact as a forca in transporting sand. *Soil Science Soc. Amer. Proc,* Madison, 12:441-444, 1947.

16. ELLISON, W. D.; POMERENE, W. H. A rainfall applicator. *Agricultural Engineering,* St. Joseph., 25:220, 1944.

17. EPSTEIN, E.; GRANT, W. J. Soil losses and crust formation as related to some soil physical properties. *Soil Soc. Amer. Proc.,* Madison, 31:547-550, 1967.

18. EPSTEIN E.; GRANT, W. J. Soil erodibiity as affected by soil surface properties. *Trans ASAE,* St. Joseph., 14:647-648, 655, 1971.

19. ESTADOS UNIDOS. Department of Agriculture Soil Conservation Service. *Procedure for determining rates of land damage, land depreciation and volume of sediment produced by gully erosion.* Washington, 1966 (Technical Release, 32).

20. FARMER, E. E. Relative detachability of sod particles by simulated rainfall. *Soil Sci. Soc. Amer. Proc.,* Madison, 37:547-550, 1973.

21. GEERING, J. Lysimeter. *Landw. Jb.,* Schweid, 57:107-182, 1943.

22. GEIB, H. V. A new type of installation for measuring soil and water losses from control plots. *J. Amer. Soc. Agr.,* Madison, 25:429-440, 1933.

23. GLEASON, C. H. Reconnaissance methods of measuring erosion. *J. Soil and Water Conserv.,* Fairmont, 12:105-107, 1957.

24. GROHMANN, F.; MEDINA, H. P.; KÚPPER, A.; GARGANTINI, H. Novo tipo de lisímetro monolítico. *Bragantia,* Campinas, 11:333-335, 1951.

25. HAAN, C. T. Movement of pesticides by runoff and erosion. *Trans. ASAE,* St. Joseph, 14:445-447, 449, 1971.

26. HAOUET, R. L'evaporation de I'eau par la surface du sol. *Ann. Serv. Bot. Agron.,* Tunisie, 19:243-259, 1946.

27. HARROLD, L. L. Soil loss as determined by watershed measurements. *Agricultural Engineering,* St. Joseph, 30:137-140, 1979.

28. HAYWARD, J. A. The measurement of soil loss from fractional acre plots. *New Zealand Agricultural Engineering Institute,* Lincoln College, 1968 (Lincoln Papers in Water Resources, 5).

29. HUDSON, N. W. *A review of artificial rainfall simulators*. Rhodesia: Dept. of Conservation and Extension, 1964 (Research Bulletin, 7).

30. HUDSON, N. W. Field measurements of acelerated sort erosion in localized areas. *Rhodesia Agricultural Journal*, Rhodesia, 31 (3):46-48, 1964.

31. HUDSON, N. W. *Soil conservation*. Ithaca: Cornell University, 1973.

32. KOHNKE, H.; DREIBELBIS, F. R.; DAVIDSON, J. M. *A survey and discussion of lysimeters and a bibliography on their construction and performance.* Washington: USDA, 1940 (Miscelaneous Publication, 372).

33. LANE, W. R. A microburette for producing small liquid drops of know size. *J. Sci. Inst.*, 24:298-101, 1947.

34. LAWS, J. O. Measurements of the fall velocity of water drops' and rains drops. *Trans. Amer. Geophys. Un.*, Washington, 22:709-721, 1941.

35. LOMBARDI NETO, F.; CASTRO, O. M.; SILVA, I. R.; BERTONI, J. Simulador de chuva e sua utilização em pesquisa de erosão do solo. *O Agronômico*, Campinas, 31:81-98, 1979.

36. MARQUES, J. Q. A. Determinação de perdas por erosão. *Arch. Fit. del Uruguai*, Montevideo, 4(3):505-556, 1951.

37. MASCHAUPT, J. G. Lysrmeter investigation in agricultural stations in Germany, Groningen and other places. *Versl. Rijklandb, Proefsta*, Gronmgen, 47:465-528, 1941.

38. MAZURAK, A. P.; MOSHER, P. N. Detachment of soil particles in simulated rainfall. *Soil Sci. Soc. Amer. Proc.*, Madison, 32:716-719, 1968.

39. MAZURAK, A. P.; MOSHER, P. N. Detachment of soil aggregates by simulated rainfall. *Soil Sci. Soc. Amer. Proc.*, Madison, 34:798-800, 1970.

40. MECH, S. J. Limitations of simulated rainfall as a research tool. *Trans. ASAE*, St. Joseph. Mich., 8(1):67-75, 1965.

41. MEYER, L. D. *An investigation of methods for simulating rainfall on standard runoff plots as a study of the drop size, velocity, and kinetic energy of selected spray nozzles*. Washington: USDA, 1958 (ARS Spec. Rpt., 81).

42. MEYER, L. D. Simulation of rainfall for erosion research. *Trans. ASAE*, St. Joseph, 8:63-65, 1965.

43. MEYER, L. D.; McCUNE, D. L. Rainfall simulator for runoff plots. *Agricultural Engineering*, St. Joseph, Mich., 39:644-648, 1958.

44. MOLDENHAUER, W. C. Influence of rainfall energy on soil loss and infiltration rates. II. Effects of clod size distribution. *Soil Sci. Soc. Amer. Proc.,* Madison, 34:673-677, 1970.

45. MOLDENHAUER, W. C.; KOSWARA, J. Effect of initial clod size on characteristics of splash and wash erosion. *Soil Sci. Soc. Amer. Proc.,* Madison, 32:875-879, 1968.

46. MORIN, J.; GOLDBERG, D.; SEGINER, I. A rainfall simulator with a rotating disk. *Trans. ASAE,* St. Joseph, 10:74-679, 1967.

47. MUNN JR., J. R.; HUNTINGTON, G. L. A portable rainfall simulator for erodibility and infiltration measurements on rugged terrain. *Soil Sci. Soc. Amer. J.,* Madison, 40:622-624, 1976.

48. MUNN, D. A.; McLEAN, E. O.; RAMIREZ, A.; LOGAN, T. J. Effect of soil cover, slope, and rainfall factors on soil and phosphorus movement under simulated rainfall conditions. *Soil Sci. Soci. Amer. Proc.,* Madison, 37:428-431, 1973.

49. MUSGRAVE, G. N. A device for measuring precipitation water lost from the soil as surface runoff, percolation, evaporation and transpiration. *Soil Science,* Baltimore, 40:391-401, 1935.

50. MUTCHLER, C. K.; HERSMEIER, L. F. A review of rainfall simulators. *Trans. ASAE,* St. Joseph, 8:67-68, 1965.

51. MUTCHLER, C. K.; MOLDENHAUER, W. C. Applicator for laboratory rainfall simulator. *Trans. ASAE,* St. Joseph, 6:220-222, 1963.

52. ODELEIN, M.; VIDME, T. Lysimeterforsok, PA As, 1938-43. *Meld. Norg. Landr.,* Hois, 25:273-362, 1945.

53. PARSONS, D. A. Discussion of the application and measurement of artificial rainfall on types FA and F infilfrometer. *Trans. Amer Geophys. Un.,* Washington, 24: 485-487, 1943.

54. RÖMKENS, M. J. M.; GLENN, L. F.; NELSON, D. W.; ROTH, C. B. A laboratory rainfall simulator for infiltration and soil detachment studies. *Soil Sci. Soc. Amer. Proc.,* Madison, 39:158-160, 1975.

55. ROSEAN, H. Sur la circulation de l'eau dans le sol. *Compt. Rend. Conf. Pedol.,* Mediters, 1948.

56. SCHWAB, G. O.; FREVERT, R. K.; EDMINSTER, T. W.; BARNES, K. K. *Soil and water conservation engineering.* New York: John Wiley, 1966.

57. SILVA, I. R.; CASTRO, O. M.; LOMBARDI NETO, F.; BERTONI, J. Simulador de chuva em pesquisa de erosão do solo. *Boletim Informativo da Sociedade Brasileira de Ciência do Solo,* Campinas, 4(3):55-56, 1979.

58. STEINHARDT, R.; HILLEL, D. A portable low intensity rain simulator for field and laboratory use. *Soil Sci. Soc. Amer. Proc.*, Madison, 30:661-662, 1966.

59. SUAREZ DE CASTRO, F. *Conservación de suelos.* Madrid: Salvat, 1956.

60. SUAREZ DE CASTRO, F.; RODRIGUEZ GRANDAS, A. *Movimiento de agua en el suelo (estudio en lisimetros monoliticos).* Chinchina: Federación Nacional de Cafeteros de Colombia, 1958 (Boletim Tecnico, 19).

61. SUAREZ DE CASTRO, F.; RODRIGUES GRANDAS, A. *Investigaciones sobre la erosión y la conservación de los suelos en Colombia.* Bogotá: Federación Nacional de Cafeteros de Colombia, 1962.

62. SWANSON, N. P. Rotating boom rainfall simulador. *Trans. ASAE,* St. Joseph, 8:71-72, 1965.

63. SWANSON, N. P.; DEDRICK, A. R. Soil particles and aggregates transported in water runoff under various slope conditions using simulated rainfall. *Trans. ASAE,* St. Joseph, 10:246-247, 1967.

64. THERON, J. J. *Lysimeter experiments.* Union South Africa: Dept. Agr. Scr. (Bulletin, 288).

65. WISCHMEIER, W. H.; MANNERING, J. V. Relation of soil properties to its erodibility. *Soil Sci. Soc. Amer. Proc.,* Madison, 33:131-137, 1969.

66. WISCHMEIER, W. H.; SMITH, D. D. Rainfall energy and its relationship to soil loss. Trans. Amer. Geophys. Un., Washington, 39:285-291, 1958.

12. FATORES EDUCACIONAIS, SOCIAIS E ECONÔMICOS FAVORÁVEIS À CONSERVAÇÃO DO SOLO

A erosão dos solos não é somente um problema técnico, mas, também, um problema social e econômico e o êxito de qualquer programa de conservação do solo dependem de um conjunto de implicações sociais e econômicas.

Se o lavrador cultiva a sua terra durante muitos anos utilizando as reservas naturais do solo, sem nenhum cuidado com relação a sua fertilidade e a conservação, as suas rendas irão diminuir constantemente a uma velocidade que dependerá da redução do valor da terra, que está na dependência da destruição da produtividade[1]. Cada ano apresenta ao agricultor a alternativa de continuar explorando a terra ou adotar um sistema de conservação do solo que, mantendo-lhe a produtividade, estabilize sua renda.

A situação é crítica quando o sistema de exploração do solo é econômico para o indivíduo, porém não o é para o conjunto social; isso ocorre quando origina danos fora dos limites da propriedade, tais como inundações nas regiões mais baixas, sedimentação de rios e córregos, estragos nos caminhos e na rede de drenagem, redução dos níveis de produtividade das áreas vizinhas. A intervenção estatal é o único remédio, uma vez que o Governo, como representante da sociedade, possui as maiores informações e melhores bases para atuar em benefício da coletividade[5]. De modo geral, em três casos se justifica a ação social para realizar a conservação do solo: *a)* quando a conservação não é econômica para o individuo, porém o é para a sociedade; *b)* quando a conservação é econômica para o indivíduo, porém ele não a pratica; *c)* quando os fins, desejados pela maioria dos indivíduos do país não podem ser obtidos a não ser por ação coletiva[1].

O problema da conservação do solo, fazendo abstração dos seus aspectos financeiros, econômicos ou sociais, consiste, em grande escala, num problema educativo.

Sem dúvida, podemos imputar a um baixo nível educativo grande parte da responsabilidade nas dificuldades surgidas e por surgir, em oposição a uma vitória ampla da conservação do solo. Devemos ter em mente que a proteção ao solo não pode ser imposta num regime democrático; não há leis ou muitas que possam obrigar quem quer que seja adotar práticas perante as quais o espírito e a mentalização não se encontrem devidamente amadurecido. Possui-se, verdadeiramente, méritos a conservação do solo haverá de impor-se naturalmente, e a força de seus concretos argumentos será suficiente para convencer a atrair os mais rebeldes pessimistas.

Isso só será possível mediante um grande movimento de divulgação e de um bom programa de ensino: divulgação para o público em geral e ensino em todas as escolas. Esse público não é aquela parcela que vive nas fazendas ou está diretamente ligada a elas, mas todos os segmentos da sociedade: banqueiros, professores, operários, industriais, comerciantes, comerciários, jornalistas, todos, enfim, devem estar conscientizados do problema da conservação do solo. O ensino em todas as escolas, por meio de programas obrigatórios, deverá ser ministrado em escolas públicas ou particulares, femininas ou masculinas, rurais ou urbanas, primárias, secundárias, profissionais, agrícolas e superiores de agronomia.

Os programas de ensino, naturalmente, serão elaborados de acordo com as respectivas classes: completos para os cursos superiores, médios para os secundários, e noções gerais para os primários. Onde quer que haja professores e alunos, deverá haver um programa obrigatório de conservação do solo a ser desenvolvido. Poderá parecer estranho o desejo de levar a cidade um assunto de domínio exclusivamente rural, porém o tema pertence e interessa tanto aos habitantes campesinos como aos citadinos: há uma equilibrada interdependência entre a vida agrícola e a urbana. Os acontecimentos socioeconômicos que se desenrolam em uma repercutem na outra[4].

Os comerciantes estabelecidos nas cidades sabem o que lhes acontece quando numa safra as colheitas são deficitárias. A falta de braços na lavoura e suficiente para alterar a quantidade, a qualidade e os preços dos produtos agrícolas. O êxodo rural restringe as produções, ocasiona as superpopulações nas cidades, a concorrência na obtenção de produtos e habitações, a alta dos preços e consequente carestia da vida.

Contamos, já, em vários Estados, com Faculdades ministrando cursos de conservação do solo para formação de profissionais, alguns dos quais oferecidos em nível de pós-graduação para o aperfeiçoamento de especialistas.

Ao pugnarmos pelo ensino obrigatório da conservação do solo, nós o fazemos plenamente convictos de que serão o melhor caminho para conseguir uma próxima geração de cidadãos dignos e patriotas, defensores capacitados do solo e ardorosos divulgadores da mentalidade conservacionista. Os homens de amanhã, nos campos, nas aldeias ou nas metrópoles, saberão cultivar a defesa do solo e estarão aptos a deixar a seus filhos um solo pujante de vitalidade e capaz de arcar com a tremenda responsabilidade de alimentar o indivíduo, a família e a coletividade.

No meio rural é necessária à difusão generalizada dos conhecimentos e a orientação direta nos problemas que, sobre o assunto, ocorrem em suas terras, constituindo o que geralmente se conhece por serviços de fomento ou de extensão. Por meio de boletins, artigos em jornais e revistas, filmes cinematográficos, propaganda radiofônica e televisiva, palestras, reuniões, visitas, deverão ser levados ao público em geral e aos agricultores em particular, os elementos necessários à compreensão da gravidade do problema e das medidas a empregar para resolvê-lo[3].

Os fatores de ordem social, que condicionam a intensidade e a qualidade do uso do solo, são de natureza pouco variável, sendo afetados apenas pelas mudanças lentas de hábitos e tradições, ou, reformas sociais introduzidas pelos governos, importante para a conservação do solo é uma ordem social agrária, ao lado das medidas de caráter técnico ou econômico, tendo como base que o uso da propriedade deverá estar condicionado ao bem-estar social. Algumas características são essenciais, no imóvel rural, para o melhor uso do solo.

As áreas de baixo potencial econômico, em consequência da má qualidade do solo, baixa precipitação e outros fatores limitante de uma produção compensadora, pelo problema de desajustamento econômico de seus proprietários, resultam no mau uso do solo. O zoneamento das atividades agrárias, retirando as populações dessas terras marginais e deslocando-as para outras de melhor capacidade, deverá favorecer a conservação do solo.

As características do imóvel rural têm particular importância na conservação do solo. Assim, deve-se observar o seu valor no que refere à extensão, a conformação, a qualidade das terras, o clima, a proximidade dos mercados. Para a conservação do solo, é necessário que o imóvel rural tenha o mínimo de condições econômicas exigido para uma renda suficiente à manutenção do agricultor e sua família. As causas determinantes da formação de imóveis rurais, em tamanho econômico inferior ao considerado adequado para a ocupação e sustento de uma família de agricultores, são, especialmente, os loteamentos mal conduzidos e a contínua subdivisão a que nosso sistema de herança leva esses imóveis sujeitos a partilhas consecutivas[3]. Em alguns países, a unidade familiar do imóvel rural é definida como uma propriedade onde apenas um ou dois homens possam operar sem o auxílio de assalariados[2].

O controle do arrendamento e da parceria agrícola é também um aspecto importante: realmente, ao arrendatário ou ao parceiro, não interessa efetuar trabalhos de conservação do solo, mas retirar deste a maior renda, no menor espaço de tempo possível. Quando o agricultor que explora aterra é o próprio dono, sempre desperta algum interesse conservacionista em seu benefício. Ao absenteísmo dos proprietários de imóveis rurais se deve a culpa pelos danos que o arrendamento e a parceria causam à integridade do solo; detentores, algumas vezes, de grandes áreas de terra, adquirida com fins lucrativos ou recebida em herança, exploram-na pelo sistema de arrendamento ou de parceria, sem se preocuparem com os danos acarretados à conservação do solo[3].

Grande benefício para a conservação do solo poderá ser conseguido pelo cooperativismo entre os agricultores com interesses comuns. A natureza dos trabalhos de conservação do solo, abrangendo, em sua complexidade e extensão, os interesses simultâneos de muitos agricultores, indica que o cooperativismo é a maneira mais natural e eficiente. O trabalho conjunto dos agricultores resolverá convenientemente o problema da conservação do solo. Aos poderes públicos cabe a tarefa de incentivar o mais possível à arregimentação dos agricultores em cooperativas de conservação do solo, estabelecendo, para isso, uma regularização especial e uma política associativa[3].

Nas nossas condições atuais de organização social e econômica, não é possível ao Governo fornecer assistência direta no planejamento e execução de práticas de conservação do solo a todos os lavradores de seu território. A solução seria o estabelecimento de áreas de demonstração onde à assistência fosse concentrada em zonas limitadas por pequenas bacias hidrográficas. Tais áreas são base fundamental para a formação dos distritos de conservação do solo, os quais, a nosso ver, são a única solução para o problema da conservação do solo.

Há necessidade de uma política de ajuda financeira para estimular os lavradores a executar as práticas de conservação do solo, principalmente aquelas de interesse da coletividade, mas de pequeno rendimento imediato.

Uma das medidas mais importantes a tomar pelo Governo é fornecer, a título de exemplo e demonstração, a assistência técnica e parte do material e da mão de obra de que os agricultores necessitam na execução das práticas de conservação do solo. Esse auxílio, entretanto, impossível de ser prestado a todos os agricultores, será feito unicamente nas áreas de demonstração. Dentro dos distritos de conservação do solo, ele será limitado à assistência técnica. A ajuda financeira que o Governo poderá fornecer aos agricultores pode chegar até cerca de 50% das despesas feitas com as práticas de conservação do solo[3].

A distribuição de prêmios, em função das práticas conservacionistas executadas, e a melhor forma de o Governo estender a sua ajuda financeira a todos os agricultores. Para fazer jus aos prêmios, haverá necessidade de satisfazer um mínimo de condições técnicas. Os prêmios deverão ser de tal montante a cobrir a parte que compete à sociedade; em geral, poderá ser 25 a 30% do total de gastos com as práticas cujos efeitos positivos somente são obtidos a longo prazo.

O financiamento direto dos serviços poderá ser fornecido pelo Governo para algumas obras de conservação do solo, tais como construção de terraços, barragens de terra, defesa contra inundações, que exigem grande empate de capital. Tais financiamentos deverão ser a longo prazo, juros módicos, além do pagamento de parte das despesas.

O Governo deverá lançar mão das suas diversas formas de ajuda aos agricultores para estimular a conservação do solo. Assim, a função de assistência aos lavradores deverá estar condicionada à execução de práticas de conservação do solo.

A reorganização do crédito rural e da tributação rural são importantes para a conservação do solo. Todo o nosso sistema de crédito rural deverá ser organizado de modo a facilitar os meios de execução das práticas de conservação do solo, principalmente evitando seu mau uso. A tributação sobre a agricultura é a grande arma para orientar o uso do solo em bases conservacionistas; à adoção de certas práticas conservacionistas deverão corresponder isenções compensadoras nos impostos territoriais.

Qualquer programa para melhor uso do solo poderá falhar se não for devidamente integrado nos programas econômicos do país[7]. Uma agricultura mal remunerada redunda em sacrifício da integridade do solo[3].

Os lavradores que executam tais programas de conservação conseguem um grande benefício: a prevenção da deterioração do solo e os prejuízos resultantes.

Um exame de literatura existente e do estado atual da conservação do solo leva a uma conclusão geral: na ausência de subsídios públicos, muitas medidas de conservação do solo têm baixo potencial de lucro, às vezes mesmo negativo, e raras vezes as perspectivas são de lucros realmente grandes. Embora, porém, a conservação do solo tenha tido um progresso lento é de grande significação para o futuro[2].

Os custos dessa conservação são geralmente de fácil estimativa, porém os retornos são menos identificáveis, especialmente quando a conservação unicamente preserva o potencial produtivo do solo, sem cuidar da erosão que vai desgastando vagarosamente.

As práticas conservacionistas muitas vezes proporciona um benefício a longo prazo em troca de um custo imediato. Entretanto, devem ser pesados, pelos indivíduos envolvidos, os valores balanceados dos méritos relativos do presente contra os valores dos benefícios futuros. As práticas que proporcionam benefícios a curto prazo são muito mais fáceis de fomentar ou promover que as que dão resultados somente a longo prazo.

O problema econômico da conservação do solo não tem sido de graves preocupações entre nós. Em geral, é imaginado pelas toneladas de solo perdidas anualmente das nossas terras agrícolas ou, talvez, pelo custo dos sedimentos que atingem os rios, os córregos e as barragens. Ambos os aspectos são importantes, porém o dos sedimentos será ignorado pelo público até que se transforme num grave problema de poluição do ambiente.

A conservação do solo proporciona diferentes tipos de benefícios. Alguns são obtidos diretamente pelas práticas conservacionistas, e outros, indiretamente, pela influência que exercem certos tipos de manejo no crescimento das plantas. Determinadas práticas produzem um lucro imediato, outras somente a longo prazo podem dar um benefício monetário. A fertilização dos solos pode ser considerada uma prática muito boa porque, além de proporcionar um lucro imediato na produção das culturas, aumenta a cobertura do solo, diminuindo, em consequência, as perdas de solo e água pela erosão. Muitas práticas de maneio reduzem o potencial de trabalho das máquinas de preparo do solo, proporcionando uma redução de seus custos. O plantio em contorno, por exemplo, adiciona a água disponível para as plantas: a água conservada antes de um período seco pode fazer a diferença entre o sucesso e o fracasso de uma cultura. Os insetos, as moléstias das plantas e as ervas daninhas podem causar um aumento da erosão pela redução do stand das culturas: seu controle reduz a erosão e aumenta os lucros ao mesmo tempo. Praticas como fertilização, manejo do solo e da água, controle de insetos e ervas daninhas, podem aumentar a renda no mesmo ano em que são efetuadas; práticas como terraceamento, formação de pastagens, reflorestamento e drenagem devem ser consideradas como fornecedoras de benefícios a longo prazo[6].

Referências Bibliográficas

1. BUNCE, A. C. The economics soil conservation. Ames: Iowa State College, 1945.

2. HELD, R. B.; CLAWSON, M. *Soil conservation in perspective.* Baltimore: John Hopkins, 1965.

3. MARQUES, J. Q. A. *Política de conservação do solo.* Rio de Janeiro: Ministério da Agricultura, 1949.

4. SÃO PAULO. Secretaria da Agricultura. *Relatório da Comissão de Conservação do Solo,* 1959.

5. SUAREZ DE CASTRO, F. *Conservación de suelos.* Madrid: Salvat, 1956.

6. TROEH, F. R.: HOBBS, J. A.; DONAHUE, R. L. *Soil and water conservation.* New Jersey: Prentice-Hall, 1980.

7. WELLS, O. V.; CARVIN, J. P.; MEYER, D. S. *The remedies:* direct aid to farmers. USDA: Solis and Men, 1938.

13. POLUIÇÃO E EROSÃO

A maior parte deste livro foi dedicada ao problema de erosão, não só no seu aspecto de perdas de solo e água e consequente perda de capacidade produtiva do solo como, também, nas principais práticas e sistemas de manejo do solo e planejamento de controle dos seus efeitos. No presente, há um crescente interesse pelo prejuízo que possa ocasionar ao meio ambiente, devendo, por isso, ser considerada a relação entre a erosão e a poluição: realmente, a erosão é uma parte do problema da poluição, e isso faz que os conservacionistas aceitem a prevenção da poluição como outra razão para melhor conservação do solo. Deve-se, porém, evitar o exagero, pois há uma tendência de superestimar a poluição, colocando-a como um produto da tecnologia moderna.

Estamos acostumados a pensar na erosão como um fenômeno que destrói as terras de cultura, produzindo sedimento que vai entupir córregos, canais e reservatórios; o sedimento é uma forma de poluição[4].

Os fertilizantes químicos e pesticidas são usados em grande quantidade na agricultura para manter alto nível de produção das culturas; os resíduos de plantas e as dejeções de animais, algumas vezes com bactérias patológicas, são produtos da atividade da agricultura: quando são conduzidos pelas enxurradas e sedimentos para os córregos, estão poluindo essas águas. A extensão do movimento desses materiais ou sua contribuição para o problema da poluição ainda não é bem conhecida; a morte de peixes, entretanto, em muitos lugares, sugere que inseticidas orgânicos foram colocados nos rios pelas enxurradas provindas de terras agrícolas[1].

A erosão do solo causa a acumulação de sedimentos nas partes mais baixas dos terrenos, consistindo em materiais mais grosseiros, porém os mais finos, em muito maior volume, são transportados pelas enxurradas, ocasionando, nos córregos, rios, canais e acumulações de água, problemas, cujos principais são os seguintes: *a)* redução da capacidade dos córregos e reservatórios: a sedimentação causa uma perda de capacidade de armazenamento dos reservatórios; assim, no projeto de grandes barragens, deve-se reservar parte de sua capacidade aos sedimentos, ocasionando, com isso, um custo extra na sua construção. Um levantamento efetuado nos Estados Unidos[3] revelou que os 968 reservatórios estudados perdiam 1% a 3%, em média, anualmente, da sua capacidade de armazenamento, chegando à conclusão de que 20% de todos os reservatórios perderiam a metade dessa capacidade em menos de trinta anos; *b)* aumento dos custos das fontes de suprimento de água: a sedimentação eleva os custos de tratamento de água nos reservatórios municipais e nas grandes indústrias, pelos grandes investimentos requeridos para a obtenção de água limpa; *c)* danos para a fauna silvestre e aquática: o sedimento em suspensão nos lagos e reservatórios prejudica o balanço de oxigênio dissolvido nas águas e obscurece a luz necessária ao crescimento das espécies aquáticas; *d)* acréscimo dos custos de manutenção dos canais e rios navegáveis: a dragagem é elevada pelo grande volume de material a retirar para conservar os leitos navegáveis; *e)* diminuição do potencial de energia: os reservatórios com bastante sedimento têm capacidade de armazenamento diminuída, resultando, com isso, diminuição no potencial de energia elétrica; *f)* questões de irrigação e drenagem: a sedimentação diminui a capacidade dos sistemas de irrigação e o material erodido e sedimentada é depositado, dificultando a drenagem, com redução da fertilidade das terras e consequente diminuição da sua produção; *g)* acréscimo dos custos dos caminhos e estradas: após grandes chuvas, é comum estradas e caminhos bloqueados por sedimentos, necessitando de grandes gastos para sua limpeza e reparos dos estragos; *h)* prejuízos em casas e cidades: as enchentes, com grandes danos em cidades baixas e casas, exigem muitos gastos na limpeza dos sedimentos[1].

A sedimentação é ocasionada pela erosão: assim, para seu controle e redução de seus efeitos, a solução mais simples é prevenir e controlar a erosão.

Quando a erosão ocorre em uma terra cultivada, o solo erodido vem acompanhado dos nutrientes de plantas, presentes nas suas camadas superiores; o nitrogênio porque é mais solúvel e, o fósforo, porque é absorvido pelas partículas mais finas do solo, as mais arrastadas pelas enxurradas. Os nutrientes solúveis, como os nitratos, estão mais ligados à enxurrada, e, os fosfatos, aos sólidos arrastados. O controle dessa poluição química é efetuado de dois modos: o primeiro, aplicando os fertilizantes na quantidade mínima necessária à produção das culturas, isto é, aquela utilizada pelas plantas, evitando excessos que seriam lavados pelas enxurradas, e o segundo, mais eficiente, reduzindo ao mínimo a enxurrada e as perdas de solo pela erosão.

O efeito da poluição do ambiente por pesticidas ganhou notoriedade com Carson[2], que chamou a atenção para o problema dos pesticidas no solo, nas águas, na fauna silvestre e, mesmo, no homem. Os pesticidas são levados, também, pelas enxurradas e pelo solo arrastado para os reservatórios e águas correntes: eles causam odor e gosto, podendo oferecer perigo à saúde[4]; um exemplo é o DDT, que fica firmemente retido no tecido animal. Alguns pesticidas ficam retidos no solo por longo período, segundo Nash e Woolson[5], revelando que, após vinte anos, cerca de 40% dos pesticidas ainda estavam no solo.

Os herbicidas, em geral, podem-se decompor no solo, e a degradação química varia de acordo com a estrutura e características gerais da molécula dos herbicidas. Os mais solúveis penetram mais profundamente no solo do que os menos solúveis; em solos muito argilosos, as moléculas do produto fixam-se fortemente à argila. Os herbicidas à base de sais de cobre e compostos arsenicais foram usados por muito tempo; os peixes são muito sensíveis ao cobre e ao arsênico, tendo sido registrado seu envenenamento pelas enxurradas com esses produtos. O composto de nitro é extremamente perigoso para os mamíferos, porém degrada-se mais ou menos rapidamente, o mesmo acontecendo com os produtos MCPA e 2,4-D. Dos denominados de nova geração de grupos orgânicos sintéticos, a simazine e o monurom são os que permanecem mais tempo no solo, sendo que os baseados em delapom e paraquat nele permanecem poucas semanas, não constituindo sério problema de poluição.

Os fungicidas são poluentes, porém, como são usados em pequenas quantidades e em áreas muito limitadas, seu problema é restrito. Por exemplo, a calda bordalesa, utilizada na videira e outras culturas, tem como base o sulfato de cobre; também outras formulações, onde o enxofre é adotado para o controle de fungos de árvores frutíferas e batata, aplicadas em altas concentrações podem contaminar levadas pelas enxurradas, os lagos e reservatórios, com danos aos peixes[4].

Os inseticidas antigos, formulados com arsênico, são potencialmente perigosos quando carregados pelas enxurradas, porém são poucos usados e, geralmente, em pequenas doses. Os que têm como base a nicotina, a rotenona e o píretro são rapidamente degradados no solo. Os fosforados são tão venenosos que deviam ser abolidos, embora sejam rapidamente decompostos. Os clorados, como o DDT e o BHC, são os mais utilizados na agricultura, talvez por isso tenham sido os mais visados pelos que combatem a poluição. Sua vantagem é oferecer resistência à decomposição, porém são retidos nos tecidos dos animais em uma progressiva acumulação[4].

A poluição associada com a erosão será eficientemente controlada se a própria erosão o for. As práticas conservacionistas e bom manejo do solo reduzem a erosão e, consequentemente, fazem da poluição um problema de menor importância. A erosão do solo é o grande problema da humanidade, pois tem uma relação direta com a escassez de alimentos e com a fome: a poluição não é mais que uma palavra emotiva.

Referências Bibliográficas

1. BEASLEY, R. P. *Erosion and sediment pollution control.* Ames: Iowa State University, 1972.

2. CARSON, R. *Silent spring*. London: Hamilton, 1963.

3. DENDY, F. E. Sedimentation in the nation's reservoirs. *J. Soil and Water Conserv.*, Fairmont, 23(4):135-137, 1968.

4. HUDSON, N. *Soil conservation*. Ithaca: Cornell University, 1973.

5. NASH, R. G.; WOOLSON, E. A. Persistence of chlorinated hydrocarbon insecticides in soil. *Science*, Washington, 157:924, 1967.

14. SOLUÇÃO PARA O PROBLEMA DA EROSÃO

Para solucionar esse problema, deve-se ter em conta que o Governo não tem capacidade nem obrigação de tomar a seu cargo a conservação do solo de todas as propriedades agrícolas do país. Ele deve servir como agente de estímulo, ensino e orientação, para que os lavradores se encarreguem, eles mesmos, da tarefa de conservar o solo.

Ao contrário da assistência indiscriminada por fazendas dispersas e práticas isoladas, a melhor é a assistência concentrada, em áreas de demonstração, que levarão a formação de "distritos conservacionistas", a nosso ver a grande solução para o problema de erosão em nossas terras.

Um bom exemplo de que a assistência indiscriminada por fazendas isoladas não resolve o problema foi verificado no estado de São Paulo: contando com uma organização composta de perto de cem especialistas, a maior organização de assistência técnica de conservação do solo da América Latina, apesar de todo o esforço empreendido em quase vinte anos de atuação, não conseguiu conservar mais de 6% da área cultivada[3].

Assim, o primeiro passo para a solução de conservar o solo de um território, seja ele estadual, seja nacional é a implantação das áreas de demonstração; o passo seguinte é a formação de distritos conservacionistas, a evolução natural do programa de áreas de demonstração.

14.1. Áreas de demonstração

Áreas de demonstração são conjuntos de propriedades, de preferência cobrindo uma bacia hidrográfica completa, em extensão suficiente para encerrar todos os problemas de mais provável ocorrência na região, nos quais o Governo, a titulo de exemplo e demonstração, proporcionará aos agricultores todos os meios necessários para a conservação de suas terras de acordo com planos globais traçados para toda a bacia[6].

Em tais áreas, os órgãos especializados do Governo fornecerão aos agricultores toda a assistência necessária, desde a execução dos levantamentos e planejamentos conservacionistas até à das práticas conservacionistas requeridas. Os agricultores que quiserem cooperar receberão toda assistência técnica, e ainda ajuda nos serviços de máquinas especializadas, mudas, sementes, fertilizantes.

Os agricultores situados fora das áreas de demonstração serão convidados, isoladamente ou em concentrações especialmente programadas, a visitar e inspecionar os trabalhos em andamento, de tal modo que se convençam de suas vantagens e ao mesmo tempo se capacitem a reproduzi-los em suas propriedades.

Essa modalidade de assistência concentrada em áreas limitadas e de acordo com planos globais, ao contrário da forma de assistência dispersa e indiscriminada, oferece tríplice vantagem: contribuir para a educação do público, em virtude da atenção despertada pelo volume e extensão dos serviços executados; fornecer amplo campo de prova para observações em larga escala do comportamento de práticas pouco conhecidas e, finalmente, oferecer magnifico campo de treinamento e instruções a técnicos e agricultores. Sua formação virá criar condições favoráveis ao estabelecimento dos distritos de conservação do solo, em vista da ação conjunta de vários agricultores.

As áreas de demonstração, abrangendo bacias hidrográficas, deverão representar bem as condições de solo, topografia e sistemas culturais da região, e ser de fácil acesso aos agricultores nelas envolvidos. A área de 10.000 hectares parece suficiente para encerrar todos os problemas de mais provável ocorrência na região[5].

Só depois que o agricultor concorda em que sua propriedade seja incluída no programa de conservação do solo da área de demonstração, é que os técnicos fazem o seu levantamento conservacionista e respectivo planejamento. Neste, realizado juntamente com o agricultor, é feita a distribuição mais indicada para os diversos tipos de exploração do solo, assim como as práticas conservacionistas que lhes deverão ser associadas, estipulando o provável escalonamento dos serviços.

Os planos de execução devem prever seu término para cinco anos.

14.2. Distritos de conservação do solo

Tais distritos consistem em associações de agricultores com interesses comuns em conservação do solo, funcionando em bases cooperativas, nas quais os próprios agricultores decidem livremente, quer na sua organização, quer na sua administração, quer na determinação das práticas a adotar, quer, enfim, na regulamentação do uso do solo.

Nos distritos, o Governo restringe sua atuação ao estabelecimento de normas gerais de organização e funcionamento, proporcionando assistência técnica e incentivo financeiro para garantir o seu êxito[1,5,6].

A própria natureza dos trabalhos de conservação do solo, envolvendo, em sua complexidade e extensão, os interesses simultâneos de muitos agricultores, conduz ao cooperativismo como meio natural e eficiente. O problema da conservação do solo será convenientemente resolvido pelo trabalho conjunto dos agricultores.

Ao poder público cabe a tarefa de incentivar o mais possível a fragmentação dos agricultores em cooperativas de conservação do solo, estabelecendo, para tanto, uma regulamentação especial e uma política de incentivo e encorajamento.

A ação cooperativa dos agricultores, na solução do problema da conservação do solo, é de grande importância, pois, ao defenderem em regime de cooperação seus interesses, estarão defendendo os interesses da coletividade; assim, o Governo poderá retirar, em grande parte, sua interferência na orientação dos programas, deixando-os a cargo dos próprios agricultores. Estes passarão como que a dirigir a campanha conservacionista e, sentindo-se responsáveis pela importante missão, tomarão maior interesse pelo seu êxito.

O grande exemplo de sucesso do programa de distritos conservacionistas na solução da conservação do solo se pode ver nos Estados Unidos. Depois de três séculos de exploração do solo, o povo americano percebeu que estava perdendo rapidamente seu maior recurso a terra produtiva; as tempestades de pó e as grotas profundas eram dramáticas manifestações da destruição dos recursos de solo pela erosão. Na década de 1930, milhões de hectares de boa terra de culturas estavam quase destruídas e, outros milhões, afetados pela erosão. O fazendeiro que vivia à custa da destruição do seu solo não poderia ficar desobrigado da sua conservação.

Um programa nacional foi estabelecido, na crença de que assim o solo poderia ser protegido, uma vez que o problema da erosão não se restringe aos limites estaduais. Não era possível, ao Governo, fornecer assistência direta no planejamento e na execução de práticas conservacionistas, aos seus milhões de fazendeiros. Foi necessário estabelecer áreas de condições adequadas, onde assistência intensiva pudesse ser prestada como exemplo e demonstração. A finalidade dessas áreas de demonstração era, por cone seguinte, introduzir práticas conservacionistas em grande região, usando pequenas bacias hidrográficas que representassem o melhor possível, as características de solo, topografia, sistemas culturais e problemas mais prováveis.

Observou-se, entretanto, que o programa com áreas de demonstração não era suficiente; realmente, dentro de um programa nacional de conservação do solo, é necessário um tratamento coordenado e intensivo para todas as terras, em cada região, de acordo com as suas necessidades e adaptabilidades, isso não pode ser conseguido, naturalmente, pela intensiva aplicação de medidas de conservação para as terras de um pequeno grupo de fazendeiros dentro dos limites das áreas de demonstração.

As grandes diferenças em topografia, tipo de solo, vegetação, clima, economia agrícola e a sociedade rural, em tão vasta área, demandariam grande variação de métodos de conservação do solo: a mesma dificuldade havia nos limites estaduais. A oportunidade democrática nas decisões da adaptabilidade às condições locais deveria ser de responsabilidade de uma organização regional. Para conseguir conservar o solo do país, cada fazendeiro devia estar convencido dessa necessidade e ter responsabilidade, participando ativamente no programa e concordando em usar o próprio trabalho e materiais em sua propriedade. Colocar a principal responsabilidade, para o desenvolvimento de um programa de conservação do solo, nas mãos de um grupo local de fazendeiros, seria a melhor maneira de assegurar cooperação entre eles.

Era necessário um tipo de mecanismo intergovernamental em que a competência, energia e recursos de todo o tipo fossem de uma comunhão de interesses. O conceito do distrito de conservação do solo cresceu, assim, pelo sentir dessas necessidades. Com a liderança do Governo federal, os Estados, pela população local, organizaram os seus distritos de conservação do solo.

Atualmente, nos Estados Unidos, estão funcionando mais de 2.400 distritos, que incluem cerca de 5.000.000 de fazendas, cobrindo uma área de 400.000.000 de hectares. Isso significa que 77% da área agrícola e 83% das fazendas pertencem à organização de distritos. Quase vinte anos de experiência em conservação do solo mediante a administração por distrito provou os seus benefícios.

Alguns critérios devem ser estabelecidos para sua formação. Tendo existência legal, o Distrito de Conservação do Solo poderá ser considerado como uma agência de ação comum para a execução de um programa conservacionista. O mais importante aspecto aos estabelecer sua autoridade legal é o poder que lhe será conferido; o Distrito deverá ter primeiro, uma série de atividades para conduzir um programa voluntário de conservação do solo, e segundo, força para estabelecer, entre os seus associados, um programa compulsório de uso do solo e controle da erosão. A principal função do Governo deverá ser o fornecimento de fundos especiais de ajuda e toda a orientação técnica nos planejamentos e execução de práticas conservacionistas.

Para sua organização ideal, será necessária uma lei básica, federal, traçando as diretrizes fundamentais das legislações estaduais, além de leis estaduais estabelecendo as normas de mecanismo de sua instalação e funcionamento. A legislação estadual deverá dar poder ao Distrito não somente para estabelecer e administrar os trabalhos de conservação do solo como para regulamentar-lhe o uso no interesse da sua conservação.

14.3. *Informações fundamentais para o manejo do solo e água em microbacias hidrográficas*

A degradação dos recursos naturais, principalmente do solo e da água, vem crescendo assustadoramente, atingindo, hoje, níveis críticos que se refletem na deterioração do meio ambiente, no assoreamento e na poluição dos cursos e dos espelhos d'água, com prejuízos para a saúde humana e animal, na destruição de estradas, de pontes e de bueiros, na geração de energia, na disponibilidade de água para irrigação e para abastecimento, na redução da produtividade agrícola, na diminuição da renda liquida e, consequentemente, no empobrecimento do meio rural, com reflexos danosos para a economia nacional.

Os trabalhos de manejo do solo e da água de maneira geral, até hoje, têm sido decorrentes de ações isoladas em nível de propriedade agrícola, ressentindo-se, todos eles, de uma visão ampla do todo, isto é, do aproveitamento integrado dos recursos naturais: solo, água, flora e fauna.

A microbacia hidrográfica, unidade básica das atividades é entendida como uma área fisiográfica drenada por um curso d'água ou por um sistema de cursos de água conectados e que convergem, direta ou indiretamente, para um leito ou para um espelho d'água, constituindo uma unidade ideal para o planejamento integrado do manejo dos recursos naturais no meio ambiente por ela definido[2].

As figuras 14.1 e 14.2 mostram uma microbacia sem planejamento conservacionista e a outra bem planejada, respectivamente.

Os trabalhos em microbacias hidrográficas pretendem integrar os interesses de todos os segmentos da sociedade em termos de abastecimento, saneamento, habitação, lazer, proteção e preservação do meio ambiente, produtividade, elevação da renda e bem estar de toda a comunidade.

Os objetivos dos trabalhos em microbacias hidrográficas são 2: *a)* manejar adequadamente os recursos naturais renováveis, principalmente o solo e a água; *b)* incrementar a produção e a produtividade agro-silvo-pastoris; *c)* diminuir os riscos de secas e de inundações; *d)* reduzir os processos de degradação do solo, principalmente a erosão; *e)* garantir uma maior disponibilidade e uma melhor qualidade de água para usos múltiplos; *f)* estimular o planejamento, a organização e a comercialização da produção municipal, sobretudo dos alimentos básicos; *g)* racionalizar os recursos materiais, financeiros e de pessoal em âmbito federal, estadual e municipal, compatibilizando e otimizando sua utilização; *h)* incentivar a organização associativa dos produtores rurais, visando à solução de seus problemas comuns; *i)* maximizar as rendas municipais e comunitárias, através da minimização de cursos de gerenciamento, de administração, de manutenção e estradas, de obras de arte, de controle da poluição etc.; *j)* promover ações comunitárias visando à obtenção de benefício nas áreas de produção, de comercialização, de saúde, de educação, de transporte, de comunicação, etc.; *k)* propiciar novas alternativas de exploração econômica à comunidade rural; *l)* participar do processo de fixação da mão de obra no campo.

Vale ressaltar que para a consecução dos objetivos pretendidos nos trabalhos de microbacias hidrográficas são necessárias ações concentradas de todos os segmentos produtivos (a nível federal, estadual e municipal) à participação da iniciativa privada e, principalmente, dos pequenos produtores.

Delimitação da microbacia hidrográfica. O sistema hidrográfico apresenta uma grande diferenciação de formas, tamanhos e densidades, determinada por inúmeros fatores ecológicos. A classificação das bacias hidrográficas é baseada no escoamento de água global. São essas classificações que permitem a identificação de diferentes padrões de drenagem, de acordo com os arranjos espaciais dos cursos d'água, como ilustra a figura 14.3.

Duas dúvidas podem surgir ao observar a figura 14.3. A primeira é relativa à hierarquia fluvial: como fazer a classificação e o ordenamento dos cursos d'água? A segunda refere-se à delimitação de microbacias: pode-se adotar o mesmo critério para delimitá-la em configurações tão diferentes?

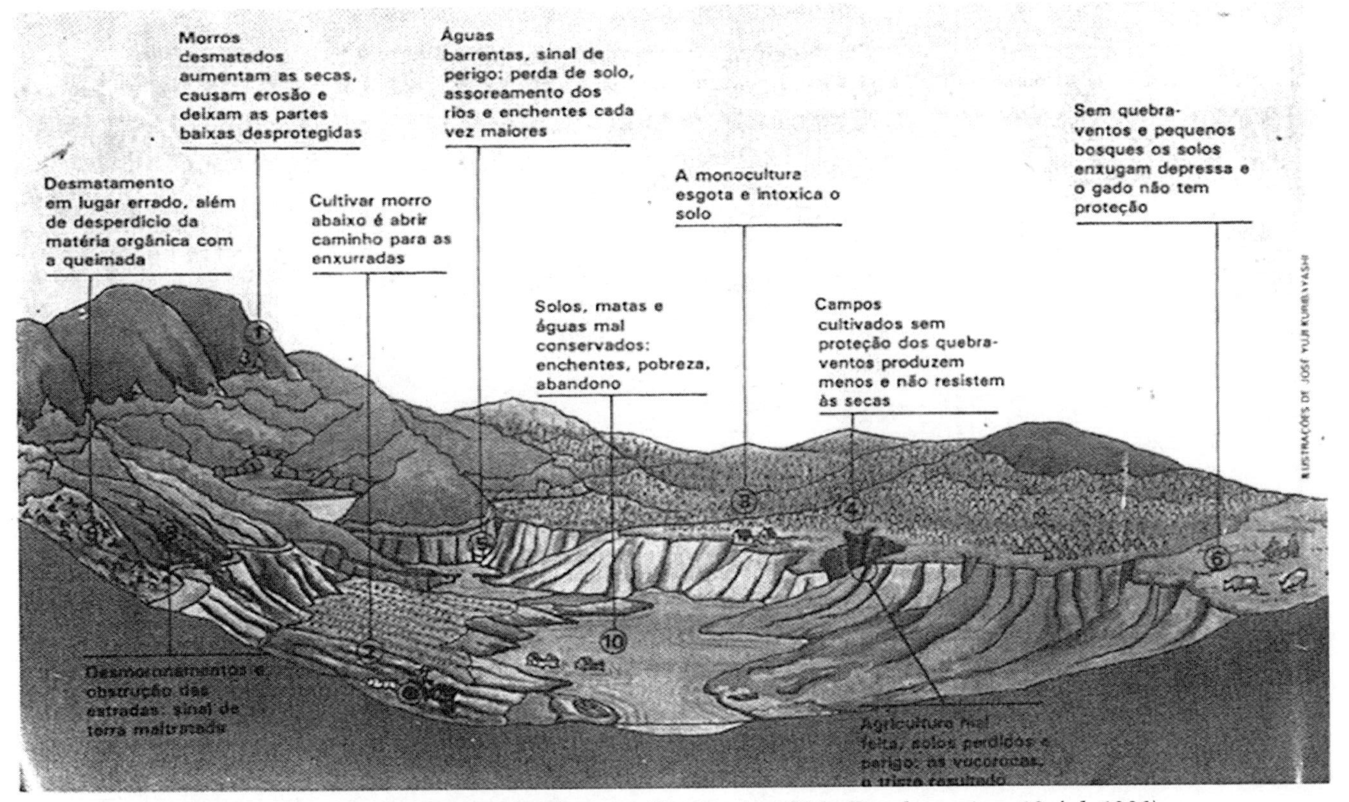

Figura 14.1. Microbacia sem planejamento (foto Revista Globo Rural, ano 1, n. 10, jul. 1986)

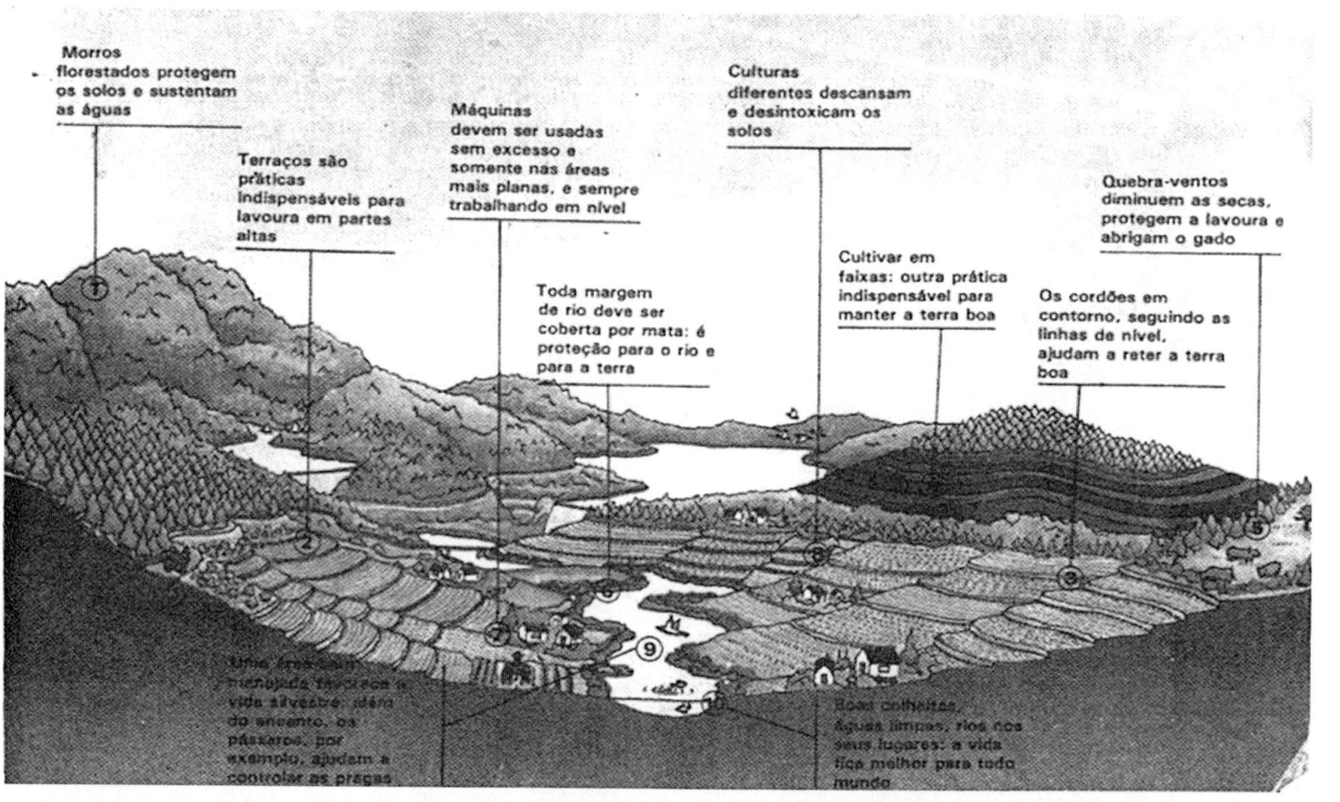

Figura 14.1. Microbacia planejada (foto Revista Globo Rural, ano 1, n. 10, jul. 1986)

Figura 14.3. Classificação e ordenamento dos cursos d'água

Um dos métodos utilizados para estabelecer a hierarquização no sistema fluvial, propõe a seguinte classificação: os canais que não possuem tributários, ou seja, aqueles ligados diretamente a nascente, são canais de *primeira ordem*; os canais de *segunda ordem* surgem da confluência de dois canais de *primeira ordem*, e só recebem afluentes de *primeira ordem*: os canais de *terceira ordem* surgem da confluência de dois canais de *segunda ordem*, podendo receber afluentes de ordenação inferior. E assim, sucessivamente, conforme ilustra a figura 14.4.

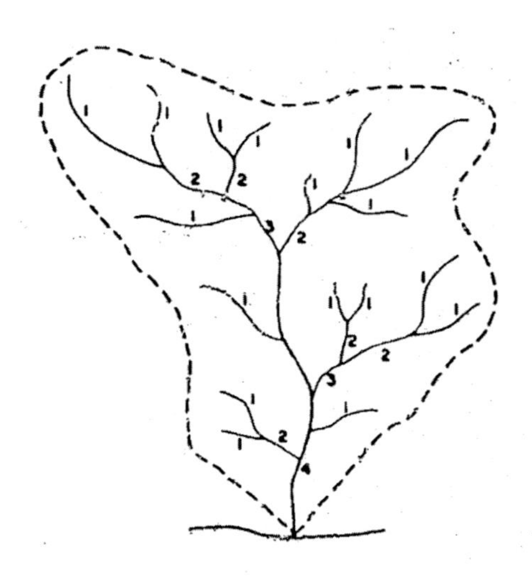

Figura 14.4. Hierarquia fluvial em uma bacia hidrográfica hipotética

A classificação possibilita o entendimento da dinâmica global do sistema hidrográfico e a identificação das unidades que o compõem. Cada subsistema pode ser decomposto em unidades menores até que se possa chegar à unidade espacial mínima, designada de MICROBACIA HIDROGRÁFICA.

A unidade espacial mínima do sistema hidrográfico deve ser identificada e delimitada, obedecendo rigidamente à lógica da dinâmica e da conformação da rede fluvial à qual está ligada.

A unidade espacial mínima pode abranger sistemas fluviais densos, que recortam minuciosamente o território e, ou sistemas fluviais de menor densidade onde grandes extensões de terra são banhadas por nenhum rio nem riacho.

Para fins conservacionistas de aplicação de um piano de manejo de solo e água a unidade espacial mínima — microbacia hidrográfica deverá ter uma área variável de 1.000 a 5.000 hectares, área que possibilitaria um planejamento global dos problemas do meio ambiente dos recursos naturais, atingindo as esferas social, política, econômica e educacional.

Elaboração do Plano de Microbacia Hidrográfica. A elaboração de um plano de microbacias hidrográficas é feita por etapas iniciando-se com a identificação das microbacias hidrográficas existentes no município, com um diagnóstico de sua situação, com um perfil socioeconômico do município e de sua comunidade e com a seleção das microbacias que serão trabalhadas.

Critérios para seleção das microbacias hidrográficas. Para a seleção de uma microbacia hidrográfica deverão ser considerados os seguintes critérios de precedência 2: *a)* áreas que concentrem um maior número de pequenos produtores; *b)* áreas que apresentem uma significativa produção de alimentos básicos; *c)* locais onde haja projetos de assentamento ou outros projetos desta natureza; *d)* locais onde estejam sendo desenvolvidos projetos de irrigação comunitária explorados por pequenos agricultores; *e)* localidades onde haja interesse e disposição, em investir recursos e esforços, por parte da administração municipal e dos produtores rurais; *f)* áreas nas quais os cursos d'água tenham importância para o abastecimento urbano; *g)* locais onde existem problemas de erosão ou ocorram outras formas de degradação dos recursos naturais ali existentes; *h)* localidades que disponham de recursos humanos e materiais para a implantação dos projetos; *i)* preferencialmente, as áreas que estiverem a montante.

A aplicação desses critérios indicará as unidades a serem trabalhadas e sua ordem de prioridade.

Roteiro para Elaboração do Projeto de Microbacia Hidrográfica

O projeto de microbacia hidrográfica deverá ser organizado de modo a permitir que as informações nele contidas estejam dispostas de maneira clara e coerente. Para sua composição, poderá ser adotada a seguinte estrutura básica[2].

I. Diagnóstico

1) Dados Gerais do Município

2) Dados da Microbacia

a) Caracterização da microbacia

b) Caracterização Socioeconômica

c) Caracterização Fisiográfica

d) Práticas de Manejo Atualmente Utilizadas

e) Identificação dos Problemas da Comunidade

II. Seleção da Microbacia

III. Elaboração do Projeto

V. Planejamento da Microbacia

I. Diagnóstico

O projeto deverá ter inicio com um perfil detalhado do município no qual está situada a microbacia em questão, seguido de informações que possibilitem uma caracterização socioeconômica e fisiográfica da microbacia, o conhecimento preciso das práticas de manejo nela atualmente utilizadas e a identificação dos problemas com os quais se defronta a comunidade nela localizada.

1) Dados Gerais do Município

— Distância da capital

— Altitude

— Área

— Habitantes (urbano e rural)

— Número de produtores (pequenos, médios, grandes)

— Principais culturas (área e produtividade média)

— Principais criações (número de cabeças)

2) Dados da Microbacia

a) Caracterização da Microbacia

— Mananciais hidrográficos

— Tratamento da água

— Uso da água

— Proteção das margens dos rios
— Obras de prevenção de inundações
— Tipos de vegetação existentes
— Culturas
— Tipo de solo (características, etc.)
— Balanceamento da fauna

b) Caracterização Socioeconômica

— Situação fundiária
— Número de propriedades
— Tamanho médio das propriedades
— Número de produtores existentes
— Uso atual da terra
  - Cultivo anual (área, produtividade média)
  - Cultivo perene (área, produtividade média)
  - Florestas nativas (área)
  - Reflorestamento (área)
  - Reflorestamento
  - Área de pastagem (nativas e plantadas)
  - Criação (número de cabeças)
— Condições de mercado
— Acesso ao crédito
— Rede viária
— Maquinário existente
— Organizações de produtores
— Condições de saúde, de higiene e de educação
— Armazenamento
— Peixamento

c) Caracterização Fisiográfica

— Localização da microbacia no município
— Área

— Mapa da microbacia em escala apropriada (o mapa deverá conter os principais cursos d'água, a rede viária e outras informações importantes)

— Solos

- classificação (distribuição em hectares)
- relevo
- grau de erosão (sulco, voçoroca)

— Clima

- precipitação média
- temperatura média
- umidade relativa

— Hidrologia

- vazão média do curso principal
- disponibilidade de água
- qualidade da água
- usos da água (abastecimento rural ou urbano, irrigação, indústria, etc.)
- represa (número e volume)

d) Práticas de Manejo Atualmente Utilizadas

— Práticas biológicas e culturais

- adubação verde
- adubação orgânica
- rotação de culturas
- plantio
- cultivo
- incorporação de restos culturais

— Práticas mecânicas

- terraceamento
- cultivo em nível
- patamares

- adequação e recuperação de estradas
- descompactação do solo

— Eficiência das práticas comunitárias de manejo que vêm sendo utilizadas

e) Identificação dos problemas da comunidade

A comunidade da microbacia deverá participar ativamente do processo de identificação dos seus problemas e de priorização das ações voltadas para a sua solução. As recomendações técnicas que vierem a serem propostas deverão se ajustar a realidade local, de forma que possam ser implementadas e, assim, contribuir para a melhoria da situação socioeconômica e ambiental da região.

II. Seleção da Microbacia

Na seleção da microbacia deverão ser aplicados os critérios de precedência anteriormente mencionados.

III. Elaboração do Projeto

O projeto de microbacia hidrográfica não obedecerá a um padrão preestabelecido quando de sua elaboração, em face da especificidade de que se reveste o conteúdo de cada projeto elaborado.

IV. Planejamento da Microbacia

O planejamento da microbacia a ser trabalhada deverá ter como base as informações obtidas acerca do município no qual ela está situada: sua localização seu perfil socioeconômico, a situação de sua comunidade etc.

O planejamento abrangerá um período de 4 anos e as atividades nele previstas serão detalhadas em termos de execução anual e de recursos necessários.

Monitoramento e Avaliação

As atividades desenvolvidas na microbacia, bem como a introdução e a implantação de novas tecnologias deverão alterar a produção e a produtividade das culturas, as propriedades físicas, químicas e microbiológicas do solo e, também, a quantidade e a qualidade da água.

Dessa forma, os efeitos mais significativos advindos da interferência do homem na microbacia deverão ser acompanhados e monitorados periodicamente pelos órgãos competentes. Para que esse monitoramento tenha representatividade regional, é importante que as atividades e os processos desenvolvidos nessa microbacia sejam semelhantes aos desenvolvidos nas demais microbacias trabalhadas.

A avaliação e a realimentação de todo o processo de implantação e execução das ações previstas para a microbacia são imprescindíveis. As falhas que porventura forem detectadas deverão ser corrigidas. Além disso, novas tecnologias mais apropriadas poderão ser introduzidas, dando ao projeto o caráter dinâmico que a bacia hidrográfica exige.

Referências Bibliográficas

1. BERTONI, J. Cooperação conserva o solo. *CooperCotia,* São Paulo, p. 264-268, 1967. Guia Rural.

2. BRASIL. *Programa Nacional de Microbacias Hidrográficas manual operativo.* Brasília: Ministério da Agricultura, Comissão Nacional de Coordenação do Programa Nacional de Microbacias Hidrográficas, 1987.

3. CASTAGNOLLI, N. Perdas anuais provocadas pela erosão no Estado de São Paulo. *Congresso Pan-Americano de Conservação do Solo, Anais...,* 1, São Paulo, p. 147-153, 1966.

4. GRAZIANO NETO, F. (coord.). Conservação do solo em microbacias. *Companhia Agrícola Imobiliária e Colonizadora (CAIC),* São Paulo, v. 1, n. 1, março 1987 (Boletim Técnico).

5. MARQUES, J. Q. A. *Política de conservação do solo.* Rio de Janeiro: Ministério da Agricultura, 1949.

6. SÃO PAULO. Secretária da Agricultura. *Relatório da Comissão de Conservação do Solo,* 1949.

15. SUGESTÕES PARA UMA NOVA POLÍTICA DE CONSERVAÇÃO DO SOLO PARA O ESTADO DE SÃO PAULO[2]

15.1. Introdução

A erosão não é somente um fenômeno físico, mas também um problema social e econômico e resulta fundamentalmente de uma inadequada relação entre o solo e o homem.

A meta da conservação não é proteger os recursos naturais como um fim, mas assegurar sua melhor utilização, de maneira que sejam usados sem desperdícios. No caso do solo, que é um recurso natural renovável, seu uso racional e prudente levará à manutenção de uma agricultura próspera e permanente suportada por um solo fértil. O que se deve alcançar com a aplicação dos métodos de conservação do solo é o estabelecimento de um novo nível de equilíbrio, diferente do natural, no qual o homem de hoje e o de amanhã aproveitarão plenamente as dádivas da Natureza. Da forma adequada como um município, uma região, Estado ou País consiga manter esse novo nível de equilíbrio, dependerá a sua prosperidade.

Este trabalho pretende estabelecer novas diretrizes para uma política de atuação da Secretaria da Agricultura no campo da conservação do solo.

---

(2) Apresentada por José Bertoni ao Secretário da Agricultura, em junho de 1979.

15.2. Histórico

Em 1939, sob a denominação de Serviço de Terraceamento, com alguns técnicos pioneiros e equipamentos mecânicos para construção de terraços, teve início, no Estado de São Paulo, a primeira organização governamental de conservação do solo no País, para a assistência direta aos lavradores. Em 1942, por ocasião da reforma geral da Secretaria da Agricultura, esse serviço foi transformado na Seção de Combate à Erosão, Irrigação e Drenagem. Em 1949, foi criado o Departamento de Engenharia e Mecânica da Agricultura (DEMA) e com ele a Divisão de Conservação do Solo, que chegou a contar com cerca de cem especialistas; era a maior organização de assistência técnica especializada de toda a América Latina. Apesar de todo o esforço empreendido pela Divisão de Conservação do Solo, em cerca de vinte anos de atuação, a área conservada não foi além de 6% da área cultivada no Estado de São Paulo.

Com a reforma geral de 1970, foi extinto o DEMA, e todos os especialistas de conservação do solo passaram para a Coordenadoria de Assistência Técnica integral (CATI) com a atribuição de prestar assistência ao fomento geral. Com os apreciáveis recursos técnicos e financeiros disponíveis, a CATI aumentou bastante o setor de comunicação e divulgação, porém a atividade de assistência técnica na prestação de serviços de conservação do solo foi consideravelmente reduzida.

15.3. A solução

A conservação do solo é um complexo de práticas e tarefas que se correlacionam, se completam e se interdependem.

Deve-se ter em conta que o Governo não tem capacidade nem obrigação de tomar a seu cargo a conservação do solo de todas as propriedades agrícolas do Estado. O Governo deve servir como agente de estimulo, ensino e orientação para que os lavradores se encarreguem, eles mesmos, da patriótica tarefa de conservar o solo.

Para atingir esse objetivo, na necessidade da estruturação de um esquema legal, de um esquema financeiro e de um novo esquema técnico-assistencial.

15.3.1. Esquema legal

Uma série de dispositivos legais deverá ser estabelecida, caracterizando bem a posição do Estado na área dos recursos naturais; fixando, assumindo e delegando responsabilidades, direitos e obrigações, objetivando disciplinar e garantir, em nome da sociedade, o uso adequado dos recursos do solo e da água.

Além de uma lei básica em que o Governo define a sua posição, há necessidade de uma legislação complementar para garantir uma estrutura técnico-financeira-legal harmônica e eficiente no sentido de oferecer as condições necessárias à implantação de uma política de conservação do solo. As leis ou decretos complementares abrangerão os seguintes aspectos: financeiros (financiamento, prêmios e subsídios); Assistência Técnica Especial (integral, por meio de Áreas de Demonstração); Assistência Técnica Geral (formação de Distritos Conservacionistas).

15.3.2. Esquema financeiro

Neste esquema, deve-se entender o estabelecimento de política de ajuda e incentivo para a conservação do solo.

Os agricultores, quando em situação econômica difícil, são, naturalmente, levados a adiar as necessárias práticas de conservação do solo, procurando tirar da terra o máximo de rendimento imediato, a fim de vencerem suas dificuldades econômicas.

Uma política de ajuda e incentivo financeiro deve ser estabelecida com a finalidade de estimular os interessados a executar as práticas de conservação do solo, imprescindíveis para atender aos interesses da coletividade, mas de pequeno rendimento imediato para quem às coloca em prática.

O Governo procurará conciliar os interesses futuros da sociedade com os interesses imediatistas dos agricultores. A estes importa, quase unicamente, a renda imediata que lhes possa dar a terra, ao passo que àquele é de suma importância que a terra continue sempre tão ou mais produtiva. Assim, oferecendo aos indivíduos que lidam com a terra a necessária compensação pelas práticas de interesse futuro que puserem em execução, com sacrifício de sua renda imediata, a sociedade estará cumprindo sua obrigação para com as gerações futuras.

Os modelos convencionais de desenvolvimento rejeitam, *a priori*, sistematicamente, o principio de subsidiar, isso não impede, entretanto, que se utilize deste expediente para assegurar vitalidade de alguns setores incapazes de se desenvolverem por si sós. No Brasil, entretanto, nos últimos anos, o Governo vem realisticamente selecionando, com mais rigor e, ao mesmo tempo, com maior critério de prioridade social, o que subsidiar. Escolher bem o que subsidiar parece fundamental; em conservação do solo, sente-se necessidade de subsidiar quase tudo, porém, dada a inexequibilidade, a escolha deve recair numa área que, além de justificar por si mesma, encontre razões transcendentais do ponto de vista socioeconômico.

A distribuição de prêmios ou subsídios, em função de práticas de conservação do solo executadas, constitui a melhor forma de o Governo estender a sua ajuda financeira a todos os agricultores. A eles poderão fazer jus todos aqueles que realizarem em suas terras práticas de conservação do solo, satisfazendo um mínimo de condições técnicas.

Os prêmios deverão ser de tal natureza e de tal monta a cobrir, tão próximo quanto possível, aquela parte do interesse pela conservação do solo que compete à sociedade; somente mediante pesquisas econômicas adequadas é que se conseguirá definir ao certo o quantum que deverá caber ao Governo nas despesas com as práticas de conservação do solo.

Alguns serviços de conservação, em virtude do grande empate de capital que exigem dos agricultores, deverão ser auxiliados pelo Governo com o empréstimo em longo prazo e a juros módicos, ou com o pagamento imediato de uma parte das despesas. Constitui esse tipo de financiamento mais uma maneira de o Governo contribuir com a parte que lhe cabe na preservação do solo para as gerações vindouras.

A forma em que será feito dependerá da natureza dos serviços a serem executados.

Com a finalidade de prover recursos para financiar e subsidiar as operações de conservação do solo e da água, deverá ser criado um "Fundo Especial de Conservação do Solo": poderá ser constituído de recursos financeiros provenientes da arrecadação estadual do Imposto de Circulação de Mercadorias sobre os produtos agropecuários. O financiamento específico poderá ter um prazo para amortização de até doze anos, incluindo um período de quatro anos de carência. Os juros poderão ser de 7% ao ano, podendo ser acrescentada ao total uma taxa de 4% sobre o valor do financiamento a titulo de comissão de abertura de crédito em favor do agente financeiro.

15.3.3 Esquema técnico-assistencial

A difusão generalizada dos conhecimentos sobre conservação do solo, a ligação dos serviços de pesquisas com os agricultores e a orientação direta destes nos problemas que, sobre o assunto, ocorrem em suas terras, são efetuadas pelo órgão de fomento ou de extensão.

Por meio de boletins, artigos em jornais e em revistas, filmes cinematográficos, propaganda radiofônica e televisiva, palestras, reuniões, visitas, deverão ser levados ao público em geral, e aos agricultores em particular, os elementos necessários para compreensão da gravidade do problema e das medidas a serem empregadas para resolvê-lo.

Tendo em vista que:

a) É praticamente impossível manter, nas regiões de agricultura intensiva, quase que um técnico por município para se intentar prestar assistência técnica direta, realizando o levantamento e o planejamento conservacionista e orientando na execução das práticas necessárias, em cada propriedade;

b) O Governo não tem capacidade nem obrigação de proceder à tarefa de conservar o solo de todas as propriedades agrícolas do Estado;

c) Apesar de todo o esforço empreendido, a antiga Divisão de Conservação do Solo, do DEMA, em quase vinte anos de atuação conseguiu conservar apenas 6% da área cultivada do Estado;

d) Atualmente, na CATI, a atividade de assistência técnica na prestação de serviços de conservação do solo foi consideravelmente reduzida.

Sugere-se, como solução ao problema da conservação do solo no Estado de São Paulo o seguinte:

a) Será continuada e intensificada a difusão generalizada dos conhecimentos sobre a conservação do solo;

b) Serão implantadas "áreas de demonstração", estrategicamente localizadas no território do Estado, onde uma assistência intensiva possa ser prestada para fins de exemplo e demonstração;

c) Será incentivada a criação de Distritos de Conservação do Solo, como forma de cooperativismo, uma vez que o problema de conservação do solo só poderá ser convenientemente resolvido pelo trabalho conjunto dos agricultores.

Áreas de Demonstração

Nas condições de nossa organização social e econômica não é possível nem mesmo recomendável, que o Governo forneça assistência direta, no planejamento e na execução das práticas de conservação do solo a todos os agricultores; será necessário estabelecer áreas, de condições adequadas, onde tal assistência intensiva possa ser prestada para fins de exemplo e demonstração.

Ao contrário da assistência indiscriminada por fazendas e práticas isoladas, como vinha sendo feito por nossos serviços de fomento da conservação do solo, a modalidade de assistência concentrada em áreas limitadas, convenientemente escolhidas, oferece a tríplice vantagem de contribuir para a educação do público, em virtude da atenção despertada pelo volume e extensão dos serviços executados, de fornecer um amplo campo de prova para observação em larga escala do comportamento de certas práticas pouco conhecidas, e, finalmente, de oferecer magnifico campo de treinamento para técnico, agricultores e estudantes de agronomia.

As áreas de demonstração deverão abranger bacias hidrográficas completas, com uma extensão suficiente para encerrar todos os problemas de mais provável ocorrência na região, o que, em geral, se consegue com cerca de cem quilômetros quadrados (10.000 hectares) de superfície. É essencial, também, que representem bem as condições de solo, topografia e sistema culturais da região, e que sejam de fácil acesso.

A prestação de assistência técnica aos agricultores, compreendidos dentro de uma área de demonstração, será feita mediante contratos em que fique bem clara a participação nos serviços e as obrigações de cada uma das partes. O Governo, em geral, fornecerá toda a assistência técnica desde o levantamento conservacionista até à execução das práticas necessárias, podendo, também, em alguns casos, fornecer mão de obra, além de mudas, sementes e facilidades na aquisição de implementos agrícolas e fertilizantes, financiamentos, prêmios, facilidades de crédito, redução de impostos, prioridades de transporte. O agricultor, por sua vez, se compromete a executar, dentro do prazo estipulado no escalonamento dos trabalhos, as práticas indicadas.

Só depois que o agricultor concordar em que sua propriedade seja incluída no programa de conservação do solo da área de demonstração, é que os técnicos especialistas farão o seu levantamento conservacionista e respectivo planejamento. Neste, realizado juntamente com o agricultor, é feita a distribuição mais indicada para os diversos tipos de exploração do solo, assim como as práticas conservacionistas que lhes deverão ser associadas, estipulando o provável escalonamento dos serviços.

Serão localizadas, no Estado, dez bacias hidrográficas, para formar as áreas de demonstração, com cerca de 10.000 hectares de superfície cada uma, nas regiões mais representativas das condições de solo, topografia e sistemas culturais, onde uma assistência técnica intensiva possa ser Prestada para fins de exemplo e demonstração.

Distritos de Conservação do Solo

Após a implantação das áreas de demonstração, o passo seguinte será a dos Distritos Conservacionistas, cuja formação é a evolução do programa de áreas de demonstração.

A natureza dos trabalhos de conservação do solo, envolvendo em sua complexidade e extensão os interesses recíprocos de muitos agricultores, conduz ao cooperativismo como meio mais natural e eficiente. O problema da conservação do solo poderá ser convenientemente resolvido pelo trabalho conjunto dos agricultores, através de Distritos de Conservação do Solo.

Esses órgãos consistem em associações de agricultores com interesses comuns em conservação do solo, funcionando em bases cooperativistas nas quais eles próprios decidem livremente sobre sua organização, administração, práticas a adotar e regulamentação do uso do solo. Em tais Distritos, o Governo restringe sua atuação ao estabelecimento de normas gerais de organização e funcionamento, proporcionando a necessária assistência técnica e o incentivo financeiro para garantir o bom êxito do empreendimento.

O êxito do programa norte-americano de Distritos de Conservação do Solo indica que, para as condições socioeconômicas do Estado de São Paulo, poderá ser esta a solução. Atualmente, funcionam nos Estados Unidos mais de 2.400 Distritos de Conservação do Solo, os quais abrangem cerca de 5.000.000 de propriedades rurais, cobrindo área de 400.000.000 de hectares; isso significa que 77% da área agrícola e 83% das propriedades rurais estão dentro da organização dos Distritos de Conservação do Solo. Esse é o resultado de mais de vinte anos de experiência em conservação do solo, mediante a administração pelos Distritos, depois que três séculos de exploração alertaram as autoridades americanas que estavam rapidamente perdendo sua maior riqueza, a terra produtiva.

A ação cooperativa dos agricultores, na solução do problema de conservação do solo, é especialmente interessante, uma vez que, ao defender em regime de cooperação seus interesses, estarão também defendendo os interesses da coletividade; assim, o Governo, em grande parte, poderá retirar a sua interferência na orientação e planejamento dos programas, deixando tais tarefas a cargo dos agricultores. Estes passarão como que a dirigir a campanha conservacionista e, sentindo-se responsável por esta importante missão, tomarão maior interesse pelo seu bom êxito.

Para a organização ideal dos Distritos de Conservação do Solo, será necessária uma lei normativa para o estabelecimento de sua instalação e funcionamento. Essa legislação deveria dar poder ao Distrito, não só para instituir e administrar os trabalhos de conservação do solo como, também, para regulamentar o uso do solo no interesse da sua conservação.

Na elaboração da legislação estadual, deverão ser considerados os seguintes pontos:

a) Uma "Comissão de Conservação do Solo" delimitará as divisas entre os Distritos, incentivará a sua criação e promoverá o intercâmbio e a coordenação de programas;

b) A organização de um Distrito será iniciada por solicitação dos agricultores da região ou por sugestões da Comissão;

c) Na primeira assembleia, convocada por um grupo de lavradores ou pela Comissão, será decidida, preliminarmente, se há necessidade da criação de um Distrito de Conservação do Solo;

d) Aceita a preliminar da criação do Distrito, será eleita uma "Junta Administrativa", integrada por três agricultores e completada por dois técnicos indicados pela Divisão de Conservação do Solo da CATI. Essa Junta, num prazo determinado, estruturará o organismo e elaborará o plano a ser referendado pela assembleia;

e) Em segunda assembleia, convocada pela Junta, com representação de todos os lavradores na zona do Distrito, o plano será submetido à votação, ficando sua aprovação condicionada ao voto favorável da maioria dos participantes;

f) O Distrito será dirigido pela Junta, que estabelecerá as medidas de controle da erosão e a regulamentação do uso do solo na sua área, inclusive aplicando restrições e punições;

g) O Governo concederá ao Distrito, além da orientação técnica, ajudas especiais, sob a forma de sementes, facilidades na aquisição de implementos agrícolas e fertilizantes, financiamentos, prémios, facilidades de crédito, reduções de impostos, prioridades de transporte;

h) Os Distritos poderão reunir-se em associações que promoverão campanhas a favor da conservação do solo, mobilizando todos os setores institucionais da comunidade rural.

O Distrito poderá ser considerado como agência de ação comum para a execução de programas conservacionistas. O aspecto mais importante, ao se estabelecer sua autoridade legal, é o poder que lhe será conferido. O Distrito deverá ter uma série de atividades destinadas a conduzir um programa compulsório de uso do solo e de controle da erosão. Tal força deverá estar amparada em lei que estabeleça as diretrizes fundamentais e as normas do mecanismo de sua instalação e funcionamento.

Para conseguir conservar o solo do Estado, os lavradores precisam estar convencidos dessa necessidade e participar ativamente do programa, concordando ainda em usar seu próprio trabalho e materiais de sua propriedade. Colocar a principal responsabilidade do desenvolvimento desse programa nas mãos de um grupo local de proprietários rurais e a melhor maneira de assegurar-lhes a cooperação.

15.4. Lei de Conservação do Solo

A função de uma lei de conservação do solo é regular as relações entre os lavradores com a finalidade de um uso racional do solo. E um guia de ordenamento de conduta, cujo propósito fundamental é proporcionar maior benefício para maior número de pessoas.

É de esperar uma reação, por parte dos agricultores, contra uma lei que bloqueie seus interesses; devem compreender, porém, que esse instrumento legal é a realização do desejo da maioria para estimular uma ação benéfica ou para proibir ações consideradas em conflito com o interesse público.

A seguir é apresentada a justificativa e o anteprojeto da lei preparada para o Estado de São Paulo. Com ela, procura-se estabelecer normas para um parcelamento racional das terras em unidades econômicas e fixar as limitações para as explorações que originam a erosão; evitou-se a aplicação de penalidades, no entendimento de que os lavradores deverão procurar a adoção de métodos de conservação do solo pela convicção de que eles serão benéficos.

JUSTIFICATIVA: O solo é a fonte fundamental da riqueza nacional e a base de suas duas atividades essenciais: a agricultura e a pecuária. Ainda que o País disponha de outros recursos que lhe permitem consolidar a estrutura econômica, sua gravitação no mercado internacional, assim, como seu bem-estar e progresso interno, dependerão, em todo momento, da capacidade produtiva e da riqueza de suas terras.

A exploração agropecuária, realizada sem um conhecimento cabal dos fundamentos técnicos da conservação do solo, tem criado problemas econômicos e sociais pela erosão, degradação da terra e perda de sua fertilidade em grandes extensões.

O equilíbrio geológico se rompe quando o homem, em sua luta contra as limitações de ordem econômica e social, desejando conseguir o máximo rendimento de suas terras ou por simples desconhecimento do problema, cultiva-as realizando trabalhos em desacordo com as técnicas conservacionistas.

O desflorestamento desordenado, o rompimento dos campos naturais, a monocultura continuada de plantas anuais, o preparo excessivo do seio, a destruição da matéria orgânica, a atração inadequada, o cultivo a favor da pendente, o superpastoreio, são causas ativas que provocam a erosão. Este fenômeno da erosão se traduz na constante diminuição da produtividade das terras e consequente abandono das propriedades pelos agricultores empobrecidos.

A conservação do solo compreende um conjunto de princípios ou práticas tendentes a manter ou recuperar sua fertilidade ou integridade, encarando basicamente os problemas de erosão, esgotamento e degradação das terras. Esta moderna ciência tem permitido conhecer as causas dessa destruição, e o planejamento orgânico da atividade agropecuária que se realiza com seus conhecimentos logra harmonizar as características intrínsecas do solo com as demais condições ambientes.

Em São Paulo, é necessário um estudo detalhado dos solos para fundamentar um parcelamento racional e fixar uma unidade econômica que garanta o futuro agrário e o bem-estar da família rural. Já dispõe o Estado de um mapa de solos e de um estudo básico geral da determinação da capacidade de uso das terras que ajudarão a orientar a atividade rural para o seu aproveitamento racional.

A conservação do solo, porém, não pode depender unicamente da ação oficial; é também necessário o esforço coordenado do agricultor. Deve tender-se a desenvolver uma consciência conservacionista em toda a população, mediante uma campanha educativa intensa e permanente, que chegue ao agricultor em seu próprio campo, a seus filhos nas escolas e a todos os cidadãos, porque a conservação do solo é um problema de todos.

Em consequência, é necessário facilitar o financiamento da conservação do solo, concedendo subsídios e créditos especiais que se fundamentam em assessoramento técnico conveniente. Pela sua transcendência socioeconômica, pela magnitude dos interesses que tende a proteger, pelos riscos que procura conjurar, é apresentada a seguinte Lei de Conservação do Solo.

15.5. *Anteprojeto de Lei de Conservação do Solo do Estado de São Paulo*

Artigo 1º Declara-se de interesse público em todo o território do Estado à conservação do solo agrícola, entendendo-se por ela a manutenção e melhoramento de sua capacidade produtiva.

Artigo 2º A Secretaria da Agricultura terá a seu cargo o cumprimento desta Lei em todo o território do Estado.

Artigo 3º Para a aplicação do regime de conservação do solo, manutenção e melhoramento de sua fertilidade, estabelecido por esta Lei, o Governo do Estado, baseado em estudos prévios, designará as regiões ou áreas de solos erosionados, solos esgotados e solos degradados existentes no território estadual.

Parágrafo único. Deverá entender-se por: *a)* erosão, como o processo de remoção e transporte notório das partículas de solo por ação do vento ou da água em movimento, que determine a perda de sua integridade; *b)* esgotamento, como a perda da capacidade produtiva intrínseca do solo como consequência da excessiva extração de nutrientes e sem a devida reposição dos mesmos; *c)* degradação (salinização, alcalinização e acidificação), como a perda de equilíbrio das propriedades físico-químico do solo, originada particularmente pelo regime hidrológico a que este se encontre submetido.

Artigo 4º Fica criada a Comissão Executiva Estadual de Conservação do Solo com a finalidade de assumir a responsabilidade pela administração do Plano Estadual de Conservação do Solo, objetivando disciplinar e garantir, em nome da sociedade, o uso adequado dos recursos de solo e água.

Parágrafo único. A Comissão de que trata este artigo ficará constituída de acordo com a regulamentação desta Lei.

Artigo 5º O Poder Executivo, baseado em parecer da Comissão Executiva Estadual, poderá adotar as seguintes medidas:

a) estabelecer regimes de conservação e elaborar normas para o melhor aproveitamento da fertilidade do solo;

b) declarar de utilidade pública e sujeitas a desapropriação as terras de propriedade privada erosionadas, esgotadas, degradadas ou que tenham uma finalidade de proteção, para executar planos regionais sob regime conservacionista ou para mantê-las como reserva;

c) determinar técnicas de manejo e de recuperação de solos;

d) fixar, para cada região do Estado, as superfícies mínimas que constituem uma unidade econômica familiar de exploração da terra.

Artigo 6º Proíbe-se, em todo o território do Estado, o parcelamento de terras destinadas à agricultura ou pecuária em superfícies que não constituam uma unidade econômica, de acordo com as normas a serem estabelecidas pela Comissão Executiva Estadual de Conservação do Solo.

Artigo 7º Para ajustar às normas agrotécnicas a aplicar, o Poder Executivo limitará ou proibirá:

a) as explorações que originem erosão, esgotamento ou degradação nos lugares onde as condições ecológicas favoreçam esses processos em forma evidente ou onde o seu inicio haja sido comprovado;

b) a decapitação do solo agrícola, quando seja perigosa para a manutenção de reservas com destino a agricultura intensiva, próxima aos centros urbanos. Considera-se decapitação quando haja anulação das condições intrínsecas da terra para a produção agrícola por eliminação de sua camada superficial.

Parágrafo único. O Poder Executivo suspenderá as limitações ou proibições, mencionadas neste artigo, ao desaparecerem os perigos que hajam motivado as medidas adotadas.

Artigo 8º Para os efeitos desta Lei, a Secretaria da Agricultura deverá:

a) intensificar o levantamento detalhado do mapa de solos do Estado;

b) determinar o estudo evolutivo dos grupos naturais de solos existentes;

c) determinar as deficiências físicas, químicas ou biológicas dos solos e as técnicas para sua fertilização ou correção;

d) classificar os solos por seu valor agronômico, determinar sua aptidão especifica para a agricultura, pecuária, reflorestamento ou reserva, e estabelecer as áreas ecológicas para as culturas;

e) efetuar o levantamento e o estudo dos lençóis freáticos em relação com o solo e a exploração agropecuária;

f) fixar as técnicas agronômicas de rega de acordo com o solo, clima e cultura de cada região, para estabelecer um regime racional de irrigação;

g) determinar a potencialidade e evolução das terras pastoris e estabelecer o regime agrotécnico para sua exploração conservacionista;

h) efetuar o levantamento geral dos solos erosionados, esgotados ou degradados, estabelecendo as causas e o prejuízos produzidos:

i) conduzir trabalhos de conservação do solo, assessorar sobre sua execução e tender à formação de uma consciência conservacionista, a partir do ensino primário;

j) dar as diretrizes agrotécnicas mais convenientes para a exploração racional das terras liberadas para a colonização, de acordo com as normas que assegurem a conservação do solo;

k) formar pessoal especializado em conservação do solo;

l) promover, por todos os meios, a difusão dos princípios da conservação do solo e dos seus benefícios.

Artigo 9º Para os efeitos desta Lei, e na forma que dispuser sua regulamentação, todo proprietário, arrendatário, parceiro, meeiro ou ocupante da terra a qualquer titulo, estará obrigado a:

a) denunciar a existência de erosão ou degradação manifesta dos solos;

b) executar os planos oficiais de prevenção e luta contra a erosão, degradação e esgotamento dos solos, de acordo com o estabelecido nos arts. 3º, 5º, 7º e 8º desta Lei;

o) realizar em sua propriedade os trabalhos necessários de controle da erosão ou degradação, tendentes a evitar danos a terceiros.

Artigo 10. A Secretaria da Agricultura fomentará os trabalhos de conservação do solo e se ocupará de sua realização, segundo as normas a serem fixadas em regulamento, devendo:

a) criar órgãos regionais de conservação do solo de caráter técnico, objetivando a facilitar o cumprimento dos fins desta Lei;

b) estabelecer dez áreas de demonstração, no território do Estado, abrangendo bacias hidrográficas completas, com cerca de 10.000ha de superfície cada uma, convenientemente escolhidas onde será prestada uma assistência intensiva, para servir de exemplo e demonstração;

c) propiciar a constituição de consórcios voluntários de agricultores objetivando a conservação do solo;

d) estimular a ação das entidades interessadas na conservação do solo, coordenando seus esforços para o melhor uso da terra como recurso natural.

Artigo 11. O Poder Executivo adotará as medidas necessárias para que no planejamento e execução de obras públicas, tais como estradas de rodagem, estradas de ferro, defesa de margens fluviais, canais, etc., apliquem-se os princípios e técnicas de conservação do solo e água.

Artigo 12. O Poder Executivo criará, por Lei, o Fundo Especial de Conservação do Solo com a finalidade de prover recursos para financiar e subsidiar as operações de conservação do solo e água;

§ 1º Os recursos financeiros deverão ser diretamente canalizados aos agricultores, sem expedientes seletivos ou impeditivos, salvo os critérios eminentemente técnicos indispensáveis à eficiência.

§ 2º Os recursos financeiros, como forma de aplicação, serão decompostos em três categorias, adequadas em função das prioridades técnicas e em função dos agricultores mais necessitados.

§ 3º Serão as seguintes as categorias de coberturas financeiras:

a) subsídios;

b) financiamentos específicos;

c) financiamento normal.

Artigo 13. Aos efeitos de assegurar e favorecer a aplicação integral desta Lei, e coordenar a política geral de conservação do solo no território do Estado, o Poder Executivo poderá firmar convênios com órgãos especializados.

Artigo 14. Fica proibida, em todo o território do Estado, a queima dos restos culturais e das pastagens, salvo no caso de necessidade como medida sanitária, o que deverá ser comprovado pelo interessado e autorizado pelo responsável na região, pela aplicação desta Lei.

Artigo 15. Os proprietários, arrendatários, usufrutuários ou ocupantes das terras a qualquer título dentro do território do Estado, que transgredirem o disposto nesta Lei ou seu regulamento não gozarão de créditos nas instituições bancárias oficiais ou de qualquer forma de ajuda econômica oficial, até que desapareçam as causas que motivaram esta limitação.

Artigo 16. Todo ato violatório do art. 6º será nulo e as partes contratantes e o Cartório intervenientes serão responsabilizados na forma que estabelece o Código Civil.

Artigo 17. Dentro de 60 dias, o Chefe do Poder Executivo baixará decreto regulamentando esta Lei.

Artigo 18. Esta Lei entrará em vigor na data de sua publicação.

Artigo 19. Revogam-se as disposições em contrário.